LE
RÈGNE ANIMAL

DISTRIBUÉ

D'APRÈS SON ORGANISATION.

IMPRIMERIE D'HIPPOLYTE TILLIARD,

RUE DE LA HARPE N° 78.

LE RÈGNE ANIMAL

DISTRIBUÉ D'APRÈS SON ORGANISATION,

POUR SERVIR DE BASE

A L'HISTOIRE NATURELLE DES ANIMAUX

ET D'INTRODUCTION A L'ANATOMIE COMPARÉE.

Par M. le Baron CUVIER,

GRAND OFFICIER DE LA LÉGION-D'HONNEUR, CONSEILLER-D'ÉTAT ET AU CONSEIL ROYAL DE L'INSTRUCTION PUBLIQUE, L'UN DES QUARANTE DE L'ACADÉMIE FRANÇAISE, SECRÉTAIRE PERPÉTUEL DE L'ACADÉMIE DES SCIENCES, MEMBRE DES ACADÉMIES ET SOCIÉTÉS ROYALES DES SCIENCES DE LONDRES, DE BERLIN, DE PÉTERSBOURG, DE STOCKHOLM, D'ÉDIMBOURG, DE COPENHAGUE, DE GŒTTINGUE, DE TURIN, DE BAVIÈRE, DE MODÈNE, DES PAYS-BAS, DE CALCUTTA, DE LA SOCIÉTÉ LINNÉENNE DE LONDRES, etc.

AVEC FIGURES DESSINÉES D'APRÈS NATURE.

NOUVELLE ÉDITION, REVUE ET AUGMENTÉE.

TOME V.

SUITE ET FIN DES INSECTES.

PAR M. LATREILLE,

CHEVALIER DE LA LÉGION-D'HONNEUR, MEMBRE DE L'INSTITUT (ACADÉMIE ROYALE DES SCIENCES), DE LA PLUPART DES AUTRES SOCIÉTÉS SAVANTES D'EUROPE ET D'AMÉRIQUE, etc.

Paris,

CHEZ DÉTERVILLE, LIBRAIRE,
RUE HAUTEFEUILLE, N° 8;

ET CHEZ CROCHARD, LIBRAIRE.
CLOÎTRE SAINT-BENOÎT, N° 16.

1829.

TABLE MÉTHODIQUE

DU CINQUIÈME VOLUME.

TABLE MÉTHODIQUE

DU SUPPLÉMENT.

TOME IV.

TOME V.

LE
RÈGNE ANIMAL

DISTRIBUÉ D'APRÈS SON ORGANISATION.

LA seconde section générale des coléoptères, les HÉTÉROMÈRES (*Heteromera*), a cinq articles aux quatre premiers tarses, et un de moins aux deux derniers.

Ces insectes se nourrissent tous de substances végétales. M. Léon Dufour a observé (Annal. des scienc. nat., VI, p. 181) que leurs organes mâles ont une texture qui les rapproche de celle des scarabéïdes et de s clavicornes ; leurs testicules consistent en capsules spermatiques ou en sachets.

Nous diviserons cette section en quatre grandes familles (1), dont les deux premières ont, à raison d'un appareil de sécrétion excrémentielle, découvert dans plusieurs genres par le même savant, quelque analogie avec les premiers coléoptères pentamères ; leur ventricule chylifiqué est souvent aussi hérissé de papilles. Plusieurs de ces insectes nous offriront encore les vestiges d'un autre appareil

---

(1) Dans un ordre naturel, la quatrième se lie avec la première par les hélops, que Linnæus place dans son genre *Tenebrio*. Il est encore évident que les Ténébrions conduisent aux Phaléries, aux Diapères, etc., ou à notre seconde famille.

sécréteur, dont les coléoptères nous montrent peu d'exemples, celui que l'on distingue par la dénomination de salivaire. Ainsi que dans les pentamères, les vaisseaux hépatiques, à peu d'exceptions près, sont au nombre de six, et ont deux insertions distantes l'une de l'autre : d'une part, dit M. Dufour, ils s'implantent par six bouts isolés autour du bourrelet qui termine le ventricule chylifique; de l'autre, ils vont s'ouvrir à l'origine du cœcum par des troncs dont le nombre est variable suivant les familles et les genres.

Les uns, dont les élytres sont généralement fermes et dures, dont les crochets des tarses sont presque toujours simples, ont la tête ovoïde ou ovale, susceptible de s'enfoncer postérieurement dans le corselet, ou rétrécie quelquefois en arrière, mais point brusquement et sans col à sa base. Beaucoup de ces hétéromères sont lucifuges. Cette division comprendra les trois familles suivantes. La première, celle

DES MÉLASOMES (Melasoma.),

Se compose d'insectes de couleur noire ou cendrée et sans mélange, d'où vient le nom de cette coupe; aptères pour la plupart et à élytres souvent soudées; à antennes en tout ou en partie grenues, presque de la même grosseur partout, ou un peu renflées à leur extrémité, insérées sous les bords avancés de la tête, et dont le troisième article est généralement alongé; à mandibules bifides ou échancrées à leur extrémité ; ayant enfin une dent cornée ou crochet au côté interne des mâchoires , tous les articles des tarses entiers et les yeux oblongs et très peu élevés, ce qui , d'après les observations de M. Marcel de Serres, indique leurs habitudes nocturnes. Presque tous ces animaux vivent à terre, soit dans le sable, soit sous les pierres, et souvent aussi dans les lieux bas et sombres des maisons, comme les caves, les écuries, etc.

Suivant M. Léon Dufour (Annal. des scienc. nat. V, p. 276), l'inertion des vaisseaux biliaires se fait à la face inférieure du cœcum, par un seul tronc tubuleux, résultant de la confluence de deux branches fort courtes, composées elles-mêmes de la réunion de trois vaisseaux biliaires. La bile est jaune, quelquefois brune ou violette. Le tube alimentaire (Annal. des scienc. nat., III , p. 478.) est long , et sa longueur, dans notre première tribu, celle des piméliaires, est triple de celle du corps ; l'œsophage est long et débouche dans un jabot lisse ou glabre à l'extérieur, plus développé dans ces derniers insectes, où il forme une poche ovoïde , logée dans la poitrine ; il est garni, à l'intérieur, de plissures ou colonnes charnues longitudinales, aboutissant, dans quelques (*Érodies*, *Pimélies*), du côté du ventricule chylifique, à une valvule formée de quatre pièces principales, cornées, ovalaires et conniventes ; le ventricule chylifique est alongé, flexueux ou replié, le plus souvent hérissé de petites papilles semblables à des points saillants, et se termine par un bourrelet calleux en dedans, et où a lieu la première insertion des vaisseaux biliaires. Le même savant a observé dans quelques sous-genres de la famille (*Blaps*, *Asides*) un appareil salivaire, consistant en deux vaisseaux ou tubes flottants, tantôt parfaitement simples (*Asides*), tantôt irrégulièrement rameux (*Blaps*), et il ne doute point que ces vaisseaux n'existent aussi dans les autres piméliaires. M. Marcel de Serres a étudié avec beaucoup de soin la texture des tuniques du canal digestif (Observ. sur les usages des diverses parties du tube intestinal des insectes, Ann. du Mus. d'hist. nat.) (1). Le tissu adipeux est plus abondant dans ces hétéromères que dans les suivants; aussi peuvent-ils, même étant piqués et fixés avec une épingle, vivre près de six mois, sans prendre nourriture, ainsi que des akis m'en ont montré un exemple.

Nous diviserons d'abord cette famille, formant, dans la méthode de Linnæus, le genre TÉNÉBRION (*Tenebrio*), d'après l'absence ou la présence des ailes.

Parmi ceux qui sont privés de ces organes et dont les étuis sont généralement soudés, les uns ont les palpes presque filiformes ou terminés par un article médiocrement dilaté, et ne formant point une massue distinctement en hache ou triangulaire. Ils compo-

---

(1) Ce que M. Dufour nomme ventricule chylifique est, pour lui, l'estomac, et, relativement à d'autres insectes, le duodénum. Ce qu'il appelle intestin grêle est considéré par le premier comme le cœcum. Suivant M. Dufour, M. Marcel de Serres n'a point parlé du jabot des Mélasomes, quoiqu'il soit très apparent dans les Akis et les Pimélies.

seront une première tribu, celle des Piméliaires (*Pimeliariœ*), ainsi nommée du genre

Des Pimélies (Pimelia) de Fabricius,

Qui en est le plus nombreux.

Tantôt le menton est plus ou moins en forme de cœur, avec le bord supérieur, soit échancré dans son milieu, et comme divisé en deux lobes, courts et arrondis, soit largement échancré ou évasé.

Ici les deux derniers articles des antennes ou le dixième et le onzième, toujours distincts, tantôt se réunissent pour former un corps ovoïde ou pyriforme, ou bien sont évidemment séparés l'un et l'autre. Le bord supérieur du menton est arrondi et échancré au milieu, ou comme divisé en deux festons.

Ceux-ci ont le bord antérieur de la tête presque droit ou peu avancé au milieu, sans échancrure profonde et propre à recevoir le menton, et les bords latéraux, simplement et légèrement dilatés au-dessus de l'insertion des antennes ; cette tête ne paraît point sensiblement rétrécie en arrière, ni élargie et tronquée par-devant. Le corselet n'est point en forme de cœur, profondément échancré en devant et tronqué postérieurement.

On peut détacher des derniers, ceux dont le bord antérieur de la tête est droit ou presque droit, sans dilatation angulaire ou en forme de dent au milieu ; dont le labre presque carré, de grandeur moyenne, est entièrement découvert ; dont le corselet est transversal et l'abdomen très volumineux et renflé.

Ceux dont le corps est plus ou moins ovoïde ou ovalaire, avec le corselet plus étroit, même à sa base, que l'abdomen, généralement convexe, sans prolongements aigus aux angles postérieurs, ni de saillie postérieure au présternum, composent le sous-genre proprement dit

Des Pimélies. (Pimelia. — *Tenebrio*. Lin.)

Ces hétéromères sont propres aux contrées circonscrivant le bassin de la Méditerranée, à l'Asie occidentale et méridionale et à l'Afrique. On n'en trouve point, ou du moins on n'en a pas encore découvert aux Indes orientales.

Des espèces généralement plus alongées ont le menton découvert, les antennes légèrement et insensiblement plus grosses vers le bout ; les trois derniers articles ne composent point une massue divisée en deux portions d'égale grosseur, et dont la dernière, formée par le dixième et le dernier article confondus ensemble.

Il en est parmi elles dont l'abdomen est proportionnellement plus large et plus volumineux ; dont les pattes sont encore relativement moins alongées ; dont les jambes antérieures sont en forme de triangle renversé, alongé, avec l'angle extérieur de leur extrémité prolongé, les éperons robustes et les tarses courts.

M. Fischer (Entomog. de la Russie) les a divisées en trois genres, *pimélie*, *platyope* et *diésie*, mais dont les caractères n'étant fondés que sur le plus ou moins de saillie du dernier article des antennes, les dentelures des jambes antérieures, ne nous paraissent pas suffisamment tranchés. Le onzième et dernier article des antennes est plus distinct dans le dernier. Les jambes antérieures sont très dentelées extérieurement dans les platyopes. Leur corselet est en carré transversal, avec la base des élytres droite, et les angles extérieurs ou les épaules un peu avancés. Avec les pimélies proprement dites de cet auteur, ou celles dont le onzième et dernier article des antennes se réunit ou se confond presque avec le précédent, où le corselet est presque semi-lunaire et convexe, et dont l'abdomen est presque ovoïle ou globuleux, se range une espèce très commune sur les bords de la Méditerranée, la *P. à deux points* (*P. 2 punctata*, Fab. ; Oliv., col. III, 59, 1, 1.); elle est longue d'environ huit lignes, d'un noir luisant. Son corselet est chagriné, avec deux gros points enfoncés dans son milieu, réunis dans quelques individus en une ligne transverse. Les élytres sont pareillement chagrinées, et offrent chacune, en y comprenant la carène latérale, quatre lignes élevées, point sensiblement dentées, et dont les deux internes plus courtes ; la suture est élevée. Le *Tenebrio muricatus* de Linnæus est différent (Schœnh., Synon. insect., I, tab. III, 9).

Une autre espèce très remarquable, mais particulière à la Haute-Égypte, et que l'on y trouve dans les tombeaux, est la *P. couronnée* (*P. coronata*, Oliv., *ibid.*, II, 17). Elle est longue d'environ quinze lignes, noirâtre, hérissée de poils d'un brun roussâtre, avec une rangée d'épines courbées en arrière, sur la carène latérale de chaque élytre.

M. Payraudeau a découvert dans l'île de Corse une nouvelle espèce (*Payraudii*) voisine de la première, mais à abdomen plus alongé, avec les élytres plus fortement chagrinées, et dont les deux lignes élevées internes sont presque effacées.

D'autres espèces (les TRACHYDERMES, *Trachyderma*, Latr.) ont l'abdomen proportionnellement plus étroit et plus alongé, souvent très comprimé sur les côtés ; les pattes longues, avec les jambes, sans en excepter les deux antérieures, grêles, étroites, terminées par de petits éperons ; ces espèces sont généralement plus méridionales que les précédentes (1).

Une dernière division des pimélies (les CRYPTOCHILES, *Cryptochyle*, Lat.) se compose d'espèces dont le corps est relativement plus court ou ramassé, dont le menton est recouvert par le présternum, et dont les antennes se terminent assez brusquement en une massue divisée en deux portions, l'une formée par le neuvième article, et l'autre par les deux suivants confondus ensemble. Ces espèces paraissent être concentrées dans l'extrémité méridionale de l'Afrique (2).

Sous la dénomination générique d'Érodie avaient d'abord été réunies des piméliaires, très voisines des précédentes, mais dont le corps est en ovoïde, court, arqué ou gibbeux en dessus, avec le corselet court, aussi large postérieurement que la base des élytres, terminé de chaque côté par un angle aigu ; et le présternum dilaté postérieurement en manière de lame ou de pointe, s'appuyant par le bout postérieur, sur le mésosternum.

Ces érodies forment maintenant trois sous-genres.

---

(1) Les pimélies *longipes*, *hispida*, *morbilosa*, etc., de Fabricius ; la *P. anomala* de Fischer.

(2) Les pimélies *maculata*, *minuta* de Fab. *Voyez*, quant aux autres Pimélies, Olivier, Schœnherr et Fischer.

Les Érodies propres. (Erodius. Latr.)

Dont les deux derniers articles des antennes sont réunis et forment une petite massue en bouton ; dont les jambes antérieures ont une forte dent près du milieu de leur côté extérieur, et une autre au bout, du même côté ; et dont le menton est encadré inférieurement et recouvre la base des mâchoires. Leur corps est généralement bombé (1).

Les Zophoses. (Zophosis. Latr. — *Erodius*. Fab., Oliv.)

Où les antennes sont presque filiformes ou grossissent insensiblement vers le bout, avec le dixième article très distinct du précédent, un peu plus grand, presque ovoïde ; où les jambes antérieures, ainsi que les suivantes, n'ont point de dent près du milieu du côté extérieur. Le menton est encadré inférieurement et recouvre la base des mâchoires. Le troisième article des antennes n'est guère plus long que le second, et le neuvième et le dixième sont presque en forme de toupie (2)

Les Nyctélies. (Nyctelia. Lat. — *Zophosis*. Germ.)

Sont presque semblables aux zophoses ; mais le troisième article de leurs antennes est beaucoup plus long que le précédent, et le suivant, ainsi que le neuvième et le dixième, est presque globuleux. La base des mâchoires est découverte. Ces insectes sont d'ailleurs propres à l'Amérique méridionale, tandis que les zophoses et les érodies habitent exclusivement les contrées occidentales et méridionales de l'Asie, le sud de l'Europe et l'Afrique (3).

D'autres piméliaires, terminant la subdivision de celles dont le labre n'est point reçu dans une échancrure profonde du bord antérieur de la tête, et où cette dernière partie du corps n'est ni tronquée en devant, ni rétrécie par derrière, se distinguent des précédentes par les caractères suivants. Le bord antérieur de cette partie s'avance en manière d'angle

---

(1) Les erodies *bilineatus*, *gibbus*, *lævigatus* d'Olivier, col. III, nᵒ 63. *Voyez* Latr., Gener. crust. et insect., II, p. 145, et le Catal. de la coll de M. le comté Dejean.

(2) *Voyez* Latr., Gener. crust. et insect., II, p. 146.

(3) *Zophosis nodosa*, Germ. insect. Spec. nov., p. 133.

ou de dent, dans son milieu. Le labre, lorsque les mandibules sont fermées, ne paraît point ou très peu. Le corselet est tantôt en trapèze, presque aussi long que large, tantôt presque orbiculaire, ou presque en demi-cercle. Les antennes sont filiformes, et le onzième et dernier article est toujours très distinct du précédent. Le menton est encadré inférieurement et recouvre la base des mâchoires. Le présternum se prolonge un peu en pointe, dans plusieurs. Ces insectes, ainsi que ceux des deux subdivisions suivantes, sont exclusivement propres aux pays chauds et occidentaux de l'ancien continent.

Les Hégètres. (Hegeter. Latr.)

Ont le corselet en forme de trapèze, presque aussi large au bord postérieur que la base des élytres, et appliqué, dans toute son étendue, contre elle. Le dernier article des antennes est un peu plus petit que le précédent (1).

· Les Tentyries. (Tentyria. Latr. — *Akis*. Fab.)

Leur corselet est presque orbiculaire, tantôt plus étroit que l'abdomen, tantôt de sa largeur, mais arrondi aux angles postérieurs et laissant un vide entre eux et la base des élytres. Le dernier article des antennes est aussi grand au moins que le précédent (2).

D'autres piméliaires s'éloignent des précédentes par la forme de leur tête et celle du corselet. Cette première partie du corps est comme carrée et plus ou moins rétrécie en arrière ; le milieu de son bord antérieur offre une échancrure, recevant le labre. La dilatation des bords latéraux recouvrant la base des antennes est plus grande et prolongée jusqu'au bord antérieur. Ces organes sont toujours composés de onze articles très distincts, presque cylindriques, à l'exception des derniers, avec le troisième fort long. Le côté extérieur des mandibules est fortement excavé dans son milieu,

---

(1) Latr., Gener. crust. et insect., II, p. 157 ; I, ix, 2 ; — *Pimelia silphoides?* Oliv. ; — *Gnathosia glabra*, Fischer, Entom. de la Russ., II, xx, 8.

(2) Latr., *ibid.*, II, 154 ; les *Akis glabra, punctata, abbreviata, angustata, orbiculata*, de Fabricius. Je crois qu'il faut encore rapporter à ce sous-genre les Tagones (*Tagona*) de M. Fischer, *ibid.*, I, xvi, 8, 9.

et les côtés inférieurs de la tête, formant l'encadrement latéral des mâchoires et du menton, se terminent en pointe ou en manière de dent. Le corselet est en forme de cœur tronqué et bien échancré en devant, dans la plupart. Ces piméliaires comprennent une grande partie du genre

Akis (Akis) de Fabricius.

On le restreint aujourd'hui aux espèces dont le corselet est plus large que la tête, fortement échancré en devant, court, largement tronqué au bord postérieur, avec les bords latéraux relevés (1).

Une autre espèce (*A. collaris*, Fab.), où la tête, mesurée en devant, est un peu plus large que le corselet, plus prolongée postérieurement et un peu étranglée à sa base, en manière de col; où le corselet est beaucoup plus étroit, dans toute sa longueur, que l'abdomen, petit, convexe, incliné et non relevé sur les côtés, forme le genre

D'Élénophore (Elenophorus) de MM. Megerle et Dejean.

Les antennes sont un peu plus longues que celles des akis. Les yeux sont plus étroits et échancrés.

Les dernières piméliaires de la division de celles dont le menton est échancré, sont distinguées des précédentes par la manière dont il se termine : au lieu d'être arrondi et d'être divisé en deux festons, il est légèrement échancré ou concave, avec les angles latéraux aigus, et proportionnellement plus court et plus rétréci à sa base, ou plus en forme de cœur; il recouvre les mâchoires. Le onzième article des antennes n'est pas apparent; le dixième un peu plus grand que les précédents, et sous la forme d'une toupie tronquée obliquement au bout, les termine. A l'égard de la forme de la tête, de son échancrure antérieure, et souvent aussi, quant à la coupe du corselet, ces insectes ressemblent beaucoup aux akis proprement dits.

Les Eurychores (Eurychora Thunb.).

Ont le corps ovale, avec les bords aigus et ciliés; le corselet semi-circulaire, et recevant la tête dans une échancrure

____

(1) La première division des *Akis* de Fab. *Voyez* aussi Fischer, Entom. de la Russ., I, xv, 7, 8, 9.

antérieure, l'abdomen presque en forme de cœur, et les antennes composées d'articles linéaires, comprimés ou anguleux, et dont le troisième, plus long que les précédents et les suivants (1).

LES ADELOSTOMES. (ADELOSTOMA. Dup.)

Ont le corps étroit et alongé, avec le corselet presque carré, un peu rétréci postérieurement; l'abdomen en carré long, arrondi postérieurement; les antennes assez grosses, presque perfoliées, et dont les articles, à l'exception du dernier, sont presque tous lenticulaires et égaux. Le labre, les mandibules et les palpes sont cachés (2).

Nous terminerons les piméliaires par celles dont le menton, de forme carrée, n'offre au bord supérieur ni échancrure ni évasement. Leur corps est toujours oblong, avec le corselet, tantôt presque carré, arrondi ou dilaté, tantôt étroit, alongé, presque cylindrique, et l'abdomen ovoïde ou ovalaire. Les antennes ont toujours onze articles distincts. Les cuisses antérieures sont renflées et même quelquefois dentées dans plusieurs, ou du moins dans l'un des sexes. Ces insectes font évidemment le passage de cette tribu à la suivante.

Tantôt les antennes sont entièrement ou presque entièrement grenues ou composées d'articles courts, soit ovoïdes ou globuleux, soit en forme de toupie ou presque hémisphériques.

Parmi eux, les uns ressemblent aux piméliaires des derniers sous-genres, sous le rapport de la dilatation et du prolongement des bords latéraux de la tête. Leur labre est très court et peu avancé. Les bords latéraux du corselet sont droits ou simplement arqués et arrondis, et sans dilatation, en forme d'angle ou de dent. Les yeux sont peu élevés.

Dans ceux-ci, le corselet est étroit, soit cylindracé, soit

---

(1) Latr., Gener. crust. et insect., II, p. 150; Schœnh., Synon. insect., I, 11, 5; — Schœnh., Synon. insect., I, 1, tab. 2, 5.

(2) *Adelostoma sulcatum*, Duponchel, Mém. de la soc. linn. de Paris, 1827, XII, A, B, C; insecte trouvé aux environs de Cadix par le fils aîné de ce savant; à Tanger, par M. Goudot jeune, mais apporté depuis long-temps par M. Labillardière, de son voyage en Syrie.

en forme de cœur alongé et tronqué aux deux bouts. Tels sont :

Les Tagénies. (Tagenia. Latr. — *Stenosis*. Herbst. — *Akis*. Fab.)

Les antennes sont presque perfoliées, avec le troisième article guère plus long que les suivants, et le onzième ou dernier très petit ou réuni avec le précédent. La tête est alongée postérieurement et portée sur une espèce de col ou de nœud. Le corselet est en forme de cœur alongé, tronqué aux deux bouts. L'abdomen est ovalaire (1).

Les Psammétiques. (Psammetichus. Latr.)

A antennes composées d'articles en forme de toupie, dont le troisième, beaucoup plus long que les suivants, et dont le onzième ou dernier, aussi grand que le précédent, très distinct. La tête et le corselet sont en carré long, de la même largeur. L'abdomen est presque ovalaire, et tronqué à sa base (2).

Dans ceux-là, le corselet est au moins aussi large que l'abdomen, et d'une forme presque orbiculaire, ou en carré, arrondi latéralement, et soit isométrique, soit plus large que long.

Les Scaures. (Scaurus. Fab.)

Où le dernier article des antennes est ovoïdo-conique et alongé; où le corselet est presque isométrique, et où les cuisses antérieures sont renflées, souvent dentées dans les mâles. Les jambes sont longues et étroites.

Ces insectes sont propres aux contrées occidentales et chaudes de l'ancien continent (3).

Les Scotobies. (Scotobius. Germ.)

Où le dernier article des antennes n'est guère plus long que le précédent, et en forme de toupie renversée; où le corselet est sensiblement plus large que long, très arqué aux

(1) Latr., Gener. crust. et insect., II, p. 149; Herbst., col. VIII, cxxvn, 1-3.

(2) Sous-genre établi sur des insectes inédits du Chili.

(3) Oliv., col. III, n° 62; Latr., Gener. crust. et insect., II, p. 159; Encyclop. méthod., article *Scaure*.

bords latéraux; où les cuisses diffèrent peu en grosseur, et où les jambes antérieures sont en forme de triangle alongé, et anguleuses.

Ces hétéromères sont propres à l'Amérique méridionale (1).

Les autres piméliaires à antennes en chapelet et à menton entier, sont remarquables par les dilatations latérales, en forme d'angle ou de dent forte, de leur corselet. Le milieu du dos offre une carène sillonnée et terminée antérieurement en manière de bosse arrondie et bilobée. Les bords latéraux de la tête sont briévement dilatés. Le labre est entièrement découvert et de grandeur ordinaire. Les yeux sont plus élevés que dans les autres piméliaires. Les antennes sont, en outre, velues ou pubescentes.

Les élytres sont très inégales.

Les Sépidies. (Sepidium. Fab.)

On les trouve dans les pays méridionaux de l'Europe, et en Afrique (2).

Les dernières piméliaires ayant, comme les précédentes, le menton sans échancrure supérieure, s'éloignent de celles-ci à l'égard de la forme des articles de leurs antennes; ils sont pour la plupart presque cylindriques, ou en forme de cône renversé et alongé; les trois à quatre derniers sont seuls arrondis, soit ovoïdes, soit turbinés ou hémisphériques. Le labre est entièrement découvert, et la saillie marginale de la tête, recouvrant l'origine de ces organes, est peu prolongée, ainsi que dans les sépidies. Ces insectes sont propres à la colonie du cap de Bonne - Espérance. Les yeux sont presque ronds ou ovales, entiers ou peu échancrés, élevés; le corselet est déprimé, tantôt dilaté de chaque côté, en manière d'angle, tantôt plus étroit, mais sillonné et caréné en dessus; le dernier article des antennes est sensiblement plus long et plus épais que le précédent. Tels sont :

---

(1) Germ. insect. Spec. nov , p. 136.

(2) Les Sépidies *tricuspidatum*, *variegatum* et *cristatum* de Fabricius.

LES TRACHYNOTES. (TRACHYNOTUS. Latr. — *Sepidium*. Fab. (1).

Là, les yeux sont étroits et alongés, presque pas élevés. Le corselet est convexe, presque orbiculaire, échancré en devant, tronqué postérieurement, sans dilatations latérales angulaires , ni carène dorsale. Le dernier article des antennes est, au plus, de la grandeur du précédent.

LES MOLURIS. (MOLURIS. Latr. — *Pimelia*. Fab., Oliv. — *Psammodes*. Kirb.) (2).

La seconde tribu des mélasomes, celle des BLAPSIDES (*Blapsides*), reçoit sa dénomination du genre BLAPS (*Blaps*) de Fabricius. Les palpes maxillaires se terminent par un article manifestement dilaté, en manière de triangle ou de hache. M. Dufour a observé que dans ce genre, ainsi que dans celui d'aside, le jabot est moins developpé que dans les piméliaires, et que la valvule à laquelle il aboutit postérieurement n'est point formée de ces quatre pièces principales, cornées ou conniventes, qui la constituent dans la tribu précédente, mais par le rapprochement des colonnes charnues de son intérieur. Le ventricule chylifique est proportionnellement plus long, et les capsules spermatiques sont moins nombreuses, Les blaps, selon le même naturaliste, sont pourvus d'un appareil de sécrétions excrémentielles

---

(1) Les Sépidies *reticulatum*, *rugosum*, *vittatum* de Fabricius; le *S. acuminatum* de Schœnherr; une espèce que M. le comte Dejean nomme *Curculioides*, et figurée par De Géer, forme une division particulière.

(2) Les Pimélies *striata*, *unicolor*, *gibba*, de Fab. *Voyez* Lat., Gener. crust. et insect., II, p. 148; — *Psammodes longicornis*, Kirb., Linn. trans., XII, xxi, 13.

double, et d'une tout autre structure que celui des pentamères ; il consiste en deux vessies assez grandes, oblongues, situées tout-à-fait au-dessous des viscères de la digestion et de la génération, très rapprochées l'une de l'autre, à parois très minces et entourées de replis vasculaires, adhérents, plus ou moins boursoufiés, et dont il est difficile de connaître le point d'insertion, dans l'impossibilité où l'on est de les dérouler. Il faut en dire autant des conduits destinés à évacuer au dehors le liquide sécreté ; ils sont cachés par une sorte de diaphragme membraneux, appliqué à l'aide d'un panicule charnu sur le dernier segment ventral. La liqueur sécrétée sort latéralement et non par l'extrémité du dernier anneau ; elle est lancée jusqu'à sept ou huit pouces de distance, brunâtre, d'une âcreté fort irritante et d'une odeur propre et pénétrante.

Cette tribu sera formée d'un seul genre, celui

DE BLAPS. (BLAPS.)

Les blapsides, dont le corps est généralement oblong, avec l'abdomen embrassé latéralement par les élytres, qui, le plus souvent, se rétrécissent vers le bout et se terminent en pointe ou en manière de queue ; dont les tarses sont presque semblables dans les deux sexes et sans dilatation remarquable, formeront une première division.

Les uns ont le menton petit ou n'occupant guère, en largeur, que le tiers de celle du dessous de la tête, presque carré ou orbiculaire.

Ici toutes les jambes sont grêles, sans arêtes, ni dents fortes, au côté externe. Le corselet n'est jamais dilaté en devant, ni en forme de cœur largement tronqué.

Les Oxures. (Oxura. Kirb.)

Ont le corps étroit et alongé, le corselet plus long que large, ovoïde, tronqué aux deux bouts, et les articles intermédiaires des antennes longs et cylindracés (1).

Les Acanthomères. (Acanthomera. Latr. — *Pimelia*. Fab.)

Ont le corselet presque orbiculaire, transversal; l'abdomen presque globuleux; le troisième article des antennes beaucoup plus long que les suivants, cylindrique; ceux-ci presque de cette forme, et les trois derniers au plus grenus (2).

Les Misolampes. (Misolampus. Latr. — *Pimelia*. Herbst.)

Dont le corselet est presque globuleux et l'abdomen presque ovoïde; et dont les antennes ont le trosième et le quatrième articles égaux, cylindriques, le huitième et les deux suivants un peu plus gros, presque en forme de toupie, et le onzième ou dernier plus grand et ovoïde (3).

Les Blaps propres. (Blaps. Fab.)

Leur corselet est presque carré, plan ou peu convexe. L'abdomen est ovalaire, tronqué transversalement à sa base, plus ou moins alongé. Les élytres de la plupart sont rétrécies et prolongées en pointe, dans les mâles surtout. Le troisième article des antennes est beaucoup plus long que les suivants, cylindrique; ceux-ci ou les trois avant-derniers au moins sont grenus; le dernier est ovoïde et court.

Avec les espèces dont le corps et l'abdomen sont proportionnellement moins alongés et plus larges, dont les élytres se terminent dans les femelles en une pointe très courte, où le corselet est presque plane, presque isométriquement, se range :

---

(1) *Oxura setosa*, Kirb., Linn. trans., XII, xxii, 3.

(2) *Pimelia dentipes*, Fab., et quelques autres espèces. Les cuisses antérieures sont renflées et dentées; le corps est très inégal et cendré; les éperons des jambes sont très petits.

(3) Latr., Gen. crust. et insect., II, p. 160, et I, x, 8; *Pimelia gibbula*, Herbst., col. VIII, cxx, 7.

Le *B. porte-malheur*. (*B. mortisaga*, Oliv., col. III, 60, 1, 2, 6; *Tenebrio mortisaga*, Lin.) Il est long d'environ dix lignes, d'un noir peu luisant, uni, simplement pointillé en dessus, avec le corselet presque carré et offrant de chaque côté, au bord postérieur, les vestiges d'un petit rebord aplati. Le bout des étuis forme une pointe courte et obtuse. — Dans les lieux sombres et malpropres, près des latrines, souvent même dans les maisons.

Le *B. lisse* (*lævigata*, Fab.) pourrait former un sous-genre propre. Son corps est beaucoup plus court que celui des autres espèces, très convexe ou gibbeux. A partir du quatrième article, les antennes sont grenues. Les jambes antérieures se terminent en une forte pointe ou épine, formée par un éperon.

Fabricius rapporte que les femmes turques habitant l'Égypte, où cet insecte est très commun, mangent le blaps *sillonné*, cuit avec du beurre, dans l'intention de s'engraisser. Il dit aussi qu'on s'en sert contre les maux d'oreilles et la piqûre du scorpion (1).

Là, toutes les jambes sont anguleuses, avec des arêtes longitudinales ; les deux antérieures sont plus larges, fortement dentées extérieurement. Le corselet est dilaté antérieurement et en forme de cœur, largement tronqué.

LES GONOPES. (GŎNOPUS. Lat.)

Le troisième article des antennes est alongé, cylindrique, ainsi que les deux ou trois suivants; ceux qui viennent après sont grenus; le dernier est ovoïde et un peu plus long que le précédent. Le bord antérieur de la tête est concave, et le menton en carré transversal. Le côté inférieur des cuisses est tranchant, avec un sillon ; les deux antérieures ont une dent; les quatre jambes postérieures sont étroites, arquées, avec quelques dentelures ; les tarses sont glabres (2).

Les autres insectes de cette tribu et à pieds semblables dans les deux sexes, diffèrent des précédents par leur menton, qui occupe transversalement la majeure partie du des-

____

(1) Les *Blaps gages*, *sulcata*, de Fab. *Voyez* le Catal. de la coll. des coléopt. de M. Dejean.

(2) *Blaps tibialis* de Fab.

sous de la tête, et a la forme d'un cœur tronqué inférieurement ou à sa base. Le corselet est toujours transversal, échancré ou concave en devant, et arqué latéralement, soit trapézoïde et plus large postérieurement, soit très dilaté latéralement et rétréci vers les angles postérieurs. Le labre est échancré. La plupart sont de couleur cendrée et vivent à terre, dans les lieux sablonneux.

Tantôt le corselet est élargi en devant ou près du milieu de ses côtés et rétréci postérieurement. La base des mâchoires est découverte.

Les Hétéroscèles. (Heteroscelis. Latr.)

Présentent au côté extérieur des quatre premières jambes deux fortes dents, l'une au milieu, l'autre terminale; l'extrémité postérieure du présternum est prolongée en manière de lame aplatie et reçue dans une échancrure du mésosternum. Le corps est ovale, arrondi aux deux bouts, avec les bords latéraux du corselet très arqués, et simplement rétrécis près des angles postérieurs. Les antennes sont légèrement et graduellement plus grosses vers le bout (1).

Les Machles. (Machla. Herbst.)

Ont les antennes terminées par une petite massue en bouton, et formée par les trois derniers articles; elles peuvent se loger dans des cavités pratiquées sous les côtés du corselet, qui sont très épais et arrondis (2).

Les Scotines. (Scotinus. Kirb.)

A antennes terminées aussi en une petite massue, mais dont les deux derniers articles sont presque confondus, et point susceptibles d'ailleurs de se loger dans des cavités particulières. Le corselet est dilaté en devant (3).

Tantôt le corselet est presque trapézoïde, arqué graduellement, dans toute la longueur de ses bords latéraux, sans ré-

---

(1) *Pimelia dentipes*, Fab.; — ejusd., *Platynotus reticulatus, pimelia obscura*, Oliv.; Insectes du cap de Bonne-Espérance.

(2) *Platynotus serratus*, Fab.

(3) *Scotinus crenicollis*, Kirb., Linn. trans, XII, xxi, 14, sous-genre propre à l'Amérique méridionale.

trécissement brusque postérieur. Le menton recouvre la base des mâchoires.

Les deux derniers articles des antennes sont réunis en une petite massue.

Les Asides. (Asida. Latr.) (1).

Viennent maintenant des blapsides à corps ovale et peu alongé, dont le repli latéral des élytres est étroit et s'étend peu en dessous; dont le corselet est toujours transversal, presque carré ou trapézoïde, avec les bords latéraux arqués; et plus remarquables encore par les différences sexuelles de leurs pattes; les deux ou quatre tarses antérieurs sont plus dilatés dans les mâles (2).

Ces insectes fréquentent les lieux sablonneux. Les deux jambes antérieures sont ordinairement plus larges, dilatées triangulairement au bout et propres à fouir.

Ici le bord antérieur de la tête est toujours échancré. Les deux tarses antérieurs des mâles sont seuls manifestement plus larges ou plus dilatés que les suivants.

Les Pédines. (Pedinus. Latr.)

M. Megerle et M. le comte Dejean les ont subdivisés en plusieurs autres sous-genres, mais sans en donner les caractères.

Ceux où les mâles ont les quatre premiers articles des deux tarses antérieurs de la même largeur, avec le radical triangulaire, les trois suivants transversaux et presque égaux, toutes les jambes étroites et alongées, le corselet rétréci postérieurement et terminé par des angles aigus, forment le genre Opatrine (*opatrinus*) de M. Dejean; ces insectes sont tous d'Amérique (3).

---

(1) Latr., Gener. crust et insect., II, p. 155. *Voyez* le Catal. de la coll. des coléopt. de M. le comte Dej., p. 65. Le *Platynotus undatus* de Fab. est une espèce très peu différente de l'*A. grisea.* Cet auteur s'est, je crois, mépris sur son habitation. — *Platynotus lœvigatus*, ejusd.

(2) Le dessous de ces parties est ordinairement soyeux ou garni de brosse.

(3) *Blaps clathrata*, Fab.; — ejusd., *B. punctata*, peut-être aussi son *Platynotus dilatatus*

Ceux où les mêmes tarses et dans les mêmes individus ont le premier article et surtout le quatrième sensiblement plus étroits ou plus petits que les deux intermédiaires, dont le corselet se rétrécit près des angles postérieurs, composent quatre autres sous-genres, mais dont les caractères sont si faibles et si nuancés, que ces coupes peuvent être réunies en une seule, celle de DENDARE. (*Dendarus.* Meg., Dej.)

Quelques espèces ont, ainsi que les opatrines, les jambes étroites, alongées, peu dilatées à leur extrémité, et presque identiques dans les deux sexes ; le corselet rétréci brusque- de chaque côté, près des angles postérieures, qui forment une petite dent aiguë : ce sont les *dendares* proprement dits (1).

Dans les suivantes, les quatre jambes antérieures, ou du moins les deux premières, sont dilatées triangulairement à leur extrémité. Le dessous des intermédiaires et des deux dernières, celui même des deux cuisses postérieures, est soyeux dans plusieurs mâles.

Tantôt les côtés du corselet sont rétrécis brusquement près des angles postérieurs, ou sont presque arrondis, à dent saillante à cette extrémité. Le corps est ovale. Tels sont Les HÉLIOPHILES (*Heliophilus*) de M. le comte Dejean. Tantôt le corselet se termine insensiblement de chaque côté par un angle pointu. Le corps est proportionnellement plus court et plus large.

Des espèces à corselet grand, guère plus large que long, fortement rebordé latéralement, et dont le corps est peu bombé en dessus, composent le genre d'EURYNOTE (*Eury- notus*) de M. Kirby (2).

D'autres, dont le corps est sensiblement plus convexe ou plus bombé en dessus, avec le corselet transversal très fai- blement rebordé, sont des ISOCÈRES (*Isocerus*), Meg., Dej. (3).

Dans les mâles des dernières pédines, les trois premiers

---

(1) *Voyez* Dej., Catal. de sa coll. des coléopt., p. 65. *Voyez* les *Pla- tynotus excavatus* et *crenatus* de Fab.

(2) *Eurynotus muricatus*, Kirb., Linn. trans., XII, xxii, 1. *Voyez Platynotus striatus*, Schœnh., Synon. insect., I, 1, tab. 11, 6.

(3) Dej., Catal. de sa coll. des Coléopt., p. 65.

articles des deux tarses antérieurs, toujours très dilatés, diminuent progressivement de largeur, et le quatrième est très petit. Les cuisses postérieures des mêmes individus, sont concaves et soyeuses en dessous (1); le corps est ovale, avec le corselet faiblement rebordé, s'élargissant de devant en arrière, ou faiblement rétréci en arrière, toujours terminé postérieurement et insensiblement par un angle pointu et prolongé. Telles sont les Pédines proprement dites (*Pedinus*) de M. le comte Dejean (2).

Là, le bord antérieur de la tête est entier ou sans échancrure dans plusieurs. Les quatre tarses antérieurs des mâles sont également ou presque également dilatés. La forme du corps et celle du corselet en particulier est encore semblable à celle des dernières pédines.

Ceux où le bord antérieur de la tête offre encore une échancrure formant le sous-genre

Blapstine. (Blaptinus. Dej.) (3)

Ceux où il est entier ou sans échancrure, celui

De Platyscèle. (Platyscelis. Latr.) (4)

Nous voilà arrivés aux mélasomes munis d'ailes. Leurs corps est ordinairement ovale ou oblong, déprimé ou peu élevé, avec le corselet càrré ou trapézoïde, de largeur de l'abdomen à son extrémité postérieure. Les palpes sont plus gros à leur extrémité; le dernier article des maxillaires est en forme de triangle renversé ou de hache; le menton est peu

---

(1) Le dessous des mêmes cuisses est pareillement soyeux dans les mâles des Héliophiles.

(2) Dej., Cat., p. 65.

(3) Dej., *ibid.*, p. 66. — *Blaps tibidens.* Schœnh., Synon. insect., I, 1, tab. 11, 8.

(4) *Ibid.*; Fisch., Entom. de la Russ., II, xx, 1-5.

étendu en largeur, (1) et laisse à découvert la base des mâchoires.

Ces mélasomes composeront la troisième et dernière tribu, celle des Ténébrionites (*Tenebrionites*), formée d'un seul genre, celui

De Ténébrion (Tenebrio),

Tel que Fabricius l'avait d'abord formé, et auquel nous rattacherons celui qu'il nomme *Opatrum* et celui d'*Orthocère ;* ils serviront de types à autant de divisions particulières.

1° Ceux dont le corps est ovale, avec le corselet presque trapézoïde, arqué latéralement, ou en demi-ovale tronqué antérieurement, plus large au moins au bord postérieur que l'abdomen, peu ou point rebordé, les palpes maxillaires terminés par un article en hache, ou d'une forme très analogue, et les antennes grossissant insensiblement.

Les Cryptiques. (Crypticus. Latr. — *Blaps*. Fab.)

Ont le corps convexe et lisse en dessus, avec la tête découverte ou peu enfoncée dans l'échancrure du corselet, sans échancrure à son bord antérieur, les yeux extérieurs, ou tout-à-fait en dehors de la concavité antérieure du corselet, et cette dernière partie du corps insensiblement inclinée sur les côtés et peu échancrée en devant. Les antennes sont presque de sa longueur, avec la plupart des articles presque en forme de cœur renversé ou de toupie, les avant-derniers étant seuls plus arrondis ou presque grenus, mais point transversaux. Les jambes sont toujours étroites et alongées, avec les éperons du bout assez saillants (2).

---

(1) A raison de leurs mâchoires armées au côté interne d'une dent cornée, les Épitrages devraient systématiquement appartenir à cette tribu, et s'éloigneraient de tous les sous-genres dont elle se compose, par leur menton beaucoup plus grand et recouvrant la base des mâchoires ; mais, dans l'ordre naturel, ces insectes me paraissent se placer près des Hélops.

(2) *Pedinus glaber*, Latr., Gener. crust. et insect., II, pag. 164 ;

Les Opatres. (Opatrum. Fab., Dej. — *Phylan.* Meg.)

Leur corps est généralement moins élevé et même souvent déprimé; la tête est reçue postérieurement avec les yeux dans une profonde échancrure du corselet, et son bord antérieur en offre une petite, où le labre est engagé. Le corselet est déprimé le long de ses côtés; les antennes sont plus courtes que lui, en majeure partie grenues, avec les derniers articles lenticulaires et transversaux.

Les élytres sont raboteuses ou striées. Les éperons des jambes sont très petits, et les deux antérieures sont plus larges et triangulaires dans plusieurs.

L'*O des sables* (*Silpha sabulosa*, Lin.; Oliv., col. III, 56, 1, 4). Son corps est long de quatre lignes, noir, mais paraissant ordinairement, en dessus, d'un gris cendré; ovale, avec le corselet arqué latéralement et un peu plus large dans son milieu que l'abdomen. Les élytres ont chacune trois lignes longitudinales, élevées, accompagnées chacune, de chaque côté, d'une rangée de petits tubercules, disposés alternativement, et se réunissant souvent avec elles; entre le bord extérieur et la première ligne, et entre la dernière et la suture, est aussi une série de tubercules semblables. Les jambes antérieures sont plus larges, triangulaires. Très commun dans toute l'Europe, dans les lieux sablonneux, et se montrant dès les premiers beaux jours du printemps (1).

2° Ceux dont le corps est étroit et alongé, presque de la même largeur ou plus large postérieurement, avec le corselet presque carré, presque aussi long au moins que large, et dont les antennes forment une grosse massue, ou sont dilatées brusquement à leur extrémité.

Les uns ont les antennes grosses, cylindriques ou en fuseau, perfoliées, velues, ne paraissant composées que de

---

Helops glaber, Oliv., col III, 58, 11, 12; *Blaps glabra*, Fab. , et quelques autres espèces inédites d'Espagne et du cap de Bonne-Espérance.

(1) Les Opatres, n⁰ˢ 7, 8, 10, d'Olivier, *ibid. Voyez* le même article de l'Encyclop. méthod. , et la Coll. des coléop. de M. le comte Dejean. Le *G. phylan* de MM. Mégerle et Dejean ne m'a offert aucun caractère qui le distingue nettement de celui d'Opatre.

dix articles, le onzième ou dernier étant très court et peu distinct ; le second est aussi grand que le suivant.

Les CORTICUS. (CORTICUS. Dej. — *Sarrotrium.* Germ.)

Dont les antennes sont cylindriques et terminées par un article plus grand, formant une petite massue (1).

Les ORTHOCÈRES (ORTHOCERUS. Lat. — *Sarrotrium.* Illig.)

Où ces organes, plus larges dans leur milieu, forment une massue en fuseau, très velue, avec la plupart des articles transversaux et le dernier beaucoup plus étroit que les précédents (2).

Les antennes des autres sont de grosseur ordinaire, simplement grenues, point sensiblement perfoliées ni velues, et offrent distinctement onze articles.

Les CHIROSCÈLES. (CHIROSCELIS. Lam.)

Ont deux fortes dents au côté extérieur des deux premières jambes, et les antennes terminées en une petite massue presque globuleuse, transverse, formée par les deux derniers articles (3).

Les TOXIQUES. (TOXICUM. Lat.)

A jambes simples ; à massue des antennes comprimée et formée par les trois derniers articles ; à tête triangulaire, et dont le corselet est presque carré et presque isométrique (4).

Les BOROS. (BOROS. Herbst. — *Hypophlœus.* Fab.)

Ayant aussi les jambes simples, et la massue des antennes comprimée et formée par les trois derniers articles ; mais dont le corps est presque linéaire, avec la tête ovale, rétrécie postérieurement, le corselet ovalaire, tronqué à cha-

---

(1) *Sarrotrium celtis*, Germ. insect. Spec. nov., p 146.

(2) *Hispa mutica*, Lin.; Panz., Faun. insect. Germ., I, 8.

(3) *Chiroscelis bifenestra*, Lam., Annal. du Mus. d'hist. natur., nº 16, XXII, 2 ; — *Tenebrio digitatus*, Fab.

(4) *Toxicum richesianum*, Latr., Gener. crust. et insect., II, p. 168, et I, IX, 9. J'ai vu, dans la collection de M. Labillardière, une autre espèce, et qui paraît très voisine, pour le facies, des Opatres.

que extrémité, et le dernier article des palpes maxillaires en ovoïde tronqué et peu renflé (1).

3° Ceux dont le corps est pareillement étroit et alongé, avec le corselet presque carré, mais dont les antennes sont de grosseur ordinaire et ne se terminant point brusquement en massue.

Les deux pieds antérieurs ont les cuisses grosses, et les jambes étroites et courbes ou arquées.

Ici le pénultième article est parfaitement semblable, pour la forme et la grandeur, au précédent; et celui-ci, de même que tous les autres, n'est ni dilaté ni canaliculé en dessus.

Les CALCAR. (CALCAR. Dej. — *Trogosita.* Fab.)

Ont le corselet en carré long, le corps linéaire, de la même largeur partout, avec le bord antérieur de la tête échancré et les trois avant-derniers articles des antennes presque globuleux, point sensiblement transversaux (2).

Les UPIS. (UPIS. Fab.)

Ont le corselet en carré long; le corps étroit, mais point linéaire; le bord antérieur de la tête droit, sans échancrure, et les avant-derniers articles des antennes lenticulaires et transversaux (3).

Les TÉNÉBRIONS propres. (TENEBRIO. Lin., Fab.)

Ne diffèrent des upis que par leur corselet plus large que long.

On trouve fréquemment, surtout le soir, dans les lieux peu fréquentés de nos maisons, dans les boulangeries, les moulins à farine, sur les vieux murs, etc.,

Le *T. de la farine* (*Tenebrio molitor*, Lin.; Oliv., col. III, 57, 1, 12), long de sept lignes, d'un brun presque noir en dessus, couleur de marron et luisant en dessous; corselet de la largeur des étuis, carré, avec deux impressions postérieures; étuis pointillés et striés.

------

(1) *Boros corticalis*, Gyll., Insect. Succ., I, 11, p. 584; *Hypophlœus boros*, Fab.; — *B. thoracicus*, Gyll., *ibid.*, p. 586.

(2) *Trogosita calcar*, Fab.

(3) *Upis ceramboides*, Fab.; — *U. saperdoides*, Bosc.

Sa larve est longue, cylindrique, d'un jaune d'ocre, écailleuse et très lisse. Elle vit dans le son et la farine. On la donne aux rossignols. Elle se transforme en nymphe dans la matière qui lui a servi de nourriture.

Le *T. géant* (*grandis*), qui se trouve au Brésil, sous les écorces des vieux arbres, lance par l'anus, et à la distance de plus d'un pied, une liqueur caustique. D'autres espèces du même pays, mais plus petites, se recouvrent entièrement de cette matière. Je dois ces observations à M. de la Cordaire (1).

Là, le pénultième article des tarses est très petit, en forme de petit nœud, et reçu dans une gouttière longitudinale du précédent, qui est plus dilaté que les précédents et presqu'en forme de cœur.

Le bord antérieur de la tête offre une échancrure, occupée par une portion du labre.

Les Hétérotarses. (Heterotarsus. Lat.)

Sous-genre formé sur un insecte du Sénégal, ayant les caractères des ténébrions, mais singulier par ses tarses. Au premier coup d'œil, les quatre antérieures ne paraissent avoir que quatre articles, et les deux autres trois.

La seconde famille des Coléoptères Hétéro-mères,

Les TAXICORNES (Taxicornes.),

N'ont point d'onglet corné au côté interne des mâchoires, et sont tous ailés; leur corps est le plus souvent carré, avec le corselet trapézoïde, ou demi circulaire et cachant ou recevant la tête; dans

---

(1) *Voyez*, pour les autres espèces, le Catalogue de la collection de M. le comte Dejean et Fabricius. Mais ce genre, tel qu'il est actuellement composé, aurait besoin d'épuration, plusieurs espèces se rapportant aux Phaléries ou à d'autres sous-genres. Quelques-unes même peuvent en former de nouveaux.

quelques, les antennes, ordinairement insérées sous une saillie marginale des côtés de la tête, sont courtes, plus ou moins perfoliées ou grenues, grossissent insensiblement ou se terminent en massue. Les pieds ne sont propres qu'à la course, et tous les articles des tarses sont entiers et terminés par des crochets simples ; les jambes antérieures sont souvent larges et triangulaires. Plusieurs mâles ont la tête munie de cornes. La plupart de ces hétéromères se trouvent dans les champignons des arbres, ou sous les écorces ; quelques autres vivent à terre, sous des pierres. M. Léon Dufour a observé dans quelques sous-genres de cette famille, tels que les hypophlées, les diapères propres, et les élédones ou bolétophages, un appareil de sécrétion excrémentielle, et dans les seconds des vaisseaux salivaires. Le ventricule chylifique de ces hétéromères est hérissé de petites papilles en forme de de poils. Ces caractères, la conformation en outre des organes de la génération, nous indiquent que cette famille (1) se lie avec la précédente.

Les uns ont la tête découverte, et jamais entièrement engagée dans une entaille profonde et antérieure du corselet. Cette dernière partie du corps est tantôt trapézoïde ou carrée, tantôt presque cylin-

----

(1) Il en est de même de la suivante. La transition des Ténébrions aux Phaléries et aux Hélops est presque insensible, et dès lors les caractères de ces familles sont, dans quelques cas, ambigus.

drique ; ses côtés , ainsi que ceux des élytres , ne débordent point notablement le corps.

Cette division formera la tribu des DIAPÉRALES (*Diaperales*), ayant pour type le genre

Des DIAPÈRES. (DIAPERIS.)

Tantôt les antennes sont généralement grosses , presque droites, en majeure partie perfoliées ou terminées brusquement par une grosse massue. Le corps est uni ou légèrement strié sur les élytres. Les côtés du corselet n'ont qu'un petit rebord et ne sont point déprimés ni dentelés ; il n'y a point d'écart ou de vide notable entre ses angles postérieurs et la base des élytres. Les deux pieds antérieurs sont triangulaires et dilatés extérieurement à leur extrémité , dans un grand nombre.

Ici les antennes grossissent insensiblement ou du moins ne se terminent point brusquement en une massue ovale ou ovoïde, et dont la plupart des articles beaucoup plus grands que les précédents.

Les uns, et c'est le plus grand nombre , ont le corps ovale, ou ovoïde, quelquefois même hémisphérique, avec le corselet presque carré ou trapézoïde , le plus souvent transversal , mais jamais long et étroit.

Les PHALÉRIES. (PHALERIA. Lat. — *Uloma, Phaleria.* Dej.)

Ont le dernier article des palpes maxillaires plus grand , en forme de triangle renversé ou de hache , et les jambes antérieures plus larges , dilatées en manière de triangle renversé, et souvent dentées , ou munies de petites épines sur l'un de ses côtés (1).

---

(1) Les unes , par leur forme alongée , se rapprochent des Ténébrions. Les articles intermédiaires des antennes sont presque obconiques , et les quatre derniers forment une massue perfoliée. La tête des mâles est cornue. M. Dalman a figuré une espèce de cette division (*Phaleria furcifera*, Analect. entom. , iv). M. Fischer (Entom. de la Russ., II, xxii, 3) en a représenté une autre. Les Trogosites *taurus, quadricornis, vacca* de Fabricius , sont de cette division.

D'autres ont le corps ovale, déprimé, et les antennes très perfoliées ;

. LES DIAPÈRES PROPRES. (DIAPERIS. Geoff., Fab.)

Dont les palpes maxillaires se terminent par un article à
peine plus épais que le précédent, presque cylindrique, et
dont les jambes antérieures, point ou guère plus larges que
les suivantes, sont étroites, presque linéaires, et faiblement
dilatées à leur extrémité.

Parmi les espèces dont le corps est ovoïde, bombé, avec
le corselet lobé postérieurement et les antennes grosses,
presque entièrement perfoliées, se range la *D. du bolet*
(*Chrysomela boleti*, Lin., Oliv., col. III, 55, 1.), dont
le corps est long d'environ trois lignes, d'un noir luisant,
avec trois bandes d'un jaune fauve, transverses et dentées,
sur les élytres. On la trouve dans les champignons des arbres.

Une autre espèce plus alongée, que Fabricius a placée
parmi les ips (*Hœmorrhoïdalis*), forme le genre *neomida*
de M. Ziégler. La tête du mâle est armée de deux cornes(1).
Quelques autres, mais dont les cinq derniers articles sont

---

tels sont les Ténébrions *culinaris*, *retusus*, *chrysomelinus*, *impressus*,
nitidulus, de cet auteur.

Les espèces de ces deux divisions forment le *G. uloma* de MM. Mégerle et Dejean: Celles dont le corps est plus court et plus arrondi, en
forme d'ellipsoïde court ou même hémisphérique, dont les six ou sept derniers articles des antennes sont presque globuleux, sont, pour M. Dejean,
des Phaléries. Le Ténébrion *cadaverinus* de Fab. est de ce nombre.

Une espèce (*bicolor*) du cap de Bonne-Espérance, et de cette division,
se distingue des précédentes par les palpes maxillaires terminés par un
article proportionnellement plus grand, en forme de hache, et par ses
antennes, dont les quatre derniers articles sont seuls globuleux.

Une autre (*Peltoides*), propre au Sénégal, se rapproche des Peltis de
Fabricius et des Cossyphes par sa forme aplatie. Ses antennes ne sont
presque pas perfoliées, la plupart de leurs articles, et même le dernier,
étant en forme de cône renversé.

(1) Les Trogosites *cornuta*, *maxillosa*, de Fabricius, pourraient, à raison des différences que présentent, dans les deux sexes, les mandibules,
former un sous-genre propre. Le *T. ferruginea* du même paraît aussi en
constituer un autre, à raison de ses antennes, terminées brusquement en
massue perfoliée de trois articles, et dont les précédents sont très petits
et grenus.

seuls perfoliés, et forment une petite massue, composent aussi un genre propre, celui de *Pentaphyllus* (1).

D'autres insectes de cette tribu, dont les antennes vont en grossissant et sont presque entièrement perfoliées, se distinguent des diapères et des phaléries par la forme linéaire de leur corps, et leur corselet en carré long ou presque cylindrique. Tels sont :

Les Hypophlées. (Hypophlæus. Fab. — *Ips.* Oliv.)

On les trouve sous les écorces des arbres (2).

Là, les antennes, dont l'insertion est à nu, ou très peu recouverte, se terminent brusquement par une grande massue ovale ou ovoïde, perfoliée, de quatre articles au moins, et dont le second, dans ceux où elle est formée de cinq, est très petit. Le corps est ovoïde ou presque hémisphérique, convexe.

Les Trachyscèles. (Trachyscelis. Latr., Dej.)

Ont des antennes guère plus longues que la tête, terminées en une massue ovoïde, de six articles; toutes les jambes larges et triangulaires, propres à fouir, et le corps court, presque hémisphérique le plus souvent; ils s'enterrent dans le sable des bords de la mer (3).

Les Léiodes. (Leiodes. Latr. — *Anisotoma.* Ilig., Fab.)

Dont le corps est pareillement court et bombé; mais dont les antennes, de la longueur de la tête et du corselet, se terminent par une massue ovale de cinq articles, dont le second plus petit. Les jambes sont étroites, alongées ou peu dilatées; les quatre antérieures au moins sont épineuses (4).

---

(1) *Voyez* le Catalogue de MM. Dejean et Dahl, et, quant aux autres espèces, Fabricius, Olivier et Gyllenhal.

(2) *Hypophlæus castaneus*, Fab.; Panz., Faun. insect. Germ., XII, 13; — *H. linearis*, Fab.; Panz., *ibid.*, VI, 16; — *H. fasciatus*, Panz., *ibid.*, VI, 17; — *H. bicolor*, Fab.; Panz, *ibid.*, XII, 14; — *H. pini*, ibid., LXVII, 19. M. Léon Dufour n'a trouvé dans les Hypophlées et les Elédones que quatre vaisseaux biliaires; il y en a six dans les Diapères.

(3) Latr., Gener. crust. et insect., IV, p. 379.

(4) Latr., *ibid.*, II, p. 180; — les Anisotomes *humerale, axillare, casta-*

Les Tétratomes. (Tetratoma. Herbst , Fab.)

Ont le corps un peu plus alongé que les précédents, ovoïde, moins élevé en dessus; toutes les jambes étroites et sans épines, et les antennes de la longueur de la tête et du corselet, terminées en une massue ovalaire, de quatre articles (1).

Tantôt les antennes, toujours terminées en une massue perfoliée, de cinq ou trois articles, et dont les précédents sont presque en forme de cône renversé ou un peu dilatés au côté interne, en manière de dent, sont arquées ou un peu courbes. Le corps est ovoïde, très inégal en dessus, ou profondement ponctué et strié sur les élytres. Le corselet est déprimé latéralement, et les bords de ce limbe marginal sont dentelés; il est séparé postérieurement de chaque côté, par un écart ou vide remarquable. Les palpes sont filiformes, ou légèrement plus gros à leur extrémité, ainsi que dans les phaléries et les diapères. La tête des mâles est souvent cornue. On les trouve aussi dans les champignons des arbres; ils forment le genre

D'Éledone (Eledona) de Latreille, ou celui de *Boletophagus* de Fabricius et de la plupart des autres naturalistes.

M. Ziégler, et après lui M. le comte Dejean, n'y comprennent que les espèces dont les antennes ont une massue formée par les cinq derniers articles, et dont les précédents sont un peu en dent de scie (2).

Celles où les trois derniers seuls forment la massue, et dont les précédents sont presque en forme de cône renversé, sans saillie interne, composent le genre Coxèle (*Coxelus.*) (3)

---

neum, *orbiculare, piceum , ferrugineum*, de M. Gyllenhall (Insect. Succ. , I, 11, p. 557 et suiv.).

(1) Latr., Gener. crust et insect., II, p. 180, et I, ix, 10. *Voyez* Fab. et Gyllenhall.

(2) *Voyez* le Catal. de la coll. de M. le comte Dejean , p. 68 ; mais rapportez au *G. coxelus* mon *Eledona spinosula*.

(3) *Ibid.* , p. 67. Les Cis paraissent, dans un ordre naturel, se rapprocher de ces insectes.

Notre seconde tribu des taxicornes, les COSSYPHÈNES (*Cossyphènes*), est formée d'insectes analogues, par la forme générale du corps, aux *peltis* de Fabricius, à plusieurs nitidules et cassides ; il est ovoïde ou sub-hemisphérique, débordé dans son pourtour, par les côtés, dilatés et aplatis en manière de limbe ou de marge, du corselet et des élytres ; la tête est tantôt entièrement cachée sous ce corselet, tantôt reçue ou comme emboîtée dans une échancrure anté-rieure de cette partie du corps ; le dernier article des maxillaires est plus grand que les précédents et en forme de hâche.

Cette tribu se composera du genre

Des COSSYPHES. (COSSYPHUS. Oliv., Fab.)

Les uns ont le corps aplati, en forme de bouclier, de con-sistance solide, et les antennes terminées en une massue de quatre à cinq articles ; ils sont propres à l'ancien continent, ou bien à la Nouvelle-Hollande. Tels sont :

Les COSSYPHES propres. (COSSYPHUS, Oliv., Fab.)

Dont le corselet, presque demi circulaire, ne présente antérieurement aucune échancrure, et cache entièrement la tête ; dont les antennes sont courtes et se terminent brusque-ment en une massue ovale de quatre articles, la plupart trans-versaux ; le second de tous et les suivants sont presque iden-tiques.

Ces insectes habitent les Indes orientales, la partie méri-dionale de l'Europe, et le nord de l'Afrique (1).

Les HÉLÉES. (HELÆUS. Latr., Kirb.)

Ont la tête engagée dans une profonde échancrure, ou dans une ouverture médiane du corselet, et découverte, du

---

(1) Latr., Gen. crust. et insect., II, p. 4.

moins en partie, supérieurement. Les antennes, de la longueur au moins de ces deux parties du corps réunies, se terminent presque graduellement en une massue étroite, alongée, formée par les cinq derniers articles, dont le dernier ovoïde, et les précédents en forme de toupie; le second de tous est plus court que le troisième. Ces insectes sont propres à l'Australasie (1).

Les autres, dont la tête est toujours découverte et simplement reçue dans une entaille profonde du corselet, ont le corps presque hémisphérique, bombé, mol ou de consistance peu solide, le corselet très court, et les antennes presque de la même grosseur partout et grenues; ils sont propres à l'Amérique méridionale, et ressemblent, au premier coup d'œil, aux Coccinelles et à diverses espèces d'Erotyles. Tels sont :

Les NILIONS. (NILIO. Latr.) (2).

La troisième famille des COLÉOPTÈRES HÉTÉROMÉRES, celle

DES STÉNÉLYTRES (STENELYTRA.),

Ne diffère de la précédente que par les antennes, qui ne sont ni grenues ni perfoliées, et dont l'extrémité, dans le plus grand nombre, n'est point épaissie. Le corps est le plus souvent oblong, arqué en dessus, avec les pieds alongés, ainsi que dans beaucoup d'autres insectes. Les mâles, aux antennes et à la grandeur près, ressemblent à leurs femelles. Ces hé-

---

(1) Cuv., Règne animal, III, p. 3o1, IV, xiii, 6 ; — *Helæus Brownii*, Kirb., Linn. Traus. , XII, xxiii, 8.

(2) Latr., Gener. crust. et insect, II, p. 198, et I, x, 2; *Ægithus marginatus*, Fab. *Voyez* Germ. insect. Spec. nov. , p. 162.

Les *G. Eustrophe* et *Orchésie*, que nous avions placés dans cette famille, font maintenant partie de la suivante.

téromères sont généralement beaucoup plus agiles que les précédents ; plusieurs se tiennent cachés sous les vieilles écorces des arbres ; on rencontre la plupart des autres sur les feuilles ou sur les fleurs. Linnæus en a rapporté le plus grand nombre à son genre *Tenebrio* ; il a dispersé les autres dans ceux de *Necydalis*, *Chrysomela*, *Cerambyx* et *Cantharis*. Dans la première édition de cet ouvrage, nous avons réuni ces hétéromères en un seul genre, celui d'HÉLOPS (*Helops*) ; mais l'anatomie, tant intérieure qu'extérieure, nous indique qu'on peut partager cette famille en cinq tribus, se rattachant à autant de genres, savoir : les hélops de Fabricius, ses cistèles, ses dircées, les œdémères et les myctères d'Olivier. Nous savons de M. Dufour, qu'à l'égard des vaisseaux biliaires, dont l'insertion est cœcale, ou celle des postérieurs, cette insertion ne s'effectue pas dans les deux derniers genres, comme dans les premiers et les autres hétéromères précédents, par un tronc commun, mais par trois conduits, dont l'un simple, le second bifide et le troisième à trois branches. Les œdémères lui ont offert des vaisseaux salivaires. Leur tête est plus ou moins rétrécie et prolongée antérieurement en forme de museau, et le pénultième article des tarses est toujours bilobé, caractères qui semblent rapprocher ces insectes des coléoptères rhynchophores. Sous le rapport du canal digestif et de plusieurs autres considérations, les hélops et les cistèles avoisinent les ténébrions ;

mais les cistèles ont le ventricule chylifique lisse, les mandibules entiers, et vivent généralement sur les fleurs ou les feuilles, ce qui les distingue des hélops. La plupart des dircées ont la faculté de sauter, et le pénultième article de leurs tarses, ou de quelques-uns au moins, est bifide ; quelques-unes vivent dans les champignons, les autres dans le vieux bois. Ces insectes se lient d'une part avec les hélops et de l'autre avec les œdémères, et encore mieux avec les nothus, sous-genre de la même tribu : tels sont les principes d'après lesquels nous nous sommes dirigés dans le partage de cette famille.

Les uns ont les antennes rapprochées des yeux et la tête point prolongée en manière de trompe et terminée au plus par un museau fort court. Ils composeront nos quatre premières tribus.

Ceux de la première, ou les HÉLOPIENS (*Helopii*), ont les antennes recouvertes à leur insertion par les bords de la tête, presque filiformes ou un peu plus grosses vers leur extrémité, généralement composées d'articles presque cylindriques, amincis vers leur base, dont les avant-derniers souvent un peu plus courts, en forme de cône renversé, et dont le terminal ordinairement presque ovoïde ; le troisième est toujours alongé. L'extrémité des mandibules est bifide ; le dernier article des palpes maxillaires est plus grand, en forme de triangle renversé ou de hache ; les yeux sont oblongs, en forme de rein, ou échancrés. Aucun des pieds n'est propre pour le saut ; le pénultième article des tarses, ou du moins des derniers, est presque toujours entier ou point profondément bilobé ; les crochets du bout sont simples, ou sans fissures ni dentelures ; le corps est le plus souvent arqué en dessus et toujours de consistance solide.

Les larves qui nous sont connues sont filiformes, lisses, luisantes, et à pattes très courtes, ainsi que celles des ténébrions ; on les trouve dans le vieux bois : c'est aussi sous les vieilles écorces des arbres que se tient l'insecte parfait.

Cette tribu répond en majeure partie au genre

D'HÉLOPS (HELOPS) de Fabricius.

Les uns ont le corps presque elliptique, très arqué, ou très convexe, en dessus, avec les antennes de la longueur au plus du corselet, comprimées et dilatées en manière de dents de scie, vers leur extrémité, le corselet transversal, plan en dessus, soit trapézoïde et s'élargissant postérieurement, soit presque carré, et les élytres souvent terminées en pointe ou par une dent. L'extrémité postérieure de l'avant-sternum fait une petite saillie pointue, qui est reçue dans une échancrure, en forme de fourche, du mésosternum.

Dans ceux-ci, le menton est large et cache l'origine des mâchoires. Le milieu de l'extrémité postérieure du corselet s'avance du côté de l'écusson, en manière d'angle. Tels sont

Les ÉPITRAGES. (EPITRAGUS. Latr.) (1).

Dans les autres, le menton ne recouvre point la base des mâchoires, et le bord postérieur du corselet est droit, ou se dilate peu en arrière.

---

(1) Latr., Gener. crust. et insect., II, p. 183, et I, x, 1. Les mâchoires sont onguiculées comme celles des Mélasomes. Ce sous-genre, ainsi que les deux suivants, est propre à l'Amérique méridionale.

Les Cnodalons. (Cnodalon. Latr.)

Où, à partir du cinquième article, les antennes sont fortement comprimées et bien dentées en scie, et dont la tête est notablemet plus étroite que le corselet (1).

Les Campsies (Campsia. Lepel. et Serv. — *Camaria* des mêmes.)

Où les antennes sont légèrement, et à commencer au sixième article, dentées en scie ; et dont la tête est aussi large que le bord postérieur du corselet. Le corps est d'ailleurs proportionnellement plus long, moins bombé, avec le corselet plus large postérieurement (2).

Dans tous les autres hélopiens, le mésosternum ne présente point d'échancrure notable, et l'extrémité postérieure de l'avant-sternum ne se prolonge point en pointe.

Ici le corps est tantôt ovoïde ou ovalaire, tantôt plus oblong, mais rétréci aux deux bouts ; il n'est jamais cylindrique ou linéaire, ni très aplati. On a formé quelques sous-genres avec quelques hélopiens, se rapprochant des premiers par leur corps très renflé et comme gibbeux postérieurement.

Ceux dont le corps est presque ovoïde ou court, avec le corselet transversal, plan ou simplement courbé, composent les sous-genres suivants.

Les Sphénisques. (Spheniscus. Kirb.)

Que l'on prendrait au premier aspect pour des Érotyles, et qui ont, comme les précédents, les derniers articles des an-

---

(1) Latr., Gener. crust. et insect, II, p. 182, et I, x, 7.

(2) Encyclop. méthod, article *Sphénisque*. MM. Lepeletier et Serville ne donnent que dix articles aux antennes des *Camaries*, caractère qui les distinguerait des autres hélopiens ; mais nous en avons compté distinctement onze dans divers Hélops du Brésil, qui nous paraissent très rapprochés de la *C. nitida*, qu'ils citent. Nous avons cru, jusqu'à ce que nous ayons vérifié, sur les individus soumis à leur examen, cette anomalie, devoir réunir ces deux sous-genres. Outre le *Cnodalon irroratum* de M. Germar, cité dans cet article, rapportez au même sous-genre les Toxiques *geniculatum* et *nigripes* de ce savant.

tennes dilatés intérieurement, en manière de dents de scie, et le corselet plan (1).

Les Acanthopes (Acanthopus. Még., Dej.)

Plus courts et plus arrondis que les sphénisques, avec les antennes simples, terminées par un article plus grand et ovoïde, les cuisses antérieures renflées et dentées, du moins dans l'un des sexes, et les jambes presque linéaires, à éperons très petits ou presque nuls; les antérieures sont arquées (2).

Les Amarygmes. (Amarygmus. Dalm. — *Cnodalon.* *Helops. Chrysomela.* Fab.)

Voisins des acanthopes, ayant aussi les antennes simples, mais filiformes, et dont les cuisses antérieures ne sont ni renflées ni dentées. Toutes les jambes sont droites et terminées par des éperons très sensibles (3).

Ceux, où le corselet est renflé en dessus, ovoïde et tronqué aux deux bouts, plus étroit dans toute sa longueur que l'abdomen, avec les antennes simples, grossissant vers le bout, et toutes les jambes étroites, longues et courbées ou arquées, sont, pour M. Kirby,

Des Sphærotes. (Sphærotus.) (4)

Le même savant comprend sous la dénomination générique

D'Adélie. (Adelium. — *Calosoma.* Fab.)

Des hélopiens à forme ovale, avec le corselet plus large que long, presque orbiculaire, échancré en devant, tronqué à l'autre bout, dilaté et arqué latéralement; et les antennes presque filiformes et dont la plupart des articles

---

(1) *Spheniscus erotyloides*, Kirb., Linn. Trans., XII, xxii, 4; Encyclop. méthod, article *Sphénisque*. Les Hélops *suturalis* et *geniculatus* de M. Germar font le passage de ce sous-genre aux Hélops proprement dits.

(2) *Helops dentipes*, Panz., Ross.; — *Helops dentipes*, Fab., autre espèce, mais des Indes orientales.

(3) Dalm., Anal. entom., p. 60. Rapportez encore à ce sous-genre l'*Helops ater* de Fab.

(4) *Sphærotus curvipes*, Kirb., *ibid.*, XXI, 15.

sont presque en forme de cône renversé. Ces insectes se trouvent plus spécialement à la Nouvelle-Hollande (1).

Les espèces dont le corps est ovale-oblong, insensiblement arqué et convexe, ou presque droit en dessus, avec les antennes simples, soit filiformes, soit un peu plus grosses vers le bout, surtout dans les femelles, et le corselet presque carré ou en forme de cœur alongé et tronqué postérieurement, forment deux autres sous-genres (2).

Les Hélops proprement dits. (Helops. Fab.)

La plupart des articles des antennes sont presque en forme de cône renversé, ou cylindriques et amincis à leur base. Le corselet est transversal, ou à peine aussi long que large, soit carré ou trapézoïde, soit en forme de cœur, rétréci brusquement postérieurement, terminé par des angles pointus, et toujours appliqué exactement contre la base des élytres (3).

Les Lænes. (Læna. Még., Dej. — Helops. Fab. — Scaurus. Sturm.)

Leurs antennes sont généralement composées, au moins dans les femelles, d'articles courts, en forme de toupie; le dernier est plus épais que les précédents et ovoïde. Le corselet est presque en forme de cœur tronqué, élevé ou convexe en dessus, séparé de l'abdomen par un écart notable, avec les angles obtus ou arrondis. Les cuisses, surtout les antérieures, sont renflées (4).

Les derniers hélopiens ont le corps alongé, étroit, pres-

---

(1) *Adelium calosomoides*, Kirb., Linn. Trans., XII, xxii, 2.

(2) Les deux ou quatre tarses antérieurs sont dilatés et velus en dessous, dans plusieurs mâles.

(3) Les *Helops cæruleus, lanipes, caraboides*, de Fab.; les *Helops arboreus, gracilis* de Fischer (Entom. de la Russ., II, xxii, 4, 5), et plusieurs autres espèces exotiques. J'y rapporte aussi le *Catops flavipes* du premier, qui, ainsi que son *Helops obliquatus*, semble faire le passage des Amarygmes à l'*H. caraboides*.

(4) *Læna pimelia*, Dej., Catal.; *Helops pimelia*, Fab.; *Scaurus viennensis*, Sturm.; *Læna pulchella*, Fisch., Entom. de la Russ., II, xxii, 8; var. ?

que de la même largeur partout (1), et soit épais, et presque cylindrique, soit très déprimé. Le corselet est presque carré, ou presque en forme de cœur tronqué.

Ceux dont le corps est assez épais, presque cylindrique ou linéaire, avec le corselet presque carré, sans rétrécissement postérieur, forment deux sous-genres.

Les STÉNOTRACHÈLES. (STENOTRACHELUS. — *Dryops*. Payk.)

Ont la tête alongée, rétrécie postérieurement, presque en manière de col; les antennes terminées brusquement par trois articles plus courts et un peu plus gros; le troisième est beaucoup plus long que les suivants (2).

Les STRONGYLIES. (STRONGYLIUM. Kirb. — Ejusd. *Stenochia.*
—*Helops*. Fab.)

Dont la tête n'est ni alongée ni rétrécie postérieurement, et dont les derniers articles des antennes (un peu plus dilatés) ne diffèrent pas brusquement des précédents; le troisième est seulement un plus long que le suivant (3).

Ceux dont le corps est applati, avec le corselet rétréci postérieurement, presque en forme de cœur tronqué, composent le dernier sous-genre, celui

De PYTHE. (PYTHO. Lat., Fab.)

Les antennes vont à peine en grossissant ou sont filiformes, avec le dernier article presque conique; le troisième n'est guère plus long que le précédent et les suivants.

Quelques espèces, propres au Brésil, se rapprochent beau-

---

(1) Un peu plus étroit en devant.

(2) *Dryops œnea*, Payk.; *Calopus œneus*, Gyll.; *OEdemera œnea*, Oliv.; l'*Agnathus decoratus* de M. Germar (Faun. insect. Europ., fasc. XII, fig. 4), dont j'ai trouvé un individu près de Brives, département de la Corrèze, me paraît se rapprocher beaucoup des Sténotrachèles. Le *Pelmatopus Hummelii* de M. Fischer (Entom. de la Russ., II, XXII, 7) est, à ce que je présume, congénère, et se rapproche beaucoup de la première espèce.

(4) *Strongylium chalconatum*, Kirb., Linn. Trans., XII, XXI, 16; — *Stenochia rufipes*, ibid., XXII, 5. *Voyez* aussi les *Helops splendidus, aurichalceus, azureus, interstitialis, flavicrus, luteicornis, limbatus*, de M. Germar.

coup des pythes; mais le second article est notablement plus court que le troisième, et les angles du corselet sont aigus, au lieu d'être arrondis ou obtus, comme dans ce sous-genre (1).

La seconde tribu, celle des Cistélides (*Cistelides*, est infiniment voisine de la précédente, mais l'insertion des antennes n'est point recouverte; les mandibules se terminent en une pointe entière ou sans échancrure; les crochets des tarses sont dentelés inférieurement en manière de peigne; plusieurs de ces insectes vivent sur les fleurs. Le canal digestif est plus court que celui des hélops, et le ventricule chylifique n'offre aucune papille.

Cette tribu forme le genre

Des Cistèles. (Cistela. Fab.)

Les unes ont tous les articles des tarses entiers. Le dernier des palpes maxillaires est simplement un peu plus grand, en cône renversé ou triangulaire.

Ici le corselet est épais, plus étroit que l'abdomen, presque orbiculaire ou presque en forme de cœur. Les antennes sont plus grosses vers leur extrémité. Les cuisses sont en massue.

Les Lystroniques. (Lystronichus. Latr.) (2)

Là, le corselet est déprimé, trapézoïde, de la largeur de l'abdomen au bord postérieur, ou guère plus étroit. Les antennes sont filiformes ou légèrement plus grosses vers le bout.

------

(1) *Voyez* Fab., System. eleuth., II, p. 95; Latr., Gener. crust. et insect., II, p. 195; Schœnh., Synon. insect, I. m, p. 55; Fisch., Entom. de la Russie, II, xxii, 1.

(2) *Helops equestris*, Fab., et quelques autres du Brésil; — *Helops columbinus*, Germ.; — *Notoxus helvolus*, Dalm.

42   INSECTES COLÉOPTÈRES.

Les Cistèles propres. (CISTELA. Fab.)

Ont la tête avancée en manière de museau, le labre guère plus large que long, la plupart des articles des antennes, soit en forme de cône renversé, soit de triangle, dilatés même en dents de scie ; le dernier est toujours oblong. Le corps est ovoïde ou ovalaire.

La *C. Céramboïde* (*Chrysomela ceramboïdes*, Lin.; Oliv., col. III, 54 , 1 , 4), qui pourrait, à raison de ses antennes, dont les trois premiers articles sont plus courts que les suivants, et de la forme en dents de scie de ceux-ci, constituer un sous-genre propre, est longue de cinq lignes, noire, avec les étuis d'un jaune roussâtre et striés. Le corselet est presque demi circulaire. Sa larve vit dans le tan des vieux chênes et y subit ses transformations.

La *C. jaune-citron* (*Chrysomela sulphurea*, Lin.; Oliv., ibid. , 1 , 6) a une forme plus alongée que la précédente. Elle est longue de quatre lignes, d'un jaune citron, avec les yeux noirs. Les étuis sont striés. Les antennes sont simples. Très commune en France, sur différentes fleurs, et particulièrement sur celles de la mille feuille (1).

Les Mycétochares. (MYCETOCHARES. Lat. — *Mycetophila*. Gyll., Dej. — *Cistela*. Fab.)

Dont la tête ne s'avance point en manière de museau ; dont le labre est très court, transversal et linéaire ; et où la plupart des articles des antennes sont courts, presque en forme de toupie ; le dernier est ovoïde. Le corps, surtout dans les mâles, est étroit et alongé. Les mâchoires et la lèvre sont molles (2).

Les autres ont le pénultième article des tarses bilobé; et le dernier des palpes maxillaires très dilaté, en forme de hache. Le corps est généralement plus oblong.

Les Allécules. (ALLECULA. Fab.) (3).

---

(1) *Voyez* Latr., Gener. crust. et insect., II, p. 225; Oliv., col. ibid. ; Schœnh., Synon. insect., I, II, p. 332 et suiv.

(2) *Voyez* Gyll., Insect. suec., I, II, p. 541; Latr., *ibid.*, p. 189, *Helops barbatus*. La dénomination de *mycetophila* ayant été employée par M. Meigen, j'ai cru devoir lui substituer celle de *mycetochares*.

(3) Les Allécules *contracta*, *geniculata*, de M. Germar (Insect. spec. nov., p. 163 , 164), ont les tarses antérieurs très dilatés.

La troisième tribu, celle des SERROPALPIDES (*Serropalpides*) (1) est remarquable, ainsi que l'annonce l'étymologie de ce nom, par les palpes maxillaires, qui sont souvent dentés en scie, fort grands et inclinés. Les antennes sont insérées dans une échancrure des yeux, à nu, comme dans la tribu précédente, et le plus souvent courtes et filiformes. Les mandibules sont échancrées ou bifides à leur extrémité et les crochets des tarses sont simples. Le corps est presque cylindrique dans les uns, ovalaire dans les autres, avec la tête inclinée et le corselet trapézoïde; l'extremité antérieure de la tête n'est point avancée, et les cuisses postérieures ne sont point renflées, caractères qui les distinguent de plusieurs hétéromères de la tribu suivante. Le pénultième article des tarses, ou des quatre antérieurs au moins, est le plus souvent bilobé, et dans ceux où il est entier, les pieds postérieurs au moins sont propres pour sauter; ils sont alors longs, comprimés, avec les tarses menus, presque sétacés, et dont le premier article alongé; les antérieurs sont souvent courts et dilatés.

Cette tribu a pour type le genre

DIRCÉE (DIRCÆA) de Fabricius.

Les uns, en petit nombre, ont les antennes terminées en massue. Tels sont :

Les ORCHÉSIES. (ORCHESIA. Latr. — *Dircœa*. Fab.)

Les palpes maxillaires sont terminés par un article en

---

(1) *Sécuripalpes*, Fam. nat. du règne anim. L'expression de serropalpides est préférable, parce qu'elle rappelle le genre *Serropalpus*, qui fait partie de cette tribu.

forme de hache. Les pieds sont propres pour le saut ; le pénultième article des quatre tarses antérieurs et bifide (1).

Les autres ont les antennes filiformes.

Ceux-ci ont des pieds propres à sauter, le corps ovale ou ovoïde, les antennes toujours courtes, presque cylindriques, les palpes maxillaires simplement un peu plus gros à leur extrémité, mais point terminés par un article en forme de hache, et tous ceux des tarses entiers.

Les Eustrophes. (Eustrophus. Ilig. — *Mycetophagus*. Fab.)

Leur corps est ovoïde, avec le corselet large, échancré en devant, et les angles postérieurs prolongés ; les antennes plus courtes que lui, les quatre jambes postérieures médiocrement alongées et terminées par deux longs éperons (2).

Les Hallomènes. Hallomenus. Payk. — *Dircœa*. Fab.)

Ont le corps plus alongé, ovalaire, des antennes plus longues que le corselet, et les jambes postérieures longues, grêles, avec deux éperons très courts au bout (3).

Ceux-là ont ordinairement le corps étroit et alongé, les palpes maxillaires terminés par un article en forme de hache, et le pénultième article des tarses, ou des quatre antérieurs au moins, bilobé.

Tantôt les antennes sont épaisses et composées d'articles courts, en forme de cône renversé ou de toupie.

Dans quelques-uns, tels que les deux sous-genres suivants, le corps est ovalaire, avec le corselet transversal ou presque isométrique, et s'élargissant de devant en arrière.

Les Dircées propres. (Dircæa. Fab. — *Xylita*. Payk.)

Dont les palpes maxillaires ne sont point dentés en scie, et où le dernier article est plus avancé au côté interne que les précédents. Le corselet s'abaisse insensiblement sur les côtés. L'écusson est très petit (4).

---

(1) Latr., Gener. crust et insect., II, p. 194 ; Schœnh., Synon. insect., I, iii, p. 51.

(2) *Mycetophagus dermestoides*, Fab. M. de la Cordaire en a rapporté du Brésil une autre espèce.

(3) *Voyez* Gyllenbal, Insect. Suec , I, ii, p. 526.

(4) *Ibid.*, p. 516, moins les espèces qu'il nomme *bifasciata* et *quercina* (*voyez*, ci-après, *Hypule*), et *fuscula* (voyez *Scraptie*).

Les Mélandryes. (Mélandrya. Fab.)

Où les palpes maxillaires sont évidemment dentés en scie, les extrémités internes du second et du troisième article étant prolongées en pointe, et de niveau avec le quatrième ou le dernier. Le corselet est brusquement déprimé latéralement, vers les angles postérieurs, avec le bord postérieur sinué. L'écusson est de grandeur ordinaire (1).

Dans le sous-genre suivant, le corps est étroit, presque linéaire. Le corselet forme un carré long, rétréci postérieurement.

Les Hypules. (Hypulus. Payk. — *Dircœa*. Fab.)

Les antennes sont plus longues que dans les précédents, un peu perfoliées, avec les articles plus séparés. Les trois derniers des palpes maxillaires forment, réunis, une massue ovale (2).

Tantôt les antennes sont menues, composées d'articles alongés, presque cylindriques. Le corps est long, étroit, avec l'abdomen alongé.

Les Serropalpes. (Serropalpus. Hellw., Payk.— *Dircœa*. Fab.)

Le corps est de consistance ferme, avec les palpes maxillaires fortement dentés en scie, le corselet aussi long au moins que large, les quatre tarses postérieurs longs ; tous les articles des deux derniers sont entiers ou sans divisions sensibles (3).

Les Conopalpes. (Conopalpus. Gyll.)

Le corps est mou, avec les palpes maxillaires peu dentés en scie, le corselet transversal, et les tarses médiocrement alongés ; le pénultième article est bilobé à tous (4).

---

(1) *Voyez* Gyllenhal, Insect. Suec., I, ii, p. 533, à l'exception de la *M. ruficollis* (*Dircœa ruficollis*, Fab.), qui me paraît devoir se rapporter au sous-genre conopalpe.

(2) *Dircœa bifasciata*, Gyll., Insect. Suec., I, ii, p. 522; — ejusd., *D. quercina*, ibid., p. 523.

(3) *Ibid.*, p. 514; Latr., Gener. crust. et insect., II. p. 192, et I, IX, 12.

(4) Gyll., *ibid.*, p. 547; Dejean, Catal., p. 70.

La quatrième tribu, celle des ŒDÉMÉRITES (*Œde-merites*), se lie avec les précédentes par plusieurs caractères, comme d'avoir les antennes insérées à nu et près des yeux, les mandibules bifides à leur extremité, le pénultième article des tarses bilobé et les palpes maxillaires terminées par un article plus grand, en forme de triangle renversé ou de hache ; mais si l'on en excepte les nothus, rapprochés par la forme et la largeur du corselet et quelques autres signalements, de quelques hétéromères de la tribu précédente, et cependant distincts de ceux-ci par leurs cuisses posterieures très renflées et les crochets refendus de leurs tarses, les œdémérites présentent un ensemble de caractères qui ne permet pas de les confondre avec les autres hétéromères. Le corps est alongé, étroit, presque linéaire, avec la tête et le corselet un peu plus étroits que l'abdomen ; les antennes sont plus longues que ces parties, en scie dans quelques (*Calopes*), filiformes ou sétacées, et composées d'articles presque cylindriques et longs, dans les autres ; l'extrémité antérieure de la tête est plus ou moins prolongée, en forme de petit museau, et un peu rétrécie en arrière, avec les yeux proportionnellement plus élevés que dans les hétéromères précédents ; le corselet est au moins aussi long que large, presque carré ou presque cylindrique et un peu rétréci en arrière ; les élytres sont linéaires ou rétrécies postérieurement en manière d'alène et souvent flexibles. Ces insectes ont des rapports avec les téléphores et avec les zonitis. M. Léon Dufour a reconnu dans les œdémères l'existence de deux vaisseaux salivaires (1) très simples, flexueux et flottants, ainsi que celle d'une panse formée par un jabot latéral muni d'un cou ou pédicelle. Ce sont les seuls coléoptères où il l'ait observée. Les œdémérites se trouvent sur les fleurs ou sur les arbres. Leurs métamorphoses sont inconnues.

Ces hétéromères seront compris dans un seul genre, celui

D'OEdémère. (OEdemera. Oliv.)

Les uns, dont les antennes sont toujours courtes, insérées dans une échancrure des yeux et simples ; dont les cuisses postérieures sont renflées, du moins dans l'un des sexes, ont le corselet de la largeur de la base de l'abdomen, plus large que la tête, et les crochets des tarses bifides.

.‑ Les Nothus (Nothus. Ziegl., Oliv. — *Osphya*. Ilig. — *Dryops*. Schœnh.)

Les palpes maxillaires sont terminés par un grand article en forme de hache alongée. Les pieds postérieurs sont dans l'un des sexes très gros, avec une forte dent et deux petits

---

(1) Les mordellones présentent le même caractère. Peut-être faudrait-il, dans une série plus naturelle, placer les hories, qui ont aussi les cuisses postérieures renflées, immédiatement après les zonitis et les sitaris ; passer ensuite aux œdémérites et aux mordellones, et terminer les hétéromères par les notoxes ou les *anthicus* de Fabricius, insectes qui se lient évidemment avec les mordellones, au moyen des scrapties. Dans mon Gener. crust. et insect., j'avais placé les œdémérites à la fin de la même section. Les rhœbus de M. Fischer, quoique tétramères, ont de grands rapports avec les nothus et les œdémères. Les xylophiles, pareillement tétramères, sont cependant très rapprochés des notoxes.

éperons en dessous, près du bout interne de leurs jambes. La tête n'est point prolongée en devant (1).

Peut-être faudrait-il, dans un ordre naturel, placer ici les *Rhœbus* de M. Fischer. (*Voyez* la famille des rhyncophores.)

Les autres, dont les antennes sont toujours plus longues que la tête et le corselet, dont les pieds sont le plus souvent presque de la même grosseur, ont le corselet plus étroit que la base de l'abdomen et un peu rétréci en arrière, et les crochets des tarses entiers.

Les CALOPES. (CALOPUS. Fab. — *Cerambyx*. De G.)

Dont les pieds postérieurs sont, dans les deux sexes, de la grosseur des autres, ou peu différents; et dont les antennes sont insérées dans une échancrure des yeux, en scie, avec le second article beaucoup plus court que le suivant, en forme de nœud et transversal (2).

Les SPARÈDRES. (SPAREDRUS. Mégerl., Dej. — *Pedilus?* Fisch.)

Semblables aux calopes, par les pieds et l'insertion des antennes; mais où ces derniers organes sont simples, avec le second article, en forme de cône renversé, comme le suivant, et de la moitié au moins de sa longueur (3).

Les DYTILES. (DYTILUS. Fisch. — *Helops. Dryops. Necydalis.* Fab. — *OEdemera.* Oliv.)

Ayant encore les pieds de la même grosseur ou peu différents dans les deux sexes, mais dont les antennes, toujours filiformes, sont insérées au-devant des yeux. Les élytres ne sont point rétrécies brusquement vers leur extrémité, en manière d'alène (4).

---

(1) Olivier, Encyclop. méthod., article *Nothus. Voyez* Schœnh., Synon. insect., I, III, app., p. 8.

(2) *Calopus serraticornis*, Fab.; Oliv., col. IV, 72, 1, 1.

(3) *Calopus testaceus*, Schœnh., Synon. insect., I, III. p. 4-11; — *Pedilus fuscus*, Fisch., Entom. de la Russ., I, IV,

(4) *Dytilus helopioides*, ibid., I, v, 1; — *D. rufus*, ibid., 2. et les œdémères à cuisses simples d'Olivier.

Les OEdémères. (OEdemera. Oliv. — *Necydalis. Dryops.* Fab.)

Où les cuisses postérieures sont très renflées dans l'un des sexes, dont les antennes sont ordinairement longues et plus menues vers leur extrémité, et dont les élytres se rétrécissent brusquement vers leur extrémité (1).

La cinquième et dernière tribu des sténélytres, celle des Rhynchostomes (*Rhynchostoma*), se compose d'insectes dont les uns, tels que les premiers, tiennent évidemment, par l'ensemble de leurs rapport, des œdémères, et dont les autres paraissent appartenir, dans l'ordre naturel, à la famille des porte-bec ou rhynchophores. La tête est notablement prolongée en devant, sous la forme d'un museau alongé ou d'une trompe aplatie, portant à sa base, et en avant des yeux qui sont toujours entiers ou sans échancrure, les antennes.

Ces insectes formeront un seul genre, celui

DE MYCTÈRE. (MYCTERUS.)

Tantôt les antennes sont filiformes et le museau n'est point élargi au bout ; le corselet est rétréci en devant, en forme de cône tronqué ou de trapèze ; la languette est échancrée, et le pénultième article des tarses est bilobé. Ces insectes se trouvent sur les fleurs, habitude qui est indiquée par le prolongement soyeux du lobe terminant leurs mâchoires.

Les Stenostomes. (Stenostoma. Lat., Charpent. — *Leptura.* Fab.)

Ont le corps étroit, avec le corselet en forme de cône tronqué et alongé ; les élytres flexibles, étroites, alongées et ré-

---

(1) Les œdémères d'Olivier à cuisses postérieures renflées et à élytres subulées. *Voyez* l'Encyclop. méthod., article *OEdémère.*

trécies eu pointe ; les antennes composées d'articles cylindriques et longs, les palpes maxillaires terminés par un article
guère plus épais que les précédents, presque cylindrique (1).

Les MYCTÈRES propres. (MYCTERUS. Clairv., Oliv. — *Bruchus.
rhinomacer*. Fab. — *Mylabris*. Schœff.)

Ont le corps ovoïde, de consistance solide, coloré par un
duvet soyeux, avec le corselet trapéziforme ; l'abdomen est
carré, long, arrondi postérieurement; les antennes sont composées d'articles ayant pour la plupart la forme d'un cône
renversé, et dont le nombre paraît être de douze, le onzième
ou dernier étant brusquement rétréci et allant en pointe ;
les palpes maxillaires sont terminés par un article plus grand,
en forme de triangle renversé (2).

Tantôt les antennes sont terminées en une massue alongée, formée par les trois à cinq derniers articles ; le museau
est très aplati, avec un angle saillant de chaque côté,
avant l'extrémité ; le corselet est en forme de cœur tronqué,
rétréci postérieurement ; la languette est entière ; tous les
articles des tarses sont entiers.

Ces insectes vivent sous les écorces des arbres, et paraissent,
dans l'ordre naturel, se placer près des anthribes de Fabricius, qui les a confondus avec eux. Le corps est déprimé
avec la trompe un peu pointue en devant, et les tarses
courts. Les palpes sont plus gros à leur extrémité.

Ils forment le sous genre

RHINOSIME. (RHINOSIMUS. Latr., Oliv.—*Corculio*. Lin., De G.
— *Anthribus*. Fab.)

Iliger l'avait désigné sous la dénomination de *salpingus*.
Quelques entomologistes ont adopté l'une et l'autre, mais
eu restreignant génériquement celle-ci aux espèces dont la
massue antennaire est de trois articles, et en appliquant

---

(1) *OEdeméra rostrata*, Latr., Gener. crust et insect., II, p. 229;
Stenostoma rostratum, Charpent., Horæ entom., IX, 8, *S. variegatum*,
ibid, 6 ; *S. variegata*, Germ. entom. insect. spec. nov., p. 167.

(2) Latr., Gener. crust. et insect., II, p. 230, *G. rhinomacer*. Voy.
Olivier, Encyclop. méthod., article *Myctère*.

celle de rhinosime à celles où cette massue est de quatre à cinq articles (1).

Notre seconde division générale et quatrième famille des Coléoptères Hétéromères, celle

Des TRACHÉLIDES (Trachelides.),

A la tête triangulaire ou en cœur, portée sur une espèce de col ou de pédicule formé brusquement, et en-deçà duquel elle ne peut, étant aussi large ou plus large, en ce point, que le corselet, rentrer dans sa cavité intérieure ; le corps est le plus souvent mou, avec les élytres flexibles, sans stries, et quelquefois très courtes, un peu inclinées dans d'autres. Les mâchoires ne sont jamais onguiculées. Les articles des tarses sont souvent entiers et les crochets du dernier bifides.

La plupart vivent, en état parfait, sur différents végétaux, en dévorent les feuilles, ou sucent le miel de leurs fleurs. Beaucoup, lorsqu'on les saisit, courbent leur tête et replient leurs pieds, comme s'ils étaient morts ; les autres sont très agiles.

Nous partagerons cette famille en six tribus, formant autant de genres.

La première, celle des LAGRIAIRES (*Lagriariæ*), a le corps alongé, plus étroit en devant, avec le corselet, soit presque cylindrique ou carré, soit

---

(1) *Voyez* Latr., Gener. crust. et insect., II, pag. 231; Olivier, col. et Encyclop. méthod.; Dejean, Catal, p. 77, et Gyll., Insect. Suec., I, ii, p. 640, et III, p. 715.

4*

ovoïde et tronqué ; les antennes insérées près d'une échancrure des yeux, simples, filiformes ou grossissant insensiblement vers le bout, le plus souvent et du moins en partie grenues, et dont le dernier article plus long que les précédents dans les mâles ; les palpes plus épaissis à leur extrémité, et le dernier article des maxillaires plus grand, en triangle renversé ; les cuisses ovalaires et en massue ; les jambes alongées, étroites, et dont les deux antérieures au moins arquées ; le pénultième article des tarses bilobé, et les crochets du dernier sans fissure, ni dentelures.

Nos espèces indigènes se trouvent dans les bois, sur divers végétaux, ont le corps mou, les élytres flexibles, et, de même que les meloës, les cantharides font semblant d'être mortes lorsqu'on les prend.

Cette tribu est formée du genre

Des LAGRIES. (LAGRIA. Fab. — *Chrysomela*. Lin. — *Cantharis*. Geoff.)

Les espèces dont les antennes vont en grossissant sont, en tout ou en partie, presque grenues, avec le dernier article ovoïde ou ovalaire; dont la tête est peu avancée en devant, prolongée et arrondie insensiblement en arrière; dont le corselet est presque cylindrique ou carré, composent notre genre *Lagrie* proprement dit (1).

Celui que j'ai nommé STATYRE (*Statyra*) est formé d'espèces, semblables au premier coup d'œil, aux Agres, de la famille des coléoptères pentamères carnassiers. Ici les antennes sont filiformes, composées d'articles presque cylindriques, et dont le dernier fort long, allant en pointe. La

____

(1) *Voyez* Fabricius, Olivier, Latreille et Schœnherr.

tête est prolongée en avant, fortement et brusquement rétrécie derrière les yeux. Le corselet est longitudinal, ovalaire et tronqué aux deux bouts. L'extrémité suturale des
élytres se termine en une dent ou épine (1).

Nous rapporterons avec doute à la même tribu notre genre
HÉMIPÈPLE (*Hemipeplus*, Famill. natur. du règne anim.,
p. 398), dont les antennes sont filiformes, presque grenues,
courtes et coudées, avec les second et troisième articles plus
courts que les suivants; dont le corps est linéaire, déprimé,
avec la tête en forme de cœur, un peu plus large postérieurement que le corselet; les yeux entiers, ovales; le corselet en
carré long, un peu plus étroit postérieurement; les élytres
tronquées au bout, et ne couvrant point l'extrémité postérieure de l'abdomen. Les palpes maxillaires sont saillants et
terminés par un article plus grand et triangulaire. Les pieds
sont courts. Ce genre n'appartient point aux tétramères, ainsi
que je l'avais d'abord pensé, mais aux hétéromères. Le pénultième article des tarses est bilobé. J'ai établi cette coupe sur un
insecte trouvé en Écosse, dans une boutique, et qui m'avait
été communiqué par le docteur Leach.

La seconde tribu, celle des PYROCHROÏDES (*Py-
rochroides*), se rapproche de la précédente, quant aux
tarses, l'alongement et le rétrécissement antérieur
du corps, mais il est aplati, avec le corselet presque
orbiculaire ou trapézoïde. Les antennes, dans les
mâles au moins, sont en peigne ou en panache; les
palpes maxillaires sont un peu dentés en scie et
terminés par un article alongé presque en forme
de hache; les labiaux sont filiformes; l'abdomen
est alongé, entièrement couvert par les élytres, et
arrondi au bout.

Ces hétéromères que l'on trouve au printemps

---

(1) *Voyez* l'Encyclop. méthod., article *Statyre*.

dans les bois, et dont les larves vivent sous les écorces des arbres, forment le genre

Des Pyrochres ou Cardinales. (Pyrochroa. Geoff., Fab., Dej. — *Lampyris*. Lin.)

Des espèces à antennes presque aussi longues que le corps dans les mâles et jetant de longs filets barbus; dont les yeux, dans les mêmes individus, sont grands et rapprochés en arrière; dont le corselet est en cône tronqué ou trapézoïde; enfin, dont le corps est proportionnellement plus étroit, plus alongé, ainsi que les pattes, composent le genre

Des Dendroïdes. (Dendroides. Latr. — *Pogonocerus*. Fisch.) (1).

Celles dont les antennes sont simplement pectinées et plus courtes, dont les yeux sont écartés, et dont le corselet est presque orbiculaire et transversal, sont

Des Pyrochres proprement dites. (Pyrochroa.) (2).

La troisième tribu, celle des Mordellones (*Mordellonæ*), n'offre, quant à la forme des articles des tarses et de leurs crochets, ni quant à celle des antennes et des palpes, aucun caractère commun et constant. Mais il est facile de distinguer ces insectes des autres hétéromères de la même famille, par la conformation générale de leur corps. Il est élevé, arqué,

---

(1) J'avais établi ce genre sur un insecte du Canada, qui faisait partie de la collection de M. Bosc, et se rapprochant beaucoup du *Pyrochroa flabellata* de Fab. M. Fischer a formé la même coupe générique, sous la dénomination de pogonocère, d'après une seconde espèce (*thoracicus*) découverte dans la Russie méridionale. La figure qu'il en a donnée dans les Mémoires des naturalistes de Moscou a été reproduite dans le premier volume de son Entomographie de la Russie, frontispice du titre des genres des insectes.

(2) *Voyez* Geoffroy, De Géer, Fabricius, Latreille, Schœnherr, etc.

avec la tête basse ; le corselet trapézoïde ou demi
circulaire, les élytres soit très courtes, soit rétrécies
et finissant en pointe, ainsi que l'abdomen. A l'égard
des antennes, plusieurs de ces insectes se rapprochent
des pyrochroïdes ; d'autres, par leurs mâchoires,
les crochets des tarses et leurs habitudes parasites,
avoisinent les némognathes, les sitaris, sous-genres
de la dernière tribu de cette famille ; mais ils s'é-
loignent des uns et des autres par leur extrême agilité et la consistance ferme et solide de leurs téguments.

Linnæus en a fait son genre

Des MORDELLES. (MORDELLA.)

Les uns ont les palpes presque de la même grosseur partout. Les antennes des mâles sont très pectinées ou en éventail. L'extrémité des mandibules n'offre point d'échancrure.
Les articles des tarses sont toujours entiers, et les crochets
du dernier sont dentelés ou bifides. Le milieu du bord postérieur du corselet est toujours fortement prolongé en arrière et simule l'écusson. Les yeux ne sont pas échancrés.
Les larves de quelques-uns de ces insectes (*Ripiphores*)
vivent dans les nids de certaines guêpes.

Les RIPIPHORES. (RIPIPHORUS. Bosc. Fab.)

Ont les ailes étendues, dépassant les élytres, qui sont de
la longueur de l'abdomen, les crochets des tarses bifides, les
antennes insérées près du bord interne des yeux, pectinées
des deux côtés dans les mâles, en scie, ou n'ayant qu'un
seul rang de dents courtes, dans l'autre sexe. Le lobe terminant
les mâchoires est très long, linéaire et saillant, et la languette
pareillement alongée est profondément bifide.

Quelques naturalistes ont trouvé dans les nids de la guêpe
commune plusieurs individus vivants du ripiphore *para-*

doxal, d'où l'on a inféré qu'ils y avaient vécu sous la forme de larve. Cependant, d'après une observation de M. Farines, communiquée à M. le comte Dejean (Ann. des scienc. natur., VIII, 244), la larve du R. à *deux taches* vivrait et se métamorphoserait dans la racine de l'*Eryngium c ampestre* (1).

Les Myodites. (Myodites. Latr. — *Ripidius*. Thunb. — *Ripiphorus*. Oliv. , Fab. etc.)

Ont encore les ailes étendues; mais les élytres sont très courtes, en forme d'écaille tronquée ou très obtuse au bout. Les crochets des tarses sont dentelés en dessous. Les antennes sont insérées sur le sommet de la tête, bien pectinées dans les deux sexes (sur deux côtés et formant un panache dans les mâles, sur le côté interne dans les femelles). Les mâchoires sont peu prolongées. La languette est alongée et entière (2).

Les Pélocotomes. (Pelocotoma. Fisch. — *Ripiphorus*. Payk., Gyll.)

Se rapprochent des myodites par les crochets dentelés en scie de leurs tarses; mais les ailes sont recouvertes par les élytres. Les antennes, insérées au-devant des yeux, n'ont qu'un seul rang de dents ou de filets dans les deux sexes. L'écusson est très apparent. Les mâchoires ne font point de saillie. La languette est échancrée (3).

Dans les autres, les ailes sont toujours recouvertes par des élytres prolongées jusque près de l'extrémité de l'abdomen et allant en pointe. Le bord postérieur du corselet n'est point ou peu lobé. L'abdomen des femelles est terminé en manière de queue, pointue au bout. Les yeux sont quelquefois échancrés. Les palpes maxillaires sont terminés par un grand article, en forme de hache ou de triangle renversé. L'extrémité des mandibules est échancrée ou bifide. Les antennes, même dans les mâles, sont au plus dentées en scie.

---

(1) *Voyez* le nouveau Dictionnaire d'histoire naturelle, seconde édit. , article *Ripiphore*.

(2) *Ibid.* , article *Myode*.

(3) *Ibid.*, article *Pélocotome*; Fisch., Entom. de la Russ., II, xxxvii, 9. Le Brésil en fournit plusieurs espèces.

Les Mordelles propres. (Mordella. Lin., Fab.)

Ont les antennes de la même grosseur partout, un peu en scie, dans les mâles ; tous les articles des tarses entiers, et les crochets des derniers offrent en dessous une ou plusieurs dentelures. Les yeux ne sont point échancrés.

M. Léon Dufour a observé dans la mordelle *à bandes*, deux vaisseaux salivaires flottants, plus longs que le corps. Les vaisseaux hépatiques n'ont point d'insertion cœcale, caractère exceptionnel dans cette section.

La *M. à tarière* (*M. aculeata*, Lin. ; Oliv., col. III, 64, 1, 2), longue de deux lignes, noire, luisante, sans taches, avec un duvet soyeux ; tarière de la longueur du corselet, et au moyen de laquelle l'insecte enfonce ses œufs dans l'intérieur des cavités du vieux bois (1).

Les Anaspes. (Anaspis. Geoff. — *Mordella*. Lin., Fab.)

Se distinguent des précédents par les antennes, qui sont simples et vont en grossissant, l'échancrure de leurs yeux, et par leurs quatre tarses antérieurs, dont le pénultième article est bilobé. Les crochets du dernier sont entiers et sans dentelures sensibles (2).

La quatrième tribu, celle des Anthicides (*Anthicides*), nous présente des antennes simples ou légèrement en scie, filiformes ou un peu plus grosses vers le bout, dont la plupart des articles sont presque en cône renversé et presque semblables, à l'exception du dernier (et quelquefois aussi des deux précédents),

---

(1) *Ajoutez* les espèces suivantes d'Olivier : *fasciata, duodecim-punctata, octo-punctata, abdominalis. Voyez* aussi Fischer, Entom. de la Russie, II, xxxviii, fig. 3, 4. Son genre *Ctenopus* (ibid., tab. ead., fig. 1) paraît faire le passage des pélocotomes aux mordelles. Les antennes sont simples ; le labre est bifide ; les mandibules sont fortes et arquées ; les palpes maxillaires sont très longs et presque filiformes ; tous les articles des tarses sont entiers, et les crochets du dernier sont pectinés.

(2) Fischer, *ibid. ; Anaspis frontalis*, tab. ead., fig. 5 ; — *lateralis*, fig. 6 ; — *thoracica*, fig. 7 ; — *flava*, fig. 8.

qui est un peu plus grand et ovalaire; des palpes maxillaires terminées en massue en forme de hache ; des tarses à pénultième article bilobé; un corps plus étroit en devant , avec les yeux entiers ou faiblement échancrés; le corselet tantôt en ovoïde renversé, rétréci et tronqué postérieurement , et quelquefois divisé en ·deux nœuds, tantôt demi circulaire. Quelques-uns de ces insectes se trouvent sur diverses plantes ; mais le plus grand nombre vit à terre. Ils courent avec beaucoup de vitesse. Leurs larves sont peut-être parasites.

Ils composeront le genre

NOTOXE ou CUCULLE (NOTOXUS) de Geoffroy.

LES SCRAPTIES. (SCRAPTIA. Latr. — *Serropalpus*. Illig.)

Qui, à raison de leur corselet presque demi circulaire, transversal ; de leurs antennes insérées dans une petite échancrure des yeux, filiformes et à articles presque cylindriques, se distinguent facilement de tous les autres insectes de cette tribu. Leur port a une grande analogie avec celui des mordelles, des cistèles, etc. (1).

LES STÉROPES (STEROPES. Stev. — *Blastanus*. Hoffm.)

Où les antennes se terminent par trois articles beaucoup plus longs que les précédents, et cylindriques (2).

Les NOTOXES propres. (NOTOXUS. Geoff., Oliv. — *Anthicus*. Payk., Fab.)

Dont les antennes grossissent insensiblement et se composent presque entièrement d'articles en forme de cône renversé;

____

(1) Latr., Gener. crust. et insect., II, p. 195.

(2) *Steropes caspius*, Stev., Mém. des natur. de Moscou, 1,166, x, 9,10; Fisch., Entom. de la Russ., II, xxii, 6; Schœnh., Synon. insect., I, ii, p 54.

et où le corselet est en forme d'ovoïde renversé, rétréci et tronqué postérieurement, ou divisé en deux nœuds globuleux.

Quelques espèces, comme le *N. unicorne*, (*Meloë Monoceros*, Lin. ; Oliv., col. III, 51, 1, 2), ont une corne avancée sur le corselet. Le corps est long de deux lignes, d'un fauve clair, avec deux points à la base de chaque élytre et une bande transverse, se recourbant vers le suture, noirs ; la corne est dentée. Parmi celles dont le corselet n'a point de dilatation en forme de corne, il en est d'aptères (1).

Les deux dernières tribus de la famille et de la section des hétéromères nous offrent quelques caractères communs, tels que d'avoir les mandibules terminés en une pointe simple, les palpes filiformes ou simplement un peu plus gros à leur extrémité, mais jamais en massue en forme de hache, l'abdomen mou, les élytres fléxibles, épipastiques ou vésicantes dans la plupart ; tous les articles des tarses, quelques-uns exceptés, entiers, et dont les crochets sont généralement bifides. En état parfait, ils sont tous herbivores ; mais plusieurs d'entre eux sont parasites sous leur première forme ou celle de larves.

Les Horiales (*Horiales*), composant la cinquième tribu, diffèrent de la suivante par les crochets, qui sont dentelés et accompagnés chacun d'un appendix en forme de scie. Ces insectes ont les antennes filiformes, de la longueur au plus du corselet, le labre petit, les mandibules fortes et saillantes, les palpes filiformes, le corselet carré

---

(1) *Voyez* Olivier, Coléopt., et Encyclop. méthod. ; Schœnh., *ibid.* L'*Odacantha tripustulata* de Fabricius est un notoxe.

et les deux pieds postérieurs très robustes, du moins dans l'un des sexes.

Des observations consignées dans le quatorzième volume des Mémoires de la société linéenne de Londres, nous font connaître les métamorphoses de l'horie tachetée, insecte des Antilles et de l'Amérique méridionale ; sa larve fait périr celle d'une espèce de xylocope (*Teredo* ; *x. Morio*, Fab.), qui perce les troncs secs des arbres et y place ses œufs, à la manière des autres xylocopes ou abeilles charpentières. L'auteur du Mémoire soupçonne que la larve de ce coléoptère se nourrit des provisions destinées à l'autre, et que celle-ci, en conséquence, meurt de faim.

Cette tribu se compose du genre

d'HORIE. (HORIA) de Fabricius.

Ces insectes habitent les contrées intra-tropicales de l'Amérique méridionale et des Indes orientales. Une espèce de ces dernières contrées s'éloigne de toutes les autres par sa tête, qui est plus étroite que le corselet, et à raison des cuisses postérieures, qui sont très renflées, caractère qui ne convient peut-être qu'à l'un des sexes. Elle est le type de mon genre *cissites* (1).

La sixième et dernière tribu, celle des CANTHARIDIES ou VÉSICANTS (*Cantharidiœ*), se distingue de la précédente par les crochets des tarses, qui sont profondément divisés, et paraissent comme doubles.

---

(1) *Voyez* Latr., Gener. crust. et insect., II, p. 211 ; Fabricius, Olivier, Schœnherr, et le volume précité des Mémoires de la soc. linnéenne.

La tête est généralement grosse, plus large, et arrondie postérieurement. Le corselet est ordinairement rétréci en arrière, et se rapproche de la forme d'un cœur tronqué ; il est presque orbiculaire dans d'autres. Les élytres sont souvent un peu inclinées latéralement ou en toit très écrasé et arrondi. Ces insectes contrefont les morts lorsqu'on les saisit, et plusieurs font alors sortir par des articulations de leurs pattes une liqueur jaunâtre, caustique et d'une odeur pénétrante, dont les organes qui la sécrètent n'ont pas encore été observés.

Diverses espèces (*Meloés*, *Mylabres*, *Cantharides*) sont employées à l'extérieur comme vésicatoires, et à l'intérieur comme un puissant stimulant ; mais ce dernier usage est très dangereux.

Cette tribu est formée du genre

MELOÉ (MELOE) de Linnæus.

Qu'on a divisé en plusieurs autres. Des observations anatomiques de M. Léon Dufour, et des recherches très intéressantes de M. Bretonneau, médecin à Tours, sur la propriété épipastique des insectes de cette tribu et de plusieurs autres coléoptères, nous permettent de disposer ces coupes génériques dans un ordre naturel, qui diffère peu de celui que nous avions déjà adopté. Celui-ci a reconnu que les sitaris ne jouissaient point de cette propriété, et l'autre observateur n'a trouvé dans ces hétéromères que quatre vaisseaux biliaires, au lieu de six que lui ont offert les autres insectes de cette tribu. Les sitaris ressemblent d'ailleurs aux zonitis par tout l'ensemble de l'organisation, et ceux-ci sont contigus aux cantharides. Ces insectes occupant donc l'une des extrémités de cet tetribu, il devient facile, par l'étude comparée des autres rapports, de poursuivre cette série, et d'en atteindre l'autre extrémité : elle est en harmonie avec les changements progressifs de la forme des antennes.

Dans les deux sexes des uns, elles ne sont composées que de neuf articles, dont le dernier très grand, en forme de tête (1) ovoïde ; celles des mâles, ainsi que leurs palpes maxillaires, sont très irrégulières. Le corps est déprimé. Tels sont :

Les CÉROCOMES. (CEROCOMA. Geoff., Schœff., Fab.)

Ces insectes paraissent vers le solstice d'été, et souvent en grande abondance dans le même lieu ; on les trouve sur les fleurs et particulièrement sur celles de la camomille des champs, de la millefeuille, etc.

La *C. de Schœffer* (*Meloë Schœfferi*, Lin.; Oliv., col. III, 48, 1, 1, verte ou d'un vert bleuâtre, avec les antennes et les pieds d'un jaune de cire (2).

Dans tous les autres, les palpes sont identiques et réguliers dans les deux sexes. Les antennes ont communément onze articles, et lorsqu'elles en offrent un ou deux de moins, elles se terminent régulièrement en massue. Le corps est assez épais, avec les étuis un peu inclinés.

Dans ceux-ci, les antennes, toujours régulières et grenues dans les deux sexes, ne paraissant composées, quelquefois, que de neuf ou dix articles (3), et jamais guère plus longues que moitié du corps, tantôt se terminent en une massue arquée ou sont sensiblement plus grosses vers leur extrémité, et tantôt forment, à partir du second article, une tige courte, cylindrique ou presque en fuseau.

---

(1) Tous les insectes de cette tribu, à antennes en massue ou plus grosses vers le bout, sont étrangers à l'Australasie et à l'Amérique.

(2) *Voyez* Latr., Gener. crust. et insect., II, p. 212 ; Olivier, Fabricius, Schœnherr, et Fischer, Entom. de la Russie, II, XLI, 1, 2, 3, 4.

(3) Les deux ou trois derniers paraissent se confondre ou s'unir intimement, du moins dans les femelles ; car les articulations de la massue sont plus distinctes dans l'autre sexe.

Ces insectes composent le genre *Mylabre* de Fabricius.

Ceux où les deux ou trois derniers articles des antennes se réunissent, dans les femelles au moins, et forment une massue assez brusque, épaisse et ovoïde, ou en forme de bouton, dont l'extrémité ne dépasse pas le corselet, et où le nombre total des articulations distinctes de ces organes n'est alors que de neuf à dix, forment le sous-genre

HYCLÉE. (HYCLEUS. Latr. — *Dices*. Dej. — *Mylabris*. Oliv. (1).

Ceux où les mêmes organes, proportionnellement plus longs, offrent dans les deux sexes onze articles bien distincts et bien séparés, vont en grossissant, ou ne se terminent que graduellement en une massue alóngée, et dont le onzième ou dernier article, bien séparé du précédent, plus grand et ovoïde, sont

Nos MYLABRES proprement dits. (MYLABRIS. Fab., Oliv., Latr.)

Les longueurs respectives des antennes varient un peu, et ces modifications ont une influence sur la forme de leurs articles, des intermédiaires principalement. Ces considérations paraissent avoir déterminé M. Mégerle (Dejean, Catal. de sa collect. de coléopt.) à former de quelques espèces le genre *Lydus*; mais deux de celles (*algiricus*, *trimaculatus*) qu'il y fait entrer nous ont offert un caractère moins incertain et plus tranché : la division inférieure des crochets de leurs tarses est dentelée en peigne, tandis qu'elle est simple dans les autres mylabres.

Le *M. de la chicorée* (*M. chicorii*, Lin.), d'Olivier, (col. III, 47, I, a, b, c, d, e.) est long de six à sept lignes, noir, velu, avec une tache jaunâtre presque ronde, à la base de chaque élytre, et deux bandes de la même couleur, transverses et dentées, l'une près de leur milieu, et l'autre avant le bout. Les antennes sont entièrement et constamment noires. J'ai quelquefois trouvé cette espèce aux environs de Paris, mais elle est bien plus commune dans le midi de la France et les autres contrées méridionales de l'Europe. Ses propriétés vésicantes sont aussi

____

(1) *Mylabris impunctata*, Oliv., Encyclop. méthod.; — *M. argentata*, Fab.; — ejusd., *M. lunata*; — *M. Bilbergii*, Schœnh.

énergiques que celles de la cantharide des boutiques, et on l'emploie même à sa place, ou mêlée avec elle, en Italie. Les Chinois se servent du *M. pustulé* (Oliv. , *ibid.*, I, 1, f. et 11, 10, b.) (1).

Les OEnas. (OEnas. Latr.,Oliv. *Meloe*. Linn. — *Lytta* Fab.)

Semblent faire le passage des mylabres aux hétéromères suivants. Leurs antennes, dont la longueur ne dépasse guère celle du corselet, sont presque de la même grosseur partout. Le premier article est presque en massue et en forme de cône renversé; immédiatement après le suivant, qui est très court, la tige fait un coude et forme un corps cylindrique ou en fuseau, composé d'articles courts, serrés, transversaux, à l'exception du dernier, qui est conoïde (2).

Les autres hétéromères de la même tribu ont les antennes toujours composées de onze articles bien distincts, presque de la même grosseur partout, ou plus menues vers leur extrémité, et souvent beaucoup plus longues que la tête et le corselet. Elles sont irrégulières dans plusieurs mâles.

Les Meloés propres. (Meloe. Lin., Fab.)

Ont des antennes composées d'articles courts et arrondis, dont les intermédiaires plus gros, et quelquefois disposés de telles sorte que ces organes présentent en ce point, dans plusieurs mâles, une échancrure ou un croissant. Les ailes manquent, et les étuis ovales ou triangulaires et se croisant dans une portion de leur côté interne, ne recouvrent que partiellement l'abdomen, surtout dans les femelles, où il est très volumineux.

Suivant M. Léon Dufour, le jabot de ces insectes peut être considéré comme un véritable gésier, étant garni intérieurement de plissures calleuses, comme anastomosées entre elles, et séparé de l'estomac ou ventricule chylifique,

---

(1) *Voyez*, quant aux autres espèces, l'article *Mylabre* de l'Encyclop. méthod.; la Synonymie des insectes de Schœnherr, et Fisch., Entom. de la Russie, II, XLI, et XL, 5-8; mais cette Synonymie, malgré la belle Monographie de Bilberg, sollicite un nouvel examen.

(2) *Voyez* Latr., Gener. crust. et insect., II, p. 219, et I, x, 10; et l'article *OEnas* de l'Encyclop. méthod.

par une valvule formée de quatre pièces principales, résultant chacune de l'adossement de deux cylindres creux,
tridentés en arrière. L'estomac est formé de rubans musculaires, transversaux, bien prononcés.

Ils se traînent à terre ou sur les plantes peu élevées, dont
ils broutent les feuilles. Ils font sortir par les jointures de
leurs pieds une liqueur oléagineuse, jaunâtre ou roussâtre.

Dans quelques cantons de l'Espagne, on se sert de ces
insectes à la place de la cantharide, ou on les mêle avec
elle. Les maréchaux en font aussi usage. On les regardait
autrefois comme un spécifique contre la rage. J'ai soupçonné
(Mém. du Mus. d'Hist. nat.) que nos méloés sont les *Bupres-*
tes des anciens, insectes auxquels ils attribuaient des effets
très pernicieux, et qui, suivant eux, faisaient périr les bœufs,
lorsqu'ils les mangeaient avec l'herbe.

Le *M. proscarabée* (*M. proscarabæus*, Lin.; Leach.,
Lin. Trans. XI, vi, 6, 7) est long d'environ un pouce,
d'un noir luisant, très ponctué, avec les côtés de la tête,
du corselet, les antennes et les pieds tirant sur le violet.
Les étuis sont finement ridés. Le milieu des antennes du
mâle est dilaté et forme une courbe.

Au rapport de De Géer, la femelle pond dans la terre un
grand nombre d'œufs, réunis en tas. Les larves ont six
pieds, deux filets à l'extrémité postérieure du corps, s'attachent à des mouches et les suçent. M. Kirby pense que
c'est un insecte aptère ou parasite, qu'il nomme *pou de*
la mélitte, et j'ai d'abord partagé cette opinion. M. Walckenaer a présenté, dans son Mémoire pour servir à l'Histoire naturelle des abeilles solitaires, du genre halicte,
tous les faits relatifs à ce sujet de controverse. J'en ai aussi
parlé depuis, à l'article *Méloé* du nouv. Dict. d'Hist. nat. Le
même insecte est le type du genre *triongulin*, de M. Dufour (Ann. des Sc. nat., XIII, ix, B.), déjà mentionné dans
notre exposition des insectes de l'ordre des parasites. Mais
les nouvelles recherches de MM. Lepeletier et Servile,
qui ont isolé plusieurs femelles et obtenu de leurs œufs,
des larves tout-à-fait semblables à celles que de Géer a décrites, ou des triongulins, ne permettent plus de douter
qu'elles ne soient celles des meloés. Nous savons que plu-

sieurs hétéromères déposent leurs œufs dans les nids de divers apiaires. Ne serait-il pas possible qu'il en fût de même des meloés, et que leurs larves vécussent en parasites sur ces apiaires, jusqu'à l'époque où ces hyménoptères eussent assuré l'existence de leurs petits, et par contre-coup celle de leurs ennemis, qui se fixeraient alors dans leurs nids approvisionnés?

Le *M. mélangé* (*M. majalis*, Oliv., Panz.; Leach. *ibid.*, 1, 2) a les antennes régulières et presque semblables dans les deux sexes; le corps mélangé de bronzé et de rouge cuivreux; la tête et le corselet fortement ponctués; les étuis raboteux et des bandes cuivreuses et transverses sur l'abdomen. On l'avait pris pour le *M. majalis* de Linnæus, espèce qui se trouve en Espagne et dans le Roussillon (1).

Tous les hétéromères des sous-genres suivants sont munis d'ailes, et les élytres, conformées à l'ordinaire, recouvrent longitudinalement le dessus de l'abdomen.

Parmi ces sous-genres, nous signalerons d'abord ceux où ces étuis ne sont point rétrécis brusquement en manière d'alène, vers leur extrémité postérieure, et recouvrent entièrement les ailes.

Les Tétraonix. (Tetraonyx. Latr. — *Apalus*. Fab. — *Lytta*. Klüg.)

N'ont point, ainsi que les cantharides et les zonitis, les mâchoires prolongées et terminées par un filet soyeux, et courbé inférieurement. Le pénultième article de leurs tarses est échancré ou presque bilobé, et le corselet forme un carré transversal; ces insectes sont d'ailleurs très voisins des cantharides et propres au nouveau continent (2).

---

(1) *Voyez*, pour les autres espèces, la Monographie précitée du docteur Leach, celle de M. Meyer, Fabricius, Olivier, etc.. Le *M. marginata* de Fabricius est une *galéruque*.

(2) Latr., Zool., et Anat. de MM. Humboldt et Bonpland, pl. xvi, 7; — *Apalus quadrimaculatus*, Fab.; *Lytta bimaculata*, Klüg., Spec. entom. Brasil., XLI, 10; — ejusd., *Lytta sex-guttata*; — ejusd., *L. crassa*, XLI, 12

Les Cantharides (Cantharis. Geoff., Oliv. — *Meloe*. Lin. — *Lytta*. Fab.)

Ont tous les articles des tarses entiers et le corselet presque ovoïde, un peu alongé et rétréci antérieurement, et tronqué postérieurement, ce qui les distingue du sousgenre précédent. Le second article des antennes est beaucoup plus court que le suivant, et le dernier des maxillaires est sensiblement plus gros que les précédents. La tête est un peu plus large que le corselet. Ces caractères les éloignent des zonitis. Les antennes des mâles sont quelquefois irrégulières et même semi-pectinées.

La *C. des boutiques* (*Meloe vesicatorius*, Lin.; Oliv., col. III, 46, I, 1, a, b, c), nommée aussi *mouche d'Espagne*, longue de six à dix lignes, d'un vert doré luisant, avec les antennes noires, simples et régulières.

Cet insecte, bien connu par son emploi médical, a fourni à M. Victor Audouin, le sujet d'un excellent mémoire, inséré dans les Annales des sciences naturelles, (IX, p. 31, pl. XLII et XLIII); il y expose, dans le plus grand détail, son anatomie, des différences sexuelles extérieures qu'on n'avait pas encore remarquées, son mode d'accouplement et ses préludes. Des figures, dessinées avec le plus grand soin, par M. Guérin, ajoutent un nouveau prix à ces faits intéressants.

Cet insecte paraît dans nos climats vers le solstice d'été, et se trouve plus abondamment sur le frêne et le lilas, dont il dévore les feuilles; il répand une odeur très pénétrante. Sa larve vit dans la terre et ronge les racines des végétaux. Aux États-Unis de l'Amérique, on emploie aux mêmes usages, l'espèce que Fabricius nomme *Vittata*, et qui se trouve en abondance sur la pomme de terre (1).

Les Zonitis (Zonitis. Fab. — *Apalus*. Oliv.)

Ont généralement des antennes plus grêles que les cantharides, et surtout dans les mâles; la longueur de leur

______

(1) *Voyez* Fabricius, Olivier, Schœnherr; l'Entomographie de la Russie, de M. Fischer; le Specimen entomol. brésil. de MM. Klüg et Germar (Insect. Spec. nov.).

second article égale au moins la moitié de celle du suivant. Les palpes maxillaires sont filiformes, avec le dernier article presque cylindrique. La tête est un peu prolongée en devant et de la largeur du corselet. Ces insectes se trouvent sur les fleurs (1).

Les mâles des deux sous-genres suivants nous présentent un caractère véritablement insolite : le lobe terminant leurs mâchoires se prolonge en une sorte de filet plus ou moins long, soyeux et courbé. Tels sont :

Les Némognathes. (Nemognathus. Latr. — *Zonitis*. Fab.)

Qui ont les antennes filiformes, avec le second article plus court que le quatrième ; le corselet presque carré , arrondi latéralement (2).

Les Gnathies. (Gnathium. Kirb.)

Où les antennes sont un peu plus grosses vers le bout, et dont le second article est presque aussi long que le quatrième. Le corselet est en forme de cloche et rétréci en devant (3).

Enfin, le dernier sous-genre de cette tribu, celui

De Sitaris (Sitaris. Latr. — *Apalus*. Fab.)

Est remarquable par le rétrécissement brusque de l'extrémité postérieure des étuis, ce qui met à découvert une portion des ailes. Ces insectes ressemblent d'ailleurs beaucoup aux zonitis, et vivent de même, en état de larve, dans les nids de quelques apiaires solitaires maçonnes. Dans les *Apalus* proprement dits de Fabricius, les élytres sont un peu moins rétrécies, et les extrémités internes des articles des antennes sont

---

(1) Les *zonitis* de Fabricius, à l'exception des espèces du sous-genre suivant. *Voyez* aussi l'article *Apale* de l'Encyclop. méthod.

(2) Les *Zonitis chrysomelina*, *rostrata* et *vittata*, de Fab. *Voy.* Latr., Gener. crust. et insect., II, p. 222.

(3) *Gnathium Francilloni*, Kirb., Linn. Trans., XII, xxii, 6. D'après la forme des antennes et celle du corselet, ce sous-genre devrait venir immédiatement après celui de Cantharide. Il faudrait terminer la tribu par les zonitis et les sitaris.

un peu avancées ou dilatées, en manière de petites dents (1).

La troisième section générale des Coléoptères, celle des Tétramères (*Tetramera*), renferme exclusivement ceux qui ont quatre articles à tous les tarses (2).

Ces insectes se nourrissent tous de substances végétales. Leurs larves ont ordinairement les pieds courts, et ils manquent même ou sont remplacés par des mamelons dans un grand nombre. L'insecte parfait se tient sur les fleurs ou sur les feuilles des plantes.

Je diviserai cette section en sept familles. Les larves des quatre à cinq premières vivent, le plus souvent, cachées dans l'intérieur des végétaux, et sont généralement privées de pattes, ou n'en présentent que de très petites; beaucoup d'elles en rongent les parties dures ou ligneuses. Ces coléoptères sont les plus grands de la section.

La première famille, celle

Des PORTE-BEC ou RYNCHOPHORES. (Rynchophora) (3).

Se distingue au prolongement antérieur de la tête, qui forme une sorte de museau ou de trompe.

---

(1) *Voyez* Latr., *ibid.*, p. 221; Schœnh., Synon. insect., I, ii, pag. 341; — *Apalus bimaculatus*, Fab.

MM. Lepeletier et de Serville font mention, à l'article *Sitaris* de l'Encyclop. méthod., d'un nouveau genre, *Onyctenus*, voisin du précédent, mais dans lequel l'une des divisions des crochets des tarses est dentelée. Des *lydus* de MM. Mégerle et Dejean nous ont offert, comme nous l'avons vu plus haut, le même caractère.

(2) Supposons que le premier article d'un tarse pentamère devienne très-court; et que le suivant acquière en longueur ce que l'autre a perdu, le tarse deviendra tétramère. Il en résulte que quelques insectes sont, sous ce rapport, équivoques.

(3) Depuis la publication de la première édition de cet ouvrage,

La plupart ont l'abdomen gros et les antennes coudées, souvent en massue. Le pénultième
article de leurs tarses est presque toujours bilobé.

MM. Germar et Schœnherr se sont spécialement occupés de cette famille, et y ont introduit un grand nombre de genres. Il s'élève, sans
parler des sous-genres, à cent quatre-vingt-quatorze, dans le livre que le
dernier a mis au jour en 1826 sur ces insectes. Leur exposition sortirait
d'autant plus de notre cadre, que nous serions forcés d'entrer dans une
foule de détails très minutieux. Nous renverrons, pour ce sujet, à notre
article *Rhynchophores* du Dictionnaire classique d'histoire naturelle. Nous
y avons présenté un tableau général de ces coupes, mais dans un nouvel
ordre, et plus naturel, à ce qu'il nous semble. En Voici une esquisse
dessinée à grands traits. Les rhynchophores, que M. Schœnherr nomme
curculionites, se partagent, selon que les antennes sont droites ou coudées, en deux grandes sections, les *recticornes* ou orthocères, et les *fracticornes* ou gonatocères. Les observations anatomiques de M. Léon Dufour
semblent appuyer cette distinction. Les seconds offrent des vaisseaux
salivaires, tandis que les premiers en sont privés. Ceux-ci forment quatre
tribus, les *bruchèles*, les *anthribides*, les *attelabides* et les *brentides*. Le
labre et les palpes sont très visibles dans les deux premières ; ces palpes
sont filiformes ou plus gros à leur extrémité ; ils sont très petits et coniques dans les deux autres tribus, ainsi que dans tous les rhynchophores
suivants. Les fracticornes composent une cinquième tribu, celle des *charansonites*. Ils se divisent en brévirostres et longirostres, ce qu'indique
l'insertion des antennes. Dans les premiers, elles sont, à leur origine, de
niveau avec la base des mandibules, et en arrière ou plus près de la tête
dans les autres. Les genres des brévirostres sont distribués dans trois sous-
tribus, savoir ; les *pachyrhyncides*, les *brachycérides* et les *liparides*, qui
correspondent aux genres *curculio*, *brachycerus* et *liparus* d'Olivier, et
dont la dernière comprend aussi quelques-uns de ses *lixus*. La grandeur
relative et la forme du menton, les mandibules, la présence ou l'absence
des ailes, la direction des sillons latéraux de la trompe, ou plutôt du
museau-trompe, où se loge en partie le premier article des antennes, la
longueur de cet article, les proportions et la forme du corselet, et d'autres
considérations très secondaires, fournissent les caractères de ces divers
groupes. Les charansonites longirostres sont partagés en deux coupes
principales, d'après leurs habitudes et la composition des antennes. Dans
les *phyllophages*, elles ont au moins dix articles, et les trois derniers au
moins forment la massue qui les termine. Celles des spermatophages offrent
tout au plus neuf articles, et dont le dernier ou les deux derniers au plus
composent la massue. Les phyllophages ont les pieds tantôt contigus à
leur naissance, tantôt écartés. Ceux où ils se touchent se divisent en

Les cuisses postérieures sont dentées dans plusieurs.

Les larves ont le corps oblong, semblable à un petit ver très mou, blanc, avec une tête écailleuse, et sont dépourvues de pieds, ou n'ont à leur place que de petits mamelons. Elles rongent différentes parties des végétaux. Plusieurs vivent uniquement dans l'intérieur de leurs fruits ou de leur graines, et nous causent souvent de grands dommages. Leurs nymphes sont renfermées dans une coque. Beaucoup de rhynchophores nous nuisent même dans leur dernier état, lorsqu'ils sont nombreux dans des lieux circonscrits. Ils piquent les bourgeons ou les feuilles de plusieurs végétaux cultivés, utiles ou nécessaires, et se nourrissent de leur parenchyme.

Les uns ont un labre apparent, le prolongement antérieur de leur tête court, large, déprimé, en forme de museau ; des palpes très visibles, filiformes, ou plus gros à leur extrémité. Ils composent le genre

Des BRUCHES (BRUCHUS) de Linnæus,

Qui se subdivise comme il suit :

Les espèces dont les antennes sont en massue ou très sensiblement plus grosses vers leur extrémité ; dont les yeux

---

quatre sous-tribus : les *lixides* (*lixus*, Fab.), les *rhynchænides* (*rhynchænus*, Oliv.), les *cionides* (*cionus*, Clairv.), et les *orchestides* (*orchestes*, Ilig.). Les spermatophages se partagent en trois coupes principales ou sous-tribus : les *calandræides* (*calandra*, Clairv., Fab.), les *cossonides* (*cossonus*, Clairv.), et les *dryophthorides* (*dryophthorus*, Schœnh., *bulbifer*, Dej.). Ceux-ci conduisent aux hylésines de Fabricius et autres xylophages.

n'ont point d'échancrure, et qui paraissent avoir cinq articles aux quatre tarses antérieurs, forment le sous-genre des Rhinosimes (Rhinosimus), que nous avons placé d'après ce caractère, avec les hétéromères, mais qui par beaucoup d'autres avoisine le sous-genre suivant.

Celles qui, avec des antennes et des yeux semblables, n'ont que quatre articles à tous les tarses, dont le pénultième bilobé, rentrent dans celui

D'Anthribe (Anthribus) de Geoffroy et de Fabricius (1), auquel on peut joindre les *Rhinomacers* d'Olivier (2).

Ces insectes se tiennent, en général, dans le vieux bois. Quelques autres vivent sur les fleurs.

Les Bruches proprement dites (Bruchus, Fab., Oliv.), ou les *mylabres* de Geoffroy,

Ont leurs antennes en forme de fil, souvent en scie ou en peigne, et les yeux échancrés.

L'anus est découvert et les pieds postérieurs sont ordinairement très grands.

Les femelles déposent un œuf dans le germe, encore tendre et fort petit, de plusieurs plantes légumineuses ou céréales, des palmiers, du caféyer, et la larve s'y nourrit et s'y métamorphose. L'insecte parfait détache, pour sortir, une portion de l'épiderme, sous la forme d'une petite calotte. C'est ce qui produit ces ouvertures circulaires que l'on n'observe que trop souvent aux graines des lentilles, des pois, à celles des dattiers, etc. (3. L'insecte parfait se trouve sur les fleurs.

La *B. du pois* (*B. pisi*, Lin.) Oliv., col. IV, 79, 1, 6, a, d, longue de deux lignes, noire, avec la base des antennes et une partie des pieds fauves ; des points gris sur les

---

(1) Les *macrocéphales* d'Olivier, col. IV, 80 ; les *anthribes* ; nᵒˢ 1-3, de Geoffroy (les anthribes *latirostris*, *varius*, *scabrosus*, de Fab.).

(2) Oliv., col. V, 87 ; les *Rhinomacer lepturoides*, *atelaboides*, de Fab. Le pénultième article des tarses n'est point renfermé dans les lobes du précédent, ce qui, par opposition, les distingue des anthribes.

(3) Ces habitudes sont communes à quelques petites espèces d'anthribes.

étuis; une tache blanchâtre et en forme de croix sur l'anus.

Cette espèce est très nuisible, et a fait, dans certaines années, de grands ravages dans l'Amérique septentrionale (1).

Les Rhébes (Rhæbus) de Fischer se distinguent des bruches par leurs élytres flexibles, et les crochets bifides de leurs tarses (2).

Les Xylophiles (Xylophilus) de Bonnelli s'en éloignent par leurs palpes terminés en massue (3).

Les autres n'ont point de labre apparent ; les palpes sont très petits, peu perceptibles à la vue simple, de forme conique; le prolongement antérieur de leur tête représente un bec ou une trompe.

Tantôt les antennes sont à la fois droites , insérées sur la trompe, composées de neuf à douze articles.

Ceux où les trois ou quatre derniers articles sont réunis en une massue forment le genre

Des Attelabes (Attelabus) de Linnæus, et plus particulièrement de Fabricius, ou celui des *Becmares* de Geoffroy.

Ils rongent les feuilles ou les parties les plus tendres des végétaux. Les femelles, pour la plupart, roulent ces feuilles en forme de tuyau ou de cornet, y font leur ponte, et préparent ainsi à leurs petits une retraite qui leur fournit en même temps leur nourriture.

Les proportions de la trompe , la manière dont elle se termine, ainsi que les jambes et la forme de l'abdomen, ont donné lieu à l'établissement des quatre sous-genres suivants : Apodère, Attelabe , Rhynchite et Apion. Le pre-

---

(1) *Voyez*, pour les autres espèces, Fabricius et Olivier, *ibid.* La *B. rufipède* de celui-ci, si commune aux environs de Paris, sur diverses espèces de réséda, forme le genre *Urodon* de M. Schœnherr. Les antennes se terminent par trois articles plus gros, formant une massue.

(2) *Rhæbus Gebleri*, Fisch. , Entom. de la Russ. , II, 178, XLVII, 1.

(3) Les *Anthicus populneus*, *oculatus*, *pygmæus*, de Gyllenhall.

mier est le plus distinct. La tête de ces insectes est rétrécie en arrière , ou présente une espèce de cou , et s'unit avec le corselet par une espèce de rotule. Leur museau est court, épais, élargi au bout , caractère commun aux attelabes proprement dits, mais dont la tête, ainsi que dans les deux autres sous-genres, rentre dans le corselet, jusqu'aux yeux. Ici le museau est alongé, en forme de trompe. Dans les rhynchites, il est un peu élargi au bout, et l'abdomen est presque carré.

Le R. *Bacchus* (*Rynchites Bacchus*, Herbst. ; Oliv., col. V, 81 , 11, 27), est d'un rouge cuivreux, pubescent , avec les antennes et le bout de la trompe noirs.

Les larves de cette espèce vivent dans les feuilles roulées de la vigne, et l'en dépouillent quelquefois entièrement, dans les années où des circonstances ont favorisé leur multiplication. On la désigne, en quelques endroits de France, sous les noms de *lisette*, *béche*, etc.

Le museau des apions n'est point élargi à son extrémité et même se termine souvent en pointe. L'abdomen est très renflé (1).

On a formé avec des rhynchophores très analogues aux attelabes, mais dont le corps est plus étroit et plus alongé, les genres suivants.

Les Rhinoties (Rhinotia. Kirb. — *Belus*. Schœnh.),

Dont les antennes vont en grossissant, sans former de massue, et dont le corps est presque linéaire (2).

Les Eurhines (Eurhinus. Kirb.),

Où elles se terminent en une massue alongée , et dont le dernier article fort long dans les mâles (3).

Les Tubicènes (Tubicenus, Dej. — *Auletes*. Schœnh.),

Où elles se terminent aussi en massue , mais perfoliée et à articles peu différents en longueur. L'abdomen est d'ailleurs en carré long, et non ovalaire, comme celui des eurhines (4).

---

(1) *Voyez* Latr.', Gen. crust. et insect.; Herbst., Olivier et Schœnher.
(2) Kirby, Linn. soc. Trans., XII.
(3) Kirby, *ibid*.
(4) Schœnh., Curcul. dispos. méthod. , 46; Dej., Catal. , 79.

Ceux où les antennes sont filiformes, ou dont le dernier article forme seul la massue, où la trompe, souvent plus longue dans les mâles que dans les femelles et souvent encore autrement terminée, est toujours portée en avant, dont toutes les parties du corps sont ordinairement très alongées, et où le pénultième article des tarses est bilobé, forment le genre

Des BRENTES. (BRENTUS. Fab. — *Curculio*. Lin.)

Ces insectes sont propres aux pays chauds.

Les uns ont le corps linéaire et les antennes filiformes ou légèrement plus grosses vers le bout, de onze articles. Ce sont

Les BRENTES proprement dits. (BRENTUS.)

M. Stéven en a détaché, sous le nom collectif et générique d'*arrhenodes*, des espèces à tête comme coupée derrière les yeux, à museau court et terminé par deux mandibules étroites et avancées dans les mâles. Tous les brentes de l'Amérique septentrionale et la seule espèce que l'on trouve en Europe, le *brente d'Italie*, appartiennent à ce groupe. Celui-ci, selon des observations qui m'ont été communiquées par M. Savi fils, professeur de zoologie et de minéralogie à Pise, se tient habituellement sous les écorces des arbres, et au milieu de certaines espèces de fourmis qui y établissent aussi leur domicile. M. De la Cordaire, qui a recueilli au Brésil une très belle collection d'insectes, m'a dit que c'était toujours aussi sous des écorces d'arbres qu'il avait trouvé les brentes (1).

D'autres, semblables quant à la forme du corps, n'ont que neuf articles aux antennes, et dont le dernier forme une petite massue. Tels sont :

Les ULOCÈRES (ULOCERUS. Schœnh.) (2)

---

(1) Latr., Gener. crust. et insect., 2, p. 244; Oliv., *ibid.*, 84; Schœnh., Curcul. dispos. méthod., p. 70.

(2) Schœnh., *ibid.*, 75.

Les derniers ou

Les Cylas (Cylas. Latr.),

Ont dix articles aux antennes, dont le dernier forme une massue ovale. Le corselet est comme divisé en deux nœuds, dont le postérieur, celui qui forme le pédicule, est plus petit. L'abdomen est ovale (1).

Tantôt les antennes sont distinctement coudées, le premier article étant beaucoup plus long que les suivants. Ceux-ci forment le genre Charanson (Curculio) de Linnæus.

Nous les diviserons en brévirostres et en longirostres, selon que les antennes sont insérées près du bout de la trompe et de niveau avec l'origine des mandibules, ou plus en arrière, soit vers son milieu, soit près de sa base.

Les charansons brévirostres de ce naturaliste se partagent, dans la méthode de Fabricius, en deux genres:

Les Brachycères. (Brachycerus.)

Ont tous les articles des tarses entiers et sans brosses ou pelotes en dessous. Leurs antennes courtes et peu coudées n'offrent à l'extérieur que neuf articles, dont le dernier forme la massue. Ils manquent d'ailes. Leur corps est très raboteux ou très inégal. Ces insectes sont propres à l'Europe méridionale et à l'Afrique, vivent à terre dans le sable, et sont très printanniers. Des femmes éthiopiennes en portent une espèce au cou, au moyen d'une courroie qui traverse le corps; c'est une sorte d'amulette (Voyage de M. Cailliaud au fleuve Blanc) (2).

. (1) Latr., *ibid.*, p. 268; Olivier, *ibid.*, 84 *bis. Voyez*, pour quelques autres genres dérivant de celui de Brente, l'article *Rhynchophores* du Dict. class. d'hist. natur.

(2) Oliv., col 82. M. Schœnherr forme, avec l'espèce nommée *rostratus*, le genre *cpisus*. Le corselet est alongé, presque linéaire.

Les Charansons. (Curculio.)

Ont presque tous le dessous des tarses garnis de poils courts et serrés, formant des pelotes, et le pénultième article profondément divisé en deux lobes. Leurs antennes sont composées de onze articles, ou même de douze, en comptant le faux article qui les termine quelquefois, et dont les derniers forment la massue.

Ce genre, quoique beaucoup plus restreint que dans la méthode de Linnæus, comprenant encore un très grand nombre d'espèces, découvertes depuis lui, divers savants, et plus particulièrement MM. Germar et Schœnherr, l'ont divisé en beaucoup d'autres. On peut, d'après nos propres observations, y former deux divisions principales.

1º Ceux dont le menton, plus ou moins évasé supérieurement et plus ou moins orbiculaire, occupe toute la largeur de la cavité buccale, cache entièrement, ou peu s'en faut, les mâchoires, et dont les mandibules n'ont point de dentelures très sensibles, ou ne présentent au dessous de la pointe qu'un faible sinus.

On pourrait réunir dans un premier sous-genre celui

De Cyclome (Cyclomus.),

Des brévirostres, qui ont, ainsi que les précédents, les tarses dépourvus de brosses, et le pénultième article entier ou légèrement échancré, sans lobes bien distincts. On y rapporterait les *crytops*, les *deracanthus*, les *amycterus* et les *cyclomus* de M. Schœnherr (1).

Tous les autres ont les tarses garnis en dessous de brosses, et le pénultième article profondément bilobé.

Les uns sont ailés.

Ici les sillons latéraux de la trompe sont obliques et dirigés inférieurement. Les pieds antérieurs diffèrent peu des

______

(1) Ces genres semblent se lier avec ceux de *Myniops* et de *Rhytirhinus* de cet auteur, et dès lors les Brachycères devraient être reculés. (*Voyez* notre article *Rhynchophores* du Dict. class. d'hist. nat.).

suivants en proportions. Ils forment un premier sous-genre, celui

De Charanson proprement dit. (Curculio.) (1).

Qui comprend un grand nombre de genres de MM. Germar et Schœnherr, dont les caractères sont peu importants et souvent très équivoques. Tout au plus pourrait-on en détacher ceux dont les antennes sont proportionnellement plus longues.

Parmi ceux dont les antennes sont courtes, qui ont le corselet longitudinal en cône tronqué, les épaules saillantes, et dont on a formé les genres *entimus*, *chlorima*, etc., se rangent des espèces de l'Amérique méridionale, remarquables par leur éclat et souvent aussi par leur grandeur.

Le *C. impérial* (*C. imperialis*, Fab.; Oliv., col. V, 83, 1, 1.), d'un vert d'or brillant, avec deux bandes noires et longitudinales sur le corselet, et des rangées de pointes enfoncées, d'un vert doré, sur les élytres, et les intervalles noirs.

Le *C. royal* (*C. regalis*, Lin.; Oliv., *ibid.*, 1, 8.), d'un vert bleu, avec des bandes cuivreuses ou dorées très éclatantes, sur les étuis. On le trouve dans l'île de Saint-Domingue, et, à ce qu'il paraît, dans celle de Cuba.

---

(1) 1° Corselet lobé antérieurement : les genres *Entimus*, *Rhigus*, *Promecops*, *Phœdropus*, *Dereodus* (sous-g. des Hypomèces), *Polydius*, *Entyus*, de M. Schœnherr, et *Brachysoma* de M. le comte Dejean, mais réduit à l'espèce qu'il nomme *suturalis*.

2° Corselet point lobé antérieurement.

* Corselet sensiblement plus long que large.

* Trompe plus courte que la tête, ou tout au plus de sa longueur.

Les *G. chlorophanus*, *Ithycerus*, *anœmerus*, *hypomeces*, *anymecus*, *astycus*, *lissorhinus*, *prostenomus?* *artipus*, *sitona*, de M. Schœnherr.

** Trompe sensiblement plus longue que la tête.

Les *G. hadropus*, *cyphus*, *callizonus*.

** Corselet transversal presque isométrique.

Les *G. eustales*, *exophthalmus*, *diaprepes*, *ptilopus*, *pacnæus*, *polydrosus*, *metallites*. La longueur relative du premier article des antennes peut aussi fournir de bons caractères, et que l'on pourrait employer antérieurement à ceux que l'on tire du corselet. *Voyez* l'article *Rhyncophores* du Dict. classique d'hist. natur., et mon ouvrage sur les familles naturelles du règne animal.

Les dénominations de *fastueux, somptueux, noble,* que l'on a donné à d'autres espèces, annoncent le luxe de leur ornement.

L'une de celles de notre pays qui a le plus d'analogie avec les précédentes, est le *C. vert,* (*Chlorima viridis,* Dej.; *Curculio viridis,* Oliv., *ibid.,* 11, 18.); elle est longue d'environ cinq lignes. Le premier article des antennes est proportionnellement plus court que dans les précédentes. Le dessus du corps est d'un vert obscur, avec les côtés et les parties inférieures jaunes. Les élytres se terminent un peu en pointe. La trompe a une carène. Elle est très rare aux environs de Paris.

Nous en possédons encore d'autres, rangées par M. Schœnherr dans le genre *Polydrosus* (*Sericeus,* Gyll., *micans, Betulæ,* etc.), qui, quoique petites, ne frappent pas moins nos regards, par leur teinte d'un vert doré ou argenté. Dans quelques unes, les mâles ont des mandibules avancées, étroites et pointues. Ce caractère est commun à des espèces exotiques.

Le genre LEPTOSOME (LEPTOSOMUS) de M. Schœnherr, quoique formé d'une seule espèce (*Curculio acuminatus,* Fab., Oliv.), présente néanmoins des caractères si insolites, qu'on peut le conserver comme sous-genre. La tête est alongée par derrière, avec la trompe très courte. Le corselet est presque cylindrique. Les élytres se terminent en manière d'épine divergente. Les antennes sont courtes.

Nous passons à un troisième sous-genre, celui de LEPTO-CÈRE (LEPTOCERUS), qui diffère du premier en ce que les deux pieds antérieurs sont plus grands que les suivants, avec les cuisses grosses, les jambes arquées et les tarses souvent dilatés et ciliés. Les antennes sont ordinairement longues et menues. Le corselet est presque globuleux ou triangulaire. L'abdomen n'est guère plus large que lui.

Ces insectes sont plus abondants au Brésil, et plusieurs de leurs analogues se trouvent à l'île de France ou à l'île Bourbon. Quelques autres habitent l'Afrique (1).

______

(1) Les genres *Prostomus, Leptocerus, Cratopus, Lepropus, Hadromerus, Hybsonotus,* de M. Schœnherr. Les hybsonotes ont le corps

Un quatrième sous-genre, celui de PHYLLOBIE (PHYLLOBIUS), comprendra d'autres brévirostres de la même division et pareillement ailés, mais où les sillons des côtés de la trompe sont droits, courts, et ne consistent même qu'en une simple fossette. On y réunira divers genres (*phyllobius, macrorynus, myllocerus, cyphicerus, amblirhinus et phytoscapus*) de M. Schœnherr.

Les brévirostres, à pénultième article des tarses bilobé, mais aptères et presque toujours sans écusson, formeront quelques autres sous-genres, savoir : ceux d'OTHIORHYNQUE (OTHIORYNCHUS) et d'OMIAS (OMIAS), pour ceux dont les sillons antennaires sont droits; et ceux de PACHYRHYNQUE (PACHYRHYNCHUS), de PSALIDIE (PSALIDIUM), de THYLACITE (THYLACITES) et de SYZYGOPS (SYZYGOPS), pour ceux où les sillons sont courbes. Les otiorhynques se distinguent des omias par la dilatation, en forme d'oreillette, de la portion latérale et inférieure de la trompe, servant d'insertion aux antennes; les syzygops, ou cyclops de M. Dejean, par leurs yeux, presque réunis supérieurement; les psalidies, à raison de leurs mandibules saillantes, arquées ou en croissant; les thylacites s'éloignent des pachyrhynques par leurs antennes menues, aussi longues ou presque aussi longues que le corselet, tandis qu'ici elles sont épaisses, notablement plus courtes. L'abdomen est d'ailleurs très renflé. Aux omias (1) et aux thylacites (2) seront réunis plusieurs genres

---

proportionnellement plus étroit et plus alongé; la trompe presque aussi longue que la tête et le corselet; les sillons antennaires presque droits, mais obliques, et le corselet lobé antérieurement. Les leptocères se distinguent de tous les autres par la longueur du premier article des antennes, dont le bout, lorsqu'elles sont rejetées en arrière, dépasse la tête; il ne dépasse point ou que de peu les yeux dans les autres genres. Le cratopes sont propres à l'île de France, à l'île Bourbon et à quelques autres îles de l'Océan indien. Leur corselet est trapézoïde, et l'abdomen a la forme d'un triangle renversé. Le genre *Prostome* n'a peut-être été établi que sur des individus mâles, leurs mandibules étant quelquefois plus grandes que celles des femelles.

(1) Les genres *Peritelus, Trachyphlœus, Episomus, Pholicodes, Ptochus, Stomodes, Sciobius, cosmorhinus, Eremnus.*

(2) Les genres *Liophlœus, Barynotus, Brachyderes, Herpisticus.*

de M. Schœnherr. On pourrait conserver celui d'Hyphante (Hyphantus), très voisin des othiorhynques (1), mais s'en distinguant par son corselet très grand, comparativement à l'abdomen, et presque globuleux.

Notre seconde division générale du genre charanson de Fabricius diffère de la première par le rétrécissement du menton, qui, n'occupant pas toute la largeur de la cavité buccale, laissé à découvert, de chaque côté, les mâchoires, et par le mandibules, évidemment dentées. Souvent la massue des antennes est formée par les cinq à six derniers articles.

Les uns n'ont guère plus de deux dents aux mandibules. Les palpes labiaux sont distincts. La massue des antennes, assez brusque, ne commence qu'au huitième ou au neuvième article, et n'a point la figure d'un fuseau alongé.

Le corps, quoique souvent oblong, n'est pas, non plus, conformé de même.

Il y en a d'aptères, et dont les tarses sont dépourvus de pelottes. Leur pénultième article est faiblement bilobé.

Tel est le sous-genre Myniops (Myniops) de M. Schœnherr, et au quel on peut réunir ses *rhytirrhinus*.

D'autres, pareillement aptères, ont, comme la plupart des rhynchophores, le dessous des tarses garni de pelotes, et le pénultième profondément bilobé. Ils composeront le sous-genre des Lipares (Liparus), qui comprendra aussi divers genres du même (2).

Ceux qui ont des ailes pourront former deux autres sous-genres, savoir: celui d'hypère (Hypera, Germ.; *Phytonomus, Coniatus*, Schœnh.), où les jambes n'offrent point, à leur extrémité, de crochet ou n'en ont qu'un très petit (3); et celui d'Hylobie (Hylobius), où elles en offrent un très fort à leur extrémité interne (4).

Parmi les espèces du premier, il en est une qui se trouve

---

(1) A ce genre joignez ceux de *Tylodères* et d'*Elytrodon.*

(2) *Molytes, Plinthus, Hypporhinus, Epirhynchus, Geophilus.*

(3) Rapportez-y les genres *Aterpus, Listrodères, Gronops, Phytonomus, Coniatus*, de M. Schœnherr.

(4) A ses hylobies, joignez aussi les genres *Lepyrus, Chrysolopus.*

sur le tamarisc (*C. tamarisci*, Fab.), et qui, par ses couleurs, rivalise avec les plus belles exotiques. Elle est le type du genre *coniatus* de M. Schœnherr.

Les autres, dont les mandibules ont trois à quatre dents, offrent un menton rétréci brusquement près de son extrémité supérieure, tronqué, et à palpes peu sensibles ou presque nuls. Leurs antennes se terminent presque graduellement en une massue en forme de fuseau alongé. Le corps a souvent une figure analogue. Olivier les a confondus avec les lixes, dont en effet, ils diffèrent très peu.

Ils composeront le sous-genre CLÉONE (CLEONUS) (1).

Les charansonites longirostres, ou ceux dont les antennes sont insérées en deçà de l'origine des mandibules, souvent près du milieu de la trompe, et qui est, ordinairement longue, comprennent, à quelques espèces près, les genres *Lixus*, *Rhynchœnus* et *Calandra*, de Fabricius.

Dans les deux premiers, les antennes offrent dix articles au moins, mais le plus souvent onze à douze, et dont les trois derniers au moins forment la massue.

LES LIXES. (LIXUS. Fab.)

Ressemblent presque aux cléones, tant pour les organes de la manducation que pour la massue en fuseau alongé des antennes, la forme étroite et alongée du corps, et l'armure de leurs jambes. Il est presque linéaire dans le *L. paraplectique*, dont la larve vit dans les tiges du *phellandrium*, et cause aux chevaux, lorsqu'ils la mangent avec la plante, la maladie dite paraplégie. Une autre espèce, et dont on a formé un genre propre (*Rhinocillus*), à raison de ses antennes très peu coudées, est réputée odontalgique (2).

---

(1) Réunissez à ce genre de M. Schœnherr les suivants : *Pachycerus*, *Mecaspis*, *Rhytideres*, *Stenocorhinus ?*

(2) Les genres *Rhinocillus*, *Lachnœus*, *Nerthops*, *Larinus*, *Lixus*, *pacholenus*, de M. Schœnherr. Les organes sexuels des lixes ont offert à Léon Dufour des caractères qu'il n'a observés dans aucun autre coléoptère.

Les Rhynchænes. (Rhynchænus. Fab.)

Ne présentent point un tel ensemble de caractères.

Tantôt les pieds sont contigus à leur base, et sans fossette sternale, propre à loger la trompe.

Les uns ne sautent point et leurs antennes sont composées de onze à douze articles. Ceux-ci sont ailés.

Les Tamnophiles. (Tamnophilus.)

Dont les antennes sont peu coudées, courtes, de douze articles, terminées en une massue ovalaire, et portées sur une trompe courte, avancée et peu arquée ; dont les yeux sont rapprochés supérieurement ; qui ont l'extrémité de l'abdomen découverte, les jambes armées à leur extrémité d'un fort crochet, formeront ce premier sons-genre, qu'il faut distinguer de celui de rhine, avec lequel Olivier et moi l'avions confondu (1).

D'autres rhynchènes sont remarquables par leurs jambes arquées, munies d'un fort crochet au bout ; leur tarses longs, filiformes, peu garnis de poils en dessous, avec le pénultième article très peu dilaté, simplement en cœur. Ils composeront le sous-genre

Bagous. (Bagous.)

Ce sont de petits insectes qui fréquent les marais (2).

Quelques autres ayant les mêmes habitudes s'éloignent de leur congénères à raison de leurs tarses, dont le pénultième article renferme totalement entre ses lobes, le dernier. Celui-ci est quelquefois dépourvu de crochets. Ils seront compris dans le sous-genre

Brachype. (Brachypus.) (3)

---

(1) Les genres *Læmosaccus*, *Tamnophilus*, du même.
(2) Les genres *Bagous*, *Hydronomus*, *Lyprus*, du même.
(3) Les genres *Brachypus*, *Brachonyx*, *Tanysphyrus*, *Anoplus*, de M. Schœnherr

Celuï

De Balanine. (Balaninus.)

Nous offrira des rhynchophores très singuliers par la longeur de leur trompe, qui égale au moins et excède souvent de beaucoup celle du corps. La larve d'une espèce (*Rhynchœnus nucum*, Fab.) se nourrit de l'amande de la noisette (1).

Celui

De Rhynchène proprement dit. (Rhynchoenus.)

Ne diffère des précédents que par des caractères négatifs, et du suivant par ses antennes composées de douze articles (2).

Les Sibynes. (Sybines.)

N'en offrent que onze, dont sept avant la massue (3). Ceux-là sont dépourvus d'ailes. Tel est le sous-genre,

Myorhine. (Myorhinus. Schœnh. — *Apsis*. Germ.)

Auquel nous réunirons les genres *Tanyrhynchus*, *Solenorhinus*, *Styphlus*, *Trachodes* (*Comasinus*, Dejean), de M. Schœnherr.

Nous passons maintenant à ceux qui n'ont que neuf à dix articles aux antennes, et qui ont la faculté de sauter.

Les Ciones. (Cionus. Clairv.)

Ne sautent point, et les antennes offrent neuf à dix articles aux antennes. Leur corps est ordinairement très court et presque globuleux. Plusieurs vivent, ainsi que leurs larves, sur des verbascums et sur la scrophulaire (4).

Viennent ensuite ceux dont les cuisses postérieures sont

---

(1) Les genres *Balaninus*, *Antliarhinus*, *Erodiscus*, du même.

(2) Les genres *Heilipus*, *Orthorhinus*, *Paramecops*, *Pissodes*, *Penestes*, *Erirhinus*, *Anthonomus*; *Euderes*, *Derelomus*, *Coryssomerus*, *Accalopistus*, *Endœus*, *Tychius*, *Sternechus*, *Tylomus*, du même.

(3) Les genres *Sibynes*, *Micrologus* (sous-genre des Tychies, le *G. Ellescus* de M. Dejean), *Bradybatus* (*Rhinodes*, Dej.).

(4) Les genres *Cionus*, *Mecinus*, *Gymnœtron*, de M. Schœnherr, où les antennes ont dix articles; celui de *Nanodes* du même et celui de *Prionopus* de M. Dalman, où elles en ont neuf. *Voyez* Oliv., col. V, p. 106.

très grosses et leur donnent la faculté de sauter. Les antennes ont onze articles. Le corps est court et ovoïdo-conique.

Ceux où les antennes sont insérées sur la trompe, forment le sous-genre

Des Orchestes. (Orchestes. Illig. — *Salius*. Germ.) (1).

Ceux où elles naissent de l'entre-deux des yeux, celui

De Ramphe. (Ramphus. Clairv.) (2).

Dans les derniers rhynchènes qu'il nous reste à exposer, les pieds sont écartés à leur naissance, et souvent encore leur sternum présente une cavité plus ou moins étendue, qui reçoit la trompe et même quelquefois les antennes.

Ceux où elle n'existe point peuvent former deux sous-genres, savoir : celui

D'Amerhine. (Amerhinus.)

Dont le corps est ovalaire ou presque cylindrique, convexe en dessus (3) ; et celui

De Baridie. (Baridius.)

Où il est déprimé et rhomboïdal (4).

Les rhynchènes de Fabricius, dont le sternum offre un enfoncement logeant la trompe, ont été distribués par M. Schœnherr dans un grand nombre de genres, mais que nous réduirons de la manière suivante.

Ils sont ailés ou aptères.

Parmi les premiers, les uns ont une forme presque rhomboïdale, avec le corselet rétréci brusquement, en manière de tube près de son extrémité antérieure ; l'abdomen presque triangulaire. Ils se lient avec les baridies.

Ici les antennes ont douze articles.

---

(1) Oliv. , *ibid.* , p. 87.

(2) *Ibid.* , p. 39.

(3) Les genres *Amerhinus*, *Netarhinus*, *Alcides*, *Solenopus*, de M. Schœnherr.

(4) Les genres *Rhinastus*, *Cholus*, *Dionychus*, *Platyonyx*, *Madarus*, *Baridius*.

Les Camptorhynques. (Camptorhynchus. — *Eurhinus*, Schœnh.)

Se distinguent de tous les suivants par leurs antennes, qui, depuis le coude, forment une massue conoïde, épaisse, perfoliée (1).

Les Centrines. (Centrinus.)

Ont un écusson distinct, l'abdomen entièrement recouvert par les élytres, les yeux écartés, et la massue des antennes alongée. La poitrine offre souvent, de chaque côté de sa cavité, une dent ou une corne (2).

Les Zygops. (Zygops.)

Très remarquables par leurs yeux très spacieux, très rapprochés ou réunis supérieurement, et par leurs pieds, généralement longs, dont les postérieurs au moins très écartés (3).

Les Ceutorhynques. (Ceutorhynchus.)

Dont l'écusson est à peine apparent; dont les élytres sont arrondies à leur extrémité et ne recouvrent pas entièrement l'abdomen. Les yeux sont écartés. La massue des antennes est ovale, et l'extrémité de leurs jambes est sans épines (4). Là, les antennes n'ont que onze articles.

Les Hydatiques. (Hydaticus.) (5).

D'autres ont le corps ovoïde, court, très renflé en dessus, avec l'abdomen embrassé dans son pourtour, par les élytres. Les cuisses sont canaliculées et reçoivent les jambes dans leur sillon. Leurs yeux sont grands. Les antennes ont toujours douze articles.

Les Orobitis. (Orobitis.) (6)

---

(1) M. Kirby ayant déjà donné le nom d'*Eurhinus* à un autre genre de cette famille, il a fallu changer la dénomination de celui-ci.

(2) *Voyez* M. Schœnherr.

(3) Ses genres *Zygops, Mecopus, Lechriops.*

(4) Ses genres *Ceutorhynchus, Mononychus.*

(5) Ajoutez-y ses *Aïnalus.*

(6) Les *Orobitis, Diorymerus, Ocladius, Cleogonus,* de M. Schœnh.

D'autres ayant le corps oblong, convexe, avec les pieds antérieurs ordinairement plus longs, surtout dans les mâles; Les antennes de douze articles; les yeux écartés, et les élytres recouvrant l'abdomen, composeront le sous-genre

De CRYPTORHYNQUE. (CRYPTORHYNCHUS.) (1).

Ceux qui sont aptères, où dont les ailes sont du moins très imparfaites, qui manquent d'écusson, formeront un autre sous-genre, celui

De TYLODE. (TYLODE.—*Ulosomus. Scleropterus?* Schœnh.)

M. Chevrolat en a découvert aux environs de Paris une espèce (*Rhynchœnus ptinoïdes*, Gyllenh.).

Les autres et derniers longirostres ont généralement neuf articles au plus aux antennes, et le dernier ou les deux derniers au plus forment une massue à épiderme coriace, et dont l'extrémité est spongieuse. Ils se nourrissent, du moins dans leur premier état, de graines ou de substances ligneuses.

On peut les réunir en un seul genre, celui

De CALANDRE. (CALANDRA.)

Que l'on peut partager en six sous-genres.

Les deux premiers sont aptères, et nous offrent, ainsi que les précédents et les suivants, à l'exception du dernier, quatre articles à tous les tarses, dont le pénultième bilobé.

------

(1) Les genres *Arthosternus, Pinarus, Cratosomus, Macromerus, Cryptorhynchus*, de M. Schœnherr. Les *Gasterocercus* de MM. Brullé et de Laporte me paraissent se rapporter aux *Cratosomes* proprement dits du précédent, ou ceux dont la trompe est droite et aplatie. Son sous-genre *Gorgus* se compose de grandes espèces, toutes de l'Amérique méridionale, et dans les mâles desquelles la trompe est ordinairement armée de deux cornes ou dents, près de l'insertion des antennes. Les mandibules ne m'ont point offert de dentelures, l'un des caractères qui distinguent les cratosomes des cryptorhynques, où ces organes sont dentés.

Les antennes sont insérées à peu de distance du milieu de la trompe et coudées.

Dans le premier, celui

D'Anchone. (Anchonus, Schœnh.)

Ces organes offrent neuf articles avant la massue. Le dixième et peut-être deux autres, mais intimement unis avec le précédent et peu distincts, forme une massue en ovoïde court.

Dans le second, celui

D'Ortochæte (Orthochætes.) de M. Germar (1),

C'est le huitième qui forme la massue, dont la forme et la composition paraissent être les mêmes que dans les anchones.

Les quatre autres sous-genres sont pourvus d'ailes.

Dans les trois suivants, les tarses n'ont que quatre articles, dont le pénultième est bilobé.

Les Rhines. (Rhina. Latr. — *Lixus.* Fab.)

Les antennes sont très coudées, insérées près du milieu d'une trompe droite, avancée, et dont le huitième article forme une massue fort alongée, presque cylindrique. Les pieds antérieurs, du moins dans les mâles, sont plus longs que les autres (2).

Les Calandres proprement dites. (Calandra.)

Ont aussi les antennes très coudées, mais insérées près de la base de la trompe ; leur huitième article forme un massue triangulaire ou ovoïde.

Nous ne connaissons que trop la *C. du blé* (*Curculio granarius*, Lin.; Oliv., col. V, 83, xvi, 196); son corps est alongé, brun, avec le corselet ponctué, aussi long que les élytres. Sa larve, connue sous le nom du genre, fait de grands dégâts dans les magasins à blé.

Une autre espèce, celle *du riz* (*Curculio oryzæ*, Lin.; Oliv., *ibid.*, VII, 81), ressemble à la précédente, mais a deux taches fauves sur chaque étui. Elle attaque le riz.

---

(1) Insect. Spec. nov., p. 302.
(2) *Rhina barbirostris*, Latr., Oliv.; — *R. scrutator*, Oliv.

Une troisième, la *C. palmiste* (*Curculio palmarum*, Lin.; Oliv., *ibid.*, II, 16), qui a un pouce et demi de long, dont la massue des antennes est tronquée, est toute noire, avec des poils soyeux à l'extrémité de la trompe. Elle vit de la moelle des palmiers de l'Amérique méridionale. Les habitants mangent sa larve, nommée *ver-palmiste*, comme un mets délicieux (1).

Le cinquième sous-genre, celui

De Cosson. (Cossonus. Clairv.)

Nous offre des antennes, à peine plus longues que la trompe et la tête, et à huit articles avant la massue. Elles sont épaisses et insérées vers le milieu de la trompe (2).

Le dernier, celui

De Dryophthore (Dryopthorus. Schœnh. — *Bulbifer*. Dej.)

Est, sous le rapport des tarses, anomal. Ils présentent cinq articles et dont aucun n'est bilobé. Leurs antennes n'ont que six articles, dont le dernier forme la massue (3).

La seconde famille des COLÉOPTÈRES TÉTRA-MÈRES, celle

Des XYLOPHAGES. (Xylophagi.)

Nous offre une tête terminée à l'ordinaire, sans saillie notable en forme de trompe ou de museau ; des antennes plus grosses vers leur extrémité, ou perfoliées dès leur base, toujours courtes, de moins de onze articles dans un grand nombre, et des tarses à articles (4) ordinairement entiers, ou dont le pé-

---

(1) Les genres suivants de M. Schœnherr : *Sipulus* (*Acorhinus*, Dej.), *Oxyrhynchus*, *Rhynchophorus* (*Calandra*). *Voyez* l'article *Calandre* d'Olivier.

(2) Les genres *Amorphocerus, Cossonus, Rhincolus*, de M. Shœnherr.

(3) *Lixus, Lymexylon*, Fab.

(4) Leur nombre paraît être de cinq dans quelques. Ces insectes sem-

nultième élargi en forme de cœur dans les autres; dans ce dernier cas, les antennes sont toujours terminées en massue, soit solide et ovoïde, soit divisée en trois feuillets, et les palpes sont petits et coniques.

Ces insectes vivent pour la plupart dans le bois. Leurs larves le percent et y creusent des sillons en divers sens, et lorsqu'elles sont très abondantes dans les forêts, celles de pins et de sapins particulièrement, elles font périr, en peu d'années, une grande quantité d'arbres, et les mettent hors d'état d'être employés dans les arts. Quelques autres font beaucoup de tort à l'olivier; d'autres se nourrissent de champignons.

Nous partagerons cette famille en trois sections.

1° Ceux dont les antennes ayant dix articles au plus, tantôt se terminent en une forte massue, le plus souvent solide, de trois feuillets alongés dans d'autres, tantôt forment dès leur base, une massue cylindrique et perfoliée, et dont les palpes sont coniques. Les jambes antérieures du plus grand nombre sont dentées et armées d'un fort crochet; et les tarses, dont le pénultième article est souvent en cœur ou bilobé, peuvent se replier sur elles.

Les uns ont les palpes très petits, le corps convexe et arrondi en dessus ou presque ovoïde, avec la tête globuleuse, s'enfonçant dans le corselet, et les antennes terminées en

blent se lier avec les cryptophages et autres insectes analogues de la section des Pentamères.

une massue solide ou trilamellaire, et précédé de cinq articles au moins.

Ces xylophages composent le genre

Des Scolytes. (Scolytus. Géoff.)

Que Linnæus ne distinguait point des dermestes.

Tantôt le pénultième article des tarses est bilobé. Les antennes ont sept ou huit articles avant la massue.

Les Hylurges. (Hylurgus. Latr. — *Hylesinus*. Fab.)

Ont la massue des antennes solide, presque globuleuse, obtuse, peu ou point comprimée, annelée transversalement, et le corps presque cylindrique (1).

Les Hylésines. (Hylesinus. Fab.)

Ont aussi les antennes terminées en massue solide, peu ou point comprimée et annelée transversalement, mais allant en pointe. Leur corps est presque ovoïde (2).

Dans les deux sous-genres suivants, cette massue est encore solide, mais fortement comprimée, et ses articles inférieurs forment des courbes concentriques.

Les Scolytes propres. (Scolytus. Geoff.—*Hylesinus*. Fab. *Eccoptogaster*. Herbst, Gyllenh.)

Ont leurs antennes droites, imberbes, insérées très près du bord interne des yeux, qui sont très étroits, alongés et verticaux (3).

Les Camptocères. (Camptocerus. Dej. — *Hylesinus*. Fab.)

Dont les mâles ont les antennes fortement coudées, garnies extérieurement de longs poils ou filets; elles sont in-

____

(1) Latr., Gener. crust. et insect., II, p. 274; Gyllenh., Insect. Suec., IV, p. 618.

(2) Latr., *ibid.*, p. 279.

(3) Latr., *ibid.*, p. 278; Gyll., Insect. Suec. III, p. 315, et IV, pag. 279.

sérées à une distance notable des yeux, qui sont elliptiques et obliques (1).

Les Phloïotribes. (Ploiotribus. Latr. — *Hylesinus*. Fab.)

S'éloignent de tous les autres insectes de cette famille par la massue, composée de trois feuillets alongés, de leurs antennes (2).

Tantôt tous les articles (3) des tarses sont entiers, et la massue des antennes, toujours solide et comprimée, commence au sixième ou au septième article.

Les Tomiques. (Tomicus. Latr. — *Ips*. De G. — *Bostrichus*. Fab.)

Leurs antennes ne sont point susceptibles de se replier sous les yeux, et leur massue est distinctement annelée. Leur tête est arrondie en dessus, presque globuleuse (4). Le corselet n'offre point sur les côtés d'échancrure. Les jambes ne sont point striées. Les tarses sont de leur longueur au plus, avec le premier article peu alongé. Le corps est cylindrique, avec les yeux alongés, un peu échancrés (5).

Les Platypes. (Platypus. Herbst. — *Bostrichus*. Fab.)

Leurs antennes, plus courtes que la tête, se replient sous les yeux et se terminent en une massue fort grande, sans anneaux distincts. Le corps est linéaire, avec la tête coupée verticalement en devant; les yeux presque ronds et entiers; le corselet échancré de chaque côté, pour recevoir une portion des cuisses antérieures; les deux jambes antérieures

---

(1) *Hylesinus Æneipennis*, Fab.

(2) Latr., *ibid.*, p. 280.

(3) Ils paraissent être au nombre de cinq, dont le pénultième très petit. Les deux pieds postérieurs sont très éloignés des précédents. Le corps est cylindrique ou linéaire. Les antennes sont fort courtes.

(4) Largement trilobée en arrière. Selon M. Dufour, leur ventricule chylifique, qui forme à lui seul près des deux tiers de la longueur du canal alimentaire, est hérissé de papilles, tandis que celui des bostriches est parfaitement lisse. Il a observé dans le tube alimentaire des premiers, ainsi que dans l'intérieur de divers autres coléoptères, des vers ayant la forme d'ascarides.

(5) Latr., Gener. crust. et insect., II, p. 276.

divisées à leur face postérieure par des arêtes transverses ; et les tarses longs, très grêles et dont le premier article fort alongé. Les deux pieds postérieurs sont très reculés en arrière (1).

Les autres ont des palpes grands, très apparents et d'inégale longueur. Leur corps est déprimé, rétréci en devant ; leurs antennes sont tantôt de deux articles, dont le dernier très grand, aplati, presque triangulaire ou presque ovoïde, tantôt de dix et entièrement perfoliées.

La lèvre est grande ; les élytres sont tronquées, et les tarses courts, avec tous les articles entiers. Ces insectes sont tous exotiques. Ils composent le genre

Des Paussus. (Paussus, Lin., Fab.)

Ceux dont les antennes n'ont que deux articles, et dont le dernier fort grand et comprimé, sont

Les Paussus propres. (Paussus.)

Une espèce (*P. bucephalus*, Schœnh., Synon. insect., I, 3, app. vi, 2), dont la tête offre l'apparence de deux yeux lisses ; dont les yeux sont petits, peu saillants, et dont les antennes guère plus longues que la tête, s'appliquent sur sa face antérieure, et se terminent par un article finissant en pointe, forme, pour M. Dalman (Anal. entom., p. 102), un genre propre qu'il nomme *Hylotorus* (2).

Ceux où les antennes sont de dix articles et entièrement perfoliées, composent le sous-genre

De Céraptère. (Cerapterus. Swed.) (3)

------

(1) *Ibid.*, p. 277. M. Dalman en a figuré une espèce (*flavicornis?* Fab.) renfermée dans du succin.

(2) *Voyez* Latr., Gener. crust. et insect., III, p. 1, et Schœnherr, Synon. insect., I, 3, app. vi, 1.

(3) Latr., *ibid.*, p. 4.

Une seconde section comprendra des xylophages dont les antennes n'offrent que dix articles, et dont les palpes, ou les maxillaires au moins „ ne vont point en s'amincissant vers le bout, mais sont de la même grosseur partout, ou dilatés à leur extrémité. Les articles de leurs tarses sont toujours entiers.

Ils se diviseront en deux genres principaux, d'après la manière dont se terminent les antennes. Les trois derniers articles forment une massue perfoliée dans le premier, celui

Des Bostriches. (Bostrichus.)

Les Bostriches propres. (Bostrichus. Geoff. — *Apate. Synodendron*. Fab. — *Dermestes*. Lin.)

Ont le corps plus ou moins cylindrique, la tête arrondie, presque globuleuse, pouvant s'enfoncer dans le corselet jusqu'aux yeux; le corselet plus ou moins bombé en devant, et formant une sorte de capuchon, et les deux premiers articles des tarses, ainsi que le dernier, alongés.

On trouve souvent sur les vieux bois, dans les chantiers,

Le *B. capucin* (*Dermestes capucinus*, Lin.; Oliv., col., IV, 77, 1, 1), qui est long de cinq lignes, avec les étuis et l'abdomen rouges (1).

Les Psoa. (Psoa. Fab.)

N'en diffèrent qu'en ce que leur corps est proportionnellement plus étroit, plus alongé, avec le corselet déprimé et presque carré. Les mâchoires n'ont qu'un seul lobe, au lieu de deux (2).

Les Cis. (Cis. Latr. — *Anobium*. Fab.)

Ont le corps ovalaire, déprimé ou peu élevé, avec le cor-

---

(1) *Voyez*, pour les autres espèces, Oliv., Fab., etc.
(2) *Voyez* Fabricius et Rossi.

selet transversal, arrondi et rebordé latéralement, un peu dilaté ou avancé au milieu du bord antérieur, et le dernier article des tarses beaucoup plus long que les précédents. La tête des mâles est souvent cornue ou tuberculée.

Ces insectes vivent dans les champignons des arbres (1).

Les NÉMOSOMES. (NEMOSOMA. Desmar. — *Ips*. Oliv. — *Colydium*. Hellw.)

Ont le corps long, linéaire; les antennes guère plus longues que la tête; les mandibules fortes, saillantes, dentelées à leur extrémité; les jambes antérieures triangulaires, dentées extérieurement, et les tarses grêles et alongés (2).

Le second genre de cette seconde division, celui

De MONOTOME. (MONOTOMA.)

Se distingue du précédent par la massue solide et en forme de bouton (le dixième article) des antennes.

Le corps est alongé, déprimé et souvent parallélipipède, avec le devant de la tête rétréci, et un peu avancé en manière de museau triangulaire et obtus. Les palpes sont très petits et point saillants, ainsi que les mandibules.

Dans les uns, la tête n'est point séparée du corselet par un étranglement ou espèce de col, et peut s'y enfoncer postérieurement.

Les SYNCHITES. (SYNCHITA. Helw., Dej. — *Lyctus*. *Elophorus*. Fab.)

Où l'extrémité antérieure de la tête est transverse et sans prolongement, où les deux premiers articles des antennes son presque identiques, et où le corselet, notablement plus

---

(1) Latr., *ibid.*, p. 11, et Gyllenh., Insect. Suec., III, p. 377, et IV, p. 624. Je n'ai vu qu'un individu, et mal conservé, du *Sphindus Gyllenhallii*: il m'a paru que ce genre différait peu de celui-ci.

(2) Latr., Gener. crust. et insect., III, p. 12, et I, xi, 4.

large que long, est séparé de la base des élytres par un intervalle sensible (1).

Les CÉRYLONS. (CERYLON. Latr. — *Synchita*. Helw. — *Lyctus*. Fab.)

Ont l'extrémité antérieure de la tête avancée en manière de triangle obtus ; le premier article des antennes beaucoup plus gros que le suivant ; le corselet appliqué postérieurement contre la base des élytres, plus large que long ou presque isométrique, sans rebords ; le corps presque ovalaire ou presque parallélipipède, avec les élytres sans troncature postérieure et recouvrant tout le dessus de l'abdomen (2).

Les RHYZOPHAGES. (RHYZOPHAGUS. Herbst, Gyll. — *Lyctus*. Fab.)

Ressemblent aux cérylons par la tête, les grandeurs relatives des premiers articles des antennes, la jonction du corselet avec l'abdomen ; mais le corps est étroit et alongé, avec le corselet plus large que long, rebordé, et les élytres tronquées au bout. Quelques auteurs ont avancé que, sous le rapport des tarses, ils étaient hétéromères ; mais il m'a paru qu'ils seraient plutôt des pentamères (3).

Les autres, ou

Les MONOTOMES propres. (MONOTOMA. Herbst. — *Cerylon*. Gyll.)

Ont la tête de la largeur du corselet, et séparée de lui par un étranglement.

Les deux premiers articles des antennes sont plus gros que les suivants et presque égaux (le premier un peu plus grand). L'extrémité supérieure de la massue ou du bouton semble offrir les vestiges d'un ou de deux articles. La tête est triangulaire, un peu avancée en un museau obtus. Le corps est alongé, avec le corselet plus long que large (4).

---

(1) *Cerylon terebrans*, Latr.; *C. juglandis*, Gyll.; *Lyctus juglandis*, Fab.; ejusd., *Elophorus humeralis*.

(2) *Cerylon histeroides*, Latr., Gyllenh.

(3) *Voyez* Gyllenh., Insect. Suec. I, III, p. 419.

(4) *Cerylon picipes*, Gyllenh.

Les xylophages de la troisième division ont onze articles très distincts aux antennes ; les palpes filiformes ou plus gros à leur extrémité, dans les uns, plus menus au bout, dans les autres, et tous les articles des tarses entiers.

Nous commencerons par ceux où la massue des antennes n'est que de deux articles. Ils formeront le genre

Des LYCTES. (LYCTUS.)

Les uns ont les mandibules et le premier article des antennes entièrement découverts. Le corps est étroit et alongé, presque linéaire, avec les yeux gros et le corselet alongé.

Les LYCTES propres. (LYCTUS. Fab.) (1).

Dans ceux-ci, les bords de la tête recouvrent entièrement ou en majeure partie le premier article des antennes. Les mandibules ne sont point saillantes.

Les DIODESMES. (DIODESMA. Még., Dej.)

Ont les antennes de la longueur du corselet ; le corps ovale-oblong, convexe, avec le corselet presque demi-orbiculaire et l'abdomen presque ovalaire (2).

Les BITOMES. (BITOMA. Herbst, Gyll. — *Lyctus*. Fab.)

Dont les antennes sont plus courtes que le corselet ; dont le corps est long, étroit, presque parallélipipède, déprimé, avec le corselet carré (3).

Dans les autres xylophages ayant des antennes de onze articles, les trois à quatre derniers forment la

---

(1) *Voyez* Latr. et Gyllenhall. Le genre *Lyctus* de Fabricius est un mélange.

(2) *Diodesme subterranéa*, Dej., Catal., p. 67.

(3) *Voyez* Latr. Gyllenh.

massue, ou le dernier seul est plus grand que les précédents. Ils se subdivisent ainsi :

Tantôt les mandibules sont recouvertes ou très peu saillantes. Tels sont

Les MYCÉTOPHAGES. (MYCETOPHAGUS. Fab.)

Ici les antennes, guère plus longues que la tête, sont insérées sous les bords avancés de la tête et terminées brusquement en une massue perfoliée, de trois articles.

Les COLYDIES. (COLYDIUM. Fab.)

Leur corps est linéaire, avec la tête très obtuse en devant ; le corselet de la largeur de l'abdomen, en carré plus ou moins long, et l'abdomen alongé. Les deux premiers articles des antennes sont plus grands que les suivants ; ceux-ci, jusqu'au huitième inclusivement, sont très courts et transversaux (1).

Là, les antennes sont au moins de la longueur du corselet.

Ceux-ci ont le corps ovale, avec le corselet transversal, plus large postérieurement ; le premier et le dernier articles des tarses alongés, et les antennes terminées en une massue perfoliée, soit alongée et commençant vers le sixième ou septième article, soit brusque, ovalaire et formée seulement par les trois derniers.

Ils vivent dans les champignons, ou sous les écorces des arbres.

Les MYCÉTOPHAGES propres. (MYCETOPHAGUS. Fab. — *Tritoma*. Geoff.)

La massue des antennes commence au sixième ou au septième article ; le dernier est presque ovoïde (2).

Les TRIPHYLLES. (TRIPHYLLUS. Még., Dej. — *Mycetophagus.* Gyll.)

Où la massue des antennes est plus courte, brusque et

---

(1) *Voyez* Fab., Latr., Dej.

(2) *Voyez* Latr. ; Gener. crust. et insect., III, p. 9, 1re divis. des Mycétophages ; et Gyllenhall, Insect. Succ., I, III, 387, et IV, 630.

formée seulement par les trois derniers articles; le dernier est presque globuleux (1).

Ceux-là ont le corps oblong, avec le corselet plus étroit que l'abdomen, du moins postérieurement; le premier article des tarses de la longueur du suivant, ou guère plus long, et les antennes terminées par une massue étroite, alongée, peu ou point perfoliée, formée par les trois derniers articles.

Les MÉRYX. (MERYX. Latr.)

Distingués des suivants par leurs palpes maxillaires (toujours saillants) terminés par un article plus grand, en triangle renversé (2).

Les DASYCÈRES. (DASYCERUS. Brong.)

Qui n'offrent que trois articles aux tarses, mais qui, cependant, tiennent à cette famille, par d'autres rapports. Les deux premiers articles de leurs antennes sont globuleux, les suivants très menus, capillaires et velus, et les trois derniers globuleux et pareillement velus. La tête est triangulaire et distincte du corselet. Les palpes maxillaires sont saillants, menus et terminés en alène. Le corselet et les élytres sont sillonnés. L'abdomen est presque globuleux (3).

Les LATRIDIES. (LATRIDIUS. Herbst. — *Tenebrio*. Lin. — *Dermestes*. Fab.)

Ont les palpes très courts, terminés en alène; la tête et le corselet plus étroits que l'abdomen; le premier article des antennes fort gros et globuleux, les suivants, jusqu'au dixième inclusivement, presque en cône renversé, glabres ou simplement pubescents; le dernier plus grand que les précédents, et ovoïde; le corselet plus large que long ou presque isométrique, et l'abdomen presque carré on presque ovalaire (4).

---

(1) *Voyez* Latr., *ibid.*, seconde divis. ; Dej., Mycétophages, et Gyllenh., *ibid.*, IV, 63ı.

(2) Latr, Gener. crust. et insect., III, p. 17, et I, xı, 1.

(3) *Voyez* Duméril, Dict. des sc. natur., où cet insecte est bien figuré, et Arrh., Faun. insect. Eur., IV, 5.

(4) *Voyez* Latr., *ibid.*, et Gyllenh., Insect. Succ., I, ıv, 123.

Les **Silvains**. (**Silvanus**. Latr., Gyll. — *Dermestes*. Fab.)

Ont le corps presque linéaire ou presque parallélipipède, le corselet plus long que large, de la largeur de l'abdomen antérieurement ; les premiers articles des antennes presque égaux, presque en forme de toupie, et le dernier presque globuleux ; les palpes presque filiformes, et l'extrémité anté-rieure de la tête, un peu avancée et rétrécie en manière de museau triangulaire et obtus (1).

Tantôt les mandibules sont entièrement découvertes ou saillantes et robustes. Le corps est généralement étroit, alongé et déprimé. Ces insectes forment le genre

Des **Trogosites**. (**Trogosita**. Oliv., Fab.—*Platycerus*, Geoff.)

Les uns ont des antennes plus courtes que le corselet, ou de sa longueur au plus, et terminées en une massue com-primée, un peu dentée en scie, et formée par les trois à quatre derniers articles. La languette est entière.

Les **Trogosites** propres. (**Trogosita**. Fab.

Les mandibules sont plus courtes que la tête, croisées ; la languette, presque carrée, n'est point prolongée entre ses palpes, et les mâchoires n'ont qu'un seul lobe.

Le *T. mauritanique* (*Tenebrio mauritanicus*, Lin. ; Oliv., col. II, 19, 1, 2), long de près de quatre lignes, noirâtre en dessus, d'un brun clair en dessous, avec les étuis striés. On le trouve dans les noix, le pain, sous les écorces des arbres. Sa larve, connue en Provence sous le nom de *Cadelle*, attaque les grains (2).

Les **Prostomis**. (**Prostomis**. Latr. — *Megagnathus*. Még. — *Trogosita*. Fab.)

Ont des mandibules plus longues que la tête, avancées parallèlement ; la languette étroite, alongée, avancée entre

---

(1) *Voyez* Latr. et Gyllenhall, ouvrages précités.
(2) *Voyez*, pour les autres espèces, Olivier, *ibid.*

ses palpes, et deux lobes aux mâchoires. Le corps est long, étroit, presque linéaire (1).

Les autres ont les antennes presque aussi longues que le corps, de la même grosseur jusqu'au dixième article inclusivement ; le suivant et dernier est plus grand, en forme de triangle renversé, et tronqué obliquement au bout. La languette est bifide.

Les PASSANDRES. (PASSANDRA. Dalm., Schœnh.) (2)

La troisième famille des TÉTRAMÈRES, celle

DES PLATYSOMES. (PLATYSOMA.)

Se rapproche de la précédente, quant à l'anatomie intérieure, aux tarses, dont les articles sont tous entiers, et quant aux habitudes ; mais les antennes sont de la même grosseur où plus grêles vers leur extrémité. Les mandibules sont toujours saillantes ; la languette est bifide ou échancrée ; les palpes sont courts, et le corps est déprimé, alongé, avec le corselet presque carré. Ces insectes se tiennent sous les écorces des arbres et peuvent être réduits à un seul genre, celui

Des CUCUJES (CUCUJUS) de Fabricius.

On y distingue

Les CUCUJES propres. (CUCUJUS.)

Dont les antennes, beaucoup plus courtes que le corps

(1) *Trogosita mandibularis*, Fab. M. Sturm, dans sa Faune des insectes d'Allemagne, en a donné une excellente figure, ainsi que celles des parties de la bouche.

(2) Schœnh., Synon. insect., I, 3, app., p. 146, vı, 3. Ces insectes sont évidemment le passage de cette famille à la suivante. Ils ne diffèrent même des platysomes que par leurs antennes.

Voyez, pour quelques autres genres tétramères, tels que ceux de *Litophile*, d'*Agathidie* et de *Clypeastre*, la famille des Clavipalpes.

dans plusieurs, sont composées d'articles en forme de cône renversé ou de toupie, et presque grenues, et dont le premier est plus court que la tête (1).

Les DENDROPHAGES. (DENDROPHAGUS. Gyll. — *Cucujus*. Fab., Payk.)

Où ces organes sont généralement formés d'articles cylindriques, alongés, dont le premier plus long que la tête, et dont les second et troisième plus courts que les suivants. Les palpes labiaux sont terminés en massue (2).

Les ULEÏOTES. (ULEOIOTA. Latr. — *Brontes*. Fab.)

Ayant des antennes analogues, mais dont le troisième article aussi long que le suivant, et dont tous les palpes sont plus menus à leur extrémité. Les mandibules de l'espèce la plus commune dans nos climats (*flavipes*), et sur laquelle M. Dufour nous a donné quelques observations anatomiques, ont, dans les mâles, un prolongement en forme de corne longue et aiguë (3).

La quatrième famille des TÉTRAMÈRES,

LES LONGICORNES. (LONGICORNES.)

Ont le dessous des trois premiers articles des tarses garni de brosses, les second et troisième en cœur, le quatrième profondément bilobé, et un petit renflement ou nodule, simulant un article (4) à l'ori-

---

(1) Les Cucujes *clavipes, depressus, rufus, bimaculatus, piceus, testaceus, ater*, d'Olivier, col. IV, n° 74 *bis*. *Voyez* aussi Gyllenh., Insect. Suec.

(2) Gyllenh., *ibid*.

(3) Latr., Gener. crust. et insect., III, p. 25. *Voyez* aussi Fabricius et Gyllenh., *ibid*.

(4) Les parandres ressemblent parfaitement, sous ce rapport, aux longicornes, et si l'on considérait ce petit nœud comme un véritable article, non-seulement cette famille, mais la suivante, appartiendraient à la section des pentamères. Il peut bien représenter le quatrième article de ceux-ci; mais, attendu qu'il n'a point de mouvement propre, il est censé faire partie du suivant.

gine du dernier. La languette, portée par un menton court et transversal, est ordinairement membraneuse, en forme de cœur, échancrée ou bifide, cornée et en segment de cercle très court et transversal, dans d'autres (*Parandrie*). Les antennes sont filiformes ou sétacées, le plus souvent de la longueur du corps au moins, tantôt simples dans les deux sexes, tantôt en scie, pectinées ou en éventail dans les mâles. Les yeux d'un grand nombre sont en forme de rein et les entourent à leur base. Le corselet est en forme de trapèze, ou rétréci en devant dans ceux où les yeux sont arrondis, entiers ou peu échancrés ; dans ce cas encore les pieds sont longs et grêles, avec les tarses alongés.

M. Léon Dufour remarque que, par leur tube alimentaire, ainsi que par la disposition des vaisseaux hépatiques, ces insectes ressemblent en général aux mélasomes ; contre l'opinion de M. Marcel de Serres, il nie l'existence d'un gésier. Le tube alimentaire, le plus souvent hérissé de papilles, est précédé d'un jabot, mais moins ou peu prononcé dans les lamies et les leptures, qui, dans notre méthode, terminent cette famille. Les testicules sont constitués par des capsules ou des sachets spermatiques, distincts, pédicellés, assez gros, et dont le nombre varie selon les genres.

Leurs larves, vivant presque toutes dans l'intérieur des arbres ou sous leurs écorces, sont privées de pieds, ou n'en ont que de très petits ; ont le corps

mou., blanchâtre, plus gros en avant, avec la tête
écailleuse pourvue de mandibules fortes et sans
autres parties saillantes. Elles font beaucoup de tort
aux arbres, surtout les grandes, les perçant souvent
très profondément, ou les criblant de trous (1).
Quelques-unes rongent les racines des plantes. Les
femelles ont l'abdomen terminé par un oviducte
tubulaire et corné. Ces insectes produisent un petit
son aigu, par le frottement du pédicule de la base
de leur abdomen contre la paroi intérieure du corselet, lorsqu'il l'y font entrer et qu'ils le retirent
alternativement.

Dans la méthode de Linnæus, ces insectes forment
les genres *Cerambyx*, *Leptura*, *Necydalis*, que
Geoffroy, Fabricius, et d'autres naturalistes, ont
tâché de régulariser et de simplifier par des trans-
positions d'espèces, ou en établissant d'autres coupes
génériques. Vu néanmoins la quantité d'espèces découvertes depuis le Pline du Nord, l'insuffisance des
caractères qui signalent ces genres, le désordre qui
règne encore dans plusieurs d'entre eux, une révision générale et approfondie est devenue nécessaire;
espérons que les recherches de MM. Lepeletier et
Serville, qui se sont spécialement occupés de cette
famille, aplaniront ces difficultés.

Nous partagerons d'abord les longicornes en deux

---

(1) *Voyez* l'Hist. natur. du *Lamia amputator*, publiée par M. Lansd.
Quilding, dans le 13ᵉ vol. des Trans. linn.

sections. Ceux de la première ont les yeux soit fortement échancrés ou en croissant, soit alongés et
étroits ; leur tête s'enfonce , jusqu'à ces organes,
dans le corselet, sans en être distinguée par un rétrécissement brusque et formant une espèce de cou ;
elle est dans plusieurs verticale.

Les uns ont le dernier article des palpes , tantôt
presque en forme de cône ou de triangle renversé ,
tantôt presque cylindrique et tronqué au bout; le
lobe terminant les mâchoires droit (point courbé
sur l'interne à son extrémité); la tête est ordinairement avancée ou simplement penchée , et dans
ceux où, par une exception très rare (les *Dorcacères*), elle est verticale, sa largeur égale presque alors celle du corps, et les antennes sont très
écartées à leur naissance et épineuses ; le corselet , souvent très inégal ou carré, est rarement
cylindrique.

Ces longicornes se subdivisent en deux coupes
principales ou petites tribus.

1.º LES PRIONIENS (*Prionii*), qui ont pour caractères : labre nul ou très petit et peu distinct ; mandibules fortes ou même très grandes , surtout dans
la plupart des mâles ; lobe interne des mâchoires
nul ou très petit ; antennes insérées près de la base
des mandibules ou de l'échancrure des yeux , mais
point entourées par eux à leur naissance ; corselet
le plus souvent trapézoïde ou carré , crénelé ou dentelé latéralement.

Un premier genre, celui

De PARANDRE (PARANDRA. Latr. — *Attelabus*, De G.;
Tenebrio. Fab.)

Ayant, ainsi que le suivant, des antennes simples,
presque grenues, comprimées, de la même grosseur partout, de la longueur au plus du corselet, et le lobe terminant les mâchoires très petit, atteignant à peine
l'extrémité du premier article de leurs palpes, est distingué, tant de ce genre (1) que des autres de la même
famille, par sa languette cornée, en forme de segment de
cercle très court, transversal, sans échancrure ni lobes,
et par ses tarses, dont le pénultième article légèrement bilobé; et dont le dernier, notablement plus long
que les précédents pris ensemble, offre, entre ses crochets, un petit appendice, avec deux soies au bout. Le
corps est parallélipipède, déprimé, avec le corselet carré,
arrondi aux angles postérieurs, sans épines ni dents.
Ces insectes sont particuliers à l'Amérique (2).

Les SPONDYLES (SPONDYLIS. Fab. — *Attelabus*, Lin.;
Cerambyx. De G.)

Qui, rapprochés des parandres à raison de leurs antennes
nes et de l'exiguité de leurs lobes maxillaires, s'en éloignent sous le rapport de leur languette; de même que dans
tous les autres longicornes suivants, elle est membraneuse, en forme de cœur; ils diffèrent aussi quant aux
tarses; le pénultième article est profondément bilobé, et
le dernier n'est pas plus long que les précédents réunis,
et sans appendices, portant deux soies entre les crochets.

---

(1) Les mandibules des spondyles et des parandres sont au plus de la
longueur de la tête, triangulaires ou coniques, et arquées au bout.

(2) *Voyez* Latr., Gener. crust. et insect., III, 28, et I, ix, 7;
Schœnh. Synon. insect., I, iii, p. 334, et App., p. 145, et l'article
Parandre de l'Encyclopédie méthodique.

D'autre part, les spondyles sont distingués des genres suivants par leur corselet presque globuleux, sans rebords, et dépourvu de dents ou d'épines. Leurs larves vivent dans l'intérieur des pins et des sapins de l'Europe.

Le *S. buprestoïde* (*Attelabus buprestoides*, Lin.; Oliv., col. IV, 71, 1, 1) est long de six à sept lignes, tout noir, très ponctué, avec deux lignes élevées et longitudinales sur chaque élytre. Elles s'oblitèrent quelquefois, et ces individus sont regardés par quelques entomologistes comme formant une espèce propre (*elongatum*). On n'en connaît point d'autres (1).

Le troisième et dernier genre de cette tribu, celui

Des PRIONES. (PRIONUS. Geoff., Fab., Oliv.)

A des antennes plus longues que la tête et le corselet, en scie ou pectinées dans les uns; simples, amincies vers leur extrémité et à articles alongés dans les autres. Le lobe terminal des mâchoires est aussi long au moins que les deux premiers articles de leurs palpes. Le corps est généralement déprimé, avec le corselet carré ou trapézoïde, soit denté ou épineux, soit anguleux latéralement.

Ces insectes ne volent que le soir ou dans la nuit, et se tiennent toujours sur les arbres. Quelques espèces exotiques sont remarquables par leur grande taille et celle de leur mandibules. On mange la larve du *P. cervicorne*, qui vit dans le bois du fromager.

Ce genre comprend un assez grand nombre d'espèces qui, par les variétés de forme et de grandeur de leurs mandibules, de leurs antennes, du corselet, de l'abdomen, pourraient composer plusieurs petits groupes ou sous-genres.

L'on séparerait d'abord les espèces à corps presque parallalélipipède ou alongé, droit, avec le corselet beaucoup

---

(1) *Voyez* Fab., Oliv., Latr., Gyll., etc.

plus court que l'abdomen, carré ou trapézoïde, très arqué sur les côtés; l'écusson petit ou moyen; les antennes simples ou peu en scie, et les mandibules souvent grandes dans les mâles.

Parmi les espèces de cette division, à mandibules plus courtes que la tête, à antennes presque sétacées, assez longues, de onze articles, et dont le troisième beaucoup plus long que les suivants, se range.

Le *P. rouillé* (*P. scabricornis*, Fab.; Oliv., col. IV, 66, XI, 42), que l'on trouve en France, en Allemagne. Son corps est long d'un pouce et demi, avec les antennes hérissées de petites épines et une seule dent de chaque côté du corselet, formée par ses angles postérieurs (1).

D'autres espèces, généralement moins oblongues, un peu penchées par devant, dont les mandibules sont toujours moyennes ou peu avancées dans les deux sexes; ayant le corselet fortement denté latéralement; les antennes pectinées ou fortement en scie, dans les mâles, et composées de plus de onze articles dans plusieurs de ces individus; les élytres de la longueur de l'abdomen, et le recouvrant en dessus, ainsi que les ailes, formeraient une seconde division générale.

Le *P. corroyeur* (*Cerambyx coriarius*, Lin.; Oliv., *ibid.*, I, 1.), long de quinze lignes, d'un brun noirâtre, avec les antennes en scie et de douze articles, dans le mâle, et trois dents à chaque bord latéral du corselet. Vit en état de larve, dans les troncs pourris de nos chênes et de nos bouleaux. Pour se métamorphoser, elle se creuse un trou dans la terre (2).

Quelques autres priones, propres au Brésil, d'une forme analogue, mais à élytres petites, triangulaires, ne recouvrant pas entièrement l'abdomen, m'ont paru (Familles natur. du règ. anim.) devoir former un genre propre (ANACOLE, *Anacolus*). MM. Lepeletier et Serville en ont décrit deux espèces (*sanguineus, lugubris*) dans l'Encyclopédie méthodique.

---

(1) Les *Priones giganteus, cervicornis, damicornis, maxillosus, barbatus, faber, serripes*, etc., de Fab. et d'Olivier.

(2) Les *P. brevicornis, imbricornis, depsarius*, etc.

Enfin, d'autres priones à couleurs diversifiées et métalliques dans plusieurs, ont le corps plus court et plus large, presque ovalaire, avec la tête souvent prolongée postérieurement derrière les yeux; les antennes simples, comprimées; les mandibules courtes; le corselet large, dilaté, arqué et unidenté latéralement, et tronqué obliquement ou échancré aux angles postérieurs; l'abdomen presque carré, une demi-fois environ plus long que large. L'écusson est ordinairement grand. La languette est proportionnellement plus alongée (1).

2° Les Cerambycins (*Cerambycini*) ont un labre très apparent et s'étendant dans toute la largeur de l'extrémité antérieure de la tête; les deux lobes maxillaires très distincts et saillants; les mandibules de grandeur ordinaire et semblables ou peu différentes dans les deux sexes; les yeux toujours échancrés et entourant, du moins en partie, la base des antennes, qui sont ordinairament de la longueur du corps ou plus longues; les cuisses, ou les quatre antérieures au moins, sont ordinairement en massue ovoïde ou ovalaire, rétrécies en pédicule à la base.

Viendront en premier lieu, ceux dont le dernier article des palpes est toujours manifestement plus épais que les précédents, en forme de triangle ou de cône renversé; dont la tête n'est point sensiblement rétrécie et prolongée antérieurement, en forme de museau; dont le corselet ne s'élargit point

(1) Les priones *nitidus*, *lineatus*, *Thomœ*, *bifasciatus*, *canaliculatus*, etc., de Fab.

Le *P. Spencii* de M. Kirb. (Linn. trans., XII, xxii, 13) paraît appartenir à la même division ou en former une propre. *Voyez* Latr., Gener. crust. et insect., I, II, p. 30 et suiv.; l'art. *Prione* de l'Encyclop. méthod.

de devant en arrière et n'offre point la figure d'un trapèze ou d'un cône tronqué, et dont les élytres ne sont ni très courtes et en forme d'écailles, ni rétrécies brusquement un peu au-delà de leur base, et terminées en manière d'alène. On pourrait désigner cette subdivision sous la dénomination de cérambycins *réguliers*, par opposition à ceux de la suivante, qui sont, à plusieurs égards, anomaux, et dont les derniers semblent se lier avec ceux de la tribu qui succède immédiatement à celle-ci. Ils composent les genres *Cerambyx, Clytus, Callidium*, de Fabricius, une partie de ses *Stenocores*, genre différent de celui désigné ainsi avant lui par Geoffroy. Ce sont des *Cerambyx* pour Linnæus, et auxquels il faut joindre quelques-unes de ses *Leptures*. Les entomologistes modernes ont augmenté le nombre de ces coupes génériques ; mais les caractères en sont si peu tranchés et se nuancent tellement, que ces genres peuvent être réunis en un seul, celui

De Capricorne. (Cerambyx.)

Un assez grand nombre d'espèces, et toutes de l'Amérique méridionale, proportionnellement plus courtes et plus larges que les suivantes, à antennes souvent pectinées, en scie ou épineuses, sont remarquables par l'étendue de leur corselet, dont la longueur égale presque la moitié de celle des élytres ; tantôt uni, il est presque semi-orbiculaire, unidenté seulement aux angles postérieurs, tantôt très inégal et tuberculeux ; leur présternum est soit caréné ou terminé en pointe, soit plan, tronqué, entier ou échancré à son extrémité postérieure, qui s'applique sur une saillie anté-

rieure du mésosternum; les pieds antérieurs, au moins, sont
écartés à leur naissance. L'écusson est grand dans plusieurs;
les tarses sont courts et dilatés.

Ceux de cette division où le corselet, presque semi-orbiculaire et toujours fort grand, est uni ou simplement chagriné, avec une seule dent, de chaque côté, aux angles
postérieurs; dont l'extrémité postérieure du présternum est
plane, tronquée, soit sans échancrure, soit échancrée, et
appliquée sur le mésosternum; dont l'écusson est toujours
fort grand, et qui ont les pieds fort écartés, forment deux
sous-genres.

Les Lissonotes. (Lissonotus. Dalm.— *Cerambyx*. Fab.)

Dont les antennes sont fortememt comprimées, en scie
ou semi-pectinées, longues, et dont l'extrémité postérieure
du présternum n'offre point d'échancrure (1).

Les Mégadères. (Megaderus. Dej.—*Callidium*. Fab.)

A antennes simples, plus courtes que le corps, et où l'extrémité postérieure du présternum est échancrée, et reçoit,
dans cette échancrure, le bout opposé du mésosternum, de
manière qu'ils s'unissent intimement ou paraissent ne former
qu'un seul plan (2).

On a dispersé, dans quatre sous-genres, ceux dont le
corselet est très inégal, tuberculeux ou pluridenté, avec le
présternum caréné ou terminé postérieurement en pointe.

Ici les antennes sont longues, sétacées, simples, ou tout
au plus un peu épineuses ou garnies de faisceaux de poils.

Le corselet est toujours grand, très inégal, guère plus
large que long.

Les Dorcacères. (Dorcacerus. Dej.—*Cerambyx*. Oliv.)

Distingué de tous les autres par leur tête verticale, grande,
presque aussi large que le corselet mesuré dans son plus
grand diamètre transversal, plane et très velue en devant.

---

(1) *Voyes* Schœnh., Synon. insect.; Dalman, Anal. entomol., et
Germar Insect. spec. nov.

(2) *Callidium stigma*, Fab.; Dej., Catal., p. 106.

Les antennes sont très écartées. Le présternum n'est point élevé en carène, et se termine simplement en pointe. L'écusson est petit (1).

Les TRACHYDÈRES. (TRACHYDERES. Dalm. — *Cerambyx*. Fab.)

Où le corselet est grand, beaucoup plus large que la tête, avec l'extrémité postérieure du présternum et souvent aussi l'opposée, élevée en carène; ou l'écusson est alongé; dont les élytres sont plus larges à leur base et vont en se rétrecissant, et dont les antennes ne sont point garnies de faisceaux de poils (2).

Les LOPHONOCÈRES. (LOPHONOCERUS. Latr.)

Ayant aussi la tête plus étroite que le corselet, et l'extrémité postérieure du présternum carénée, mais où ce corselet, ainsi que l'écusson, est proportionnellement plus petit , où les élytres s'élargissent vers leur extrémité, ou du moins ne vont point en se rétrécissant, et qui ont le troisième article des antennes et les trois suivants garnis de faisceaux de poils (3).

Là, les antennes sont plus courtes que le corps, pectinées ou en scie. Le corselet est transversal, denté latéralement. Les élytres s'élargissent postérieurement.

Les CTÉNODES. (CTENODES. Oliv. Klüg.) (4).

Maintenant le corselet, tantôt presque carré ou cylindrique, tantôt orbiculaire ou presque globuleux, est beaucoup plus court que les élytres, du moins dans ceux où il s'étend en largeur, et le présternum n'offre ni carène, ni prolongement pointu, à son extrémité postérieure. L'écusson

---

(1) *Cerambyx barbatus*, Oliv.; Dej., *ibid.*, p. 105.

(2) Schœnh., Synon. insect , I, 3 , p. 364.

(3) *Cerambyx barbicornis*, Oliv ;—*Trachyderes hirticornis*, Schœnh.; *Cerambyx hirticornis*, Kirby.

(4) Oliv., col. VI, 59 *bis*, I, 1; Schœnh., Synon. insect., I, 3, p. 346; — les *Etenotes zoneta*, *minieta*, *geniculata*, de Klüg, Entom. bresil., XLII, 1, 2, 3. Ne connaissant ces insectes que d'après les figures qu'on en a données, je ne les place dans cette division que par analogie.

est toujours petit. Les pieds sont rapprochés à leur naissance.

Un seul sous-genre, celui

De PHOENICOCÈRE. (PHOENICOCERUS. Latr.)

S'éloigne des suivants par la forme des antennes du mâle, dont les articles, à commencer au troisième, se prolongent en manière de lames longues et étroites, et forment un grand faisceau ou éventail. On n'en connaît encore qu'une espèce (*P. Dejeanii*), et propre au Brésil.

Dans les autres, les antennes sont au plus épineuses ou un peu dentées en scie.

Plusieurs, et très remarquables par leurs couleurs et l'odeur agréable qu'ils répandent, offrent, sous le rapport des proportions relatives des palpes, une anomalie : les maxillaires sont plus petits que les labiaux et même plus courts que le lobe terminal des mâchoires, qui est souvent avancé. Le corps est déprimé avec le devant de la tête rétréci et pointu ; les jambes postérieures sont souvent très comprimées.

Ces longicornes composent le sous-genre

Des CALLICHROMES. (CALLICHROMA. Latr. — *Cerambyx.* Fab., Dej.)

Parmi les espèces à antennes simples, sétacées, à corselet dilaté, épineux ou tuberculé au milieu de ses côtés, et dont les pieds postérieurs ont les cuisses alongées et les jambes très comprimées, se range une espèce de notre pays, qui se trouve sur les saules et répand une forte odeur de rose.

Le *C. musqué* (*Cerambix moschatus* Lin. ; Oliv., col. IV, 67 , XVII, 7) ; il est long d'environ un pouce, entièrement vert ou d'un bleu foncé, et un peu doré dans quelques individus.

Une autre (*Ambrosiacus.* Stev., Charpent.), qui se trouve au midi de l'Europe, en Crimée, etc., ressemble beaucoup à la précédente ; mais son corselet est en tout, ou seulement sur les côtés, d'un rouge de sang.

L'Amérique méridionale et les contrées équatoriales de l'ancien continent, en fournissent plusieurs autres (1).

____

(1) Les *Cerambyx virens*, *albitarsus*, *nitens*, *micans*, *ater*, *festivus*,

D'autres longicornes de la même division, mais dans lesquels les palpes maxillaires, comme d'ordinaire, sont aussi longs au moins que les labiaux, et dépassent l'extrémité des mâchoires, sont distingués des suivants par leurs antennes, offrant distinctement, du moins dans les mâles, douze articles, au lieu de onze; elles sont toujours longues, sétacées, souvent épineuses ou barbues. Le corselet est denté ou épineux sur les côtés. Nous les réunirons dans le sous-genre

Des Acanthoptères. (*Acanthoptera*. Latr. — *Callichroma. Purpuricenus. Stenocorus.* Dej. , Dalm.)

Des espèces de l'Amérique, à corselet presque carré ou presque cylinque, et dont les élytres sont le plus souvent terminées par une ou deux épines, sont des *Stenocorus* pour M. Dalman (1).

D'autres, mais généralement propres aux contrées occidentales de l'ancien continent, dont le corps est assez élevé, avec le corselet presque globuleux, et les antennes simples et sans faisceaux de poils, sont des *Purpuricenus* pour MM. Ziégler et Dejean (2).

---

vittatus, sericeus, elegans, suturalis, latipes, regius, albicornis, etc., de Fabricius.

Quelques espèces africaines , telles que les *cerambyx longicornis, clavicornis* et *claviger* de Schœnherr, très analogues, au premier coup d'œil, aux précédentes, paraissent devoir, à raison de leurs antennes comprimées et dilatées vers le bout, pouvoir former un sous-genre propre. Mais la bouche du *Cerambyx sex - punctatus* de ce savant (*Saperda 6-punctata* , Fab.), qui paraît, par son analogie avec le *C. clavicornis* (*S. clavicornis*, Fab.) du même, être congénère, ressemble, quant aux proportions des palpes, aux capricornes proprement dits.

La *Saperda hirsuticornis* de Fab. (Kirb., Linn. Trans. , XII, p. 442) est bien un callichrome par la bouche, mais elle en diffère par les antennes et la forme du corps.

(1) Insect. Spec. nov. , p. 511 et suiv.

(2) Les *Cerambyx Kahleri, Desfontainii*, de Fab., — *C. budensis* de Goeze. Le *C. vinculatus* de M. Germar, qu'il rapporte aux purpuricènes, est un callichrome. M. Sahlberg, professeur d'histoire naturelle, a décrit et figuré ce dernier coléoptère, sous le nom de *Cerambyx zonatus*, dans un ouvrage ayant pour titre : *Periculi entomographici , Species insectorum nondum descriptas proposituri fasciculus*, avec quatre planches. Il y a

Une autre espèce à corps déprimé, et dont les antennes ont le troisième article et les trois suivants terminés par un petit faisceau de poils, se rapproche des callichromes, avec lesquels nous l'avions d'abord placée, à raison de sa forme générale et de son odeur de musc. C'est l'*A. rosalie* (*Cerambyx alpinus*, Lin. ; Oliv., *ibid.*, 67, IX, 58.) ; elle est d'un bleu cendré, avec six taches noires, disposées longitudinalement sur chaque élytre, dont les deux du milieu plus grandes et formant une bande. Le devant du corselet offre une tache de la même couleur. L'extrémité supérieure des articles des antennes est pareillement noire. Elle est commune dans les montagnes alpines, et on la prend aussi quelquefois dans les chantiers de Paris.

Les cérambycins suivants n'ont que onze articles aux antennes.

Les uns, ou du moins les mâles, ont des antennes longues, sétacées ; le dernier article des palpes en forme de cône renversé, le corselet soit presque carré et un peu dilaté au milieu, soit oblong et presque cylindrique ; il est souvent rugueux et tuberculé latéralement. Ils composeront le sous-genre

Des CAPRICORNES proprement dits. (CERAMBYX. Lin., Fab.)

On a distingué génériquement, et sous le nom d'HAMATICÈRE (*Hamaticerus*), des espèces à corselet inégal ou raboteux, ordinairement épineux ou tuberculé et dilaté sur le milieu de ses côtés ; ayant les troisième, quatrième et cinquième articles des antennes manifestement plus épais que les suivants, épaissis et arrondis au bout ; ceux-ci, brusquement plus longs et plus menus, presque cylindriques, forment, avec les précédents, une transition subite ; ces organes sont beaucoup plus longs dans les mâles que dans les femelles.

Le *C. héros* (*C. heros*, Fab. ; Oliv., *ibid.*, 1, 1.), long

---

représenté diverses espèces de charansonites, formant de nouveaux genres dans la méthode de M. Schœnherr. Les descriptions sont faites sur le modèle de celles de M. Gyllenhall, et aussi complètes que possible.

d'un pouce et demi, noir, avec le bout des élytres brun et prolongé en une petite dent à la suture. Le corselet est très ridé, avec un tubercule pointu ou en forme d'épine de chaque côté. Les antennes sont simples. Commun dans les pays tempérés et chauds de l'Europe. Sa larve fait des trous profonds dans le bois du chêne; c'est peut-être le cossus des anciens. On trouve dans nos départements méridionaux une espèce très analogue à la précédente, mais sans dent suturale, à antennes proportionnellement plus courtes et plus noduleuses, surtout dans la femelle. M. Bonelli l'a nommée *militaire* (*militaris*).

Les caractères tirés des antennes sont bien moins prononcés dans une autre espèce du pays, beaucoup plus petite, plus étroite, entièrement noire, et sans dent à l'extrémité des élytres, celle que Linnæus nomme *Cerdo* (1).

Nous rapporterons au même sous-genre diverses espèces de callichromes de M. le comte Dejean, à corselet uni ou peu inégal, proportionnellement plus long, soit ovalaire et tronqué aux deux bouts, soit presque cylindrique. Ces espèces sont exotiques, presque toutes de l'Amérique méridionale et de petite taille. Elles sont, en général, très ornées, et quelques-unes ont un ou deux faisceaux globuleux de poils aux antennes. Il en est dont les pattes postérieures offrent la même singularité. Fabricius et Olivier ont placé quelques-unes de ces espèces avec les saperdes. Les cuisses de ces insectes forment, généralement, une massue portée sur un long pédicule, et les antennes sont composées d'articles longs et grêles (2).

---

(1) *Voyez*, pour d'autres espèces, le Catalogue de M. Dejean, p. 105. Quelques espèces exotiques ont le corselet alongé et mutique, de même que les gnomes. Le *Cerambix battus* et quelques autres à antennes épineuses ou en scie doivent former une division particulière, à la suite de la précédente.

(2) Les Callichromes de M. Dejean (Catal.), à l'exception de l'*alpina*, et probablement du *globosa*. Rapportez-y aussi les callichromes décrits par M. Germar dans son ouvrage intitulé Insect. Spec. nov.; le *Calli-chroma scopiferum* et les *cerambyx* de l'Entomol. bresil. de M. Klüg, ainsi que la *saperda scobulicornis* de M. Kirby (Linn. Trans.); les *ceram-*

Nous réunirons encore au sous-genre des capricornes, les
GNOMES (*gnoma*) de M. le comte Dejean. Leur corselet est
beaucoup plus long et cylindrique. L'angle interne de l'extrémité supérieure des articles des antennes est un peu dilaté. Les palpes sont presque filiformes, et les mandibules
offrent intérieurement une dent. Les deux espèces mentionnées par lui sont propres, l'une (*G. rugicollis*, Fab.)
à la Caroline, et l'autre (*sanguinea*. Dej.) au Brésil.

Les cérambycins dont les antennes ne sont guère ordinairement plus longues que le corps, et plutôt filiformes que
sétacées ; où le corselet, toujours mutique, est tantôt presque
globuleux ou orbiculaire, et tantôt plus étroit, presque cylindrique, et simplement dilaté et arrondi, dans son
milieu ; et dont les palpes, toujours très courts, se terminent par un article un peu plus épaissi et plus large que
dans les précédents, en forme de triangle renversé, composent, dans les premiers ouvrages de Fabricius, et dans l'Entomologie d'Olivier, le genre

Des CALLIDIES. (CALLIDIUM.)

Qui en forme maintenant trois.

Les espèces où la tête est au moins de la largeur du corselet, et où celui-ci est presque cylindrique et simplement
dilaté et arrondi au milieu, composent le genre CERTALLE
(*certallum*) de MM. Mégerle et Dejean (1).

Celles où la tête est plus étroite que le corselet, élevé,
presque globuleux, sont des CLITES (*clitus*) pour Fabricius.

Enfin celles où le corselet, pareillement plus large que la
tête, est aplati et orbiculaire, ont conservé la dénomination générique de CALLIDIE.

Nous trouvons très communément, au printemps, dans
les chantiers et les maisons même, une espèce de cette
dernière division.

Le *C. sanguin* (*Cerambyx sanguineus*, Lin. ; Oliv., *ibid.*,

---

byx perforatus et *collaris* de M. Klüg et le *Gnoma clavipes* de Fabricius sont remarquables par la longueur du corselet, et se rapprochent
des gnomes de M. Dejean.

(1) *Callidium ruficolle*, Fab. ; — ejusd., *C. fugax*; *Callidium seti-
gerum*, Germ.

70 , 1 , 1); il est long de cinq lignes , noir , avec les corselets et les étuis veloutés, d'un beau rouge sanguin.

Le *C. arqué* (*Leptura arcuata* , Lin. ; Oliv. , *ibid.*, 70 , 11 , 16), qui est long d'environ un demi-pouce, très noir, avec deux bandes sur le corselet, trois raies arquées sur les étuis , quelques points à leur base et à leur extrémité, d'un jaune doré , appartient à la division des clites. Cet insecte est aussi très commun.

Nous terminerons cette tribu par des insectes qui, sous le rapport des palpes , de la forme de la tête , du corselet et de celle des élytres , ainsi que de leurs proportions , offrent des exceptions ou des anomalies remarquables.

Nous commencerons par ceux dont le corselet a une forme très analogue à celui des précédents et surtout des certalles. Il est de la largeur de la tête et de celle de la base des élytres ou à peine plus étroit, soit presque cylindrique, soit arrondi, ou presque orbiculaire, et dans les uns et les autres, plus large vers son milieu. Le dernier article des palpes est tantôt aminci vers le bout et terminé en pointe , tantôt plus épais et tronqué à cette extrémité, et en forme de cône renversé. Toutes les cuisses sont en massue, portées sur un pédicule brusque, grêle et alongé. Les élytres du plus grand nombre sont ou très courtes, ou resserrées brusquement à peu de distance de leur base, et subulées ensuite.

Viendront d'abord ceux où elles n'offrent point de telles dissemblances ; leurs formes et leurs proportions relatives sont toujours les mêmes que celles des élytres des insectes précédents.

Le premier genre, celui

D'OBRIE. (OBRIUM. Még., Dej. — *Callidium saperda.* Fab.)

A pour caractères : tête arrondie et point prolongée antérieurement en manière de museau, palpes filiformes, avec le dernier article terminé en pointe ; antennes longues, sétacées ; corselet long, étroit, presque cylindrique ou en ovale tronqué (1).

Le second genre, celui

De RHINOTRAGUE. (RHINOTRAGUS. Dalm.) (2).

Diffère du précédent par sa tête prolongée et rétrécie en devant, en manière de museau ; par ses palpes, dont le dernier article est un peu plus épais que les précédents et tronqué au bout ; par les antennes plus courtes que le corps, un peu dilatées et un peu dentées en scie au bout, et par son corselet presque orbiculaire. Ces insectes se lient évidemment avec le genre suivant, celui

De NÉCYDALE. (NECYDALIS.) de Linnæus.

Le seul de cette tribu dont les élytres soient ou très courtes et en forme d'écailles, ou prolongées, comme d'ordinaire, jusqu'au bout de l'abdomen, mais resserrées brusquement, un peu au-delà de leur naissance, très étroites ensuite et allant en pointe, ou terminées en manière d'alène. Ces derniers insectes ne ressemblent aux *œdemères*, avec lesquels Fabricius les a réunis, que sous ce rapport. Le dernier article des palpes est un peu plus grand, et presque en forme de cône renversé et comprimé. L'abdomen est long, étroit, resserré et

____

(1) *Voyez* le Catalogue de M. Dejean, p. 110.

(2) Dalm., Insect. Spec. nov., p. 513. On peut aussi y rapporter les sténoptères *luridus*, *punctatus*, *albicans*, de l'Entomol. brésil. de M. Klüg.

comme pédiculé à sa base. Les ailes ne sont repliés qu'à leur extrémité.

Les espèces dont les élytres sont subulées formeront un premier sous-genre. Celui

De Stenoptère. (Stenopterus. Illig.)

On pourrait en séparer diverses espèces exotiques à antennes plus courtes, plus épaisses et presque dentées en scie vers leur extrémité (1).

Dans celles de notre pays, telles que

La *N. fauve* (*rufa*) de Linnæus, ou la *Lepture à étuis étranglés* de Geoffroy (Oliv., *ibid.*, 74, 1, 6), les antennes sont filiformes et de la longueur du corps (2).

Celles dont les élytres très courtes, en forme d'écailles, composeront le sous-genre

De Nécydale proprement dit. (Necydalis.)

Qui répond au genre *Molorchus* de Fabricius. Il a pour type la *grande Nécydale* (*Necydalis major*) de Linnæus et de Geoffroy. (Oliv., *ibid.*, 1, 1.) On la trouve, aux mois de juin et juillet, sur les vieux saules (3).

Des insectes généralement propres à des îles africaines, à la Nouvelle-Hollande, à la Nouvelle-Irlande et à la Nouvelle-Zélande, ambigus sous plusieurs rapports, et qui, dans un ordre naturel, devraient peut-être venir entre les lamiaires et les lepturètes, termineront la division des cérambycins.

Leurs palpes sont presque filiformes, avec le dernier article presque cylindrique, un peu aminci vers sa

---

(1) *Voyez* l'Entom. brésil. de M. Klüg.

(2) Les Nécydales *atra* et *præusta* de Fab. et la *N. femorata* de M. Germar sont analogues.

(3) *Voyez* Fabricius, Olivier, Klüg, Kirby et Schœnherr.

Le *Stenocorus hemipterus* de Fabricius, qui semblerait devoir être placé ici, est, dans l'ordre naturel, plus voisin des sténocores de MM. Germar et Dejean.

base ; le corselet, ordinairement uni ou peu inégal,
sans tubercules aigus, s'élargit de devant en arrière,
ou présente la forme d'un trapèze ou d'un cône tronqué, comme dans la dernière tribu de cette famille ;
l'abdomen est presque en forme de triangle renversé,
dans la plupart, et les élytres sont tronquées au bout.

Ces insectes formeront quatre genres.

Les DISTICHOCÈRES (DISTICHOCERA) de M. Kirby.

Où les antennes des mâles vont en se dilatant vers le
bout, avec leurs articles, à partir du troisième, fourchus
ou divisés en deux rameaux au bout (1).

Les TMÉSISTERNES. (TMESISTERNUS. Latr.)

Où les antennes sont simples, sétacées, plus longues
que le corps ; dont le corselet est lobé postérieurement,
avec le présternum prolongé postérieurement, tronqué
et reçu dans l'échancrure d'une saillie du mésosternum (2).

Les TRAGOCÈRES (TRAGOCERUS) de M. le comte Dejean.

Sans saillie présternale ; à antennes filiformes, un peu
plus courtes que le corps, un peu en scie ; à corselet
inégal, un peu sinué latéralement, et dont les élytres
forment un carré long (3).

Les LEPTOCÈRES (LEPTOCERA) du même.

Qui n'ont pas non plus de saillie au présternum,

---

(1) Kirby, Linn. Trans., XII, xxiii, 10.
(2) Insectes inédits de la Nouvelle-Irlande, et qui ont de grands rapports avec les callidies *variegatum*, *lineatum* et *sulcatum* de Fab.
(3) Dej., Catal., 111.

mais dont les antennes sont sétacées, beaucoup plus longues que le corps, surtout dans les mâles; dont le corselet est uni, en forme de cône tronqué; et dont l'abdomen et les élytres sont presque triangulaires (1).

Les longicornes de notre troisième tribu, celle des Lamiaires (*Lamiariæ*), se distinguent par leur tête verticale, et leurs palpes filiformes ou guères plus gros à leur extrémité et terminés par un article plus ou moins ovoïde, allant en pointe. Le lobe extérieur des mâchoires est un peu rétréci au bout et se courbe sur la division interne. Les antennes sont le plus souvent sétacées et simples, et le corselet, abstraction faite des tubercules ou des épines des côtés, est à peu près de la même largeur partout. Quelques espèces sont aptères, caractère que n'offre aucune autre division de cette famille.

Cette tribu se compose des genres *Lamia, Saperda* de Fabricius, de quelques-uns de ses sténocores, des colobothées de M. le comte Dejean, ainsi que de quelques-uns de ses cerambyx; mais je n'ai pas encore découvert de caractères qui séparent rigoureusement le premier de ces genres du suivant.

Le *Cerambyx longimanus* de Linnœus et de Fabricius n'est ni de ce genre, ni de celui de prione, où on l'avait d'abord placé; mais il en forme un propre, ainsi que l'ont jugé Illiger et Thunberg, et appartenant à la tribu des lamiaires.

---

(1) *Carambyx scriptus*, Lin., île de France. *Consultez*, pour ces genres, les Transactions de la société linnéenne, et l'ouvrage sur les insectes de la Nouvelle-Hollande de M. Donovan.

C'est celui

D'ACROCINE. (ACROCINUS, Illig. — *Macropus*. Thunb.)

Il se distingue de tous les longicornes par son corselet, ayant de chaque côté un tubercule mobile, terminé en pointe ou par une épine. Le corps est aplati, avec le corselet transversal; les antennes longues et menues, et les pieds antérieurs plus longs que les autres; les élytres sont tronquées au bout, et terminées par deux dents, dont l'extérieure plus forte.

L'espèce la plus remarquable et l'une des plus grandes, est l'*A. longimane* (*Cerambyx longimanus*, Lin.; Oliv., col. IV, 66, III, IV, 12), connue sous le nom vulgaire d'*Arlequin de Cayenne*. Les cuisses et les jambes des deux pieds antérieurs sont très longues et grêles. Les tubercules mobiles du corselet sont terminés par une forte épine. Le dessus des élytres est agréablement mélangé de gris, de rouge et de noir (1).

Tous les autres lamiaires ne composeront qu'un seul genre, celui

De LAMIE. (LAMIA.)

Que nous partagerons en deux sections, ceux dont les côtés du corselet sont tantôt tuberculeux ou ridés, tantôt épineux, et ceux où il est uni et cylindrique.

Les premiers se diviseront en ailés et en aptères.

On a formé avec un grand nombre d'espèces, la plupart de l'Amérique méridionale, dont le corps est proportionnellement plus court, plus large, déprimé ou peu élevé, avec le corselet transversal, l'abdomen presque carré, guère plus longs que large; les pattes robustes et dont les tarses sont très dilatés, le genre ACANTHOCINE (*Acanthocinus*. Meg., Dej.) Nous en avons en Europe trois espèces, dont l'une, la *L. charpentier* (*L. ædilis*, Fab.), qui est brune, avec un duvet grisâtre, quatre points jaunes sur le corselet,

---

(1) Ajoutez *Prionus accentifer*, Oliv.

et deux bandes noirâtres sur les élytres, est remarquable en ce que les antennes du mâle sont d'une longueur quadruple de celle du corps (1).

D'autres, d'une forme très analogue, à antennes soit barbues, soit garnies de faisceaux de poils, ont paru devoir former un autre genre, celui de Pogonochère (*Pogonocherus.* Meg., Dej.). Nous en avons quelques espèces en Europe, et presque toutes remarquables par leurs élytres tronquées obliquement au bout (2).

D'autres encore, et toujours peu alongées, mais dont le corps est plus cylindrique, ont chaque œil entièrement partagé en deux par le tubercule donnant naissance à l'antenne. C'est le genre Tétraope (*Tetraopes*) (3).

Quelques autres lamies de Fabricius, à corps étroit et alongé, avec les antennes fort longues, une forte épine de chaque côté du corselet; dont les jambes antérieures sont un peu courbes, et dont les intermédiaires ont une dent au côté extérieur, composent celui de Monochame (*Monochamus.* Dej. — *Monochammus.* Dahl., Catal.); comme ils n'en on point donné les caractères, je n'indique ceux-ci que d'après mes présomptions (4).

Dans le catalogue de la collection des coléoptères de M. le comte Dejean, si l'on excepte les espèces aptères, les autres lamies de Fabricius conservent la dénomination générique de Lamie (*Lamia*); mais il paraît d'après un autre catalogue, celui de M. Dahl, que deux espèces (*Curculionoides, nebulosa*) de notre pays, en ont été séparées par M. Mégerle, pour former une autre coupe générique, celle de Mésose (*Mesosa*) (5); en supposant que les saperdes diffèrent des

____

(1) *Voyez*, pour les autres espèces, le Catal. de M. le comte Dejean. pag. 106.

(2) *Ibid.*, 107.

(3) *Voyez* Schœnh. (Synon. insect.) et le Catal. de M. le comte Dejean. Les *Cerambyx maxillosus* et *nigripes* d'Olivier paraissent avoisiner ces insectes.

(4) *Voyez* Dejean, Catal., p. 106.

(5) On aurait pu en former une autre avec le *Lamia hystrix* de Fab., dont les antennes sont pectinées. Il en est qui, telles que les L. 5 *fasciata*, 3-*fasciata*, *capensis*, etc., ont plutôt des rides ou des plis sur les

lamies par l'absence de pointes latérales au corselet, ces espèces se rapprocheraient, à cet égard des saperdes; mais leur corps est proportionnellement plus court et plus large que celui de ces derniers insectes, et par ce caractère, elles sont plus voisines des lamies. Celle de ces deux espèces qu'on a nommée

La *L. Charanson* (*L. curculionoides*, Fab.; Oliv., *ibid.*, IV, 67, x, 69), est l'une des plus jolies de celles de notre pays. Son corps est long de six lignes, brun, avec des taches rondes, noires, veloutées, entourées d'un cercle ferrugineux, ce qui lui a fait donner par Geoffroy la dénomination de *Lepture aux yeux de paon.*

Une autre espèce commune en Europe, mais dont le corselet est armé, de chaque côté, d'un tubercule pointu, est la *L. tisserand* (*Cerambyx textor*, Lin.; Oliv., *ibid.*, vi, 39); elle est longue d'un pouce, d'un noir sombre, avec les antennes courtes, et les étuis chagrinés. Elle conduit évidemment, avec quelques autres, aux espèces aptères, toutes propres à l'Europe et aux contrées de l'Asie, qui lui sont limitrophes, et dont les larves rongent probablement les racines des végétaux.

Ces espèces composent le genre DORCADION (*Dorcadion*) de M. Dalman, adopté par la plupart des entomologistes. Les antennes sont généralement plus courtes que le corps, à articles en forme de cône renversé, ce qui les fait paraitre noduleuses, et leur abdomen est ovalaire ou presque triangulaire.

M. Mégerle a formé avec quelques petites espèces un genre propre, celui de PARMÈNE (*Parmena*); mais elles ne me semblent s'éloigner des autres que par leurs antennes plus longues que le corps, et dont les articles étant plus alongés, sont alors plutôt cylindriques que coniques. Il faudrait, d'après cela, leur adjoindre d'autres espèces beaucoup plus grandes, offrant les mêmes caractères (*tristis, lugubris, funesta*).

Parmi celles dont les antennes sont courtes, ou les

---

côtés du corselet que des épines. D'autres, comme les espèces nommées *pulchra, regalis, imperialis, oculator,* ont une forme plus raccourcie et plus large.

Dorcadions proprement dits, il en est une très commune en Europe, mais presque exclusivement dans les terrains calcaires, ou d'une nature approchante, c'est la *L. Cendrée* (*Cerambyx fuliginator*), Lin.; Oliv., *ibid.*, X, 21); elle est longue de six lignes, noire, avec les étuis tantôt cendrés, tantôt d'un brun noirâtre, et offrant chacune, dans tous les cas, trois lignes blanches, l'une le long de la suture, l'autre le long du bord extérieur, et la troisième dans l'entre-deux, mais n'allant pas jusqu'à leur extrémité postérieure. L'Allemagne et la Russie méridionale en fournissent plusieurs autres espèces (1).

Les autres lamiaires ont le corselet dépourvu latéralement de tubercules ou d'épines et cylindrique; leur corps est toujours alongé, et presque linéaire dans plusieurs. Ces lamiaires composent le genre

Des Saperdes (Saperda) de Fabricius.

Celui qu'il nomme *Gnoma*, en le restreignant à quelques espèces de Java, de Sumatra, de la Nouvelle-Hollande, etc., ressemble, quand à la direction de la tête et aux parties de la bouche, aux lamies; mais le corselet est aussi long que l'abdomen, cylindrique, un peu plus étroit au milieu, sans épines ni tubercules. Les antennes sont plus longues que le corps, quelquefois garnies de faisceaux de poils. Les pieds antérieurs sont alongés (2).

M. le comte Dejean a détaché des saperdes, les genres Adesme (*Adesmus*), Apomécyne (*Apomecyna*), et Colobothée (*Colobothea*).

Les *Adesmes* (3) ne diffèrent des saperdes ordinaires qu'en ce que le premier et le troisième article des antennes sont proportionnellement beaucoup plus alongés; la longueur de ces deux articles et de l'intermédiaire ou du second réunis font plus du tiers de la longueur totale de l'antenne.

Les *Apomécynes* (4) ont le corps cylindrique; les antennes

---

(1) *Voyez* Schœnh., Synon. insect., I, 3, p 307; le Catalogue de M. Dejean, tant pour ce genre que pour celui de Parmène.

(2) Les espèces nommées *longicollis*, *Giraffa*, *cylindricollis*, et quelques autres inédites.

(3) *Voyez* le Catal. de M. le comte Dejean, p. 108.

(4) *Ibid.*

filiformes, courtes, terminées en une pointe aiguë, avec le troisième et le quatrième article fort longs et les suivants très courts. Ces espèces sont propres aux Indes orientales, et à l'Ile-de-France. Elles tiennent de près aux lamies proprement dites , et Fabricius en place une (*histrio*) dans ce genre.

Les *Colobothées*, dont il fait en majeure partie des sténocores, ont leurs antennes très rapprochées à leur insertion, le corps comprimé et comme caréné latéralement, les étuis échancrés ou tronqués au bout, avec son angle extérieur prolongé en manière de dent ou d'épine. Les cuisses sont en massue pédiculée. La face forme un carré long. Ces insectes sont propres à l'Amérique méridionale et aux îles les plus orientales de l'Asie, situées dans le voisinage de l'équateur (1).

D'autres saperdes, et toutes du Brésil, dont le corselet est de la largeur des élytres ou à peine plus étroit ; dont les antennes ont les troisième et quatrième articles, ou du moins le précédent, très alongés ou dilatés, garnis de poils, et les derniers brusquement plus courts ; et dont les élytres sont élargies et arrondies au bout, forment une autre division (2).

Plusieurs autres saperdes, dont le corps est toujours long et étroit, devraient, à raison de leurs antennes, composées de douze articles et non de onze, former un sous-genre propre (3).

Parmi les espèces considérées par tous les entomologistes actuels comme des saperdes proprement dites, nous citerons les deux suivantes :

____

(1) *Ibid.* Les sténocores *pictus* (Oliv., Saperde, 68, IV, 40), *annulatus* de Fabricius. Sa saperde *acuminata* paraît être du même genre, ainsi que l'insecte figuré par Olivier parmi les capricornes, pl. XVI, 117, quoique son corselet soit bi-épineux.

(2) Telles sont les saperdes *amicta*, *togata*, *palliata*, *dasycera*, *ciliaris*, de l'Entomologie brésilienne de M. Klüg. Le genre *Thyrsia* de M. Dalman (Anal. entom., p. 17 t. III,) se rapproche, sous quelques rapports, de ces espèces ; mais il paraît, sous d'autres, venir près de nos derniers prioniens.

(3) Les saperdes *cardui*, *asphodeli*, *suturalis*, etc. Dans quelques espèces précédentes, le onzième et dernier article est un peu brusquement aminci, mais sans être réellement divisé en deux.

La *S. chagrinée* (*Cerambyx carcharias*, Lin.; Oliv., *ibid.*, 68, 11, 22); elle est longue d'un pouce, couverte d'un duvet d'un cendré jaunâtre, ponctuée de noir, avec les antennes entrecoupées de noir et de gris.

Sa larve vit dans le tronc des peupliers et en détruit quelquefois les jeunes plantations.

La *S. effilée* (*Cerambyx linearis*, Lin.; Oliv., *ibid.*, 11, 13); son corps est long d'environ six lignes, très étroit, linéaire, noir, avec les pattes courtes et jaunes. Les élytres ont des points disposés en lignes, et sont tronquées au bout. Sa larve vit dans le bois du coudrier.

On a décrit quelques autres espèces dont le corps est encore plus étroit, et dont les antennes sont excessivement longues, et presque aussi menues qu'un cheveu (1).

La quatrième et dernière tribu, celle des LEPTURÈTES (*Lepturetæ*), nous offre des longicornes dont les yeux sont arrondis, entiers ou à peine échancrés, et dont les antennes sont dès lors insérées en avant, ou tout au plus à l'extrémité antérieure de cette faible échancrure ; la tête est toujours penchée, prolongée postérieurement derrière les yeux dans plusieurs, ou rétrécie brusquement, en manière de cou, à sa jonction avec le corselet ; cette dernière partie est conique ou trapézoïde, et rétrécie en devant. Les élytres vont en se rétrécissant graduellement.

Cette tribu compose le genre

Des LEPTURES (LEPTURA) (2) de Linnæus,

Moins quelques espèces appartenant aux tribus pré-

____

(1) *Voyez* Fabricius, Olivier, Schœnherr, et le Catalogue de M. le comte Dejean.

(2) Celui de *Stencore* de la première édition de cet ouvrage, dénomination que je crois devoir supprimer ici, à raison de la confusion qui résulte des diverses applications qu'on en a faites.

cédentes et aux donacies. Ainsi modifié, ce genre répond à celui de *Stencore (Stenocorus)* de Geoffroy, et à ceux de *Rhagium* et de *Leptura* de Fabricius.

Tantôt la tête est prolongée en arrière, immédiatement après les yeux. Les antennes, souvent plus courtes que le corps, sont rapprochées à leur base, insérées hors des yeux, sur deux petites éminences, en forme de tubercules, et séparées par une ligne enfoncée. Le corselet est ordinairement tuberculeux ou épineux latéralement.

Ici les palpes sont filiformes ; le dernier article des maxil_ laires est presque cylindrique, et le même des labiaux ovoïde ; le troisième des antennes et les deux suivants sont dilatés à leur angle externe, courbes et soyeux, particulièrement dans les mâles. Tels sont

Les Desmocères (Desmocerus) de M. Dejean.

Le corselet est en forme de trapèze, sans tubercules ni pointes sur les côtés, avec les angles postérieurs très pointus. Les mâchoires et la lèvre m'ont paru ressembler à celles des lamies. On n'en connaît qu'une espèce bien représentée avec tous ses détails, par Knoch. Elle est de l'Amérique septentrionale (1).

Là, les palpes sont renflés à leur extrémité, et terminés par un article en forme de cône ou de triangle renversé. Les antennes sont régulières, glabres ou simplement pubescentes.

Quelques-uns s'éloignent des autres, en ce que les mâles seuls sont ailés. Leur corselet est conique, uni, sans épines ni tubercules. Ils composent le genre

Vesperus. (Vesperus. Dej. — *Stenocorus*. Fab., Oliv.)

Leur tête est grande, portée sur une sorte de rotule. Les antennes son longues, un peu en scie, avec le premier article plus court que le troisième. Le dernier des palpes est presque triangulaire. Les yeux sont ovalaires, légèrement

---

(1) *Stenocorus cyaneus*, Fab. ; Knoch, N. Beyt, I, p. 148, vi, 1; *Rhagium cyaneum*, Schœnherr.

échancrés. Les élytres de la femelle sont courtes, molles et béantes (1).

Dans les suivants et de la même subdivision, les deux sexes sont ailés, le corselet est épineux ou tuberculeux latéralement, inégal et comme rebordé aux deux extrémités. Ils composent le genre *rhagium* de Fabricius, ou celui de *stencore* d'Olivier, et comprennent en outre quelques leptures du premier. Des entomologistes postérieurs ont cru devoir partager ces insectes en cinq genres, mais qu'on peut réduire à quatre.

Les RHAGIES proprement dits. (RHAGIUM. Dahl.)

Où les antennes, toujours simples, sont de la longueur au plus de la moitié du corps, et où le dernier article des palpes forme une massue triangulaire. La tête est grande, presque carrée, avec les yeux entiers. Les côtés du corselet offrent chacun un tubercule conique, en forme d'épine (2).

Les RHAMNUSIES. (RHAMNUSIUM. Még.)

Dont les antennes, un peu plus courtes que le corps, sont en scie, avec les troisième et quatrième articles plus courts que les suivants. Les yeux sont sensiblement échancrés (3).

Les TOXOTES (TOXOTUS. PACHYTA. Még., Dej.)

Dont les antennes sont aussi longues au moins que le corps, simples, avec le premier article beaucoup plus court que la tête; les yeux sont entiers ou très peu échancrés. L'abdomen est triangulaire ou en carré long et rétréci postérieurement (4).

Les STÉNODÈRES. (STENODERUS. Dej. — *Cerambyx*. Fab. — *Leptura*. Kirb. — *Stenocorus*. Oliv.)

Ayant aussi des antennes longues, mais dont le premier

---

(1) *Stenocorus strepens*, Oliv., col. IV, 69, I, 1, b.; *S. luridus*, Ross., Faun. etrusc. Mant., II, app., p. 96, t. III, fig. 1.

(2) Les *Rhagium bifasciatum, indagator, inquisitor, mordax*, de Fab.

(3) *Rhagium salicis*, Fab.

(4) *Voyez* le Catal. de MM. Dejean et Dahl. Dans les leptures *virginea* et *collaris* de Fabricius, que je rapporte au sous-genre des toxotes,

article est aussi long au moins que la tête, et dont le corps est long, étroit, presque linéaire. Les palpes sont aussi plus saillants. Les yeux sont entiers (1).

Tantôt la tête est rétrécie brusquement, immédiatement derrière les yeux. Les antennes, insérées près de l'extrémité antérieure de leur échancrure interne, sont écartées à leur naissance. Les deux éminences ordinaires d'où elles partent se confondent presque dans le même plan. Le corselet est presque toujours uni ou sans tubercules latéraux. Ce sont les

Leptures proprements dites. (Leptura. Dej., Dahl)

Les unes ont le corselet presque plan en dessus, et trapézoïde ou conique. De çe nombre sont :

La *L. armée* (*L. armata*, Gyll. ; *L. calcarata*, Fab., le mâle ; *L. subspinosa*, ejusd., la femelle), qui est très commune en été, dans les bois, sur les fleurs de ronce. Le corps est alongé, noir, avec les étuis jaunes, et offrant quatre lignes noires, transverses, dont l'antérieure formée par des points. Les antennes sont entrecoupées de noir et de jaune. Les jambes postérieures du mâle sont munies de deux dents.

Le *L. noire* (*L. nigra*, Lin. ; Oliv., col. 73, III, 36), qui est noire, luisante, avec l'abdomen rouge.

D'autres ont le corselet beaucoup plus élevé et arrondi, ou presque globuleux. Une espèce de cette division, très commune dans nos environs, est

La *L. Tomenteuse* (*L. tomentosa*, Fab. ; Oliv., *ibid.*, II, 13); elle est noire, avec un duvet jaunâtre sur le corselet. Les élytres sont de cette couleur, avec l'extrémité noire et tronquée (2).

---

les troisième et quatrième articles des antennes sont un peu plus courts que le cinquième.

(1) *Leptura ceramboides*, Kirb. (Linn., Trans., XII, xxiii, 11), et quelques autres espèces du Brésil.

(2) *Voyez*, en outre, les espèces nommées *rubra*, *virens*, *hastata*, 2-*punctata*, *scutellata*, etc. ; et quant au genre, les Catalogues précités, le dernier volume de M. Gyllenhall sur les insectes de la Suède, Fabricius, Olivier, etc.

La cinquième famille des TÉTRAMÈRES ,

LES EUPODES. (EUPODA.)

Se compose d'insectes dont les premiers (*Donacies*) se rapprochent tellement des derniers longicornes , que Linnæus et Geoffroy les ont confondus avec eux , et dont les derniers tiennent de si près aux chrysomèles , type de la famille suivante , que le premier de ces naturalistes les place dans ce genre. Les organes de la manducation nous offrent les mêmes affinités ; ainsi , dans les premiers la languette est membraneuse , bifide ou bilobée , de même que celle des longicornes ; leurs mâchoires ressemblent aussi beaucoup à celles de ceux-ci ; mais dans les derniers eupodes , cette languette est presque carrée ou arrondie et analogue à celle des cycliques. Cependant les lobes maxillaires sont membraneux ou peu coriaces , blanchâtres ou jaunâtres ; l'extérieur s'élargit vers l'extrémité et n'a pas la figure d'un palpe , caractères qui donnent à ces parties plus de ressemblance avec les mêmes des longicornes , qu'avec celles des cycliques. Le corps est plus ou moins oblong , avec la tête et le corselet plus étroits que l'abdomen ; les antennes sont filiformes ou vont en grossissant , et sont insérées au devant des yeux , qui , dans les uns , sont entiers , ronds et assez saillants , et dans les autres un peu échancrés ; la tête rentre postérieurement dans le corselet , qui est cylindrique ou en carré transversal ; l'abdomen est grand, comparativement aux autres parties du corps, en carré long ou en triangle alongé ; les articles des tarses, à l'exception du dernier, sont garnis en dessous de pelotes, et le pénultième est bifide ou bilobé ; les cuisses postérieures sont très renflées dans un grand nombre, et de là l'origine de la dénomination donnée à cette famille. Ces insectes ont tous des ailes, se tiennent attachés aux tiges ou aux feuilles de diverses plantes, mais de préférence aux liliacées, relativement à un grand nombre d'espèces de notre pays ; les larves de quelques-unes (*Donacies*) rongent l'intérieur des racines des végétaux aquatiques, sur lesquels on trouve l'insecte parfait ; celles de plusieurs autres vivent à nu, mais en se couvrant de leurs excréments, et s'en forment une sorte de fourreau, de même que celles des cassides.

Nous diviserons cette famille en deux tribus :

La première, celle des SAGRIDES (*Sagrides*), se composera, ainsi que l'indique sa dénomination, du genre

DES SAGRES. (SAGRA.)

Les mandibules se terminent en une pointe aiguë. La languette est profondément échancrée ou bilobée.

Les uns ont les palpes filiformes, les yeux échancrés et les cuisses postérieures très grosses, avec les jambes arquées.

Les MÉGALOPES. (MÉGALOPUS. Fab.)

Ont l'extrémité antérieure de la tête avancée en manière de museau, des mandibules fortes et croisées, les palpes terminés par un article alongé et très pointu, la languette divisée profondément en deux lobes alongés, le corps court, avec le corselet carré ou trapézoïde et transversal, des antennes qui vont en grossissant ou se terminent en une massue alongée, et dont le troisième article plus long que le précédent et le suivant, et les quatre jambes postérieures longues, grêles et arquées. Ces insectes sont propres à l'Amérique méridionale (1).

Les Sagres proprement dits. (Sagra. Fab.)

Désignés primitivement sous le nom d'*Alurnes*, exclusivement propres à quelques contrées de l'Afrique méridionale, à l'île de Ceylan et à la Chine, ont les palpes terminés par un article ovoïde, les divisions de la languette courtes, le corselet cylindrique, les antennes presque filiformes, plus longues que la tête et le corselet, et dont les articles inférieurs plus courts que les autres, et les quatre jambes antérieures assez épaisses, peu alongées, anguleuses, droites. Ces insectes ont une teinte uniforme, mais très brillante, soit verte ou dorée, soit d'un rouge éclatant, mêlé d'un peu de violet (2).

Les autres ont les palpes plus gros à leur extrémité, les yeux entiers et les cuisses presque de la même grosseur. Le corps est toujours alongé, étroit, un peu déprimé ou peu élevé, avec le corselet rétréci postérieurement et presque en forme de cœur.

Les Orsodacnes. (Orsodacna. Latr. Oliv. — *Crioceris*. Fab.)

Dont les antennes sont filiformes, composées d'articles en forme de cône renversé, où le dernier des palpes est seulement un peu plus grand que les précédents et presque en ovoïde tronqué, et où le corselet est au moins aussi long que large (3).

---

(1) *Voyez*, outre Fabricius, Latreille, Olivier, Germar, Dalman, l'excellente Monographie de ce genre publiée par M. Klüg, et les Observations sur ce genre de M. le comte de Mannerheim, qui, aux figures de quelques espèces, en a ajouté de très bonnes pour les détails de la bouche.

(2) *Voyez* Fab. et Oliv., V, 90.

(3) *Voyez* Latr., Gener. crust. et insect., III, p. 45, et I, xi, 5; Oliv., col. VI, 98 *bis*, et Gyll., Insect. Succ., III, 642.

Les Psammoechus. (Psammoecus. Boudier. — *Anthicus*. Fab. — *Latridius*. Dej.)

Où les antennes composées d'articles courts et serrés vont en grossissant, et où les palpes maxillaires sont terminés brusquement en une forte massue triangulaire. Le corselet est plus large que long. Le corps est plus déprimé que dans les précédents, avec les antennes plus courtes et les yeux moins saillants (1).

La seconde tribu, celle des Criocérides (*Crioce-rides*), se distingue de la précédente par les mandibules dont l'extremité est tronquée, ou offre deux ou trois dents, et par la languette qui est entière ou peu échancrée. Elle se compose du genre

Criocère. (Crioceris. Geoff. — *Chrysomela*. Lin.)

Que nous diviserons ainsi :

Tantôt les mandibules vont en pointe, et offrent à cette extrémité deux ou trois dents. Les palpes sont filiformes. Les antennes, de grosseur ordinaire, sont presque grenues dans les uns, et composées en majeure partie dans les autres, d'articles en forme de cône renversé, ou sensiblement plus gros vers leur extrémité supérieure.

Les Donacies. (Donacia. Fab. — *Leptura*. Lin.)

Ont les cuisses postérieures grandes, renflées; les antennes de la même grosseur partout et à articles alongés, les yeux entiers, et le dernier article des tarses renfermé, dans la plus grande partie de sa longueur, par les lobes du précédent.

Ces insectes ont souvent des couleurs brillantes, bronzées ou dorées. Plusieurs offrent aussi un duvet soyeux, très fin, qui peut leur être utile lorsqu'ils tombent dans l'eau, vivent habituellement sur des plantes aquatiques, comme

____

(1) *Anthicus 2-punctatus*, Fab.; je place ici ce genre avec doute.

les glayeuls, la sagittaire, le nymphœa, etc., et s'y tiennent fortement accrochés. C'est dans leurs racines que vivent leurs larves. Leurs nymphes, d'après les observations de M. Adolphe Brongniart, sont attachées à leurs filaments, par l'un de leurs bords seulement, et y forment des nœuds ou bulbes. Les recherches anatomiques de M. Léon Dufour, lui font présumer que les donacies doivent former une famille particulière. Les vaisseaux hépatiques, par leur nombre, leur disposition, leur forme et leur structure, font, parmi les tétramères, une exception très remarquable, et qui paraît même exclusivement propre à ces insectes. Ces vaisseaux ne s'aboucheraient qu'au ventricule chylifique, tandis que dans tous les autres tétramères, dont cet habile observateur a fait l'anatomie, ils ont une insertion ventriculaire et une cœcale. Ces conduits biliaires, au nombre de quatre seulement, sont de deux espèces différentes : les uns, capillaires, disposés en deux anses fort reployées, s'insèrent par quatre bouts distincts sur une courte vésicule obronde, placée à la face inférieure et un peu latérale de l'extrémité du ventricule chylifique ; les autres, bien plus courts, plus épais, plus dilatables et effilés aux deux bouts, sont flottants par l'un d'eux, et implantés isolément par l'autre à la région dorsale et supérieure de cet organe. M. Dufour est porté à regarder comme alimentaire la pulpe blanchâtre qu'ils renferment. L'œsophage est capillaire, et sans dilatation, en forme de jabot. Le ventricule chylifique est hérissé de papilles bien saillantes. Les testicules ressemblent beaucoup à ceux des leptures. Les larves sont nues et cachées, ainsi que celles de ces derniers longicornes, observation qui appuie les conjectures de M. Dufour.

Les **Hæmonies**. (HÆMONIA. Még., Dej.)

Sont des donacies dont le pénultième article des tarses est très petit, en forme de nœud, presque entier, et dont le dernier est fort long (1).

Les **Pétauristes**. (PETAURISTES. Latr.)

Réunis par Fabricius avec les *lema* ou nos criocères pro-

---

(1) Les *D. equiseti, zosteræ*, de Fab.

pres, ont aussi les cuisses postérieures grosses, mais les yeux sont échancrés; les antennes, ainsi que dans ceux-ci, sont généralement composées d'articles plus courts, et les lobes du pénultième article des tarses bien moins prolongés et ne renfermant que la racine du suivant (1).

Les CRIOCÈRES proprement dits. (CRIOCERIS. Geoff., Oliv. — *Lema*. Fab. — *Chrysomela*. Lin.)

S'éloignent des précédens en ce que les pieds postérieurs ne diffèrent point ou peu des autres; les antennes vont un peu en grossissant et sont presque grenues, leurs articles n'étant pas beaucoup plus longs que larges. Les yeux sont élevés et échancrés. L'extrémité postérieure de la tête forme derrière eux une sorte de cou.

Ces insectes vivent sur des liliacées, les asperges, etc., et, de même que ceux de la famille précédente, font entendre un petit bruit lorsqu'on les saisit. Leurs larves se nourrissent des mêmes plantes, auxquelles elles se tiennent cramponnées, au moyen de leurs six pattes écailleuses. Elles ont le corps mou, court et renflé; leurs propres excrémens, dont elles se couvrent le dos, les garantit de l'action du soleil et des intempéries de l'atmosphère. Leur anus, à cet effet, est situé en dessus. Elles entrent en terre pour se changer en nymphe.

Le *C. du lis* (*Chrysomela merdigera*, Lin.; Oliv., col. VI, 94, 1, 8.) est long de trois lignes, avec le corselet et les étuis d'un beau rouge. Le corselet est étranglé de chaque côté. Les étuis ont des points enfoncés, disposés en lignes longitudinales. — Dans toute l'Europe, sur le lis blanc.

M. Boudier, pharmacien de Versailles, zélé entomologiste, et à l'amitié duquel je suis redevable de plusieurs espèces rares ou curieuses, a publié, dans les Mémoires de la Société linnéenne de Paris, des observations sur une autre espèce de nos environs, le *C. brun* (*Lema brunnea*, Fab.), qui est fauve, avec les antennes, la poitrine et la base de l'abdomen noirs. Elle vit, ainsi que sa larve, sur le *Lilium convallaria*.

______

(1) Les *Lema varia*, *posticata*, de Fab.

Le *C. de l'asperge* (*C. asparagi*, Lin. ; Oliv., *ibid.*, II, 28.) est bleuâtre, avec le corselet rouge, tantôt sans taches, tantôt en offrant une dans son milieu, bleue et en forme de cœur ; les étuis jaunâtres, mais ayant, le long de la suture, une bande bleue, réunie avec trois taches latérales, de la même couleur, et formant ainsi une croix.

La même plante est dévastée par une autre espèce (*C.* 12-*punctata*, Lin.), qui est fauve, avec six points noirs sur chaque .lytre (1).

Les Auchènies. (Auchenia. Thunb.)

Diffèrent des criocères , dont on ne les avait pas d'abord distingués, par leurs yeux entiers ; leurs palpes rétrécis et terminés en pointe, et non obtus ; les sept derniers articles de leurs antennes qui sont plus larges ; et leur corselet dilaté, vers le milieu de chaque côté, en manière d'angle ou de dent (2).

Tantôt les mandibules sont tronquées ; les palpes sont terminés par un article très renflé, tronqué, avec un petit prolongement, en forme d'anneau, présentant l'apparence d'un autre article. Les antennes sont menues, composées d'articles fort alongés, presque cylindriques.

Les Mégascélis. (Megascelis.) Dej., Latr.)

Les yeux sont un peu échancrés. Les mandibules sont épaisses. Le lobe maxillaire extérieur est étroit, cylindrique, courbé en dedans. Les palpes labiaux sont presque aussi grands que les maxillaires. Ces insectes, propres à l'Amérique méridionale, paraissent avoisiner, sous quelques rapports, les *Colapsis ;* mais par leur forme générale, ils se rangent avec les eupodes (3).

---

(1) *Voyez* Olivier et Fabricius, mais en n'y comprenant point les espèces sauteuses, dont les unes se rapportent au sous-genre *Petauristes*, et les autres au dernier de ceux de cette famille, ou les mégascélis.

(2) *Crioceris subspinosa*, Fab.

(3) Les *Lema vittata*, *cuprea*, *nitidula*, de Fab.

La sixième famille des Tétramères, celle

Des CYCLIQUES. (Cyclica.)

Ayant encore les trois premiers articles des tarses spongieux, ou garnis de pelottes en dessous, avec le pénultième partagé en deux lobes, et les antennes filiformes ou un peu plus grosses vers le bout, nous présente un corps ordinairement arrondi, avec la base du corselet de la largeur des élytres, dans ceux, en petit nombre, où ce corps est oblong ; des mâchoires, dont la division extérieure, par sa forme étroite, presque cylindrique et d'une couleur plus foncée, a l'apparence d'un palpe ; la division intérieure est plus large et sans onglet écailleux. La languette est presque carrée ou ovale, entière ou légèrement échancrée.

Il paraîtrait, d'après diverses recherches anatomiques de M. Léon Dufour, que le tube alimentaire est trois fois au moins plus long que le corps ; que l'œsophage se renfle le plus souvent en arrière du jabot, et que le ventricule chylifique ou l'estomac est ordinairement lisse, du moins dans une grande partie de son étendue. L'appareil de la sécrétion biliaire ressemble à celui des longicornes, sous le rapport du nombre et de la double insertion des vaisseaux qui les constituent ; ce nombre est de six, et deux d'entre eux, si l'on en excepte les cassides, sont ordinairement plus grêles et moins longs. Chaque testicule est formé par un seul sachet.

Toutes les larves qui nous sont connues sont pourvues de six pieds, ont le corps mou, coloré, et se nourrissent, ainsi que l'insecte parfait, des feuilles de végétaux, où elles se fixent ordinairement avec une humeur visqueuse ou gluante. C'est là aussi que beaucoup d'elles se changent en nymphes, à l'extrémité postérieure de laquelle est engagée et pliée en peloton la dernière dépouille de la larve. Ces nymphes ont souvent des couleurs variées. D'autres larves entrent en terre.

Ces insectes sont généralement de petite taille, souvent ornés de couleur métalliques et brillantes, et ont le corps ras ou sans poils. Ils sont, pour la plupart, lents, timides, se laissent tomber à terre lorsqu'on veut les saisir, ou replient leurs antennes et leurs pieds contre le corps. Plusieurs espèces sautent très bien. Les femelles sont très fécondes.

Eu égard aux diverses habitudes des larves, les cycliques se divisent en quatre coupes principales :

1° Larves se recouvrant de leurs excréments ;

2° Larves vivant dans des tuyaux qu'elles traînent avec elles ;

3° Larves nues ;

4° Larves cachées dans l'intérieur des feuilles et vivant de leur parenchyme : *Cycliques sauteurs.*

Tels sont les principes qui nous ont dirigés dans l'exposition de cette famille. Nous la partagerons en trois tribus, d'après le mode d'insertion des antennes.

Les Cassidaires (*Cassidariæ*), qui forment la première tribu, ont les antennes insérées à la partie supérieure de la tête, rapprochées, droites, courtes, filiformes et presque cylindriques, ou grossissant graduellement vers le bout ; la bouche, totalement située en dessous, et dont les palpes sont courts, presque filiformes, est tantôt cintrée, tantôt reçue en partie dans la cavité du présternum ; les yeux sont ovoïdes ou ronds ; les pieds sont contractiles, courts, avec les tarses aplatis ; les lobes de l'avant-dernier article renferment totalement le dernier. Le corps étant plat en dessous, ces insectes ont, au moyen de la disposition de leurs tarses, la facilité de se coller à la surface des feuilles, et de s'y tenir habituellement immobiles ; d'ailleurs, le corps est le plus souvent orbiculaire ou ovale, et débordé tout autour par le corselet et les élytres. La tête est cachée sous le corselet, ou reçue dans son échancrure antérieure. Les couleurs sont très variées et distribuées sous la forme de taches, de points, de raies, d'une manière agréable à la vue. Celles de leurs larves qui nous sont connues se recouvrent de leurs excréments.

Les cassidaires se composent de deux genres. Celui

D'Hispe. (Hispa. Lin.)

Dont le corps est oblong, avec la tête entièrement découverte et dégagée, et le corselet en forme de trapèze. Les mandibules n'offrent que deux ou trois dents ;

le lobe maxillaire extérieur est plus court que l'interne ; les antennes sont filiformes et portées en avant.

Les ALURNES (ALURNUS) de Fabricius.

Qu'Olivier ne distingue pas de ses hispes, ne paraissent, en effet, n'en différer que par la forme de leurs mandibules, dont l'extrémité supérieure se prolonge en une dent forte et pointue, et qui en offrent, en outre, une autre au côté interne, mais fort courte. La languette est cornée.

Ce sous-genre renferme les plus grandes espèces, et qui sont particulières, pour la plupart, à la Guiane et au Brésil. De ce nombre est :

L'*Hispe bordée* (pl. XIII , fig. 5 , de la première édition de cet ouvrage.) est d'un rouge de sang, avec les antennes, le corselet, ses côtés exceptés, et les élytres, noirs ; la suture et le bord extérieur des élytres sont de la couleur du corps ; leur milieu offre aussi, dans une variété, un trait transversal pareillement rouge. Cet insecte n'est pas rare au Brésil (1).

Les HISPES propres. (HISPA. Lin. Fab.)

Ont des mandibules courtes, terminées par deux ou trois petites dents presque égales. L'Amérique nous en fournit un grand nombre d'espèces. Quelques-unes ont le dessus du corps et même une portion des antennes très épineux, et telle est la suivante de nos environs.

L'*H.* très noire (*Hispa atra*, Lin. ; Oliv., col. VI , 95 , 1 , 9), nommée par Geoffroy la *chataigne noire*. Elle est entièrement de cette couleur, très épineuse, et longue d'une ligne et demie. Elle se tient sur les graminées.

Les départements méridionaux de la France en possèdent une autre espèce (*testacea* , Oliv., *ibid.* 1 , 7), très voisine de la précédente, mais fauve. Elle vient sur les cistes.

Les CHALÈPES. (CHALEPUS. Thunb.)

En prenant pour type l'*H. spinipes*, de Fab., diffèrent des hispes propres à raison de leurs jambes longues, grêles,

---

(1) *Voyez* Fab. et Oliv. , col. VI , 95 , 1 , 1 , 2.

et arquées, et dont les deux antérieures sont armées au côté interne, dans les mâles, d'une longue épine. Le troisième article des antennes est aussi proportionnellement plus long.

Quelques autres hispes (*Monoceros* , Oliv.; *Porrecta* , Schœnh.; *Rostratus* , Kirby., etc.), remarquables par une saillie en forme de corne, au-dessus de leur tête, forment peut-être un autre sous-genre.

Les **Cassides**. (**Cassida**. Lin. Fab.)

Se distinguent des hispes aux caractères suivants : le corps est orbiculaire ou presque ovoïde, presque carré dans un petit nombre. Le corselet, plus ou moins demi circulaire, ou en segment de cercle, cache et recouvre entièrement la tête, ou l'encadre, en la recevant dans une échancrure antérieure. Les élytres, souvent élevées dans la région scutellaire, débordent le corps. Les mandibules offrent quatre dents au moins, et le lobe maxillaire extérieur est aussi long au moins que l'interne.

Les **Imatidies** (*Imatidium*) de Fabricius ne diffèrent de ses cassides que par leur tête découverte et engagée dans l'échancrure du corselet. Les unes *et* les autres ont le corps déprimé, presque rond, en forme de bouclier ou de petite tortue, souvent un peu élevé en pyramide au milieu du dos, et débordé tout autour par les côtés du corselet et des étuis. Son dessous est plat, de sorte que ces insectes sont comme collés sur les objets où ils sont fixés.

La *C. équestre* (*C. equestris* , Fab.) Oliv., col. V, 97, 1, 3, très voisine de la suivante, mais un peu plus grande, et ne se trouvant que dans les lieux aquatiques, sur la menthe. Verte en dessus, noire en dessous, avec les bords de l'abdomen et les pieds jaunâtres.

La *C. verte* (*C. viridis* , Lin., Oliv., *ibid.* , II, 29, longue d'une ligne et demie, ne différant de la précédente que par les points des étuis, qui forment des lignes régulières vers la suture; les cuisses sont ordinairement noires.

Sa larve vit sur les chardons, et plus communément sur l'artichaux. Son corps est très plat, garni d'épines tout autour de ses bords, et se recouvre de ses propres excréments, qu'elle tient suspendus en masse sur une espèce de fourchette, attachée près de l'ouverture de l'anus. La nymphe est aussi très aplatie, avec des appendices minces en forme de dentelures en scie sur ses côtés; son corselet est large, arrondi en devant, et cache la tête.

Dans la larve d'une espèce de Saint-Domingue (*C. ampulla*, Olivier), les excréments forment de petits filets nombreux et articulés, imitant une sorte de perruque.

Le *C. noble* (*C. nobilis*, Lin.), Oliv., *ibid.*, 11, 24, est d'un gris jaunâtre, avec une raie d'un bleu doré près de la suture, mais qui disparaît à la mort de l'insecte (1).

Dans la seconde tribu, les CHRYSOMÉLINES (*Chrysomelinæ*), les antennes sont insérées au-devant des yeux ou près de leur extrémité interne, et écartées. Ces insectes ne sautent point. Ils composent, avec ceux de la tribu suivante et quelques-uns de la famille précédente, le genre *chrysomela* de Linnæus, mais que, vu son étendue actuelle, nous avons restreint par l'admission de quelques autres.

Les espèces qui nous offrent les caractères présentés ci-dessus formeront, comme dans les premiers ouvrages de Fabricius sur l'entomologie, deux genres.

Le premier, celui

De GRIBOURI. (CRYPTOCEPHALUS.)

Est composé de chrysomélines dont la tête est enfoncée verticalement dans un corselet voûté ou bombé,

---

(1) *Voyez*, pour les autres espèces, Olivier, *ibid.*; Fab., Syst. eleut.; Schœnh., Synon. insect., II, p. 134 et 209.

en forme de capuchon , de manière que le corps , le plus souvent en forme de cylindre court , ou presque ovoïde et rétréci en devant, paraît, vu en dessus, comme tronqué de ce côté et privé de tête. Les antennes des uns sont plus ou moins en scie ou pectinées; celles des autres sont longues et filiformes. Le dernier article des palpes est toujours ovoïde.

Tantôt les antennes sont courtes, pectinées ou en scie dès le quatrième ou cinquième article.

Ici le bord extérieur des élytres est droit, ou n'offre qu'une faible échancrure, les angles postérieurs du corselet sont arrondis et point voûtés, les antérieurs ne sont point fléchis en dessous. Le corps est toujours en forme de cylindre court, avec les antennes toujours libres, les yeux entiers ou peu échancrés. Les mâles ont souvent la tête plus large, avec les mandibules plus fortes et plus avancées, et les pieds antérieurs plus longs.

Les CLYTHRES. (CLYTHRA. Leach. Fab. — *Melolontha*. Geoff.)

La *C. Quadrille* (*Chrysomela quadripunctata*, Linn.; Oliv., col. VI, 96, I, 1), longue de quatre à cinq lignes, noire, avec les étuis rouges ayant chacun deux points noirs, dont l'antérieur plus grand.

Sa larve vit dans un tuyau d'une matière coriace, qu'elle traîne avec elle, et qui m'a été envoyé, avec elle, de Nantes, par M. Waudoner (1).

Là, les élytres, très dilatées extérieurement à leur naissance et rétrécies brusquement ensuite, offrent une échancrure profonde. Les angles postérieurs du corselet sont aigus, voûtés et forment un toit; les antérieurs sont très courbés en dessous. Les antennes s'appliquent sur les côtés inférieurs, ou se logent sous ses bords. Les yeux sont sensiblement échancrés dans plusieurs. Le dessus du corps, dans ceux, et formant le plus grand nombre, où il est moins court et moins bombé, est ordinairement très inégal. Ces chrysomélines habitent exclusivement le nouveau continent.

---

(1) *Voyez* Olivier et Fabricius, mais en retranchant du genre, à l'égard de celui-ci, les espèces qui se rapportent au suivant.

Les Chlamydes. (Chlamys. Knoch.)

Où la forme du corps se rapproche de celle d'un cylindre court, ou d'un cube, avec le corselet élevé brusquement et comme bossu dans son milieu, et prolongé au milieu du bord postérieur ou unilobé. Ce corps est généralement très raboteux. Les palpes labiaux sont fourchus dans quelques (1).

Les Lamprosomes. (Lamprosoma. Kirb.)

Où le corps est presque globuleux, très bombé, fort lisse, avec le corselet fort court, très large, s'élevant graduellement, et faiblement lobé au milieu du bord postérieur. Les cinq derniers articles et en scie des antennes sont moins dilatés que dans les précédents (2).

Tantôt les antennes, sensiblement plus longues que la tête et le corselet, sont simples et filiformes, ou plus grosses vers le bout, ou même terminées en massue, et le plus souvent alors dentées en manière de scie, mais à commencer seulement au septième article. Le corps de plusieurs est ovoïde et rétréci en devant. Le dernier article des antennes est appendicé, de sorte que leur nombre paraît être de douze.

Ceux-ci ont le corps cylindrique, avec le corselet de la largeur de l'abdomen, dans toute sa longueur.

Les Gribouris. (Cryptocephalus. Geoff.)

Dont les antennes et les palpes sont de la même grosseur partout.

Le *G. soyeux* (*Chrysomela sericea*, Lin.; Oliv., col. VI, 96, 1, 5); long de trois lignes, d'un vert doré; les antennes sont noires avec la base verte. Très commun sur les fleurs semi-flosculeuses (3).

---

(1) *Voyez* Olivier, mais plus particulièrement la belle Monographie de M. Kollar, et celle de M. Klüg. *Voyez* aussi Knoch, New. beyt. insect., p. 122, et Latr., Gen. crust. et insect., III, p. 53.

(2) *Lamprosoma bicolor*, Kirb., Linn. Trans., XII, xxii, 15. *Voyez* surtout l'ouvrage de M. Germar intitulé Insect. Spec. nov., p. 574 et 575.

(3) *Voyez*, pour les autres espèces, Olivier, Fabricius et Schœnherr.

Les Choragus. (Choragus. Kirb.)

Ont les antennes terminées par trois articles plus gros, formant une massue, et les palpes amincis à leur extrémités (1).

Ceux-là ont le corps rétréci en devant et presque ovoïde.

Les cinq derniers articles des antennes sont souvent plus grands, plus ou moins comprimés et plus ou moins dilatés en dents de scie. Les palpes maxillaires sont plus gros à leur extrémité, ou presque terminés en une massue ovoïde, formée, soit par le dernier article, soit par celui-ci et le précédent réunis.

Les Euryopes. (Euryope. Dalm.)

Où les mandibules sont très fortes, et où le second article des antennes est manifestement plus long que le troisième (2).

Les Eumolpes. (Eumolpus. Kug., Fab.)

Où les mandibules sont de grandeur ordinaire, et où le second article des antennes est plus court que le suivant.

L'*E*. *de la vigne* (*E. vitis*, Fab.; Panz., Faun. insect., Germ., LXXXIX, 12), qui est noir, pubescent, avec les élytres, la base des antennes et les jambes d'un brun rougeâtre; il nuit beaucoup à la vigne.

Ce sous-genre se lie, au moyen des colaspes et par une transition presque insensible, avec le genre

Des Chrysomèles. (Chrysomela.)

Dont le corps est généralement ovoïde ou ovalaire, avec la tête saillante, avancée ou simplement penchée; les antennes simples, de la longueur environ de la moitié du corps, et le plus souvent grenues et grossissant insensiblement.

Quelques-unes, dont le corps est toujours ovoïde ou ovalaire, ailé, et dont les palpes finissent en pointe, se rapprochent

---

(1) *Choragus Scheppardi*, Kirb., Lin. Trans., XII, XXII, 14.

(2) Dalm., Ephem. entom., I, p. 17. L'*E. rubra* (Latr., Géner. crust. et insect., I, II, 6) est du Sénégal et de l'Abyssinie.

des eumolpes et se distinguent des autres chrysomélines suivantes, par leurs antennes filiformes, plus longues que la moitié du corps, composées d'articles alongés, presque cylindriques, et dont le onzième ou dernier article est terminé par un appendice ou faux article, dont la longueur égale presque la moitié de celle de la portion précédente de cet article. Tels sont

Les Colaspes (Colaspis. Fab.)

Qui n'ont point de saillie au mésosternum (1). Et

Les Podonties. (Podontia. Dalm.)

Où le mésosternum s'avance en une pointe courte et conique, reçue au bout dans une échancrure postérieure du présternum (2).

Le premier et l'avant-dernier article des tarses sont très grands et très dilatés; le second est petit. Le dernier des maxillaires est conique. Le corps est oblong, déprimé ou peu élevé, tandis que dans les colaspes il est généralement court et très convexe.

Dans les chrysomélines suivantes et de la même tribu, les antennes sont plus courtes, composées d'articles en forme de cône renversé, ou plus ou moins presque grenues, et vont en grossissant; le faux article ou l'appendice terminant le dernier est très court ou peu distinct.

Les unes ont les palpes maxillaires plus gros et tronqués à leur extrémité.

Parmi elles, il en est où les deux derniers articles de ces palpes sont réunis et forment ensemble une massue tronquée; le dernier est plus court que le précédent, soit transversal, soit en forme de cône très court et tronqué.

Les Phyllocharis. (Phyllocharis. Dalm.)

Sans saillie mésosternale (3).

---

(1) *Voyez* Fabricius, Olivier, Schœnherr et Germar.

(2) Dalm., Ephémérid. entom., I, 23. De ce nombre est la *Chrysomela* 14-*punctata* de Fab.; Oliv., col. V, 91, IV, 42.

(3) Dalm., Ephém. entom., I, p. 20. Les chrysomèles *cyanipes, cyanicornis, undulata*, de Fab. *Voyez* Oliv., col. V, 91, IV, 50, 46, et VII, 99, 100.

Les Doryphores (Doryphora , Illig.).

Où le mésosternum, au contraire, est avancé en pointe ou en manière de corne. Les espèces de ce sous-genre (1) sont propres à l'Amérique méridionale; celles du précédent habitent la Nouvelle - Hollande et l'île de Java. Celles-ci, et dont le nombre est petit, diffèrent en outre des précédentes par leur corps plus alongé et beaucoup moins élevé; et par leurs antennes, dont les premiers articles sont proportionnellement plus courts, plus épaissis et plus arrondis au bout; le second est presque globuleux et n'est guère plus court que le suivant.

On trouve, en Espagne, deux espèces qui paraissent devoir former un autre sous-genre (*Cyrtonus*, Dalm.). Le mésosternum n'a point de saillie, ainsi que dans les phyllocharis; mais les articles des antennes sont proportionnellement plus longs, plus obconiques; le corps est plus bombé, avec le corselet plus élevé transversalement et arrondi dans le milieu ou pulviniforme, tandis que sa surface est plane ou au même niveau dans les précédentes (2).

Un autre sous-genre, et dont les espèces sont exclusivement propres à l'Australasie, est celui

De Paropside. (Paropsis. Oliv. — *Notoclea*. Marsh.)

Distinct de tous les autres de cette famille, par ses palpes maxillaires, dont le dernier article, beaucoup plus grand, est en forme de hache (3).

Dans les deux sous-genres suivants, le même article, bien détaché aussi du précédent, et aussi grand ou plus grand que lui, est plus ou moins semi-ovoïde. Ces insectes sont répandus en plus grand nombre dans l'ancien continent, et particulièrement en Europe.

---

(1) Oliv., col. V, suite du n° 91, *doryphore*. *Voyez* aussi Germar (Insect. Spec. nov.).

(2) *Chrysomela rotundata*, Dejean, et une autre espèce très analogue, mais rayée. M. le docteur Leach m'a communiqué une chrysoméline voisine des doryphores, dans le mâle de laquelle les antennes n'offraient que huit articles, dont les deux derniers formant une massue. C'est son genre *Apamœa*. La *Chrysomela badia* de M. Germar paraît en former un autre.

(3, *Voyez* Olivier, col. V, 92; mais il faut en retrancher le *P. flavi*

Les Timarches. (Timarcha. Még., Dej.)

Qu'on avait rangées avec les chrysomèles, comprennent celles qui sont aptères. Leur corps est gibbeux, avec les antennes grenues, surtout inférieurement, les élytres réunies, et les tarses ordinairement très dilatés, du moins dans les mâles.

Ces chrysomélines se tiennent à terre, dans les bois, sur le gazon, les bords des chemins, marchent lentement et jettent par les articulations des pattes une liqueur jaunâtre ou rougeâtre. Elles habitent plus particulièrement le midi de l'Europe et les contrées septentrionales de l'Afrique.

Entre les espèces dont le corselet est rétréci postérieurement et se rapproche de la forme d'un croissant, espèces généralement plus grandes, se place

La *T. ténébrion* (*tenebrio lœvigatus*, Lin.; Oliv., col. V, 91, 1, 11), longue de quatre à huit lignes, noire, avec le corselet et les élytres lisses, mais finement pointillés, et les antennes et les pieds violets. Sa larve est verdâtre ou violette, très renflée, avec l'extrémité fauve, et vit sur le caille-lait jaune. Elle se métamorphose dans la terre (1).

Les Chrysomèles propres. (Chrysomela.)

Comprendront celles d'Olivier qui sont pourvues d'ailes, et dont les palpes maxillaires, d'après les subdivisions établies ci-dessus, ont le dernier article des palpes aussi grand ou plus grand que les précédents, en forme d'ovoïde tronqué ou de cône renversé. Telles sont

La *C. sanguinolente* (*C. sanguinolenta*, Lin.; Oliv., *ibid.*, 1, 8), longue d'environ quatre lignes, noire, ou

---

cans (*Chrysomela flavicans*, Fab.), qui est une vraie chrysomèle. *Voyez* aussi la Monographie du même genre, mais sous le nom de *Notoclea*, publiée par M. Marsham dans les Transactions de la Société linnéenne.

(1) *Ajoutez* les espèces suivantes d'Olivier : *rugosa, scabra, latipes, coriaria, gœttingensis. Voyez* aussi le Catalogue de la collection M. le comte Dejean ; mais, attendu que je ne distingue les timarches des chrysoméles que par l'absence des ailes, je ne suis pas certain si toutes les espèces qu'il cite sont dans ce cas.

d'un noir bleuâtre, avec les côtés du corselet épaissis et ponctués, et les élytres fortement ponctuées, et largement bordées extérieurement de rouge. A terre, dans les champs, sur les bords des chemins.

Le *C. céréale* (*C. cerealis*, Lin.; Oliv., *ibid.*, VII, 104), de la taille de la précédente, d'un rouge cuivreux en dessus, avec des raies longitudinales bleues, trois sur le corselet et sept sur les étuis. Commune en France sur le genêt.

La *C. du peuplier* (*C. populi*, Lin.; Oliv., *ibid.*, VII, 110), longue de cinq à six lignes, ovale, oblongue, bleue; avec les étuis fauves ou rouges, et marquées d'un point noir à l'angle interne de leur extrémité. Sur le saule et le peuplier, où sa larve vit aussi et souvent en société.

Cette espèce et quelques autres pareillement oblongues, à corselet plus étroit que les élytres eu carré transversal, épaissi latéralement, forment le genre *Lina* de M. Mégerle (1).

Nous terminerons cette tribu par les chrysomélines dont les palpes maxillaires sont amincis au bout, et terminés en pointe. Elles composeront deux sous-genres.

Les PHÆDONS. (PHÆDON. Még. — *Colaphus*. Ejusd.)

Dont le corps est ovoïde ou orbiculaire (2).

Et les PRASOCURES. (PRASOCURIS. Latr. — *Helodes*. Fab.)

Dont le corps est plus étroit, plus alongé, presque parallélipipède, avec le corselet à diamètres presque égaux. Les quatre ou cinq derniers articles des antennes sont dilatés et forment presque une massue (3).

---

(1) *Voyez* le Catal. de M. Dahl.

(2) *Voyez* le Catal. de M. Dahl; mais il faudra y ajouter quelques chrysomèles, telles que les suivantes : *raphani*, *vitellinæ*, *polygoni*, etc. Les antennes des espèces nommées *armoraciæ*, *cochleariæ*, se rapprochent beaucoup, par leur épaississement terminal, de celles des hélodes.

(3) *Voy.* Latr. (Gen. crust. et insect., III, p. 57), Fab., Oliv., Schœnh., Gyllenh. Aux espèces précitées, *ajoutez* les suivantes: *aucta*, *marginella*, *hannoverana*.

La troisième et dernière tribu des cycliques, celle des GALÉRUCITES (*Galerucitæ*), nous présente des antennes toujours aussi longues au moins que la moitié du corps, de la même grosseur partout, ou insensiblement plus grosses vers leur extrémité, insérées entre les yeux, à peu de distance de la bouche, et ordinairement rapprochées à leur base et près d'une petite carène longitudinale. Les palpes maxillaires, plus épais vers leur milieu, se terminent par deux articles, en forme de cône, mais opposés ou réunis par leur base, et dont le dernier court, soit tronqué ou obtus, soit pointu. Le corps est tantôt ovoïde ou ovalaire, tantôt presque hémisphérique. Plusieurs, et particulièrement les plus petites espèces, ont les cuisses postérieures très grosses, ce qui leur donne la faculté de sauter.

Cette tribu se composera du genre

GALÉRUQUE. (GALERUCA.)

Que nous diviserons en deux coupes principales ; les espèces non sauteuses ou isopodes, et les sauteuses ou anisopodes.

Quelques espèces exotiques, ayant le pénultième article des palpes maxillaires dilaté et le dernier beaucoup plus court et tronqué, forment le genre ADORIE (ADORIUM) de Fabricius, ou celui d'*oïdes* de Weber (1).

Celles dont les deux derniers articles des palpes maxillaires diffèrent peu en grandeur, et dont les antennes composées d'articles cylindriques, sont au moins de la longueur

(1) Web., Observ. entom.; Latr., Gen. crust. et insect., III, p. 60, et I, xi, 9; Oliv., col. V, 92 *bis*; Schœnh., *ibid*, II, p. 230; Fab., Syst. eleut.

du corps, ont été distinguées sous le nom générique de Lu-
père (Luperus, Geoff.) (1).

Les autres qui, avec des palpes terminées de même, ont
les antennes plus courtes et composées d'articles en cône
renversé, sont les Galéruques propres (Galeruca, Geoff.).
Telle est

La *G. de l'orme* (*Chrysomela calmariensis*, Lin.; Oliv.,
col. VI, 93, iii, 37), longue de trois lignes, jaunâtre ou
verdâtre en dessus; trois taches noires sur le corselet; une
autre, avec une raie de la même couleur, sur chaque
étui. —Sur l'orme, ainsi que sa larve. Cette espèce, dans
les années où elle est abondante, en détruit toutes les
feuilles, et fait autant de tort que certaines chenilles.

La *G. de la tanaisie* (*Chrysomela tanaceti*, Lin.; Oliv.,
ibid., i, i), ovale oblongue, très noire, peu luisante;
étuis fortement ponctués, sans stries. — Sur la tanaisie (2).

Les galérucites sauteuses ou celles dont les cuisses postérieures sont renflées, dispersées par Fabricius dans les genres
Chrysomela, *Galeruca* et *Crioceris*, sont réunis en un seul,
celui d'Altise (*Altica* ou *Haltica*) dans les méthodes de
Geoffroy, d'Olivier et d'Iliger. Ces coléoptères sont très
petits, mais ornés de couleurs variées ou brillantes, sautent
avec une grande promptitude et à une grande hauteur, et
dévastent souvent les feuilles des végétaux qui sont propres
à leur nourriture. Leurs larves en rongent le parenchyme et
s'y métamorphosent. Quelques espèces, celles notamment
que l'on désigne sous les noms de *puces, des jardins*, font
beaucoup de tort, dans les deux états, aux plantes potagères. L'Amérique méridionale est, de toute les contrées, celle
qui en fournit le plus grand nombre. Iliger a publié, dans
son Magasin entomologique, une excellente monographie
de ces insectes, qu'il distribue dans neuf familles, et dont
quelques-unes nous ont paru devoir former des sous-genres
propres.

____

(1) Oliv., col. IV, 75 *bis*; Schœnh., *ibid.*, p. 292, 294; Germ., Insect. Spec. nov., p. 598.
(2) *Voyez* Oliv., *ibid.*

Celui d'Octogonote (OCTOGONOTES), établi par M. Drapiez (Annal. des scienc. physiq., III, pag. 181), s'éloigne de tous les autres par la forme des palpes maxillaires. Ainsi que dans les adories, l'avant-dernier article est gros, en forme de toupie, et le dernier très court et tronqué; les labiaux se terminent en pointe ou en manière d'alène, de même que dans tous les sous-genres suivants; mais ici les maxillaires ont la même conformation ou sont pareillement subulés à leur extrémité. Le dernier article des tarses postérieurs des octogonotes est brusquement renflé et arrondi en dessus, comme ampullacé, avec les deux crochets du bout inférieurs et petits.

Les OEDIONYQUES. (OEDIONYCHIS. Latr.)

Se distinguent par ce dernier caractère des sous-genres suivants. Nous y rapportons les deux premières familles de la monographie d'Illiger. L'Europe n'en offre qu'une seule espèce (*A. marginella*, Oliv., col. VI, 93 *bis*, 11, 34); encore ne se trouve-t-elle qu'en Espagne et en Portugal (1).

Dans les autres sous-genres, le même article des tarses est alongé, s'épaissit graduellement, et les deux crochets, de grandeur ordinaire, sont situés, comme de coutume, à son extrémité et dans une direction longitudinale.

Les PSYLLIODES. (PSYLLIODES. Latr.)

Ont le premier article de leurs tarses postérieurs fort long, inséré au-dessus de l'extrémité postérieure de la jambe; cette extrémité se prolonge en manière d'appendice conique, comprimé, creux, un peu dentelé sur ses bords et terminé par une petite dent (2).

---

(1) *Ajoutez* les *A. bicolor, thoracica, cincta, albicollis, lunata*, et quelques autres espèces d'Olivier.

(2) La neuvième famille, ou les *Altitarses*, d'Illiger renfermant les espèces suivantes de Gyllenhall : *chrysocephala, napi, hyosciami, dulcamaræ, affinis.*

Celles qu'il nomme *dentipes, aridella*, et quelques autres dont les jambes postérieures sont dilatées vers le milieu de leur côté postérieur, en forme de dent, avec un canal en dessous, longitudinal et cilié sur ses bords, pourraient former un sous-genre propre.

Les Dibolies. (Dibolia. Latr. — Auparavant *Altitarsus*.)

Dont la tête est en majeure partie retirée dans le corselet, et dont les jambes postérieures sont terminées par une épine fourchue (1).

Les Altises propres. (Altica. Latr.)

Dont la tête est saillante, dont les jambes postérieures sont tronquées à leur extrémité, sans prolongement particulier ni épine fourchue ; le tarse naît de cette extrémité, et sa longueur n'égale pas la moitié de celle de la jambe.

L'*A*. potagère (*Chrysomela oleracea*, Lin. ; Oliv. , col. VI, 93 *bis*, iv, 66.), longue de deux lignes, ovale alongée, verte ou bleuâtre, avec une impression transverse sur le corselet, et les étuis finement pointillés. — Sur les plantes potagères. C'est la plus grande des espèces indigènes.

L'*A*. *rubis* (*C. nitidula* , Lin. ; Oliv. , *ibid.* , V , 80.), verte, avec la tête et le corselet dorés, et les pieds fauves. Sur le saule (2).

Les Longitarses. (Longitarsus. Latr.)

Ayant tous les caractères des altises propres, ou du sous-genre précédent, mais dont les tarses postérieurs sont aussi longs au moins que les jambes dont ils dépendent (3).

La septième et dernière famille des Tétramères

Les CLAVIPALPES. (Clavipalpi.)

Se distinguent de tous ceux de la même section , ayant comme eux le dessous des trois premiers articles des tarses garnis de brosses, et le pénultième bifide (4), par leurs antennes terminées en une

-----

(1) La huitième famille, l'*A. Echii* d'Olivier, et l'*A. occultans* de Gyllenhall.

(2) Les familles 3 , 4 , 5 , 6 du même.

(3) La septième , telles que les *A. lurida, atricilla, quadripustulata, dorsalis, holsatica, parvula, anchusæ, atra*, d'Olivier, Gyllenhall, etc.

(4) Le dernier offre un nœud à sa base, caractère que l'on observe aussi dans les coccinelles.

massue très distincte et perfoliée, ainsi que par leurs mâchoïres armées, au côté interne, d'un ongle ou d'une dent cornée ; quelques-uns, mais en petit nombre, ont les articles des tarses entiers, mais ils s'éloignent des autres tétramères à tarses analogues, en ce que leur corps est presque globuleux et se contracte en boule.

Leur corps est le plus souvent de forme arrondie, souvent même très bombé et hémisphérique, avec les antennes plus courtes que le corps, les mandibules échancrées ou dentées à leur extrémité, les palpes terminées par un article plus gros, et dont le dernier des maxillaires très grand, transversal, comprimé, presque en croissant. La forme des organes de la manducation nous indique que ce sont des insectes rongeurs. Nous trouvons, en effet, les espèces indigènes dans les bolets qui naissent sur les troncs d'arbres, sous les écorces, etc.

Les uns ont le pénultième article des bases bilobé, et ne se contractent point en boule.

On peut les réunir dans un genre unique, celui

Des Érotyles (Erotylus) de Fabricius.

Ceux-ci ont le dernier article des palpes maxillaires transversal, presqu'en forme de croissant ou en hache.

Les Erotyles proprement dits. (Erotylus. Fab.)

Et dont les *Ægithes* de Fabricius ne nous paraissent pas essentiellement distincts, ont les articles intermédiaires de leurs antennes presque cylindriques, et la massue, formée par les derniers, oblongue; la division intérieure et cornée de leurs mâchoires est terminée par deux dents.

Ils sont propres à l'Amérique méridionale (1).

Les Triplax. (Triplax. Tritoma. Fab.)

Diffèrent des érotyles par leurs antennes presque grenues, et terminées en une massue plus courte, ovoïde, et par leurs mâchoires, dont la division intérieure est membraneuse, avec une seule et petite dent au bout.

Ceux qui ont une forme presque hémisphérique, ou qui sont presque ronds, forment le genre Tritome (Tritoma) de Fabricius. Tel est

Le *T. à deux pustules* (*Tritoma bipustulatum*, Oliv., col. 89 *bis*, 1, 5), noir, avec une grande tache rouge à la base de chaque étui. Dans les bolets et les champignons (2).

Ceux dont le corps est ovale ou oblong composent le genre propre des Triplax (Triplax) du même (3).

Les autres ont le dernier article des palpes maxillaires alongé, et plus ou moins ovalaire.

Les Languries. (Languria. Lat., Oliv. — *Trogosita*. Fab.)

Qui ont le corps linéaire et la massue des antennes de cinq articles.

Ils sont tous étrangers à l'Europe (4).

Les Phalacres. (Phalacrus. Payk. — *Anisotoma*. Ilig., Fab. — *Anthribus*. Geoff., Oliv.)

Où le corps est presque hémisphérique, et dont la massue

---

(1) *Voyez* Olivier, col. V, 89; Schœnh, Synon. insect., II, genres *Ægithus*, *Erotylus*; et la Monographie de ce genre de M. Duponchel, continuateur de l'ouvrage de Godart sur les Lépidoptères de France, et insérée dans le Recueil des Mémoires du Muséum d'histoire naturelle.

(2) Fab., Syst. eleut.

(3) Fab., *ibid. Voyez* Oliv., col. V, 89 *bis*, genre *Triplax*. Les tritomes de Geoffroy sont des *mycetophages*.

(4) Latr., Gen. crust. et insect., III, p. 65, I, xi, 11; Oliv., col. V, 88. *Ajoutez* aux espèces indiquées : *les* trogosites *elongata* et *filiformis* de Fab.

des antennes n'est que de trois articles (1). — Sur les fleurs et sous les écorces des arbres.

Les autres clavipalpes ont tous les articles des tarses simples, le corps presque globuleux. Ils forment le genre des AGATHIDIES (AGATHIDIUM, Illig. — *Anisotoma*, Fab.) (2).

La quatrième section des COLÉOPTÈRES, celle des TRIMÈRES (*Trimera*), n'a que trois articles à tous les tarses. Ils composeront trois familles. Ceux des deux premières ont de grands rapports avec les derniers tétramères. Leurs antennes, toujours composées de onze articles (3), se terminent en une massue formée par les trois derniers, comprimée, et ayant la figure d'un cône ou d'un triangle renversé. Le premier article des tarses est toujours très distinct; le pénultième est ordinairement bilobé, et le dernier, offrant un nœud à sa base, est toujours terminé par deux crochets. Les élytres recouvrent entièrement l'abdomen et ne sont point tronquées. Les derniers trimères, ou ceux de la troisième famille, se rapprochent à cet égard et par plusieurs autres caractères, des pentamères brachélytres et de quelques autres coléoptères de la même section, tels que les mastiges, les scydmœnes et ont des habitudes très différentes de celles des autres trimères.

---

(1) *Voy.* Gyll., Insect. Suec., et Sturm., Faun. Germ., II, xxx, xxxii.

(2) *Voyez* la Faune d'Allemagne de Sturm.; celle des insectes de Suède de Gyllenhall, etc.

(3) Je n'en ai compté que neuf dans les clypéastres; mais, vu la petitesse de ces insectes, il peut y avoir quelque erreur.

La première famille des Trimères ,

Les FUNGICOLES. (Fungicolæ.)

Ont des antennes plus longues que la tête et le corselet , le corps ovale, avec le corselet trapézoïde ; les palpes maxillaires filiformes ou un peu plus gros au bout, mais point terminés par un article très grand et en forme de hache ; le pénultième article des tarses est toujours profondément bilobé.

On peut réduire cette famille à un genre principal, celui

Des Eumorphes. (Eumorphus.)

Les uns ont le troisième article de leurs antennes beaucoup plus long que les précédents et les suivants. Tels sont

Les Eumorphes propres. (Eumorphus. Web., Fab.)

Où la massue des antennes est formée brusquement, serrée , très comprimée , et en forme de triangle renversé. Les palpes maxillaires sont filiformes, et les deux derniers articles des labiaux forment, réunis, une massue triangulaire. Ils sont tous de l'Amérique ou des Indes orientales (1).

Les Dapses. (Dapsa. Ziég.)

Où la même massue antennaire est étroite, alongée, à articles écartés latéralement, et dont le dernier est presque ovoïde (2).

Dans les autres, la longueur du troisième article ne dépasse que de peu celle des précédents et des suivants. Plusieurs

---

(1) *Voyez* Fab., Oliv. (col. VI , 99), Schœnh. et Latr. (Gener. crust. et insect. , III, p. 171), mais à l'exception de l'*E. Kirbyanus*, qui me paraît se rapporter aux dapses.

(2) *Voyez* le Catal. de M. Dahl. *Ajoutez l'Eumorpus Kirbyanus,* Latr., Gen. crust. et insect. , I, xi, 12.

de ces espèces sont indigènes, et vivent dans les lycoperdons, ou sous les écorces du bouleau, et de quelques autres arbres.

Les ENDOMYQUES. (ENDOMYCHUS. Web., Fab.)

Ont les quatre palpes plus gros à leur extrémité, les trois derniers articles des antennes écartés latéralement, plus grands que les précédents, et formant une massue en triangle renversé (1).

Les LYCOPERDINES. (LYCOPERDINA. Latr. — *Endomychus*. Fab.)

Ont les palpes maxillaires filiformes, le dernier article des labiaux plus grand que les précédents, presque ovoïde, le quatrième des antennes et les suivants, jusqu'au neuvième inclusivement, presque grenus, et les deux derniers plus grands, en forme de triangle renversé (2).

La seconde famille des TRIMÈRES,

Les APHIDIPHAGES. (APHIDIPHAGI.)

Se compose, en très grande partie, d'insectes ayant le corps presque hémisphérique, le corselet très court, transversal, presque en forme de croissant; les antennes terminées en une massue comprimée en forme de cône renversé, composée par les trois derniers articles, et plus courtes que le corselet; le dernier article des palpes maxillaires fort grand, figuré en hache, et le pénultième article des tarses, profondément bilobé. Dans les autres trimères de la même famille, les articles des tarses sont simples, ou le penultième au moins est très légèrement bifide, caractère qui, avec quelques autres, distinguent ces insectes des fungicoles.

____

(1) *Voyez* Latr., Gener. crust. et insect., III, pag. 72; Gyllenh., Insect. Suec.; les Catal. de MM. Dejean et Dahl.

(2) Les mêmes ouvrages, et Germar, Insect. Spec. nov.

Ici le corps est plus ou moins épais, et jamais très aplati, en forme de bouclier ; le corcelet est transversal ; la tête est découverte ; les antennes offrent distincte-onze articles, dont les derniers forment une massue en cône renversé.

Ces insectes composeront le genre.

Des COCCINELLES. (COCCINELLA.)

Les LITHOPHILES. (LITHOPHILUS. Frôhl.)

Où le corps est ovoïde, avec le corselet fortement rebordé latéralement et rétréci postérieurement, et dont le pénultième article des tarses est très légèrement bifide, ainsi que le précédent (1).

Les COCCINELLES propres. (COCCINELLA. Lin., Geoff., Fab., Oliv.)

Dont le corps est presque hémisphérique, avec le corselet très court, presque en forme de croissant, point ou légèrement rebordé, et où le pénultième article des tarses est profondément bilobé.

Plusieurs espèces de ce genre sont très répandues sur les arbres et sur les plantes, dans nos jardins, viennent même dans les maisons, et sont désignées sous les noms de *Scarabées hémisphériques* ou *tortues*, de *Bête à Dieu*, *Vache à Dieu*, etc. La figure souvent hémisphérique de ces insectes, le nombre et la disposition des taches de leurs étuis, qui forment sur un fond tantôt fauve ou jaune, tantôt noir, une espèce de marqueterie ou de damier, la vivacité de leurs mouvements, les font aisément distinguer. Ils sont des premiers à reparaître au printemps. Lorsqu'on les saisit, ils replient leurs pieds contre le corps, et font sortir, par les

---

(1) *Lithophilus ruficollis*, Dahl., Catal., p. 44; *Tritona connatum*, Fab. Ce genre vient peut-être plus naturellement près des *Triplax* de Fab.; mais, par les antennes, il se rapproche aussi des coccinelles. M. le comte Dejean l'a placé dans la section des hétéromères.

jointures des cuisses avec les jambes, de même que les chrysomèles, les galéruques, etc., une humeur mucilagineuse et jaune, d'une odeur forte et désagréable. Ils se nourrissent de pucerons, ainsi que leurs larves, dont la forme et les métamorphoses ressemblent beaucoup à celles des larves des chrysomèles. Ils sont, d'après les observations de M. Léon Dufour, pourvus de vaisseaux salivaires.

On trouve quelquefois des individus très différents par leurs couleurs accouplés; mais on n'a pas suivi les résultats de ce mélange.

La *C. à sept points* (*Coccinella 7-punctata*, Lin.), Oliv., col. vi. 98, 1, 1, longue d'environ trois lignes, noire; étuis rouges, avec trois points noirs sur chacun, et un septième commun aux deux, au-dessous de l'écusson; c'est la plus commune de notre pays.

La *C. à deux points* (*C. 2-punctata*, Lin.), Oliv., *ibid.*, 1, 2, noire; étuis rouges, avec un point noir sur chacun.

La *C. à deux pustules* (*C. pustulata*. Lin.), Oliv., *ibid.*, vii, 104, toute noire, avec une bande rouge, transverse et courte sur les étuis (1).

Là, le corps est très aplati, en forme de bouclier, avec la tête cachée sous un corselet presque demi circulaire. Les antennes n'offrent distinctement que neuf articles, et se terminent en une massue alongée. Les articles des tarses sont entiers. Le présternum forme en devant une mentonnière.

Tels sont les caractères du genre.

Des CLYPÉASTRES. (CLYPEASTER. Andersche.—*Cossyphus*. Gyll.)

On les trouve sous les écorces des arbres et sous les pierres (2).

______

(1) *Voyez*, pour les autres espèces, Olivier, *ibid.*; Schœnh., Synon. insect., II, p. 151, et Gyllenh., Insect. Succ. Les genres *Scymnus* et *Cacidula*, détachés du précédent, ne me paraissent pas en être suffisamment distincts.

(2) *Voyez* Schœnherr, Gyllenhall. Une espèce (*C. pusillus*, Dej.) a été figurée par Ahrens dans sa Faune des insect. d'Europe, fasc. viii, t. X.

La troisième et dernière famille des TRIMÈRES,

Les PSÉLAPHIENS. (PSELAPHII.) (1)

Ont, par leurs élytres courtes, tronquées, et ne recouvrant qu'une partie de l'abdomen, une certaine ressemblance avec les brachélytres, et notamment avec les aléochares ; cette dernière partie du corps est cependant beaucoup plus courte, large, très obtuse et arrondie postérieurement ; les antennes terminées en massue ou plus grosses vers le bout, n'offrent quelquefois que six articles ; les palpes maxillaires sont ordinairement fort grands ; tous les articles des tarses sont entiers, et le premier, beaucoup plus court que les suivants, n'est point ou peu apparent au premier coup d'œil ; le dernier n'est le plus souvent terminé que par un seul crochet.

On trouve ces insectes à terre, sous les débris des végétaux ; quelques-uns se tiennent dans certaines fourmilières.

Ceux qui ont onze articles aux antennes, forment le genre

Des PSÉLAPHES. (PSELAPHUS. Herbst. — *Staphylinus.* Lin. — *Anthicus.* Fab.

Les uns, et en petit nombre, ont deux crochets aux tarses.

---

(1) Peu d'insectes sont maintenant aussi bien connus que ceux-ci. Nous le devons pricipalement au zèle et aux recherches de MM. Reichembach (Monog. pselaph.), Müller (Mag. entom. de Germ.), Leach. (Zool. miscell., III) et Gyllenhall (Insect. Suec., IV).

Les Chennies. (Chennium. Latr.)

Dont les dix premiers articles des antennes sont presque égaux, lenticulaires, et dont le onzième ou dernier est plus grand , presque globuleux. Les palpes ne font point de saillie (1). .

Les Dionix. (Dionix. Dej.)

Où les antennes ont le troisième article et les quatre suivants très petits, transversaux et grenus ; le huitième , ainsi que les trois suivants, plus gros que les précédents , cylindrique, aussi long que les sept premiers réunis ; les deux pénultièmes coniques , égaux , et le dernier ovoïde , alongé , pointu , le plus gros de tous. Les palpes maxillaires sont très saillants (mais plus courts que la tête et le corselet pris ensemble), de quatre articles cylindriques. Les palpes labiaux sont courts, dirigés en avant, de trois articles , avec une pointe au bout (2).

Les autres n'ont qu'un seul crochet au bout des tarses.

Ici les palpes maxillaires , coudés ou repliés, sont de la longueur au moins de la tête et du corselet ; leur second et quatrième articles sont très alongés, rétrécis à leur base, et terminés en massue.

Tantôt les antennes, sensiblement plus longues que la tête et le corselet, se terminent en une massue formée par les trois derniers articles , qui sont manifestement plus grands que les précédents , et dont le dernier est presque ovoïde ou ovoïdo-conique.

Les Psélaphes propres. (Pselaphus. Herbst.) (3).

Tantôt les neuvième et dixième articles des antennes, dont la longueur égale au plus celle de la tête et du corselet, ne

---

(1) Latr., Gener. crust et insect., III, p. 77 ; une seule espèce (*bituberculatum*), très bien figurée dans l'atlas du Dict. des sciences natur.

(2) Dans cette famille, , deux des palpes au moins sont terminés de même. *Voyez*, pour ce genre, MM. Lepeletier et Serville, Encyclop. méthod , entom. , X, p. 221.   .

(3) Les *Ps. Herbstii, Hiesii, longicollis, desdrensis*, etc., de M. Reichenbach, ou sa première famille de ce genre ; corselet alongé.

sont guère plus grands que les précédents; le onzième ou dernier est seul beaucoup plus gros, presque sphérique (avec une pointe aciculaire au bout).

Les Bythines. (Bithynus. Leach.)

Où le second article des antennes est plus épais que le premier, et dilaté en manière de dent au côté interne (1).

Les Arcopages. (Arcopagus. Leach.)

Où le second article des antennes est au contraire plus mince que le premier, et où celui-ci est même quelquefois dilaté (2).

Là les palpes maxillaires sont plus courts que la tête et le corselet pris ensemble; le quatrième article au moins est court ou peu alongé, ovoïde ou triangulaire.

Les Ctenistes. (Ctenistes. Reich.)

Très distincts de tous les insectes de cette famille, à raison des trois derniers articles de leurs palpes maxillaires, dont le côté extérieur offre une pointe ou dent, avec une soie terminale; le second est très long, arqué, renflé et arrondi à son extrémité; les deux suivants sont presque globuleux. Le dernier des antennes est notablement plus grand que les précédents et ovalaire. Le corselet est en forme de cône alongé et tronqué (3).

Les Bryaxis. (Bryaxis. Leach.—*Euplectus. Tychus.* Ejusd.)

Dont les palpes maxillaires n'offrent point de tels caractères; leur dernier article est alongé, en forme de cône ou de hache. Le corselet est court, ou guère plus long que large et arrondi (4).

---

(1) *Ps. securiger*, ejusd. *Voyez* Leach, Zool. miscell., III, pag. 80, 82 et 83.

(2) *Ps. glabricollis*, Reich.; ejusd., *Ps. clavicornis;* Leach, *ibid.*, 80, 83, 84.

(3) Reich., Monog., p. 75 et suiv.

(4) *Voyez* Leach, *ibid.* La forme du dernier article des palpes maxillaires, ainsi que les proportions relatives de ceux des antennes, peuvent offrir de bons caractères divisionnaires, mais qui ne me paraissent pas assez importants pour signaler des coupes génériques. *Voyez* l'article *Psélaphiens* de l'Encyclopédie méthod.

Les derniers psélaphiens ont cela de particulier, que les antennes ne sont composées que de six articles ou même d'un seul. Ils forment le genre

Des Clavigères. (Claviger.)

Les Clavigères propres. (Claviger.)

Où ces organes offrent distinctement six articles.

Ces insectes n'ont point d'yeux apparents. Les palpes maxillaires sont très courts, sans articulations distinctes, avec deux onglets au bout. Les deux premiers articles des tarses sont très courts ; le troisième et dernier est fort long, avec un seul crochet au bout.

On trouve ces psélaphiens sous les pierres, dans les lieux arides, et même dans les nids de petites fourmis jaunes. M. Müller a publié, dans le troisième volume du Magasin entom. de M. Germar, une excellente monographie de ce genre. (*Voyez* aussi Gyllenh., Insect. Suec., IV, p. 240.)

Les Articères (Articerus. Dalm.)

Où les antennes ne paraissent composées que d'un seul article, formant une massue cylindrique, alongée et tronquée au bout. Les yeux sont distincts et les tarses sont terminés par deux crochets (1).

Nota. Les tarses du *Dermestes atomarius* de De Géer n'ayant paru à M. Leclerc de Laval composés que d'un seul article, nous avions précédemment formé, avec cet insecte et quelques autres, une nouvelle section de coléoptères, celle des Monomères (Monomera), qui a été adoptée par M. Fischer, dans son Entomographie de la Russie, et qui a formé avec cet insecte un nouveau genre, sous le nom de *Clambus*. Mais il paraît (Gyllenh., Insect. Suec., IV, p. 292, 293) que M. Schüppel, l'un de nos entomologistes les plus exercés dans les observations délicates, a créé la même coupe, sous la désignation de *Ptilium*. M. Gyllenhal en avait réuni les espèces aux scaphidies ; et nous pensons, en effet, que

______

(1) *Articerus armatus*, Dalm., Insect. du Copal, p. 21, tab. V, f. 12. A en juger d'après cette figure, le tarses sont munis de deux crochets.

c'est près de ces derniers que doit être placé ce nouveau genre. La section des monomères sera dès lors supprimée.

LE SIXIÈME ORDRE DES INSECTES,

Les ORTHOPTÈRES. (Orthoptera.—*Ulonata.* Fab.)

Confondus en grande partie, par Linnæus, avec les hémiptères, réunis par Geoffroy aux coléoptères, mais y formant une division spéciale, nous présentent un corps généralement moins dur que les derniers; des étuis mous, demi membraneux, chargés de nervures, et ne se joignant point, dans le plus grand nombre, à la suture, par une ligne droite; des ailes pliées dans leur longueur, et le plus souvent en manière d'éventail, divisées, dans le même sens, par des nervures membraneuses; des mâchoires toujours terminées en une pièce cornée, dentelée et recouverte d'une galette, pièce correspondante à la division extérieure des mâchoires des coléoptères; enfin une sorte de langue ou d'épiglotte.

Les orthoptères sont des insectes (1) à *demi métamorphose*, dont toutes les mutations se réduisent à la croissance et au développement des étuis et des ailes, qui commencent à se montrer, sous une forme rudimentaire ou comme des moignons, dans la nymphe. Cette nymphe et la larve ressemblant

---

(1) Cet ordre et ceux de lépidoptères, d'hyménoptères et de rhipiptères, ainsi que les insectes hexapodes aptères, n'offrent aucune espèce aquatique.

d'ailleurs à l'insecte parfait, marchent et se nourrissent de la même manière.

La bouche des orthoptères se compose d'un labre,
de deux mandibules, d'autant de mâchoires, d'une
lèvre, et de quatre palpes ; ceux des mâchoires ont
toujours cinq articles ; les labiaux, ainsi que dans
les coléoptères, n'en offrent que trois. Les mandibules sont toujours très fortes et cornées ; et la languette est constamment divisée en deux ou quatre
lanières. La forme des antennes varie moins que
dans les coléoptères ; mais elles sont généralement
composées d'un plus grand nombre d'articles. Plusieurs ont, outre les yeux à réseau, deux ou trois
petits yeux lisses. Le dessous des premiers articles
des tarses est souvent charnu ou membraneux (1).
Beaucoup de femelles ont une véritable tarière,
formée de deux lames, pour placer les œufs, que
recouvre souvent une enveloppe commune. L'extrémité postérieure du corps offre, dans la plupart,
des appendices.

Tous les orthoptères ont un premier estomac
membraneux, ou jabot, suivi d'un gésier musculeux,
armé à l'intérieur d'écailles ou de dents cornées, selon
les espèces ; autour du pylore sont, excepté dans les
forficules, deux ou plusieurs intestins aveugles, munis
à leur fond de plusieurs petits vaisseaux biliaires.

---

(1) Le dessous du premier article offre trois pelotes ou divisions dans
les criquets.

D'autres vaisseaux de même genre, très nombreux, s'insèrent vers le milieu de l'intestin.

Les intestins des larves sont les mêmes que ceux des insectes parfaits (1).

Tous les orthoptères connus, sans exception,

---

(1) M. Marcel de Serres, professeur de minéralogie à Montpellier, a fait une étude spéciale de l'anatomie de ces animaux. Suivant lui, les Orthoptères à antennes sétacées, tels que les blattes, les mantes, les taupes-grillons, les grillons et les sauterelles, n'ont que des trachées élastiques ou tubulaires, et qui sont de deux ordres, les unes artérielles et les autres pulmonaires. Celles-ci distribuent seules l'air dans tout le corps, après l'avoir reçu des premières. Dans les orthoptères à antennes cylindriques ou prismatiques, comme les criquets, les truxales, des trachées vésiculeuses remplacent les trachées pulmonaires. Elles sont mues par des cerceaux cartilagineux ou côtes mobiles, et reçoivent l'air au moyen de trachées tubulaires ou élastiques, venant des trachées artérielles. Le système nutritif est plus ou moins développé et présente quatre modifications principales. Les grillons et les taupes-grillons l'emportent, à cet égard, sur les autres. Le jabot est en forme de cornemuse et placé de côté, tandis que, dans les autres, il est dans la direction du gésier. Ici les vaisseaux hépatiques s'insèrent isolément; dans les premiers, c'est au moyen d'un canal déférent commun. Les truxales et les criquets, quoique d'ailleurs rapprochés des sauterelles sous le rapport du système digestif, en diffèrent néanmoins par leurs vaisseaux hépatiques supérieurs, qui n'ont plus à leur extrémité de vaisseaux sécréteurs, et ne forment plus de poches élargies, mais des canaux cylindriques et alongés. Les intestins des blattes et des mantes ne présentent que deux divisions; leur système nutritif est d'ailleurs le même. Toutes les fois qu'il n'y a qu'un seul testicule, la femelle ne présente qu'un ovaire; tous ceux qui ont des trachées vésiculaires sont dans ce cas. Ceux qui n'ont que des trachées élastiques ou tubulaires ont deux testicules et deux ovaires. Les vessies destinées à lubréfier le canal spermatique commun sont doubles ou uniques, suivant qu'il y a deux ou un seul testicule. Les femelles ont aussi une vésicule lubréfiante à l'oviducte commun. Les forficules, dont il ne parle pas s'éloignent, selon M. Cuvier, de tous les insectes du même ordre, en ce qu'ils manquent de vaisseaux hépatiques supérieurs. Nous renverrons, à l'égard de l'anatomie de ces derniers, aux Mémoires de MM. Posselt et Léon Dufour. Sous la considération de l'énergie du vol, il est évident qu'elle est beaucoup plus puissante dans les criquets et les truxales que dans les autres orthoptères.

sont terrestres, même dans leurs deux premiers états. Quelques-uns sont carnivores ou omnivores ; mais le plus grand nombre se nourrit de plantes vivantes. Les espèces de nos climats ne font qu'une ponte par année, qui a lieu vers la fin de l'été. C'est aussi l'époque de leur dernière transformation.

Nous diviserons les orthoptères en deux grandes familles (1).

Les uns ont tous les pieds semblables, et uniquement propres à la course : ce sont les orthoptères *coureurs* ; les autres ont les cuisses de la paire postérieure beaucoup plus grandes que celles des autres, ce qui leur donne la faculté de sauter. Les mâles, en outre, produisent un bruit aigu ou une espèce de stridulation ; ce sont des orthoptères *sauteurs*, et en quelque sorte *musiciens*.

La première famille des ORTHOPTÈRES,

Les COUREURS. (CURSORIA.)

Ont les pieds postérieurs uniquement propres, ainsi que les autres, à la course.

---

(1) Composant trois sections dans notre ouvrage sur les familles naturelles du règne animal. La première est partagée en quatre familles correspondantes aux genres *Forficula*, *Blatta*, *Mantis*, *Phasma*. La seconde comprend deux familles constituées par les genres *Acheta* et *Locusta*. La troisième section forme une autre famille ayant pour type les genres *Pneumora*, *Truxalis*, et celui de *Gryllus* de Fabricius, ou d'*Acrydium* de Geoffroy. *Voyez* aussi, sur les insectes de cet ordre, les Mémoires de l'Académie de Saint-Pétersbourg, 1812.

Cette division en deux grandes familles est confirmée par leur anatomie, les insectes de la première n'ayant que des trachées tubulaires, et ceux de la seconde en offrant de vésiculaires.

Ils ont presque tous les étuis et les ailes couchés horizontalement sur le corps ; les femelles sont dépourvues de tarière cornée.

Ils forment trois genres : le premier, celui

Des Perce-oreilles. (Forficula. Lin.)

A trois articles aux tarses, des ailes plissées en éventail, et se repliant en travers sous des étuis crustacés, très courts et à suture droite ; le corps linéaire, avec deux grandes pièces écailleuses, mobiles, qui forment une pince à son extrémité postérieure.

La tête est découverte.

Les antennes sont filiformes, insérées au-devant des yeux, et composées de douze à trente articles, suivant les espèces. La galette est grêle, alongée et presque cylindrique. La languette est fourchue. Le corselet est en forme de plaque.

Les recherches de MM. Ramdohr, Posselt, Marcel de Serres, et surtout celles de M. Léon Dufour, nous ont dévoilé l'organisation intérieure de ces animaux. Celui-ci a découvert deux glandes salivaires, consistant chacune en une vésicule plus ou moins ellipsoïdale, située dans le prothorax ou corselet, terminée postérieurement par un filet d'une extrême ténuité, et antérieurement par un col tubuleux, capillaire, présentant près du pharynx un léger renflement, et s'unissant ensuite avec la partie correspondante de l'autre glande, pour former un conduit commun, s'ouvrant dans la bouche. Le tube digestif se compose d'un œsophage, d'un grand jabot alongé, d'un court gésier en forme de nœud, offrant à l'intérieur, pour la trituration, six colonnes longitudinales, de consistance presque calleuse, en forme de lancettes, séparées par autant de gouttières, et une valvule située à son ouverture ventriculaire ; d'un esto-

mac ou ventricule chylifique, au bout postérieur duquel
s'insèrent un très grand nombre (trente , selon M. Dufour) de vaisseaux hépatiques terminés en manière de
bec, ce qui éloignerait ces insectes des coléoptères , et les
rapprocherait des autres orthoptères et des hyménoptères;
enfin d'un intestin grêle , d'un cœcum et d'un rectum. Le
cœcum présente , comme dans plusieurs hyménoptères ,
des éminences musculeuses bien circonscrites , sur lesquelles on remarque , avec le secours du microscope ,
des expansions trachéennes très ramifiées. Suivant M. Dufour, l'appareil de la génération diffère essentiellement ,
en divers points , de celui des coléoptères et des orthoptères. C'est ainsi , par exemple , que les vésicules sémi-
nales , au lieu d'être disposées symétriquement par
paires , ne consistent ici qu'en un seul réservoir. Les
testiculès se composent chacun de deux capsules sémini-
fiques, alongées et plus ou moins contiguës. La forme
des ovaires , considérés en masse , varie beaucoup , selon
les espèces. Ils forment tantôt deux grappes, tantôt deux
faisceaux. Dans les femelles qui n'ont pas encore été fécondées, les gaînes ovigères ont des étranglements successifs, qui leur donnent la forme de grains de chapelet.
Nous ne suivrons point ce savant quant aux autres
observations , relatives , soit aux organes de la respiration , qui consistent en trachées tubulaires, soit à
l'appareil sensitif et à la pulpe adipeuse splanch-
nique. On avait dit que le second article des tarses
était bilobé ; il fait observer qu'il est simplement dilaté
en dessous vers son extrémité, ou en forme de cœur renversé et sans échancrure. Il signale par des caractères
détaillés et rigoureux les deux espèces soumises à son
scalpel (1).

____

(1) *Voyez*, pour d'autres détails , son Mémoire faisant partie des Annales des sciences naturelles (XIII , 337). Ces insectes lui paraissent
devoir former un ordre particulier, qu'il nomme *Labidoures*. M. Kirby

Ces insectes sont très communs dans les lieux frais et humides, se rassemblent souvent en troupe sous les pierres, les écorces des arbres, font beaucoup de tort aux fruits de nos jardins, dévorent même les cadavres de leur propre espèce, se défendent avec leur pince, dont la forme varie souvent selon le sexe. On a cru qu'ils s'insinuaient dans les oreilles, et de là l'origine de leur dénomina'ion.

Le *grand Perce-oreille* (*Forficula auricularia*, Lin.), De G., Mém. insect., III, xxv, 16—25, long d'un demi-pouce, brun, avec la tête rousse, les bords du corselet grisâtres et les pieds d'un jaune d'ocre; antennes de quatorze articles.

Les deux sexes sont unis bout à bout dans l'accouplement. La femelle veille à la conservation de ses œufs, et même, pendant quelque temps, à celle de ses petits.

Le *petit Perce-oreille* (*Forficula minor*, Lin.), De G., *ibid.*, pl. xxv, 26, 27, de deux tiers plus petit, brun, à tête et corselet noirs, à pattes jaunes; antennes de onze articles. Il se trouve plus fréquemment autour des fumiers (1).

---

l'avait déjà établi sous la dénomination de *Dermaptères*. Le docteur Leach partage les autres orthoptères en deux autres ordres. Ceux dont les ailes sont plissées, longitudinales, et dont la suture des élytres est droite, composent celui d'*Orthoptères* proprement dits; et ceux où les élytres se croisent, les ailes étant toujours placées de même, forment l'ordre des *Dictuoptères*.

(1) Aj. *F. bipunctata*, Fab.; Panz., Faun. insect. Germ., LXXXVII, 10; — *F. gigantea*, Fab.; Herbst., Archiv. insect., XLIX, 1; *voy.* Palis. de Beauv., Insect. d'Afr. et d'Amér. Les deux espèces précitées et toutes celles qui n'ont pas plus de quatorze articles aux antennes, composent mon genre FORFICULE proprement dit (Fam. nat. du règ. anim.). Celles qui en ont plus, telles que la *F. gigantea* et autres, composent mon genre FORFICÉSILE. Tous ces insectes sont ailés. Ceux qui sont aptères forment un troisième genre, celui de CHÉLIDOURE. Le docteur Leach partage aussi les dermaptères en trois genres : 1° *Forficula*, antennes de quatorze articles; 2° *Labidura*, antennes de trente articles; 3° *Labia*, antennes de douze articles. *Consultez*, sur ces insectes, ainsi que pour

Les Blattes. (BLATTA. Lin.)

Qui ont cinq articles à tous les tarses, les ailes pliées seulement dans leur longueur, la tête cachée sous la plaque du corselet, et le corps ovale ou orbiculaire et aplati.

Les antennes sont en forme de soie, insérées dans une échancrure interne des yeux, longues et composées d'une grande quantité d'articles. Les palpes sont longs. Le corselet a la forme d'un bouclier. Les étuis sont ordinairement de la longueur de l'abdomen, coriaces ou demi membraneux, et se croisent un peu à la suture. L'extrémité postérieure de l'abdomen offre deux appendices coniques et articulés. Les jambes sont garnies de petites épines. Leur jabot est longitudinal, et leur gésier a en dedans de fortes dents crochues; on leur compte huit à dix cœcums autour du pylore.

Les blattes sont des insectes nocturnes très agiles, dont les uns vivent dans l'intérieur des maisons, particulièrement dans les cuisines, les boulangeries et les moulins à farine, et dont les autres habitent la campagne. Ils sont très voraces, consomment toutes sortes de provisions de bouche. Les espèces propres à nos colonies y sont désignées sous le nom de *kakerlacs* ou *kakerlaques*, et importunent beaucoup leurs habitants par les dégâts qu'elles y font. Non-seulement elles attaquent les comestibles, mais rongent encore les étoffes de laine et de soie, et jusqu'aux souliers. Elles mangent aussi des insectes. Des espèces de *Sphex* leur font la guerre.

La *B. orientale* (*B. orientalis*, Lin.), De G., Mém. insect., III, xxv, 1 — 7, longue de dix lignes, d'un brun marron roussâtre; des ailes plus courtes que l'abdomen, dans le mâle; de simples rudiments de ces organes dans la fe-

---

les autres du même ordre, l'ouvrage de M. Toussaint Charpentier, intitulé *Horæ entomologicæ*.

melle. Ses œufs, au nombre de seize, sont renfermés symétriquement dans une coque ovale, comprimée, d'abord blanche, ensuite brune, solide, dentelée en scie sur un des côtés. La femelle la porte quelque temps à l'anus, où elle fait une saillie, et la fixe ensuite, à l'aide d'une matière gommeuse, à divers corps. Cette espèce est un fléau pour les habitants de la Russie et de la Finlande. On la dit originaire de l'Asie. Quelques auteurs la font venir de l'Amérique méridionale.

La *B. de Laponie* (*B. lapponica*, Lin.), De G., *ibid.*, 8, 9, 10, d'un brun noirâtre ; bords du corselet d'un gris clair ; étuis de la même couleur. Elle ronge le poisson sec dont les Lapons font des provisions pour leur tenir lieu de pain. Chez nous, elle habite les bois.

La *B. kakerlac* (*B. americana*), De G., *ibid.*, XLIV, 1, 2, 3, rousse ; corselet jaunâtre avec deux taches et une bordure brunes ; abdomen roux ; antennes très longues. — En Amérique.

M. Hummel, membre de la société impériale des naturalistes de Moscou, a publié dans le premier cahier de ses essais entomologiques plusieurs observations très intéressantes sur l'histoire de la *B. germanique* (*B. germanica*, Fab.), espèce d'un roussâtre clair, avec deux lignes noires sur le corselet (1).

Les MANTES. (MANTIS. Lin.)

Où l'on trouve encore cinq articles à tous les tarses, et des ailes simplement pliées dans leur longueur, mais dont la tête est découverte, et dont le corps est étroit et alongé.

---

(1) *Voyez*, pour les autres espèces, De Geer, *ibid.* ; Fab. ; Oliv., Encyclop. méthod ; Fuels., Arch. insect., tab. XLIX, 2-11 ; Coqueb., Illust. icon. insect., III, XXI, 1 ; *B. pacifica*, et Toussaint Charpentier, Hor. entomol, p. 71-78. *Voyez*, quant à la *blatta acervorum* de Panzer, le sous-genre Myrmécophile de la famille suivante. Les blattes, dont l'un des sexes au moins est privé d'ailes, telles que la *B. orientalis* et les *B. limbata, decipiens*, de M. Hummel, composent, dans nos familles naturelles du règne animal, le genre KAKERLAC.

Elles diffèrent encore des blattes par leurs palpes courts, finissant en pointe, et par leur languette quadrifide.

Ces insectes ne se trouvent que dans les contrées tempérées et méridionales, se tiennent sur les plantes ou sur les arbres, ressemblent même souvent à leurs feuilles ou à leurs branches, par la forme et la couleur du corps, et recherchent la lumière du jour. Les uns vivent de rapine et les autres sont herbivores. Leurs œufs sont ordinairement renfermés dans une capsule de matière gommeuse, se durcissant à l'air, divisée intérieurement en plusieurs loges, tantôt sous la forme d'une coque ovale, tantôt sous celle d'une graine, avec des arêtes ou des angles, hérissée même de petites épines. La femelle la colle sur des plantes ou sur d'autres corps élevés à la surface de la terre. Leurs estomacs ressemblent à ceux des blattes, mais leurs intestins sont plus courts à proportion (1).

Les uns ont les deux pieds antérieurs plus grands que les autres longues, avec les hanches, les cuisses fortes, comprimées et armées d'épines en dessous, et les jambes terminées par un fort crochet; elles ont trois yeux lisses, distincts, rapprochés en triangle; le premier segment du tronc fort grand, les quatre lobes de la languette presque de la même longueur; les antennes insérées entre les yeux, et la tête triangulaire et verticale.

Ces espèces sont carnassières, saisissent leur proie avec leurs pieds antérieurs, qu'elles relèvent ou portent en avant, et dont elles replient avec promptitude la jambe contre le dessous de la cuisse. Leurs œufs, très nombreux, sont renfermés dans autant de petites cellules, disposées par séries régulières et réunies en une massue ovoïde.

---

(1) M. Marcel de Serres a publié sur ces insectes de bonnes Observations anatomiques, consignées dans le Recueil des mémoires du Muséum d'histoire naturelle.

Ces orthoptères forment le sous-genre.

Des Mantes propre. (Mantis.)

Celles dont le front se prolonge en forme de corne, et dont les mâles ont des antennes pectinées, sont des Empuses (*Empusa*) pour Iliger. Elles ont au bout des cuisses un appendice arrondi et membraneux, en forme de manchette. L'abdomen est festonné sur ses bords dans plusieurs (1).

Celles qui n'ont point de corne sur la tête, et dont les antennes sont simples dans les deux sexes, composent seules le genre des Mantes du même naturaliste.

La *M. prie-dieu* (*M. religiosa*, Lin.), Rœs. Insect. II, Gryll., 1, 11, ainsi nommée de ce qu'elle relève et rapproche ses deux bras à la manière d'une personne suppliante. Les Turcs ont même pour cet insecte un respect religieux, et une autre espèce de ce genre est encore plus vénérée chez les Hottentots.

La *M. prie-dieu*, très commune dans les provinces méridionales de la France et en Italie, est longue de deux pouces, d'un vert clair, quelquefois brune, sans taches. On remarque seulement au côté interne des hanches antérieures une tache jaune, bordée de noir, caractère qui la distingue d'une mante du Cap de Bonne-Espérance, presque semblable (2).

Les autres ont les pieds antérieurs semblables aux suivants, les yeux lisses, très peu distincts ou nuls; le premier segment du tronc plus court ou de longueur au plus du suivant; les divisions intérieures de la languette plus courtes que les latérales; les antennes insérées devant les yeux, et

---

(1) Stoll., Mant., viii, 30; ix, 34; *ibid.*, 35; x, 40; xi, 44; xii, 47; *ibid.*, 48; *ibid.*, 50; xvi, 58, 59; xvii, 61; xx, 74; xxi, 79. La fig. 94 de la pl. xxiv est une larve très semblable à celle du *mantis pauverata* de Fab.

(2) *Voyez*, pour les autres espèces, Stoll, genre des *Mantes* ou des *Feuilles ambulantes*, à l'exception de celles qui se rapportent au genre des *Phyllies*. (*Voyez* plus bas.) *Voyez* encore la Monographie des *mantes* de Lichtenstein (Linn. soc. Trans., tom. VI); Pal. de Beauv., Insect. d'Afr. et d'Amér.; Herbst, Arch. des insect., et Charpent., Hor. entom., p. 87-91.

la tête presque ovoïde et avancée, avec des mandibules épaisses et les palpes comprimés.

Ces insectes ont des formes très singulières, et ressemblent soit à une petite branche d'arbres, soit à des feuilles. Ils paraissent ne se nourrir que de végétaux, et ont, de même que plusieurs sauterelles, la couleur de ceux où ils vivent habituellement. Les deux sexes diffèrent souvent beaucoup.

Ils forment le sous-genre

Des Spectres (Spectrum) de Stoll.

On l'a partagé en deux autres (1).

---

(1) MM. Lepeletier et Serville (Encyclop. méthod.) ont ajouté quelques nouveaux genres à ceux que j'avais indiqués dans mes familles naturelles du règne animal. Les uns ont le prothorax beaucoup plus court que le mésothorax ; le corps et les pattes longs, linéaires. Les élytres sont toujours très courtes dans les deux sexes, lorsqu'elles existent. Ceux qui sont aptères forment deux genres : celui de BACILLE (*Bacillus*), où les antennes sont très courtes, grenues, en forme d'alène ; et celui de BACTÉRIE (*Bacteria*), où elles sont notablement plus longues que la tête, et en forme de soie. La seconde division comprend des espèces qui ont des élytres et des ailes de moins dans l'un des sexes. Ici les yeux lisses n'existent point ; tels sont les genres CLADOXÈRE (*Cladoxerus*), où les pieds sont également espacés ; et les CYPHOCRANES (*Cyphocrana*), où les quatre derniers sont plus rapprochés. Là, on distingue des yeux lisses, les PHASMES (*Phasma*).

Dans les autres, le corps est plus ou moins ovalaire ou oblong, aplati, mais point linéaire. Les pattes sont courtes ou peu alongées et foliacées. La longueur du prothorax égale la moitié au moins de celle du mésothorax. L'abdomen est rhomboïdal ou en forme de spatule. Il n'y a jamais d'yeux lisses, et les femelles au moins sont pourvues d'élytres. Cette division comprend deux genres : les PRISOPES (*Prisopus*), où le prothorax est plus court que le mésothorax, et où les deux sexes offrent des élytres et des ailes, recouvrant la majeure partie de l'abdomen ; les PHYLLIES (*Phyllium*), où le prothorax est presque aussi long que le mésothorax ; dont les femelles sont privées d'ailes et ont des antennes très courtes, tandis que les mâles en ont de longues, sont ailés, mais avec des élytres très courtes. Ces individus ayant le prothorax fort long, l'ordre naturel exige que l'on renverse cette série, et que l'on commence par les phyllies.

Les espèces dont le corps est filiforme ou linéaire, semblable à un bâton, sont

Las PHASMES (PHASMA.) de Fabricius.

Plusieurs sont tout-à-fait privées d'ailes, ou ont des étuis forts courts.

On en trouve de très grandes aux Moluques et dans l'Amérique méridionale. Le midi de la France nous offre

Le *P. Rossi* (*P. rossia.* Fab.), Ross., Faun. Etrusc., II, VIII, 1, sans ailes dans les deux sexes, vert-jaunâtre ou d'un brun cendré; antennes très courtes, grenues et coniques; pieds ayant des arêtes; une dent près de l'extrémité des cuisses (1).

Les espèces dont le corps est très aplati et membraneux, ainsi que les pieds, composent le genre

Des PHYLLIES (PHYLLIUM) d'Illiger.

Telle est la *P. feuille sèche* (*Mantis siccifolia*, Lin, Fab.), Stoll, Spect., VII, 24-26, très aplatie, d'un vert pâle ou jaunâtre; corselet court, dentelé sur les bords; des feuillets dentelés aux cuisses. La femelle a des antennes très courtes, et des étuis de la longueur de l'abdomen; les ailes manquent. Le mâle est plus étroit et plus alongé, avec des antennes longues et en soie; des étuis courts et des ailes aussi longues que l'abdomen.

Les habitants des îles Séchelles élèvent cette espèce, comme objet de commerce et d'histoire naturelle.

Stoll a représenté le mâle d'une autre espèce; *Mantes*, pl. XXIII, 89.

La seconde famille des ORTHOPTÈRES, celle

Des SAUTEURS. (SALTATORIA.)

Dont les deux pieds postérieurs, remarquables

---

(1) *Voyez*, pour les autres espèces, les figures de de Stoll, genre des *Spectres*; Lichtenstein, Monog. des *mantes*; genre *Phasma*, Linn. soc. Trans., VI; le XIVᵉ vol. du même Recueil, et Palis. de Beauv., Insect. d'Afr. et d'Amér. *Voyez* aussi Charpent., Hor. entom., p. 93, 94. Les deux espèces de phasma qu'il décrit (*rossium* et *gallicum*) rentrent dans le genre Bacille précité.

par la grandeur de leurs cuisses, et leurs jambes très épineuses, sont propres pour le saut.

Les mâles appellent leurs femelles en faisant entendre un son bruyant, auquel le vulgaire donne le nom de chant. Tantôt ils le produisent en frottant intérieurement et avec rapidité, l'une contre l'autre, une portion intérieure, plus membraneuse, en forme de talc ou de miroir, de chaque étui ; tantôt ils l'excitent par une action semblable et alternative des cuisses postérieures sur les élytres et sur les ailes , ces cuisses faisant l'effet d'un archet de violon.

La plupart des femelles déposent leurs œufs dans la terre.

Cette famille est composée du genre

Des Sauterelles (Gryllus) de Linnæus.

Que nous diviserons ainsi :

Les uns, dont les mâles ont pour le chant une portion intérieure de leurs étuis en forme de miroir ou de peau de tambour, et dont les femelles ont très souvent une tarière très saillante, en forme de stylet ou de sabre, nous offrent des antennes, soit beaucoup plus grêles et plus menues à leur extrémité, soit de la même grosseur dans toute leur étendue, mais très courtes, et presque en forme de chapelet. Les étuis et les ailes sont couchés horizontalement sur le corps dans ceux, en petit nombre, qui ont moins de quatre articles à tous les tarses. La languette a toujours quatre divisions, dont les deux mitoyennes très petites. Le labre est entier.

Tantôt les étuis et les ailes sont horizontaux ; les ailes forment, dans le repos, des espèces de lanières ou de filets qui se prolongent au-delà des étuis ; et les tarses n'ont que trois articles, comme dans le genre

Des Grillons (Gryllus. Geoff., Oliv.), ou les *Achètes*
(*Gryllus acheta*. Lin.) de Fabricius.

Ils se cachent dans des trous, et se nourrissent ordinairement d'insectes. Plusieurs sont nocturnes. Leur jabot forme
souvent une poche latérale. Ils n'ont au pylore que deux
gros cœcums. Leurs vaisseaux biliaires s'insèrent dans l'intestin par un canal commun.

Ils forment quatre sous-genres :

1º Les Courtillières. (Gryllo-Talpa. Lat.)

Dont les jambes et les tarses des deux pieds antérieurs
sont larges, plats et dentés, en forme de mains, ou propres
à fouir; qui ont les autres tarses de figure ordinaire, terminés par deux crochets, et les antennes plus grêles au bout,
alongées, et composées d'un grand nombre d'articles.

La *C. commune* (*Gryllus-gryllo-talpa*. Lin.), Rœs.,
insect., II, *Gryll.*, XIV, XV, longue d'un pouce et demi,
brune en dessus, d'un jaune roussâtre en dessous; quatre
dents aux jambes antérieures; ailes une fois plus longues
que les étuis. Espèce trop connue par les dégâts qu'elle
fait dans nos jardins et les champs cultivés, vivant dans
la terre, où ses deux pieds antérieures, qui agissent
comme une scie et comme une pelle, et à la maniere de
ceux des taupes, lui fraient un chemin. Elle coupe ou
détache les racines des plantes, mais moins pour s'en
nourrir que pour se faire un passage; car elle vit, à ce
qu'il paraît, d'insectes ou de vers. Le chant du mâle,
qu'on n'entend que le soir ou pendant la nuit, est doux et
assez agréable.

La femelle se creuse, en juin et en juillet, à la profondeur d'environ un demi-pied, une cavité souterraine
arrondie, et lisse à l'intérieur, où elle dépose deux à
quatre centaines d'œufs; ce nid, avec la galerie qui y conduit, ressemble à une bouteille dont le cou est courbé.
Ses petits vivent quelque temps en société. *Voyez*, pour
d'autres détails, les observations de M. Le Feburier (*Nouv.
Cours d'Agric.*) (1)

______

(1) Latr., Gener. crust. et insect., III, p. 95.

2.º Les Tridactyles. (Tridactylus. Oliv. — *Xya.* Illig.)

Fouissant aussi la terre, mais avec les jambes antérieures seulement, et qui ont à la place des tarses postérieurs, des appendices mobiles, étroits, crochus, et en forme de doigts. Les antennes sont de la même grosseur, très courtes, et de dix articles arrondis.

On trouve dans le midi de la France, sur les bords des rivières,

Le *T. mélangé* (*Xya variegata*, Illig.; Charpent., Hor. entom., p. 84, t. 11, fig. 2, 5.) Cette espèce est petite, noire, avec un grand nombre de taches ou de points d'un blanc jaunâtre, et saute très fort (1).

3.º Les Grillons proprement dits. (Gryllus.)

Qui n'ont point de pieds propres à fouir la terre, et dont les femelles portent, à l'extrémité postérieure de leur corps, une tarière saillante.

Leurs antennes sont toujours alongées, plus menues vers le bout, et finissant en pointe. Les yeux lisses sont moins distincts que dans les tridactyles et les courtilières.

Le *G. des champs* (*G. campestris*, Lin.; Rœs., Ins., II, *Gryll.*, xiii.), noir, avec la base des étuis jaunâtre, tête grosse, cuisses postérieures rouges en dessous. Il se creuse sur les bords des chemins, dans les terrains secs et exposés au soleil, des trous assez profonds, où il se tient à l'affût des insectes, dont il fait sa proie. La femelle y fait sa ponte, composée d'environ trois cents œufs. Il donne la chasse au suivant :

Le *G. domestique* (*G. domesticus*, Lin.; Rœsel., Insect., II, *Gryll.*, xii), d'un jaunâtre pâle, mélangé de brun. Il fréquente les parties intérieures des maisons où l'on a fait plus habituellement du feu, et qui lui fournissent des retraites et des vivres, comme derrière les cheminées, les fours, etc. C'est là aussi qu'il se multiplie. Le mâle produit un bruit aigu et désagréable.

On trouve en Espagne, en Barbarie, un grillon très sin-

____

(1) Latr., *ibid.*, p. 96; *T. paradoxus*, Coqueb., Illust. icon. insect., III, xxi, 3.

gulier (*Gryllus umbraculatus*, Lin.). Le mâle a sur le front un prolongement membraneux, qui tombe en forme de voile.

MM. Lefèvre et Bibron ont rapporté de leur voyage en Sicile une nouvelle et grande espèce, que le premier a décrite sous le nom de *mégacéphale*; sa stridulation se prolonge la durée d'une demi-minute, et peut être entendue à près d'un mille de distance.

Dans le *G. monstrueux*, les ailes se roulent en plusieurs tours de spire à leur extrémité (1).

4° Les Myrmécophiles. (Myrmecophila. — *Sphœrium*. Charpent.)

Qui n'ont point d'ailes, et dont le corps est ovale. Ils ressemblent d'ailleurs, quant aux antennes et au défaut d'yeux lisses, aux grillons proprement dits. Les cuisses postérieures sont très grosses.

La seule espèce connue (*Blata acervorum*, Panz., Faun. Insect. Germ., LXVIII, 24.) vit dans les fourmilières (2).

Tantôt les étuis et les ailes sont en toit, et les tarses ont quatre articles. Les antennes sont toujours fort longues, et en forme de soie. Les mandibules sont moins dentées, et la galette est plus large que dans les grillons. Les femelles ont constamment une tarière avancée, comprimée, en forme de sabre ou de coutelas.

Il n'y a que deux cœcums, comme dans les précédents, mais les vaisseaux biliaires entourent le milieu de l'intestin, et s'y insèrent directement.

Ces orthoptères sont herbivores, et forment le genre

Des Sauterelles proprement dites. (Locusta. Geoff., Fab. — *Gryllus tettigonia*. Lin.)

La *grande Sauterelle* (*L. viridissima*, Fab.; Rœs., In

---

(1) Ajoutez *Gryllus pellucens*, Panz., Faun. insect. Germ., XXII, 17, mâle de l'*Acheta italica* de Fab. Il vit sur les fleurs; — *Acheta sylvestris*, Fab.; Coqueb., Illust. icon., I, 1, 2; — *A. umbraculata*, Fab.; Coq., *ibid.*, III, xxi, 2, et d'autres espèces figurées par De Geer, Drury, Herbst., etc. *Voyez* Fabricius.

(2) Elle a été, je crois, le sujet d'un Mémoire de M. Paul Savi.

sect., II, *Gryll.*, x, xi.), longue de deux pouces, verte, sans taches; tarière de la femelle droite.

La *Sauterelle tachetée* (*L. verrucivora*, Fab. ; Rœs., *ibid.*, VIII.), longue d'un pouce et demi, verte, avec des taches brunes ou noirâtres sur les étuis; tarière de la femelle recourbée. Elle mord fortement ; l'on dit que les paysans de la Suède se font mordre par cet insecte les verrues des mains, et que la liqueur noire et bilieuse qu'il dégorge dans la plaie fait sécher et disparaître ces excroissances cutanées.

Plusieurs espèces de ce genre n'ont point d'ailes, ou n'offrent que des étuis très courts, comme

La *S. porte-selle* (*L. ephippiger*, Fab.) de notre pays. Ross., Faun. etrusc., II, vIII, 3, 4 (1). .

Les autres, dont les mâles ne produisent leur stridulation que par le frottement des cuisses contre les étuis ou les ailes, dont les femelles n'ont point de tarière saillante, se distinguent encore des précédents par leurs antennes,

---

(1) Cette espèce et quelques autres dont les deux sexes sont presque aptères ou n'offrent au plus que des élytres très courtes, en forme d'écailles arrondies et voûtées, forment le genre ÉPHIPPIGÈRE (*Ephippiger*) de mes familles naturelles. Celui d'ANISOPTÈRE (*Anisoptera*) se compose d'espèces dont les mâles sont ailés, et dont les femelles sont aptères ou n'ont que des élytres très courtes; telles sont les *L. dorsalis*, *brachyptera* de M. Toussaint Charpentier. Les espèces munies d'élytres et d'ailes ordinaires, dont les antennes sont simples et dont le front ne s'élève point en manière de pyramide, composent le genre des SAUTERELLES propres ; telles sont les deux premières espèces décrites ci-dessus. Ajoutez *Locusta varia*, Fab. ; Panz., *ibid.*, XXXIII 1; — *L. fusca*, ibid., ii ; — *L. clypeata*, ibid., iv ; — *L. denticulata*, ibid., v. Son *Gryllus proboscideus*, ibid., XXII, 18, est le *Panorpa hiemalis*. *Voyez* aussi De Géer, Herbst, Donovan et Stoll, *Sauterelle à sabre*, pl. i-xii; Latr., Gener. crust. et insect., III, p. 100

Les sauterelles dont le front est élevé en manière de cône ou de pyramide ont été distinguées génériquement par Thunberg sous le nom de CONOCÉPHALE (*Conocephalus*). Enfin les SCAPHURES (*Scaphura*) de M. Kirby (Linn. Trans.; Encyclop. méthod.), ou mes *pennicornes*, ressemblent aux sauterelles ordinaires, mais leurs antennes sont barbues inférieurement, et leur oviscapte est en forme de nacelle. *Voyez*, pour d'autres genres, Toussaint Charpentier, et les Mémoires de l'Acad. impér. de Pétersbourg, où Thunberg a établi d'autres nouvelles coupes génériques.

tantôt filiformes et cylindriques, tantôt en forme d'épée ou terminées en massue, et toujours aussi longues au moins que la tête et le corselet; ils ont tous les étuis et les ailes en toit ou inclinés, et trois articles aux tarses. Leurs cœcums sont au nombre de cinq ou six, et leurs vaisseaux biliaires s'insèrent, comme dans la généralité de l'ordre, immédiatement à l'intestin.

La languette du plus grand nombre n'a que deux divisions. Tous ont trois yeux lisses distincts, le labre échancré, les mandibules très dentelées, l'abdomen conique et comprimé latéralement. Ils sautent mieux que les précédents, ont un vol plus soutenu et plus élevé, et se nourrissent de végétaux, dont ils sont très voraces. On peut les comprendre dans un même genre, celui

Des Criquets. (Acrydium. Geoffr.)

Et que l'on peut sous-diviser de la manière suivante:

Les uns ont la bouche découverte, la languette bifide, et une pelote membraneuse entre les crochets du bout des tarses. Tels sont

1° Les Pneumores. (Pneumora. Thunb., partie des
Gryllus bulla de Lin.)

Distincts des suivants par leurs pieds postérieurs, plus courts que le corps, moins propres à sauter, et par leur abdomen vésiculeux, du moins dans l'un des sexes.

Leurs antennes sont filiformes.

On ne les trouve que dans la partie la plus méridionale de l'Afrique (1).

2° Les Proscopies. (Proscopia. Klüg.)

Insectes aptères, à corps long et cylindrique, dont la tête, dépourvue d'yeux lisses, se prolonge antérieurement, en manière de cône ou de pointe, portant deux antennes plus courtes qu'elle, filiformes, de sept articles au plus et dont le dernier pointu; et dont les pieds postérieurs sont grands,

---

(1) *Pneumora sexguttata*, Thunb., Act. Suec., 1775, vii, 3; *Gryllus inanis*, Fab. ; — *P. immaculata*, Tunb., *ibid.*, vii, 1; *G. papillosus*, F.; — *P. maculata*, Thunb., *ibid.*, vii, 2; *G. variolosus*, F.

longs, rapprochés des intermédiaires, qui sont plus éloignés, que d'ordinaire, des antérieurs. Ces orthoptères, propres à l'Amérique méridionale, ont été l'objet d'une excellente Monographie, publiée par M. Klüg.

3° Les TRUXALES. (TRUXALIS. Fab. — *Gryllus acrida.* Lin.)

Qui, par leurs antennes comprimées, prismatiques et en forme d'épée, et leur tête élevée en pyramide, s'éloignent de tous les autres orthoptères (1).

Quelques espèces du sous-genre suivant, telles que le *gryllus carinatus* de Linnæus, le *G. gallinaceus* de Fabricius, sont par les antennes, intermédiaires entre les truxales et les criquets propres et forment le genre XYPHICÈRE (*Xyphicera.* Latr. — *Pamphagus.* Thunb.).

4° Les CRIQUETS proprement dits. (GRYLLUS. Fab. — *Gryllus-locusta.* Lin., et quelques *G.-bulla.*)

Qui diffèrent des pneumores par leurs pieds postérieurs, plus longs que le corps, leur abdomen solide et non vésiculeux; et des truxales, à raison de leur tête ovoïde, et des antennes filiformes ou terminées en bouton (2).

Ils volent assez haut et par tirades.

Les ailes sont souvent agréablement colorées, et particulièrement de rouge et de bleu, comme on le voit dans plusieurs espèces de notre pays. Parmi celles des pays étrangers, le corselet présente souvent des crêtes, de grosses verrues, en un mot, des formes très bizarres.

Certaines espèces, nommées par les voyageurs *Sauterelles de passage*, se réunissent quelquefois par bandes, dont le

---

(1) *Gryllus nasutus*, Lin.; Roes., Insect., II, Gryll. IV, 1, 2. Les antennes sont fausses; Herbst., *ibid.*, LII, 7, le mâle, 6, la fem.; Stoll., VIII, *b* 27; — Drur., Insect., II, XL, 1.

(2) Beaucoup d'espèces offrent de chaque côté, près de l'origine de l'abdomen, une grande cavité, fermée intérieurement par un diaphragme très mince, membraneux et d'un blanc nacré. J'ai donné, dans les Mémoires du Muséum d'histoire naturelle (VIII), la description de cet organe, qui doit avoir une influence soit dans la stridulation, soit dans le vol. Par analogie avec les cigales, je l'ai comparé avec une sorte de tambour.

nombre des individus est au-dessus de tout calcul, émigrent, paraissent dans les airs comme un nuage épais, tel que celui qui porte la grêle ou la foudre, et convertissent bientôt en un désert les lieux où elles se sont arrêtées. Souvent même leur mort est un nouveau fléau, l'air étant corrompu par la quantité effroyable de leurs cadavres restés sur le sol.

Dans son excellente traduction d'Hérodote, M. Miot a émis l'opinion que ces tas de cadavres de serpents ailés, que cet historien dit avoir vus, dans son voyage en Égypte, étaient formés par des amas de ces espèces de sauterelles. Ce sentiment s'accorde parfaitement avec le mien.

On mange ces insectes dans diverses contrées de l'Afrique. Leurs habitants en font des provisions pour leur propre usage et le commerce. Ils ôtent les élytres et les ailes de ces orthoptères, et les conservent ensuite dans de la saumure.

Une grande partie de l'Europe est souvent ravagée par

Le *C. de passage* (*Gryllus migratorius*, Lin.; Rœs., Insect., II, *Gryll.*, XXIV.), long de deux pouces et demi, ordinairement vert, avec des taches obscures, les mandibules noires, les étuis d'un brun clair, tachetés de noir, une crête peu élevée sur le corselet. Les œufs sont enveloppés d'une matière écumeuse et glutineuse, couleur de chair, et formant une coque, que l'insecte colle, dit-on, sur les plantes. — Commun en Pologne.

Le midi de l'Europe, la Barbarie, l'Égypte, etc., éprouvent les mêmes pertes de quelques autres espèces, dont quelques-unes un peu plus grandes (*G. ægyptius*, *tataricus*, Lin.), et qui diffèrent peu du *gryllus-lineola* de Fabricius, que l'on trouve au midi de la France (Herbst., Archiv. Insect., LIV, 2.), espèce propre aux mêmes contrées, et qui est celle que l'on mange et l'on prépare en Barbarie, de la manière exposée ci-dessus. Les indigènes du Sénégal en font sécher une autre, dont le corps est jaune, tacheté de noir, et que Shaw et Denon ont figurée dans les relations de leurs voyages en Afrique; la réduisent ensuite en poudre et l'emploient comme de la farine; c'est ce que j'ai appris de M. Sauvigny. Ces deux espèces et plusieurs autres ont une saillie conique au présternum et composent mon genre CRIQUET proprement dit (ACRYDIUM). Parmi celles qui n'offrent pas ce caractère, et dont les antennes sont pareillement filiformes, les unes ont des élytres et des ailes parfaites dans les deux sexes. Elles appartiennent au genre que j'ai nommé OEDIPODE (*OEdipoda*).

De ce nombre sont les deux criquets suivants des auteurs.

Le *C. à ailes rouges* (*Gryllus stridulus*, Lin; Rœs., *ibid.*, XXI, 1, 2, 3.), d'un brun foncé ou noirâtre; corselet élevé en carène; ailes rouges, avec l'extrémité noire.

Le *C. à ailes bleues* (*G. cærulescens*, Lin.; Rœs., *ibid.*, XXI, 4.), dont les ailes sont d'un bleu un peu verdâtre, avec une bande noire (1).

D'autres criquets, pareillement ailés et à antennes filiformes, ont la partie supérieure du corselet fort élevée, très comprimée, formant une crête aiguë, arrondie et prolongée en pointe en arrière. Les pays étrangers nous en fournissent quelques grandes espèces. Le midi de l'Europe en donne une autre, mais plus petite. (*Acrydium armatum*, Fisch., Entom. de la Russ., I, Orthopt., I, 1.)

L'un des sexes au moins, dans d'autres (les *G. pedester*, *Giornœ* de Charpent.), a des élytres et des ailes très courtes et nullement propres au vol. J'en ai formé une nouvelle coupe générique, celle de PODISME (*Podisma*).

Les criquets, dont les antennes sont renflées à leur extrémité, en manière de bouton, soit dans les deux sexes, soit dans l'un d'eux seulement, forment aussi pour Thun-

---

(1) Ajoutez *G. biguttulus*, Panz., *ibid.*, XXXIII, 6; — *G. grossus*, ibid., 7; — *G. pedestris*, ibid., 8; — *G. lineatus*, ibid., 9; et *voyez* aussi de Géer, Stoll (*Sauterelles de passage*, pl. 1-XIII, à l'exception des figures citées au genre *Truxale*); Olivier (article *Criquet* de l'Encyclop. méthod.); et les autres auteurs cités par Fabricius, au genre *Gryllus*, comme Schæffer, Herbst., Drury, Rœs., etc. *Voy*. aussi Latr., Gener. crust. et insect., III, p. 104. Mais ces renvois ne s'appliquent qu'au genre *Acrydium*, tel qu'il a d'abord été établi, ou abstraction faite de ceux indiqués ici, et que l'on peut considérer comme de simples divisions.

berg un genre particulier, GOMPHOCÈRE (*Gomphocerus.*).
Tel est

Le *C. de Sibérie* (*G. Sibiricus*, F.; Panz., Faun. Insect.
Germ., XXIII, 20.), dont le mâle a les jambes antérieures
très renflées, en forme de massue. On le trouve en Sibérie
et au mont Saint-Gothard.

Dans la seconde division du genre des criquets, l'avant-
sternum reçoit dans une cavité une partie du dessous de la
tête; la languette est quadrifide; les tarses n'ont point de
pelotte entre leurs crochets.

Les antennes n'ont que treize à quatorze articles. Le corselet se prolonge en arrière, en forme de grand écusson, quelquefois plus long que le corps, et les étuis sont très petits.
Ces orthoptères forment le genre

Des TÉTRIX. (TETRIX. Lat. — *Acrydium.* (1) Fab. —Partie
des *Gryllus-bulla* de Lin.)

Il n'est composé que de très petites espèces.

LE SEPTIÈME ORDRE DES INSECTES,

Les HÉMIPTÈRES. (HEMIPTERA. — *Ryngota.* Fab.

Terminent, dans notre méthode, la division nombreuse des insectes à étuis, et sont les seuls, parmi
eux, qui n'ont ni mandibules ni mâchoires proprement dites. Une pièce tubulaire, articulée, cylindrique ou conique, courbée inférieurement ou se
dirigeant le long de la poitrine, ayant l'apparence
d'une espèce de bec (*rostrum*), présentant tout le
long de sa face supérieure, lorsque cette pièce est

------

(1) *Acrydium subulatum*, F., De Géer; Schæff., Icon. insect., CLIV,
9, 10, CLXI, 2, 3; — *A. bipunctatum*, Panz., *ibid.*, V, 18, var.;—
A. scutellatum, De Geer., M. insect., III, XXIII, 15. *Voyez* aussi
Herbst., Archiv. ins., LII, 1-5.

relevée, une gouttière ou un canal, d'où l'on peut faire sortir trois soies écailleuses, roides, très fines et pointues, recouvertes à leur base par une languette. Les soies forment, par leur réunion, un suçoir semblable à un aiguillon, ayant pour gaîne la pièce tubulaire que je viens de décrire, et dans lequel il est maintenu, au moyen de la languette supérieure située à son origine. La soie inférieure est composée de deux filets qui se réunissent en un , un peu au-delà de leur point de départ ; ainsi le nombre des pièces du suçoir est réellement de quatre. M. Savigny en a conclu que les deux soies supérieures , ou celles qui sont séparées, représentent les mandibules des insectes broyeurs, et que les deux filets de la soie inférieure répondent à leur mâchoires (1) ; dès lors la lèvre est remplacée par la gaîne du suçoir, et la pièce triangulaire de la base devient un labre. La languette proprement dite existe aussi , et sous une forme analogue à celle de la pièce précédente, mais bifide au bout (voyez les *Cigales*). Les palpes sont les seules parties qui aient totalement disparu ; on en aperçoit cependant des vestiges dans les thrips.

La bouche des hémiptères n'est donc propre qu'à extraire, par la succion, des matières fluides ; les stylets déliés dont est formé le suçoir percent les

---

(1) Ou plutôt, selon moi , à leur lobe terminal , savoir, cette portion supérieure qui , dans les abeilles et les lépidoptères , se prolonge en manière de filet ou de lame déliée au-delà de l'insertion des palpes.

vaisseaux des plantes et des animaux , et la liqueur nutritive, successivement comprimée, est forcée de suivre le canal intérieur et arrive à l'œsophage. Le fourreau du suçoir est souvent alors plié en genou ou fait un angle avec lui. Ainsi que les autres suceurs , ces insectes ont des vaisseaux salivaires (1).

Dans la plupart des insectes de cet ordre, les étuis sont coriaces ou crustacés, avec l'extrémité postérieure membraneuse et leur formant une sorte d'appendice ; ils se croisent presque toujours ; ceux des autres hémiptères sont simplement plus épais et plus grands que les ailes, demi-membraneux, ainsi que les étuis des orthoptères, et tantôt opaques et colorés, tantôt transparents et veinés. Les ailes ont quelques plis longitudinaux.

La composition du tronc commence à éprouver des modifications qui le rapprochent de celui des insectes des ordres suivants. Son premier segment, désigné jusqu'ici sous le nom de corselet, a, dans plusieurs, bien bien moins d'étendue, et s'incorpore avec le second , qui est également découvert.

Plusieurs offrent des yeux lisses, mais dont le nombre n'est souvent que de deux.

Les hémiptères nous présentent, dans leurs trois états, les mêmes formes et les mêmes habitudes. Le seul changement qu'ils subissent consiste dans le développement des ailes et l'accroissement du volume

---

(1). *Voyez* surtout les Observations anatomiques de M. Léon Dufour sur les cigales et sur les nèpes.

du corps. Ils ont, en général, un estomac à parois assez solides et musculeuses, un intestin grêle, de longueur médiocre, suivi d'un gros intestin divisé en divers renflements, des vaisseaux biliaires peu nombreux et insérés assez loin du pylore.

Je divise cet ordre en deux sections (1).

Dans la première, celle des HÉTÉROPTÈRES (HETEROPTERA Lat.), le bec naît du front; les étuis sont membraneux à leur extrémité, et le premier segment du tronc, beaucoup plus grand que les autres, forme à lui seul le corselet.

Les élytres et les ailes sont toujours horizontales, ou légèrement inclinées.

Cette section se compose de deux familles.

La première, celle

Des GÉOCORISES ou PUNAISES TERRESTRES.
(GEOCORISÆ).

A les antennes découvertes, plus longues que la tête, et insérées entre les yeux, près de leur bord interne. Les tarses ont trois articles, mais dont le premier quelquefois très court.

Elle forme le genre

Des PUNAISES (CIMEX) de Linnæus.

Les unes, ou les *longilabres*, ont la gaîne du suçoir de quatre articles distincts et découverts, le labre très prolongé au-delà de la tête, en forme d'alène, et strié en dessus.

____

(1) Elles forment deux ordres dans les méthodes de MM. Kirby et Leach. Nos Hétéroptères composent celui d'*Hémiptères*, et notre section des Homoptères forment le second, avec la même désignation.

Les tarses ont toujours trois articles distincts, dont le premier presque égal au second ou plus long que lui. Ces espèces répandent souvent une odeur désagréable et sucent divers insectes.

Tantôt leurs antennes, toujours filiformes, sont composées de cinq articles; le corps est ordinairement court, ovale ou arrondi.

Les Scutellères. (Scutellera. Lam. — *Tetyra.* Fab.)

Où l'écusson couvre tout l'abdomen.

La *S. rayée* (*Cimex lineatus*, Lin. ; Wolf, *Cimic.*, I, 11, 1), longue de quatre lignes, rouge, avec le dessus rayé de noir dans toute sa longueur; des points noirs, disposés en lignes, sur le ventre. Aux environs de Paris, et dans le midi de l'Europe, sur les fleurs, les ombellifères particulièrement (1).

Les Pentatomes. (Pentatoma. Oliv.)

Où l'écusson ne recouvre qu'une portion du dessus de l'abdomen. Ce genre d'Olivier en compose cinq dans le système des ryngotes de Fabricius, mais aussi imparfaitement caractérisés que mal assortis. Ses *Ælia* et ses *Halys* sont des pentatomes dont la tête est plus prolongée et avance en manière de museau, plus ou moins triangulaire; parmi les espèces qu'il rapporte au premier, celle qu'il nomme *acuminata*, et qui est la *punaise à tête alongée* de Geoffroy, paraît s'éloigner essentiellement des pentatomes, à raison de ses antennes recouvertes à leur origine par le bord antérieur et détaché du dessous du corselet et par son écusson beaucoup plus grand, ce qui rapproche cet insecte des scutellères. Ses *Cydnus* ont la tête, vue en dessus, large, demi-circulaire; le corselet en carré transversal, guère plus étroit en devant que postérieurement, et les jambes sont souvent épineuses. Ces espèces se tiennent à

---

(1) *Consultez* Fabricius pour les autres espèces, genre *Tetyra* (Syst. Ryngot.). Suivant M. Dalman (Ephem. entom., I), son genre *Canopus* diffère du précédent par les caractères suivants : corps beaucoup plus renflé, un peu comprimé, concave en dessous, avec les bords de l'écusson pendants sur les côtés ; point d'yeux lisses ; pieds mutiques.

terre. De ce nombre est la *punaise noire* de Geoffroy. On pourrait encore, ainsi que l'ont fait MM. Lepeletier et Serville (Encyclop. méthod.), en rapprocher quelques espèces, dont le sternum n'est ni caréné ni armé d'une épine. Tels sont les deux suivantes :

Le *P. des crucifères* (*Cimex ornatus*, Lin.; Wolf., *ibid.*, II, 15), long de quatre lignes et demie, ovoïde-arrondi, rouge, avec un grand nombre de taches, la tête et les ailes noires. Sur le chou et d'autres crucifères.

Le *P. du choux* (*Cimex oleraceus*, Lin.; Wolf., *ibid.*, II, 16), long de trois lignes, ovoïde, d'un vert bleuâtre, avec une ligne sur le corselet, un point sur l'écusson, un autre sur chaque étui, blancs ou rouges.

D'autres pentatomes, dont l'arrière-sternum ou le mésosternum s'élève en manière de carène, ou présente une pointe en forme d'épine, seraient distingués génériquement sous la dénomination d'ÉDESSA (EDESSA), employée par Fabricius. Plusieurs des espèces qu'il comprend dans ce genre ont ce caractère. On le retrouve aussi dans plusieurs de ses *cimex*, comme les deux pentatomes suivants :

Le *P. hémorrhoïdal* (*C. hœmorrhoidalis*, Lin.; Wolf., *ibid.*, I, 10), long de sept lignes, ovoïde, vert en dessus, jaunâtre en dessous, avec les angles postérieurs du corselet prolongés en pointe mousse, une grande tache brune sur les étuis, et le dessus de l'abdomen rouge, tacheté de noir.

La femelle du *P. gris* (*C. griseus*, Lin.), garde et conduit ses petits, comme une poule conduit ses poussins (1).

Un pentatome de Cayenne, à tête cylindrique et dont les jambes antérieures forment une palette demi-ovalaire, nous a paru devoir composer une nouvelle coupe générique, celle d'HÉTÉROSCÈLE (HETEROSCELIS).

Tantôt les antennes n'ont que quatre articles, et le corps est ordinairement oblong.

Ici les antennes sont filiformes ou en massue.

---

(1) *Voyez* Fab., genres indiqués ci-dessus.

Quelques espèces, toutes exotiques, se rapprochent des précédentes à l'égard de la forme générale de leur corps, plutôt ovoïde qu'oblongue, et se distinguent de toutes les suivantes, soit parce qu'il est très aplati, membraneux, avec les bords très dilatés, découpés et anguleux, soit parce que leur corselet est prolongé postérieurement, en manière de lobe tronqué, et que leur sternum est cornu ; celles qui sont dans ce dernier cas forment le sous-genre

Des Tesseratomes. (Tesseratoma.)

Établi par M. Peletier et Serville (Encycl. méthod.), sur l'*Edessa papillosa* de Fabricius, et son *E. amethystina*. Quelques autres édesses du même (*obscura*, *mactans*, *Viduata*), semblables aux pentatomes ordinaires, sans prolongement thoracique postérieur, mais à antennes de quatre articles, pourraient aussi former un autre sous-genre (Dinidor).

Une espèce du Brésil, analogue, par sa forme aplatie, aux *Aradus* de ce naturaliste, dont les bords du corps sont dilatés, découpés et anguleux, et dont l'extrémité antérieure forme une sorte de chaperon tronqué en devant, fendu dans son milieu, unidenté de chaque côté en arrière, et cachant des antennes coudées vers leur milieu, ne paraissant avoir que trois articles, parce que le premier est très court, est le type du sous-genre

Phlæa (Phlæa) de MM. Lepeletier et Serville (Encyclop. méthod.).

Toutes les géocorises suivantes sont généralement oblongues, et ne présentent point d'ailleurs les autres caractères propres aux sous-genres précédents.

Les unes ont les antennes insérées près des bords latéraux et supérieurs de la tête, au-dessus d'une ligne idéale, tirée du milieu des yeux à l'origine du labre. Les yeux lisses sont ou rapprochés, ou séparés par un intervalle à peu près égal à celui qui est entre chacun d'eux et l'œil voisin.

Viennent ensuite celles dont le corps est plus ou moins oblong, sans être filiforme ou linéaire.

Les Corées. (Coreus. Fab.)

Ont le corps ovalaire, le dernier article des antennes ovoïde ou en fuseau, souvent plus gros que le précédent, ordinairement plus court, et de sa longueur au plus, dans les autres.

On peut, d'après les proportions relatives et la forme des articles des antennes, y établir plusieurs divisions, que l'on peut même considérer comme autant de sous-genres (1).

Le *C. borde* (*Cimex marginatus*, Lin.; Wolf, Cimic., I, III, 20), long de six lignes, d'un brun canelle; second et troisième article des antennes roussâtres, les deux autres noirâtres; les deux premiers les plus longs de tous; une petite dent à la base interne du premier. Côtés postérieurs du corselet élevés, arrondis; abdomen dilaté et relevé latéralement, avec le milieu du dessus rouge. — Sur les plantes, et répandant une forte odeur de pomme.

Les antennes des autres géocorises de la même subdivision se terminent par un article alongé, cylindrique ou filiforme. Ils forment une grande partie du genre LYGÆUS de Fabricius, et comprennent, en outre, celui qu'il nomme ALYDUS. Les pieds postérieurs des mâles sont le plus souvent remarquables par la grosseur des cuisses, et dans un grand nombre par la forme de leurs jambes, tantôt comprimées, avec les bords dilatés, comme membraneux et ailés ou foliacés, tantôt courbes. La plupart sont exotiques.

A ces lygées se rapportent les espèces dont les yeux lisses sont écartés l'un de l'autre, par un intervalle à peu près

---

(1) Les GONOCÈRES (GONOCERUS.) Le dernier article des antennes plus court que le précédent, ovoïde ou ovalaire; celui-ci et le second comprimés, anguleux ou dilatés; le premier ou le second au moins le plus long de tous. Les *C. sulcicornis, insidiator, antennator*, de Fab.

Les SYROMASTES (SYROMASTES). Le dernier article des antennes plus court que le précédent, presque ovalaire; celui-ci filiforme et simple. Les *C. marginatus, scapha, spiniger, paradoxus, quadratus*, de Fab.; son *Lygæus sanctus.*

Les CORÉES (COREUS). Le dernier article des antennes peu différentes en longueur du précédent, presqu'en fuseau; celui-ci point comprimé. Les *C. dentator, hirticornis, clavicornis, acrydioides, capitatus*, de Fab.

égal à celui qui sépare chacun d'eux de l'œil voisin, et dont
le corselet est beaucoup plus large postérieurement qu'en
devant, ou figure un triangle tronqué à sa pointe. Le corps
est généralement moins étroit que dans la division opposée,
ou celle qui se compose des alydes.

Les HOLHYMÉNIES. (HOLHYMENIA. Lepel. et Serv.)

Dont les second et troisième articles des antennes sont en
palette (1).

Les PACHYLIDES. (PACHYLIS. Lepel. et Serv.)

Où le troisième seul a cette forme (2).

Les ANISOSCÈLES. (ANISOSCELIS. Latr.)

Où les antennes sont filiformes, sans dilatation (3).

Des géocorises de la même division à corps étroit et
alongé, avec les yeux saillants, les yeux lisses rapprochés,
et le corselet un peu plus étroit seulement en devant que
postérieurement, presque trapézoïde, formeront le sous-
genre

Des ALYDES. (ALYDUS Fab.) (4)

Succèderont maintenant des géocorises dont le corps est
long, très étroit, filiforme ou linéaire. Les antennes et les
pattes sont aussi proportionnellement plus menues.

Les LEPTOCORISES. (LEPTOCORISA. Latr.)

A antennes droites (5).

---

(1) Encyclop. méthod. insect, X, p. 61. Ajoutez *Lygœus biclava-
tus*, Fab.

(2) *Ibid.*, p. 62.

(3) Les uns ont les jambes postérieures bordées d'une membrane; les
*L. membranaceus, compressipes, phyllopus, gonagra, foliaceus, dila-
tatus, tragus*, etc., de Fab.

Les autres n'en ont point; les *L. valgus, grossipes, tenebrosus,
fulvicornis, curvipes, profanus, phasianus, bellicosus*, etc., de Fab.
Quelques espèces à antennes plus menues et de la longueur du corps,
forment le sous-genre NEMATOPUS de mes familles naturelles du règne
animal.

(4) *Voyez* le Syst. ryngator., p. 248.

(5) Les *gerris* de Fabricius, à l'exception du *vagabundus*.

Les Neïdes. (Neides. Lat. — *Berytus*. Fab.)

A antennes coudées (1).

Nous passons maintenant aux géocorises dont les antennes pareillement filiformes ou plus grosses vers le bout et de quatre articles, sont insérées plus bas que dans les précédentes, soit dans une ligne idéale tirée des yeux à l'origine du labre, soit au-dessous. Les yeux lisses sont rapprochés des yeux, et les appendices membraneux des élytres n'offrent souvent que quatre à cinq nervures.

Ici la tête n'est point rétrécie postérieurement en manière de cou.

Les Lygées. (Lygæus. Fab.)

Où la tête est plus étroite que le corselet, et où celui-ci est plus étroit en devant et trapézoïde.

Le *L. croix de chevalier* (*Cimex equestris* , Lin. ; Wolf., Cimic, 1, iii, 24), long de cinq lignes, rouge, à taches noires, avec la portion membraneuse des étuis brune, tachetée de blanc.

Le *L. demi-ailé* (*C. apterus*, Lin. ; Stoll., Cimic., II, xv, 103), long de quatre lignes, sans ailes, rouge ; la tête, une tache au milieu du corselet et un gros point sur chaque étui, noirs ; l'extrémité de ses étuis tronquée ou sans appendice membraneux. Très commun dans nos jardins. On le trouve, mais très rarement, avec des ailes.

Les espèces à cuisses antérieures renflées, forment le genre Pachymère de MM. Lepeletier et Servile, dénomination déjà employée et qu'il faudrait changer (2).

Les Saldes. (Salda. Fab.)

Où la tête, mesurée dans sa plus grande largeur, est aussi large ou plus large que le corselet, et a souvent les angles postérieurs dilatés, avec de gros yeux, et dont le corselet est presque de largeur égale et carré (3).

----

(1) *Voyez* Latr., Gener. crust. et insect., III , p. 126 ; et Oliv., Encyclop. méthod.

(2) *Voyez* Fabricius, et Latr. , *ibid.*, p. 121.

(3) Les Saldes : *atra, albipennis, grylloides* , de Fab.

Là, la tête est ovoïde et rétrécie postérieurement en manière de cou.

Les Myodoques. (Myodocha. Latr.) (1)

Nous voilà arrivés aux géocorises longilabres, dont les antennes, composées de quatre articles, vont en diminuant d'épaisseur vers leur extrémité, et souvent même brusquement, ou sont sétacées.

Nous avons (Famill. nat. du Reg. anim.) formé un sous-genre, celui

d'Astemme. (Astemma.)

Avec quelques espèces dont les antennes sont graduellement sétacées, avec le second article de grosseur égale, presque glabre ; dont le corselet n'est guère plus étroit en devant que postérieurement, en carré transversal ou cylindracé, et dont la tête est comme coupée perpendiculairement ou arrondie à sa naissance (2).

Les Miris. (Miris. Fab.)

Ressemblent aux astemmes par les antennes, mais s'en éloignent par leur corselet, notablement plus large postérieurement qu'en devant, et trapézoïde (3).

Les Capses. (Capsus. Fab.)

A corselet pareillement trapézoïde, mais où le second article des antennes est aminci vers sa base, très garni de poils, surtout vers le bout, d'ailleurs presque cylindrique et menu, comme le premier (4).

Les Hétérotomes. (Heterotoma. Latr.)

Bien distincts des précédents à raison de la grandeur et de la largeur des deux premiers articles des antennes ; de

---

(1) *Voyez* Latr., *ibid.;* et l'Encyclop. méthod.

(2) Les Saldes *pallicornis*, *flavipes* de Fab., et quelques autres espèces, mais dont le corps est beaucoup plus étroit et plus long, et un peu analogues par la tête aux myodoques.

(3) *Voyez* Fab., Syst. ryng.; Latr., *ibid.*, p. 124.

(4) Fab., *ibid.;* Latr., *ibid.*, p. 123.

celles du second surtout, celui-ci formant une palette alongée ; les deux derniers sont très courts (1).

Les autres hémiptères de cette famille n'ont que deux ou
trois articles (2) apparents à la gaîne du suçoir ; le labre est
court, sans stries. Le premier article des tarses, et souvent
même le second, est très court, dans le plus grand nombre.

Tantôt les pieds sont insérés au milieu de la poitrine, terminés par deux crochets distincts, et prennent naissance du
milieu de l'extrémité du tarse ; ils ne servent point à ramer
ni à courir sur l'eau.

Nous séparons ensuite les espèces dont le bec est toujours
droit, engaîné à sa base ou dans sa longueur ; dont les yeux
sont d'une grandeur ordinaire, et dont la tête n'offre point,
à sa jonction avec le corselet, de cou ni d'étranglement
brusque.

Leur corps est ordinairement ou tout ou en partie membraneux et le plus souvent très aplati (3). Elles composent
la majeure partie du genre primitif

Des Acanthies (Acanthia) de Fabricius.

Dont cet auteur a ensuite démembré les suivants :

Les Syrtis. (Syrtis. Fab. — *Macrocephalus*. Swed., Lat.
— *Phymata*. Lat.)

Où les pieds antérieurs sont en forme de serre mono-
dactyle de crustacés, et leur servent aussi à saisir leur
proie (4).

---

(1) *Capsus spissicornis*, Fab.

(2) Quatre dans les reduves, mais dont le premier très court, presque nul.

(3) Ces insectes forment, dans notre ouvrage sur les familles natur. du
règne anim., la seconde tribu des Géocorises, celle que je désigne sous
le nom de *membraneuses*.

(4) Fab., Syst. ryngot. Dans les *Macrocéphales* (*S. manicata*, Fab.),
les antennes, terminées par un très grand article, ne se logent point
dans des cavités inférieures des bords du corselet ; l'écusson est distinct,
et couvre une grande partie du dessus de l'abdomen. Dans les *Phymates*
(*S. crassipes*, Fab.), les antennes sont reçues dans des cavités propres,
situées sous les bords latéraux du corselet, qui se prolonge en un écusson,

Les Tingis. (Tingis. Fab.)

Qui ont le corps très plat et les antennes terminées en bouton, avec le troisième article beaucoup plus long que les autres.

La plupart vivent sur les plantes, en piquent les feuilles ou les fleurs, et y produisent quelquefois des fausses galles. Les feuilles du poirier sont souvent criblées par une espèce de ce genre (*T. pyri*, F.) (1).

Les Arades. (Aradus. Fab.)

Qui ressemblent aux tingis par la forme du corps, mais dont les antennes sont cylindriques, avec le second article presque aussi grand que le troisième, ou même plus long.

Ils se tiennent sous les écorces des arbres, dans les fentes du vieux bois, etc. (2).

Les Punaises proprement dites. (Cimex. Latr. — *Acanthia.* Fab.)

Ayant aussi le corps très plat, mais dont les antennes se terminent brusquement en forme de soie.

On ne connaît que trop

La *Punaise des lits* (*Cimex lectularius*, Lin. ; Wolf, Cimic., IV, xiii, 121). On prétend qu'elle n'existait pas en Angleterre avant l'incendie de Londres, en 1666, et qu'elle y fut transportée avec des bois d'Amérique. Quant au continent de l'Europe, Dioscoride en fait déjà mention. On a encore avancé que cette espèce acquérait quelquefois des ailes. Elle tourmente aussi les jeunes pigeons, les petits d'hirondelles, etc. ; mais celle qui vit sur ces derniers oiseaux me paraît former une espèce particulière.

On a proposé bien des moyens pour détruire ces insectes ; la plus grande propreté et une extrême vigilance sont les meilleurs (3).

---

ne recouvrant qu'une portion du dessus de l'abdomen. *Voyez* Latr., Gen. crust. et insect., III, p. 137, 138.

(1) Fab., *ibid.*; Latr., *ibid.*

(2) Fab., *ibid.*; Latr., *ibid.*

(3) Fab., *ibid.*; Latr., *ibid.*

Les autres géocorises de cette subdivision (1) ont le bec découvert, arqué, ou quelquefois droit, mais avec le labre saillant, la tête étranglée brusquement ou rétrécie en forme de cou par derrière. Quelques espèces ont des yeux d'une grosseur très remarquable.

Celles qui ne présentent pas ce caractère, et dont la tête est portée sur un cou, forment le genre primitif

Des REDUVES (REDUVIUS) de Fabricius.

Ils ont le bec court, mais très aigu et piquant fortement. On se ressent même long-temps de la douleur. Leurs antennes sont très déliées vers le bout ou en forme de soie (2). Plusieurs espèces produisent un bruit pareil à celui que font les criocères, les capricornes, etc., mais dont les tons se succèdent avec plus de rapidité.

Ce genre a été divisé ainsi :

Les HOLOPTILES. (HOLOPTILUS. Lepel. et Serv.)

Qui n'ont que trois articles aux antennes, dont les deux derniers, garnis de longs poils, disposés sur deux rangs, et verticillés sur le dernier (3).

Dans les autres espèces, les antennes ont quatre articles au moins et sont glabres ou simplement pubescentes.

Les REDUVES proprement dits. (REDUVIUS. Fab.)

Qui ont le corps ovale-oblong, avec les pieds de longueur moyenne.

On peut leur associer les *Nabis* de Latreille (4), et les *Petalocheires* de Palissot de Beauvoir; ces derniers ont les jambes antérieures en forme de rondache.

Le *Reduve masqué* (*Cimex personatus*, Lin.; la *Pu-*

---

(1) Les *nudicolles* (Fam. natur. du reg. anim.).

(2) Le premier article est souvent réuni au second et celui-ci au troisième, au moyen d'une très petite articulation ou rotule.

(3) Encyclop. méthod. , insect., X, p. 280.

(4) Le corselet des nabis n'est point ou que très faiblement divisé en deux par cette ligne enfoncée et transverse que l'on y remarque dans les reduves. Ici, en outre, les yeux lisses sont situés sur une éminence ou une division de l'extrémité postérieure de la tête. Ce dernier genre est susceptible d'être partagé en divers sous-genres.

naise mouche de Geoffroi, I, ix, 3), long de huit lignes,
d'un brun noirâtre sans tache. Il habite l'intérieur des
maisons, où il vit de mouches et de divers autres insectes, dont il s'approche à petits pas, et sur lesquels
il s'élance ensuite. Ses piqûres les font périr sur-le-
champ. Dans l'état de larve et de nymphe, il ressemble
à une araignée toute couverte d'ordure ou de poussière de
balayures (1).

Les ZÉLUS. (ZELUS. Fab.)

Dont le corps est linéaire, avec les pattes très longues,
fort grêles et toutes semblables entre elles (2).

Les PLOIÈRES. (PLOIARIA. Scop. — *Emesa.* Fab.)

Analogues aux précédents par la forme linéaire du corps,
la longueur et la ténuité des pieds, mais dont les deux antérieurs ont les hanches alongées, et sont propres, comme
dans les mantes, à saisir leur proie (3).

Viennent maintenant des géocorises remarquables par la
grosseur de leurs yeux, qui n'ont point de cou apparent, mais
dont la tête transverse est séparée du corselet par un étranglement. Elles vivent sur le bord des eaux, où elles courent
très vite et font souvent de petits sauts.

Les uns ont le bec court et arqué, et les antennes en forme
de soie. Ce sont

Les LEPTOPES. (LEPTOPUS.) de Latreille (4).

Les autres ont le bec long, droit, avec le labre saillant
hors de sa gaîne, et les antennes filiformes ou un peu plus
grosses vers le bout. Les yeux lisses sont situés sur un tubercule. Ce sont des *Saldes* pour Fabricius.

Latreille les divise en deux. Ses ACANTHIES (ou une partie
des SALDES de Fabricius) (5) ont les antennes de la lon-

---

(1) Fab., Syst. ryng.; Latr., Gener. crust. et insect., III, p. 128.
Voyez surtout l'article *Reduve* de l'Encyclop. méthod.

(2) Fab., Syst. ryngot.; Latr., Gener. crust. et insect., III, p. 129.

(3) Fab , *ibid.; Gerris vagabundus,* ejusd.; Latr., *ibid.*

(4) Latr., Consid. sur l'ord. nat. des crust. et des insect., p. 259.

(5) Fab., *ibid.* Les saldes *zosterœ, striata, littoralis ;* Latr., *ibid.*

gueur au moins de la moitié de celle du corps, et saillantes.
Leur forme est ovale. Les yeux lisses sont très rapprochés
et sessiles. Dans ses PELOGONES (PELOGONUS) (1), les antennes sont beaucoup plus courtes et repliées sous les yeux. Le
corps est plus court et plus arrondi, avec un écusson assez
grand. Les yeux lisses sont écartés. Ces hémiptères se rapprochent des *Naucores*, et paraissent y conduire avec les
suivants.

Tantôt les quatre pieds postérieurs, très grêles et fort
longs, sont insérés sur les côtés de la poitrine, et très écartés
entre eux à leur naissance ; les crochets des tarses sont très
petits, peu distincts, et situés dans une fissure de l'extrémité
latérale du tarse (2). Ces pieds servent à ramer ou à marcher
sur l'eau. Ils sont propres au genre

Des HYDROMÈTRES (HYDROMETRA) de Fabricius (3).

Que Latreille divise en trois sous-genres.

Les HYDROMÈTRES proprement dites. (HYDROMETRA. Lat.)

Qui ont les antennes en forme de soie, et la tête prolongée en un long museau, recevant le bec dans une gouttière
inférieure (4).

Les GERRIS. (GERRIS. Latr.)

Dont les antennes sont filiformes, qui ont la gaîne du
suçoir de trois articles, et les pieds de la seconde paire très
éloignés des deux premiers, et une fois au moins plus longs
que le corps (5).

Les deux pieds antérieurs, ainsi que dans le sous-genre
suivant, font l'office de pinces.

Les VÉLIES. (VELIA. Lat.)

Où les antennes sont encore filiformes, mais dont la gaîne

(1) Latr., *ibid.*, p. 142 ; Germ., Faun. insect. Europ., XI, 23.
(2) Le prothorax se prolonge au-dessus du mésothorax, sous la forme
d'une plaque alongée, rétrécie et terminée en pointe, représentant l'écusson, et sous laquelle les élytres prennent naissance. Le mésothorax est
fort alongé.
(3) Fab., *ibid.*
(4) Latr., Gener. crust. et insect., III, p. 131.
(5) Latr., *ibid.*

du suçoir n'a que deux articles apparents, et dont les pieds, beaucoup plus courts, sont à des distances presque égales les uns des autres (1).

La seconde famille des HÉMIPTÈRES,

Des HYDROCORISES ou PUNAISES D'EAU. (HYDRO-
CORISÆ.)

A les antennes insérées et cachées sous les yeux, plus courtes que la tête, ou à peine de sa longueur.

Ces hémiptères sont tous aquatiques, carnassiers, et saisissent d'autres insectes avec leurs pieds antérieurs, qui se replient sur eux-mêmes, et servent de pince. Ils piquent fortement.

Leurs tarses n'offrent qu'un à deux articles. Leurs yeux sont ordinairement d'une grandeur remarquable.

Les unes (*Népides*) ont les deux pieds antérieurs en forme de serres ou de tenailles, composés d'une cuisse, soit très grosse, soit très longue, ayant en dessous un canal pour recevoir le bord inférieur de la jambe, et d'un tarse très court ou se confondant même avec la jambe, et formant avec elle un grand crochet.

Le corps est ovale et très déprimé dans les unes, de forme linéaire dans les autres. Ces insectes forment le genre

Des NÈPES (NEPA) de Linnæus, ou Des SCORPIONS
AQUATIQUES.

Qu'on partage ainsi :

Les GALGULES. (GALGULUS. Lat.)

Dont tous les tarses sont semblables, cylindriques, à deux

---

(1) Latr., *ibid.*

articles très distincts, avec deux crochets au bout du dernier. Leurs antennes ne paraissent avoir que trois articles, dont le dernier plus grand et ovoïde (1).

Celles des genres suivants sont composées de quatre pièces, et les tarses antérieurs se terminent simplement en pointe ou par un crochet.

Les NAUCORES. (NAUCORIS. Geoff., Fab.)

N'ont point, comme les suivants, le labre engaîné, mais découvert, grand, triangulaire et recouvrant la base du bec. Leur corps est presque ovoïde, déprimé, avec la tête arrondie, et les yeux très plats. Les antennes sont simples, sans saillie en forme de dent. L'extrémité postérieure de l'abdomen n'offre point d'appendice saillant. Les quatre derniers pieds sont ciliés et leurs tarses ont deux articles, avec deux crochets au bout du dernier.

La *N. punaise* (*Nepa cimicoides*, Lin.; Rœs., Insect., III, Cim. aquat., xxxviii), longue de cinq à six lignes, d'un brun verdâtre, avec la tête et le corselet plus clairs; bords de l'abdomen dentés en scie, débordant les étuis (2).

Dans les trois sous-genres suivants, le labre est engaîné et le bout de l'abdomen offre deux filets.

Les BELOSTOMES. (BELOSTOMA. Lat.)

Où tous les tarses ont deux articles, et qui ont des antennes semi-pectinées (3).

Les NÈPES proprement dites. (NEPA. Latr.)

Où les tarses antérieurs n'ont qu'un seul article et les quatre tarses postérieurs deux, et dont les antennes paraissent fourchues; leur bec est courbé en-dessous; leurs deux pieds antérieurs ont les hanches courtes et les cuisses beaucoup plus larges que les autres parties.

Leur corps est plus étroit et plus alongé que dans les

---

(1) Latr., Gener. crust. et insect., III, p. 144; *Naucoris oculata*, Fab.

(2) Fab., *ibid.*; Latr., *ibid.*, p. 146.

(3) Latr., *ibid.*, p. 144; les Nèpes *grandis, annulata, rustica*, de Fabricius.

genres précédents, presque elliptique. Leur abdomen est terminé par deux soies qui leur servent à respirer, dans les lieux aquatiques et vaseux au fond desquels elles se tiennent. Leurs œufs ressemblent à une graine de plante, de figure ovale, couronnée d'une aigrette formée par des poils.

M. Léon Dufour a publié, dans le septième volume des Annales générales des Sciences physiques, des observations très curieuses sur l'anatomie de la ranatre linéaire et de la nèpe cendrée. Ces insectes lui ont offert un organe particulier, qu'il regarde comme une sorte de trachée pectorale, communiquant avec les trachées ordinaires. Il forme, dans le premier, une paire de panaches élégants, d'un blanc nacré, et composé de ramuscules nombreux, qui se rendent autour d'un axe nombreux. Il est situé au milieu des masses musculaires de la poitrine. Dans la nèpe cendrée, les trachées pectorales lui paraissent offrir les vestiges d'un organe pulmonaire. Elles consistent en deux corps oblongs, situés immédiatement au-dessous de la région de l'écusson, revêtus d'une membrane fine, lisse et d'un blanc satiné. Ils sont presque aussi longs que la poitrine et libres, excepté aux deux bouts. Ils sont remplis d'une bourre, qui, vue au microscope, présente un tissu homogène, formé d'arbuscules vasculaires. Le système nerveux ne lui a paru consister qu'en deux gros ganglions, l'un placé sous l'œsophage, et l'autre dans la poitrine, entre la première et la seconde paire de pieds, et qui jette deux cordons remarquables, divisés vers leur extrémité en deux ou trois filets. Il n'a observé que deux vaisseaux biliaires. Nous renvoyons à ce beau travail, tant pour ces détails, que pour ceux relatifs aux organes générateurs et à l'appareil salivaire, qu'il a découvert dans ces insectes.

La *N. cendrée* (*N. cinerea*, Lin.; Rœs., Insect., *ibid.*, XXII), longue d'environ huit lignes, cendrée, avec le dessus de l'abdomen rouge, et la queue un péu plus courte que le corps (1).

Les RANATRES. (RANATRA. Fab.)

Qui ne diffèrent des nèpes que par la forme linéaire de

____

(1) Ajoutez *N. fusca, grossa, rubra, nigra, maculata,* de Fab.

leur corps, leur bec dirigé en avant, et les deux pieds antérieurs, dont les hanches et les cuisses sont alongées et grêles.

La *N. linéaire* (*Nepa linearis*, Lin. ; Rœs., *ibid.*, xxiii), longue d'un pouce, d'un cendré clair, un peu jaunâtre, avec la queue de la longueur du corps.

L'aigrette de ses œufs n'est composée que de deux soies (1).

Les autres (*Notonectides*) ont les deux pieds antérieurs simplement courbés en dessous, avec les cuisses de grandeur ordinaire, et le tarse allant en pointe et très cilié, ou semblable aux autres. Leur corps est presque cylindrique ou ovoïde et assez épais, ou moins déprimé que dans les précédents. Leurs pieds postérieurs sont très ciliés, en forme de rames, et terminés par deux crochets très petits, peu distincts. Ils nagent ou rament avec une grande vitesse, et souvent sur le dos. Ils composent le genre

Des Notonectes (Notonecta) de Linnæus.

Que l'on a divisé comme il suit :

Les Corises. (Corixa. Geoff. — *Sigara*. Fab.)

Manquant d'écusson (2), ayant le bec très court, triangulaire, avec des stries transversales ; les étuis horizontaux ; les pieds antérieurs très courts, avec les tarses d'un seul article, comprimé et cilié ; les autres pieds alongés, et les deux du milieu terminés par deux crochets fort longs.

La *C. striée* (*Notonecta striata*, Lin. ; Rœs., *ibid.*, xxix) Les plus grands individus, longs de cinq lignes. Dessus d'un brun foncé, avec un grand nombre de points ou de

---

(1) *Voyez*, pour les autres espèces, Fabricius, Syst. ryng.

(2) La *Notonecte minutissima* de Fabricius est, pour le docteur Leach (Linn. Trans , XII), le type de son genre *Sigara*. Les tarses antérieurs n'offrent, de même que ceux des corises, qu'un seul article ; mais cet insecte est pourvu d'un écusson. Son corselet est transversal, et le corps est ovoïde, et non linéaire ou cylindrique.

petites raies jaunâtres ; tête, dessous du corps et pieds de cette dernière couleur (1).

LES NOTONECTES. (NOTONECTA. Geoff., Fab.)

Qui ont un écusson très distinct, un bec en cône alongé et articulé, les étuis en toit, et tous les tarses à deux articles ; les quatre pieds antérieurs sont coudés, avec des tarses cylindriques, simples, et terminés par deux crochets.

La *N. glauque* (*Notonecta glauca*, Lin. ; Rœs., *ibid.*, XXVII), longue de six lignes ; dessus jaunâtre, avec une teinte roussâtre sur les étuis ; leur bord intérieur tacheté de noirâtre ; écusson noir.

Elle nage sur le dos, afin de mieux saisir sa proie, et pique vivement (2).

La seconde section des HÉMIPTÈRES, celle des HOMOPTÈRES (HOMOPTERA Lat.), se distingue de la précédente aux caractères suivants : le bec naît de la partie la plus inférieure de la tête, près de la poitrine, ou même de l'entré-deux des deux pieds antérieurs ; les étuis (presque toujours en toit) sont partout de la même consistance et demi-membraneux, quelquefois même presque semblables aux ailes. Les trois segments du tronc sont réunis en masse, et le premier est souvent plus court que le suivant.

Tous les hémiptères de cette section ne se nour-

---

(1) *Voyez*, pour les autres espèces, Fab., Syst. ryng.

(2) Fab., *ibid.* ; Latr., Gener. crust. et insect., III, p. 150. Le genre *Plea* du docteur Leach, qu'il forme sur la notonecte *Minutissima* de Linnée, et qu'il ne faut pas confondre avec celle que Fabricius et d'autres entomologistes nomment ainsi, diffère de celui de Notonecte, en ce que le troisième article des antennes est plus grand que les autres ; que ceux des tarses antérieurs sont presque de la même longueur, et que les crochets des postérieurs sont grands. Le corps est plus court, avec les élytres entièrement crustacés, voûtées et tronquées à l'angle extérieur de leur base. On y voit une pièce analogue à celle qu'on remarque à la même place dans les *octoines*.

rissent que du suc des végétaux. Les femelles ont une tarière (1) écailleuse, ordinairement composée de trois lames dentelées, et logée dans une coulisse à deux valves. Elles s'en servent comme d'une scie pour faire des entailles dans les végétaux et y placer leurs œufs. Les derniers insectes de cette section éprouvent une sorte de métamorphose complète.

Je la diviserai en trois familles.

La première, celle

Des **CICADAIRES** ou des Cigales en général. Cica-dariæ.)

Comprend ceux qui ont trois articles aux tarses et des antennes ordinairement très petites, coniques ou en forme d'alène, de trois à six pièces, y compris une soie très fine qui les termine. Les femelles sont pourvues d'une tarière dentelée en scie. MM. Randohr, Marcel de Serres, Léon Dufour et Straus, ont étudié l'anatomie de divers insectes de cette famille. Le dernier n'a pas encore publié le résultat de ses investigations. Parmi les autres, M. Léon Dufour est celui dont les recherches sont les plus étendues et les plus complètes, du moins quant au système digestif et aux organes de la génération. C'est ce dont il est aisé de se convaincre par la lecture de son mémoire intitulé : *Recherches anatomiques sur les cigales*, inséré dans le cinquième volume des Annales des sciences naturelles. Nous ne suivrons point ce

____

(1) Que M. Marcel de Serres nomme *oviscapte*.

profond observateur dans cette foule de détails intéressants qu'il nous présente sur leur organisation,
et qu'il accompagne d'excellentes figures, et nous
nous bornerons à l'exposition d'un caractère anato-
mique qui paraît être exclusivement propre à ces
insectes. Dans tous, suivant lui, le ventricule chylifique, où l'estomac, est d'une longueur remarquable; il débute par une dilatation oblongue,
courbe, ou droite, et il dégénère constamment en
un conduit intestiniforme, qui revient sur lui-même,
pour s'aboucher vers l'origine de ce même ventricule, à côté de l'insertion des vaisseaux hépatiques, non loin de la naissance de l'intestin; tous ont
quatre vaisseaux biliaire. Dans les cigales, ce ventricule a la forme d'une anse, dont la partie droite
se dilate en une grande poche latérale et souvent plissée; son extrémité supérieure se trouve
liée à l'œsophage par un ligament supérieur, et
l'autre conduit à ce prolongement étroit, tubulaire,
fort long, replié sur lui-même, ayant la forme d'un
intestin, et qui, à la suite de ces circonvolutions,
remonte pour se réunir à cette poche, près de l'insertion des vaisseaux hépatiques. Cette disposition vraiment extraordinaire du ventricule chylifique qui, après plusieurs circonvolutions, vient se
dégorger dans lui-même, en continuant un cercle
complet parcouru par le liquide alimentaire, est
sans doute d'une explication physiologique assez
embarrassante, mais elle n'est pas moins un fait

14*

bien prouvé et constant, et qui forme le trait le plus caractéristique de l'anatomie de la cigale et d'autres cicadaires. Dans la *ledra aurita* de Fabricius, ou la procigale *grand-diable* de Geoffroy, la portion renflée du ventricule chylifique est placée directement à la suite du jabot ; il n'y a, de chaque côté, qu'une seule grappe d'utricules salivaires, caractère que l'on observe aussi dans la cercope *écumeuse*, tandis qu'il y en a quatre, deux de chaque côté, dans les cigales. Dans la membrace *cornue*, l'anse duodénale est remplacée par une poche fort courte, mais tenant aussi à l'œsophage par un filament suspenseur, caractère qui n'est propre qu'à ces insectes.

Les unes (*chanteuses*) ont les antennes de six articles et trois yeux lisses (1). Elles embrassent la division des *cigales porte-manne* de Linnæus, le

---

(1) Le mésothorax, vu en dessus, est beaucoup plus spacieux que le prothorax ; se rétrécit vers son extrémité, qui forme une sorte d'écusson. Il en est presque de même dans les fulgores et autres genres qui en dérivent. Le mésothorax a souvent la figure d'un triangle renversé, et le prothorax est ordinairement très court et transversal. Dans les cicadaires suivantes, telles que les membraces, les cicadelles, etc., il est au contraire beaucoup plus étendu que les autres segments thoraciques, très développé dans un sens ou dans un autre, et le mésothorax ne se présente plus que sous la forme d'un écusson ordinaire et triangulaire. Dans toute cette famille, le métathorax est très court et caché. Considérée dans ses rapports avec les autres insectes, la tête des cicadaires, vue par devant, nous offre, immédiatement au-dessus du labre, un espace triangulaire, répondant à l'épistome ou au chaperon ; ensuite, en remontant, un autre espace, souvent renflé et strié, que Fabricius nomme le front, mais qui est l'analogue de la face ou de l'entredeux des yeux ; au-dessus sera le front, viendra ensuite le vertex ou le plan supérieur.

genre des *tettigonies* de Fabricius et forment pour
nous, celui

Des Cigales proprement dites. (Cicada. Oliv. — *Tettigonia.* Fab.)

Ces insectes, dont les étuis sont presque toujours
transparents et veinés, diffèrent des suivants, non-
seulement par la composition de leurs antennes et le
nombre des yeux lisses, mais encore en ce qu'ils ne
sautent point, et que les mâles font entendre, dans
les fortes chaleurs des jours d'été, époque de leur
apparition, une espèce de musique monotone et très
bruyante ; aussi des auteurs ont-ils désigné ces cigales
par l'épithète de chanteuses. Les organes du chant sont
situés à chaque côté de la base de l'abdomen, intérieurs et recouverts chacun par une plaque cartilagi-
neuse, en forme de volet (1). La cavité qui renferme
ces instruments est divisée en deux loges par une cloison écailleuse et triangulaire. Vue du côté du ventre,
chaque cellule offre antérieurement une membrane
blanche et plissée, et plus bas, dans le fond, une lame
tendue, mince, transparente, que Réaumur nomme le
miroir. Si on ouvre, en dessus, cette partie du corps,
on voit, de chaque côté, une autre membrane plissée,
qui se meut par un muscle très puissant, composé
d'un grand nombre de fibres droites et parallèles, et
partant de la cloison écailleuse ; cette membrane est la

---

(1) Cette pièce n'est qu'un appendice inférieur du métathorax. La
timbale occupant une cavité particulière, tantôt nue en dessus, tantôt
recouverte et simplement visible en dessous, est un prolongement
latéral d'une peau formant le diaphragme antérieur des deux cavités
inférieures du premier segment de l'abdomen. Le diaphragme opposé, ou
le postérieur de ces cavités, constitue la pièce dite le miroir. Il paraît qu'elle
est formée, ainsi que l'autre diaphragme, aux dépens des membranes
trachéennes.

timbale. Les muscles, en se contractant et se relâchant avec promptitude, agissent sur les timbales, les étendent ou les remettent dans leur état naturel; telle est l'origine des sons qu'elles produisent, même après la mort de l'animal, si elles éprouvent alors des tiraillements semblables.

Les cigales se tiennent sur les arbres ou sur des arbustes, dont elles sucent la sève. La femelle perce avec une tarière logée dans un fourreau de deux lames en demi-tube, composée de trois pièces écailleuses, étroites, alongées, et dont deux terminées en forme de lime, les petites branches de bois mort, jusqu'à la moelle, afin d'y déposer ses œufs. Le nombre en étant considérable, elle y fait successivement plusieurs trous, dont la place est indiquée à l'extérieur par autant d'élévations. Les jeunes larves quittent cependant leur berceau pour s'enfoncer dans la terre, où elles croissent et se métamorphosent en nymphes. Leurs pieds antérieurs sont courts et ont des cuisses très fortes, armées de dents, et propres à creuser la terre. Les Grecs mangeaient les nymphes, qu'ils nommaient *tettigomètres*, et même l'insecte, dans son dernier état. Avant l'accouplement, on préférait les mâles, et lorsqu'il avait eu lieu, on recherchait davantage les femelles, parce que leur ventre était alors rempli d'œufs. La cigale de *l'orne*, en piquant cet arbre, fait écouler ce suc mielleux et purgatif qu'on appelle manne.

La *C. de l'orne* (*C. orni*, Lin., Rœs. Insect. II, *Locust.* XXV, 1, 2; XXVI, 3, 5), longue d'environ un pouce, jaunâtre, pâle en dessous, mélangée de cette couleur et de noir en dessus, avec les bords des articles de l'abdomen roussâtres; deux rangées de points noirâtres sur les élytres, dont les plus voisins de leur bord interne plus petits. — Midi de la France, Italie, etc.

La *C. commune* (*C. plebeia*, Lin.; *Tettigonia Fraxini*, Fab.; Rœs., *ibid.*, XXV, 4; XXVI, 4, 6, 7, 8), la plus grande de nos espèces; noire, avec plusieurs taches sur le premier segment du tronc; son bord postérieur, les parties relevées et arquées de l'écusson, et plusieurs veines des élytres roussâtres (1).

Les autres Cicadaires (*muettes*) n'ont que trois articles distincts aux antennes et deux petits yeux lisses. Leurs pieds sont, en général, propres pour le saut. Aucun des sexes n'est pourvu d'organes sonores.

Les étuis sont souvent coriaces et opaques. Plusieurs femelles enveloppent leurs œufs d'une matière blanche et cotonneuse.

Les unes (*Fulgorelles*) ont les antennes insérées immédiatement sous les yeux, et le front est souvent prolongé en forme de museau, de figure variable selon les espèces. C'est ce qui distingue le genre

Des Fulgores. (Fulgora. Lin., Oliv.)

Les espèces dont le front est avancé, qui ont deux yeux lisses, et qui n'offrent, au-dessous des antennes, aucun appendice, sont les *fulgores* proprement dites, de Fabricius. Telle est

La *F. porte-lanterne* (*F. laternaria*, Lin.; Rœs. insect. II, Locust. xxviii, xxix), très grande espèce, agréablement variée de jaune et de roux, avec une grande tache, en forme d'œil, sur chaque aile; museau très dilaté, vésiculeux, large et arrondi en devant. Plusieurs voya-

---

(1) *Voyez* Latr., Gener. crust. et insect., III, p. 154; Fab., Syst. ryng., genre *Tettigonia*, et Olivier, Encyclop. méthod., article *Cigale*, où toutes les figures de Stoll, relatives aux espèces de ce genre, sont rapportées. Celles où le premier segment abdominal offre en dessus une entaille laissant à découvert la timbale, composent le genre Tibicen de mon ouvrage sur les fam. nat. du reg. anim.; telles sont la *C. hæmatode* d'Olivier, les *T. picta*, *hyalina*, *algira*, de Fab., et son *T. Orni*, qui pourrait, sous ce rapport, former un autre genre.

geurs assurent que cet insecte répand une forte lumière dans l'obscurité.

Le midi de l'Europe nous offre une petite espèce du même genre.

La *F. européenne* (*F. europæa*, Lin.; Panz., Faun. insect. Germ., XX, 16), verte, avec le front conique, les élytres et les ailes transparentes (1).

D'autres cicadaires à front avancé, mais dépourvues d'yeux lisses, et ayant au-dessous de chaque antenne deux petits appendices, représentant ces organes ou des palpes, forment le genre

D'Otiocère (Otiocerus) de M. Kirby,

Ou celui de *Cobax* de M. Germar, et qui, jusqu'ici, paraît propre au nouveau continent (2).

Celles dont la tête n'offre point d'avancement remarquable, composent dans Fabricius divers genres, et auxquels il faut associer quelques autres établis depuis lui.

Tantôt les antennes sont plus courtes que la tête, insérées hors des yeux, caractère commun aussi aux deux genres précédents.

Ici l'on distingue bien deux yeux lisses.

Les Lystres. (Lystra. Fab.)

Semblables, au premier coup d'œil, à de petites cigales proprement dites. Le corps et les élytres sont alongés. Le second article des antennes est presque globuleux et granuleux, ainsi que dans les fulgores (3).

Les Cixies. (Cixius. Latr.)

Ressemblent aux lystres; mais le second article des antennes est cylindrique et uni (4).

____

(1) *Voyez*, pour les autres espèces, Fab., *ibid.*, et Oliv., Encyclop. méthod., article *Fulgore*.

(2) Linn. Trans. XII, *O. Coquebertii*, I, 14, et I, 8; — *G. cobax*, Germ., Magaz. entom., IV, p. 1 et suiv.

(3) Fab., Syst. ryngot., p. 56; — Latr., Gener. crust. et insect., III, p. 166.

(4) Latr., *ibid.* Fabricius les place avec ses *flata*. Les *Achilus* de M. Kirby (Linn. Trans., XII, xxii, 13) diffèrent peu des cixies.

J'ai séparé, sous le nom générique de Tettigomètre (Tettigometra), des insectes analogues aux précédents, mais dont les antennes sont logées entre les angles postérieurs et latéraux de la tête, et ceux de l'extrémité antérieure du corselet. Les yeux ne sont point saillants (1).

Là, on ne découvre point d'yeux lisses.

Les espèces dont les élytres sont grandes, et où le prothorax est sensiblement plus court dans son milieu que le mésothorax, composent le sous-genre

De Poeciloptère. (Poeciloptera. Latr.; Germ. — *Flata.* Fab.) (2).

Celles où il est aussi long au moins que le mésothorax, et où les élytres, guère plus longs que l'abdomen ou plus courts, sont dilatés à leur base et rétrécies ensuite, forment un autre sous-genre. Celui

D'Issus. (Issus. Fab.) (3)

Tantôt les antennes sont aussi longues au moins que la tête, et le plus souvent insérées dans une échancrure inférieure des yeux.

Les Anoties (Anotia) de M. Kirby.

Qui dans l'ordre naturel avoisinent ses otiocères, et se rapprochent des précédents, quant au mode d'insertion des antennes (4).

Les Asiraques. (Asiraca. Latr. — *Delphax.* Fab.)

Où elles sont insérées dans une échancrure inférieure des yeux, de la longueur de la tête et du thorax, avec le premier article ordinairement plus long que le second, comprimé et anguleux. Les yeux lisses manquent (5).

---

(1) Latr., *ibid.*, p. 163; — Germ., Mag. entom., IV, 7. Les *cœlidies* (*cœlidia*) de cet auteur, (*ibid.*, p. 75), semblent venir près des tettigomètres. Elles en ont le port, et leurs antennes, selon lui, sont insérées au-dessous des yeux.

(2) Latr., *ibid.*, p. 165, — Germ., Magaz. entom., III, p. 219; IV, p. 103, 104.

(3) Latr., *ibid.*, p. 166; Fab., Syst. ryng., p. 199.

(4) Linn. Trans., XIII, tab. 1, fig. 9, 10, 11, 15.

(5) Latr., *ibid.*, p. 167.

Les Delphax. (Delphax. Fab.)

Où les antennes sont insérées de même, mais jamais guère plus longues que la tête, avec le premier article beaucoup plus court que le suivant et sans arêtes. Les yeux lisses sont apparents (1).

Les Derbes (Derbe) de Fabricius.

Me sont inconnus, mais je présume qu'ils viennent près des insectes précédents et surtout près des anoties.

Dans les dernières cicadaires les antennes sont insérées entre les yeux elles composent le genre

Des Cicadelles (Cicadella), ou les *Cigales ranatres* de Linnæus.

Que l'on peut subdiviser ainsi :

Nous commencerons par les espèces qui, moins un petit nombre (les *Lédres*), composaient anciennement le genre Membracis de Fabricius. Leur tête est très inclinée ou rabattue par devant, et prolongée en une pointe obtuse, ou sous la forme d'un chaperon, plus ou moins demi-circulaire. Les antennes sont toujours très petites, terminées par une soie inarticulée, et insérées dans une cavité, sous les bords de la tête. Le prothorax est tantôt dilaté et cornu de chaque côté, prolongé et rétréci postérieurement en une pointe ou épine, soit simple, soit composée, tantôt élevé longitudinalement le long du dos, comprimé, en manière de tranche aiguë ou de crête, quelquefois avancée et pointue en avant, les pieds ne sont presque pas épineux.

Les unes n'ont point d'écusson proprement dit apparent ou découvert.

Ici, les jambes, les antérieures surtout, sont très comprimées et foliacées. Le dessus de la tête forme toujours une sorte de chaperon demi-circulaire.

---

(1) Latr., *ibid*, p. 168.

Les Membraces propres. (Membracis. Fab.)

Dont le prothorax est élevé, comprimé et foliacé le long du milieu du dos (1).

Les Tragopes. (Tragopa. Latr.)

Où cette partie du corps offre, de chaque côté, une corne ou saillie pointue, sans élévation intermédiaire, et se prolonge postérieurement en une pointe voûtée, de la longueur de l'abdomen et remplaçant l'écusson (2).

Là, les jambes sont de forme ordinaire ou point foliacées.

Les Darnis. (Darnis. Fab.)

Où le prolongement postérieur du prothorax, recouvre presque totalement ou en majeure partie le dessus de l'abdomen et les élytres, en forme de triangle alongé et voûté (3).

Les Bocydies. (Bocydium. Latr.)

Qui ont leurs élytres entièrement ou en majeure partie découverts, le prolongement postérieur et scutellaire du prothorax étant étroit, plus ou moins lancéolé ou en forme d'épine (4).

Dans les autres, l'écusson, quoique le prothorax puisse être prolongé, est découvert, du moins en partie; l'extrémité postérieure du prothorax offre une suture transverse, qui le distingue de l'écusson.

Les Centrotes. (Centrotus. Fab.)

Le *petit Diable* (*Cicada cornuta*, Lin.; Panz., Faun. insect., Germ. L, 19), long de quatre lignes. Corselet ayant, de chaque côté, une corne, et prolongé postérieurement en une pointe, de la longeur de l'abdomen. Dans les bois, sur les fougères et autres plantes.

. . Le *demi-Diable* (*Centrotus genistæ*, Fab.; Panz., *ibid.*,

---

(1) Les *Membracis foliacés* de Fab.

(2) Des membracis du Brésil, qui me paraissent analogues aux espèces suivantes de M. Germar : *glabra*, *albimacula*, *xanthocephala*.

(3) *Voyez* Fab., Syst. ryng.

(4) Les *Centrotus horridus*, *trifidus*, *globularis*, *clavatus*, *claviger*, de Fabricius.

20), de moitié plus petit, et dont le corselet simplement prolongé en arrière — Sur le gênet (1).

Nous passerons maintenant à des espèces dont la tête n'est guère plus basse que le prothorax, ou de niveau avec lui, horizontale ou peu inclinée, vue en dessus; où le prothorax n'est ni élevé dans son milieu, ni prolongé postérieurement, et offre au plus des dilatations latérales; où le mésothorax a la forme d'un écusson de grandeur ordinaire et triangulaire. Les élytres sont toujours entièrement découverts. Les jambes postérieures au moins sont épineuses.

Dans plusieurs, tels que les suivants, le corselet a la figure d'un hexagone irrégulier; il se prolonge et se rétrécit postérieurement, et se termine par une troncature, servant d'appui à la base de l'écusson, la recevant même souvent, cette partie tronquée étant concave ou échancrée.

Les AÉTALIONS. (AÉTALION. Latr. — *Ætalia*. Germ.)

Se distinguent des sous-genres de la même division par plusieurs caractères. La tête, vue en dessus, ne présente qu'une tranche transversale; le front est incliné brusquement et les yeux lisses y sont situés entre les yeux ordinaires, et dès lors inférieurs. Les antennes, très petites et distantes de ces derniers organes, sont insérées au-dessous d'une ligne idéale, tirée de l'un à l'autre. L'espace situé immédiatement au-dessous du front est aplati et uni. Les jambes n'ont ni cils ni dentelures (2).

Dans les trois sous-genres qui succèdent, le vertex est triangulaire, et porte les yeux lisses. Les antennes sont insérées dans une ligne idéale, tirée d'un œil ordinaire à l'autre, ou au-dessus.

Les LÈDRES. (LEDRA. Fab.)

Ont la tête très aplatie au devant des yeux, en forme de chaperon transversal, arqué et terminé au milieu du bord antérieur par un angle obtus. Tout le dessous de la tête est

____

(1) Les *C. cornutus, scutellaris*, etc., de Fab.

(2) Latr., Considér. sur l'ordre des crust., des arachn. et des insect., et Zool. et Anat. de MM. Humboldt et Bonpland. *Voyez* Germ., Magaz. entom., IV, p. 94.

plan et au même niveau. Les côtés du prothorax s'élèvent en manière de cornes arrondies au bout ou d'ailerons. Les jambes postérieures sont très comprimées et comme bordées exté_rieurement par une membrane dentée.

La cigale *Grand-Diable* de Geoffroy (*Cicada aurita*, Lin.), est de ce sous-genre (1).

Les Ciccus. (Ciccus. Latr.)

Où les antennes se terminent immmédiatement après le second article, en une soie de cinq articles distincts, cylindriques et alongés. L'extrémité antérieure de la tête est généralement avancée (2).

Les Cercopes. (Cercopis. Fab., Germ. — *Aphrophora*. Germ.)

Où le troisième article des antennes est conique et terminé par une soie inarticulée.

La *C. ensanglantée* (*Cercopis sanguinolenta*, Fab. ; la *Cigale à taches rouges*, Geoff., Insect. II, viii, 5), longue de quatre lignes, noire, avec six taches rouges, sur les étuis. — Dans les bois.

---

(1) *Voyez* Fab., Syst. ryngot. , et Latr. , Gener. crust. et insect. , III, p. 157. *Voyez* aussi l'article *Tettigone* de l'Encyclop. méthod. (Insect., X, 600), où MM. Lepeletier et Serville, ses rédacteurs, présentent quelques considérations nouvelles et établissent quelques nouveaux genres, mais dont la connaissance ne m'est parvenue que lorsque j'avais terminé mon travail sur cette famille, de sorte que je n'ai pas eu le temps de vérifier sur les objets mêmes les caractères qu'ils assignent à ces coupes. Je me bornerai à la remarque suivante. La description de l'*Eurymèle fenestrée* convient parfaitement à une espèce figurée par Donovan dans son bel ouvrage sur les insectes de la Nouvelle-Hollande, et dès lors les rédacteurs de l'article auraient été induits en erreur sur la patrie de cet insecte, puisqu'ils le disent du Brésil. Dans le cas que cette synonymie fût exacte, le caractère distinctif de ce nouveau genre, absence d'yeux lisses, serait faux, car ils existent, quoique d'abord difficiles à reconnaître, à la partie supérieure du front. Cette espèce rentrerait, dès lors, dans le sous-genre *Jassus* (*Voyez ci-après*).

(2) Les *Cicada adspersa*, *marmorata* de Fab. ; son *Fulgora adscendens*, etc. Je présume que plusieurs autres espèces du genre *Cicada* de cet auteur et de *Tettigonia* de M. Germar, doivent aussi s'y rapporter; mais n'ayant point une collection assez nombreuse, je me borne à ces indications.

La *C. écumeuse* (*Cicada spumaria*, Lin.; Rœs. Insect., II, Locust. xxiii.), brune, avec deux taches blanches sur les élytres, près de leur bord extérieur. Sa larve vit sur les feuilles, dans une liqueur écumeuse et blanche, que des auteurs ont nommée : *Écume printanière, Crachat de grenouille* (1).

Dans les autres cicadaires complétant cette famille, et qui, dans les premiers ouvrages de Fabricius, composaient son genre *Cicada*, le prothorax n'est point ou presque pas prolongé postérieurement, et il se termine, à la hauteur de la naissance des élytres, par une ligne droite ou presque droite, dont la longueur égale presque celle de la largeur du corps. L'écusson, mesuré à sa base, occupe une grande partie de cette largeur.

Deux yeux très saillants, une tête peu avancée au-delà de ces organes, mais déprimée en devant et formant une sorte de cintre au sommet de la portion élevée de la face, située immédiatement au-dessous, deux yeux lisses supérieurs et postérieurs, enfin, par une exception dans cette division, des pattes dépourvues d'épines ou de dents, distinguent

Les Eulopes (Eulopa) de M. Fallea.

J'ai trouvé, aux environs de Versailles, sur la bruyère, l'espèce qu'il nomme *obtecta* (*Cercopis Ericæ*, Arh., Faun. Insect., III, 24); elle est longue d'environ une ligne, rougeâtre et tachetée de blanc, avec deux bandes obliques de cette couleur, et des nervures nombreuses et saillantes sur les étuis. La tête est large et comme tronquée en devant (2).

Les Eupélix. (Eupelix. Germ.)

Ont une tête en forme de triangle alongé, très aplatie, avec les yeux lisses, situés au devant des yeux, sur ses

---

(1) Cette espèce et quelques autres cercopes de Fab. forment le genre *Aphrophora* de M. Germar. Le bord postérieur de la tête est concave, et les yeux lisses sont plus éloignés entre eux que dans les cercopes proprement dites. *Voyez*, à cet égard, le quatrième volume de son Magazin d'entomologie.

(2) Germ., Magaz. entom., IV, p. 54.

bords, qui se prolongent sur ces organes et les coupent, en grande partie, longitudinalement (1).

Les Penthimies. (Penthimia. Germ.)

Ont leurs antennes insérées dans une grande fossette, qui rétrécit, plus que de coutume, l'espace compris entre les yeux. La tête, qui vue en dessus paraît demi-circulaire et inclinée graduellement par-devant, est arrondie, et ses bords s'avancent au-dessus de ces fossettes. Les yeux lisses sont situés au milieu du vertex. Le corps est court. Ces insectes ont, au premier aspect, quelque ressemblance avec les cercopes, et Fabricius les confond, en effet, avec elles (2).

Près de ce sous-genre paraît devoir être placé celui de Gypone (Gypona) de M. Germar, mais dont je n'ai vu aucun individu (3).

Les Jasses. (Jassus. Fab., Germ.)

Dont le vertex ou le plan supérieur de la tête compris entre les yeux est très court, transversal et linéaire, ou en forme d'arc, et très peu avancé, dans son milieu même, au-delà des yeux. Les lames appuyant les côtés du chaperon sont grandes. Les antennes se terminent par une longue soie. Les yeux lisses sont situés près de son bord antérieur ou même au-dessous (4).

Dans

Les Cicadelles propres ou Tettigones. (Tettigonia. Oliv., Germ. — *Cicada.* Lin., Fab.)

La tête, vue en dessus, est triangulaire, sans être néanmoins très alongée, ni très aplatie, ce qui distingue ces insectes des eupélyx. Les yeux, d'ailleurs, ne sont point coupés par ses bords. Les yeux lisses sont situés entre eux ou latéralement (5), mais non près du front.

---

(1) *Ibid.*, p. 53 ; *Cicada cuspidata*, Fab.

(2) Les *C. atra, hæmorrhoa, sanguinicollis ;* Germ., Magaz. entom., IV, p. 47.

(3) Germ., *ibid.*, p. 73.

(4) Germ., *ibid.*, p. 80,

(5) Quelques espèces, parmi lesquelles je citerai les *Cercopis grisea,*

Ces insectes sont d'ailleurs très voisins des jasses, quant à l'étendue des lames situées le long des côtés du chaperon et la longueur de la soie qui termine les antennes; elle paraît être articulée à sa base, ainsi que dans les *Ciccus*, dont ils ne diffèrent presque que par la forme du corselet (1).

La seconde famille des HÉMIPTÈRES HOMOPTÈRES, ou la quatrième de l'ordre,

Les APHIDIENS (APHIDII), autrement les PUCERONS.

Se distingue de la précédente par les tarses, qui n'ont que deux articles et par les antennes filiformes, ou en forme de soie, plus longues que la tête, de six à onze articles.

Les individus ailés ont toujours deux élytres et deux ailes.

Ce sont de très petits insectes, dont le corps est ordinairement mou, et dont les étuis sont presque semblables aux ailes, ou n'en diffèrent que par ce qu'ils sont plus grands et un peu épais. Ils pullulent prodigieusement.'

Les uns ont dix à onze articles aux antennes, dont le dernier est terminé par deux soies.
. Ils sautent et composent le genre

Des PSYLLES (PSYLLA) de Geoffroy, ou celui de *Chermes* de Linnæus.

Ces hémiptères, désignés aussi sous le nom de *faux-*

---

transversa, *striata*, de Fab., paraissent devoir former un sous-genre propre, à raison de leur tête aplatie, et des yeux lisses situés près de ses bords.

(1) Germ., *ibid.*, p. 58; *G. tettigonia*; Fab., Syst. ryng., p. 61.

pucerons, vivent sur les arbres et sur les plantes, dont ils tirent leur nourriture; les deux sexes ont des ailes. Leurs larves ont ordinairement le corps très plat, la tête large, et l'abdomen arrondi par derrière. Leurs pieds sont terminés par une petite vessie membraneuse, accompagnée, en dessous, de deux crochets. Quatre pièces larges et plates, qui sont les fourreaux des étuis et des ailes, distinguent les nymphes. Plusieurs, dans cet état, de même que dans le premier, sont couverts d'une matière cotonneuse et blanche, disposée par flocons. Leurs excréments forment des filets ou des masses d'une nature gommeuse et sucrée.

Quelques espèces, en piquant les végétaux pour en sucer le suc, occasionent dans quelques-unes de leurs parties, particulièrement leurs feuilles ou leurs boutons, des monstruosités ou des apparences de galle.

De ce nombre est

La *Psylle du buis* (*Chermes Buxi*, Lin.; Réaum., Mém., Insect., III, xix, 1, 14), verte, avec les ailes d'un jaunâtre brun.

L'aune, le figuier, l'ortie, etc., en nourrissent aussi d'autres espèces (1).

Latreille a formé, avec celle qui vit dans les fleurs du jonc, un genre sous le nom de LIVIE (*Livia*). Les antennes sont beaucoup plus grosses inférieurement qu'à leur extrémité (2).

Les autres aphidiens n'ont que six à huit articles aux antennes; le dernier n'est point terminé par deux soies.

Tantôt les étuis et les ailes sont linéaires, frangés de poils, et couchés horizontalement sur le corps,

_____

(1) *Voyez* Fab., Geoff., De Géer.

(2) Latr., Gener. crust. et insect., III, p. 170; Arh., Faun. insect, VI, 2.

qui a une forme presque cylindrique ; le bec est très petit ou peu distinct. Les tarses sont terminés par un article vésiculeux, sans crochets ; les antennes ont huit articles en forme de grains. Tels sont

Les Thrips. (Thrips. Lin.)

Ils sont d'une extrême agilité et semblent sauter plutôt que voler. Lorsqu'on les inquiète trop, ils élèvent et recourbent en arc l'extrémité postérieure de leur corps, à la manière des staphylins. Ils vivent sur les fleurs, les plantes, sous les écorces des arbres. Les espèces les plus grandes n'ont guère plus d'une ligne de long (1).

Tantôt les étuis et les ailes, ovales ou triangulaires, et sans frange de poils, sont inclinés, en forme de toit ; le bec est très distinct ; les tarses sont terminés par deux crochets ; les antennes n'ont que six à sept articles. Tels sont

Les Pucerons. (Aphis. Lin.)

Que l'on peut diviser comme il suit :

Les Pucerons proprement dits. (Aphis.)

Dont les antennes sont plus longues que le corselet, de sept articles, dont le troisième alongé ; qui ont les yeux entiers, et deux cornes ou deux mamelons à l'extrémité postérieure de l'abdomen.

Ils vivent presque tous en société, sur les arbres et sur

---

(1) *Voyez* Latr., *ibid.*, p. *ead.*, et les auteurs cités plus haut. L'organisation buccale m'a offert des caractères qui paraissent la distinguer essentiellement de celle des insectes de cet ordre. M. Straus, qui l'a étudiée, avec une finesse d'observation admirable, pense que les thrips sont des orthoptères.

les plantes, qu'ils sucent avec leur trompe. Ils ne sautent
point, et marchent lentement. Les deux cornes que l'on
observe à l'extrémité postérieure de l'abdomen dans un
grand nombre d'espèces sont des tuyaux creux, et d'où
s'échappent souvent de petites gouttes d'une liqueur transparente, mielleuse, dont les fourmis sont très friandes.
Chaque société offre, au printemps et en été, des pucerons
toujours aptères, et des demi-nymphes, dont les ailes doivent se développer ; tous ces individus sont des femelles,
qui mettent au jour des petits vivants, sortant à reculons
du ventre de leur mère, et sans accouplement préalable.
Les mâles, parmi lesquels on en trouve d'ailés et d'aptères,
ne paraissent qu'à la fin de la belle saison, ou en automne.
Ils fécondent la dernière génération produite par les individus précédents, et consistant en des femelles non ailées,
qui ont besoin d'accouplement. Après avoir eu commerce
avec des mâles, elles pondent des œufs sur les branches des
arbres, qui y restent tout l'hiver, et d'où sortent, au printemps suivant, de petits pucerons, devant bientôt se multi-
plier sans le secours des mâles.

L'influence d'une première fécondation s'étend ainsi sur
plusieurs générations successives. Bonnet, auquel on doit
le plus de faits sur cet objet, a obtenu, par l'isolement des
femelles, jusqu'à neuf générations dans l'espace de trois
mois.

Les piqûres que font les pucerons aux feuilles ou aux
jeunes tiges des végétaux, font prendre à ces parties différentes formes, comme on peut le voir aux nouvelles pousses
des tilleuls, aux feuilles de groseillers, de pommiers, et
plus particulièrement à celles de l'orme, du peuplier et du
pistachier, où elles produisent des espèces de vessies ou
d'excroissances renfermant dans leur intérieur, des familles de pucerons, et souvent une liqueur sucrée, assez
abondante. La plupart de ces insectes sont couverts d'une
matière farineuse ou de filets cotonneux, disposés quelquefois en faisceaux. Les larves des hémérobes, celles de
plusieurs diptères, des coccinelles, détruisent un grand
nombre de pucerons. M. Aug. Duvau a communiqué à l'A-
cadémie des sciences, le résultat intéressant de ses recher-

ches sur ces insectes, et son Mémoire a été inséré dans le Recueil de ceux du Muséum d'histoire naturelle.

Celui *du chêne* (*A. Quercus*, Lin. ; Réaum., Insect., III, XXVIII, 5, 10), brun, et remarquable par son bec, trois fois au moins plus long que le corps.

Le *P. du hêtre* (*A. Fagi*, Lin.; Réaum., *ibid.*, XXVI, 1), tout couvert d'un duvet cotonneux et blanc (1).

Les ALEYRODES. (ALEYRODES. Lat. — *Tinea*. Lin.)

Qui ont des antennes courtes, de six articles, et des yeux échancrés.

L'*A. de l'éclaire* (*Tinea proletella*, Lin.; Réaum., *ibid.*, II, XXV, 1, 7), semblable à une très petite phalène, blanche, avec une tache et un point noirâtres sur chaque étui. — Sous les feuilles de la grande chélidoine, sur le chou, le chêne, etc.

La larve est ovale, très aplatie, en forme de petite écaille, et ressemble à celle des psylles. La nymphe est fixée et renfermée sous une enveloppe, de sorte que cet insecte subit une métamorphose complète.

La dernière famille,

Les GALLINSECTES (GALLINSECTA), dont De Géer forme un ordre particulier.

N'ont qu'un article aux tarses (2), avec un seul

---

(1) M. Blot, correspondant de la Société linnéenne de Caen, a publié (Mém. de cette soc., 1824, p. 114) des observations curieuses sur une espèce, qui, dans le département du Calvados, est très nuisible aux pommiers, en faisant périr ses nouvelles pousses. Il le considère comme le type d'un nouveau genre, *Myzoxyle*. De Géer avait déjà décrit un puceron du même arbre ; mais comme le remarquent avec raison MM. Lepeletier et Serville (Encyclop. Méthod., art. *puceron*), cette espèce, quoique nuisible encore aux pommiers, diffère essentiellement de la précédente. L'autre n'a point de cornes à l'abdomen, ses antennes sont plus courtes, et n'offrent, selon M. Blot, que cinq articles, dont le second le plus long de tous. Nous soupçonnons qu'elle rentre dans notre troisième division (Gener. crust. et insect.), du genre puceron. Voyez, quant aux autres espèces, outre les ouvrages précités, la Faune de Bavière de M. Schrank.

(2) M. Dalman, directeur du cabinet d'hist. nat. de Stockholm, dans

crochet au bout. Le mâle est dépourvu de bec,
n'a que deux ailes, qui se recouvrent horizontalement sur le corps; son abdomen est terminé par
deux soies. La femelle est sans ailes et munie d'un
bec. Les antennes sont en forme de fil ou de soie,
le plus souvent de onze articles (1).

Ils comprennent le genre

Des COCHENILLES (COCCUS) de Linnæus.

L'écorce de plusieurs de nos arbres paraît souvent
comme galeuse, à raison d'une multitude de petits
corps ovales ou arrondis, en forme de bouclier ou d'é-
caille, qui y sont fixés et auxquels on ne découvre pas
d'abord d'organes extérieurs indiquant un insecte. Ce
sont néanmoins des animaux de cette classe et du genre
des cochenilles. Les uns sont des individus femelles ;
les autres des mâles dans leur premier âge, et dont la
forme est presque la même. Mais il arrive une époque
où tous ces individus éprouvent de singuliers changements. Ils se fixent alors; les larves des mâles pour un
temps déterminé, celui qui est nécessaire à leurs dernières transformations, et les femelles pour toujours. Si
on observe celles-ci au printemps, l'on voit que leur
corps acquiert peu à peu un grand volume, et qu'il finit
par ressembler à une gale, tantôt sphérique, tantôt
en forme de rein, de bateau, etc. La peau des unes est
unie et très lisse; celle des autres offre des incisions ou
des vestiges des segments. C'est dans cet état que les femelles s'accouplent et qu'elles pondent bientôt après leurs
œufs, dont le nombre est très considérable. Elles les font

---

un mémoire sur quelques espèces de coccus, présume que le nombre de
ces articles est de trois.

(1) Neuf dans les mâles des espèces décrites dans ce mémoire.

passer entre la peau du ventre et un duvet cotonneux qui revêt intérieurement la place qu'elle occupent. Leur corps se dessèche ensuite et devient une coque solide qui couvre ses œufs. D'autres femelles les enveloppent d'une matière cotonneuse et très abondante, qui les garantit. Celles qui sont sphériques leur forment, de leur corps, une sorte de boîte. Les jeunes gallinsectes ont le corps ovale, très aplati et pourvu des mêmes organes que celui de la mère. Ils se répandent sur les feuilles, et gagnent, vers la fin de l'automne, les branches, pour s'y fixer et passer l'hiver. Les uns, comme les femelles, se préparent, au retour de la belle saison, à devenir mères, et les autres, comme les larves des mâles, se transforment en nymphes et sous leur propre peau. Ces nymphes ont les deux pieds antérieurs dirigés en avant, et non en sens contraire, comme le sont leurs autres pieds, et tous les six dans les autres nymphes. Ayant acquis des ailes, ces mâles sortent à reculons, de l'extrémité postérieure de leur coque, vont ensuite trouver leurs femelles. Ils sont bien plus petits qu'elles. Leur partie sexuelle forme entre les deux soies du bout de leur abdomen, une queue recourbée. Réaumur a vu deux petits grains, semblables à des yeux lisses, à la partie de la tête qui correspond à la bouche. J'ai distingué à la tête du mâle de la cochenille de l'orme, dix petits corps semblables et deux espèces de balanciers au corselet. Geoffroy dit que les femelles ont à l'extrémité postérieure du corps quatre filets blancs, mais qui ne sortent qu'en le pressant un peu.

Dorthez a observé sur l'euphorbe *characias*, un gallinsecte qui paraît différer par quelques caractères de formes et d'habitudes des autres espèces. C'est ce qui détermina son ami, feu M. Bosc, à faire de cette espèce un genre propre, *Dorthesia*. Les antennes sont de neuf articles, plus longues et plus grêles dans le mâle que dans la femelle. Celle-ci continue de vivre et de courir après la ponte. Le mâle a l'extrémité postérieure de l'abdomen garni d'une houpe de filets blancs. Cet insecte est ainsi plus voisin des pucerons que des cochenilles (1).

Les gallinsectes paraissent nuire aux arbres, en occasionant par leur piqûre une transpiration trop abondante, aussi excitent-ils la vigilance de ceux qui cultivent particulièrement les pêchers, les orangers, les figuiers et les oliviers. Des espèces s'attachent aux racines des plantes. Quelques-unes sont précieuses par la belle couleur rouge qu'elles fournissent à la teinture. D'autres recherches sur ces insectes pourraient peut-être nous en faire découvrir qui nous seraient utiles sous le même rapport.

Geoffroy divise les *Galle-insectes*, ou par contraction *Gallinsectes*, en deux genres, ceux de *Kermès* (*Chermes*) et de *Cochenille* (*Coccus*). Réaumur désigne celui-ci sous le nom de *Progall-insecte*.

La *C. des serres* (*C. adonidum*, Lin.), corps d'une couleur presque rose, couvert d'une poussière farineuse blanche; ailes et soies de la queue du mâle de cette dernière couleur; femelle ayant sur les côtés des appendices, dont les deux derniers plus longs et formant une sorte de queue. Elle enveloppe ses œufs d'une matière cotonneuse et blanche, qui leur sert de nid. Naturalisée dans nos serres, où elle est très nuisible.

La *C. du nopal* (*C. cacti*, Lin.; Thier. de Menonv., de la Cult. du nop. et de la cochen.), femelle d'un brun-foncé, couverte d'une poussière blanche, plate en dessous, convexe en dessus, bordée, avec les anneaux assez distincts, mais s'oblitérant au temps de la ponte. Mâle d'un rouge foncé, avec les ailes blanches. Cultivée au Mexique sur une espèce de nopal ou d'opuntia, et distinguée sous les noms de *mestèque*, *cochenille fine*, d'une autre très analogue, moins grosse et plus cotonneuse, la

---

(1) M. Carcel, entomologiste non moins zélé qu'instruit, a confirmé par de nouvelles recherches, ces observations. Voyez l'article *Dorthési* du nouv. Dict. d'hist. nat., 2e édit.

sylvestre. Elle est célèbre par la teinture cramoisie qu'elle fournit et qui donne l'écarlate en mélangeant sa décoction avec la solution d'étain par l'acide nitro muriatique. C'est aussi de la cochenille que l'on tire le carmin. Cette production est l'une des principales richesses du Mexique. (*Voyez* les Voyages de M. de Humboldt.)

La *C. de Pologne* (*Polonicus*, Lin. ; Breyn., E, IV, c, 1731 ; Frisch., Ins., 5, p. 6, t. II.), femelle d'un brun rougeâtre, en forme de grain, s'attachant aux racines du *scleranthus perennis* et de quelques autres plantes. Elle était pour la Pologne, avant l'introduction de la cochenille, un objet important de commerce. La couleur qu'elle donne est presque aussi belle et de la même teinte que celle de la précédente. On en fait encore usage en Allemagne et en Russie.

La *C. du chêne vert* ou *le Kermès* (*C. Ilicis*, Lin. ; Réaum., insect., IV, v), la femelle prend la forme et la grosseur d'un pois. Elle est couleur de prune ou d'un noir violet, avec une poussière blanche. Sur une espèce de chêne vert de la Provence, du Languedoc et des parties méridionales de l'Europe. Elle sert à teindre en cramoisi ; surtout dans le Levant et en Barbarie, et on en tirait aussi de l'écarlate avant que la cochenille du Mexique fût d'un usage général. On l'emploie encore dans la médecine (1).

Une espèce des Indes orientales forme la gomme *laque*. Une autre entre dans la composition d'une bougie particulière employée à la Chine (2).

Une cochenille mâle, de Java, remarquable par ses antennes, composées d'environ vingt-deux articles, grenus, et

____

(1) *Voyez*, pour les autres espèces, Réaumur, Linnæus, Geoffroy, De Géer, Latreille, Olivier, art. *Cochenille*. (Encycl. Méthod.) *Voyez* quand à celle de nopal, une gazette littéraire, imprimée à Mexico, n° du 5 février 1794, M. Bory de Saint-Vincent, nous a appris (Annal. des scienc. natur. VIII. 105) qu'on avait fait, à Malaga, en Espagne, des essais pour y introduire la culture de la cochenille du nopal, et qu'ils avaient été heureux.

(2) Le docteur Virey a publié dans le Journal complémentaire des sciences médicales (tom. X), de nouvelles recherches sur cette production.

très garnis de poils; ayant deux ailes assez épaisses et presque coriaces, sert de type au genre MONOPHLÈBE (*Monophleba*) du docteur Léach.

LE HUITIÈME ORDRE DES INSECTES.

Les NÉVROPTÈRES (NEUROPTERA. — *Odonata,* et majeûre partie des *Synistata* de Fab.)

Se distingue des trois ordres précédents par ses deux ailes supérieures, qui sont membraneuses, ordinairement nues, transparentes, et semblables aux deux inférieures quant à leur consistance et à leurs propriétés; du dixième et du suivant par le nombre de ces organes, ainsi que par leur bouche, propre à la mastication, ou pourvue de mandibules et de mâchoires véritables, c'est-à-dire conformées à l'ordinaire; caractère qui éloigne encore cet ordre du neuvième ou de celui des lépidoptères, dont les quatre ailes sont d'ailleurs farineuses. Dans les névroptères. ces ailes ont leur surface garnie d'un réseau très fin; les inférieures sont, le plus souvent, de la grandeur des supérieures, ou tantôt plus larges, tantôt plus étroites, mais plus longues. Leurs mâchoires et la pièce inférieure de leur lèvre, ou le menton, n'ont jamais une forme tubulaire. L'abdomen est dépourvu d'aiguillon et rarement muni d'une tarière.

Ils ont, pour la plupart, des antennes en forme de

soie, et composées d'un grand nombre d'articles ; deux ou trois yeux lisses ; le tronc formé de trois segments intimément unis en un seul corps, distinct de l'abdomen, et portant les six pieds ; le premier de ces segments est ordinairement très court, en forme de collier. Le nombre des articles des tarses est encore variable. Le corps est généralement alongé, avec des téguments assez mous, ou faiblement écailleux ; l'abdomen est toujours sessile. Beaucoup de ces insectes sont carnassiers dans leur premier et leur dernier état.

Les uns ne subissent qu'une demi-métamorphose ; les autres en éprouvent une complète ; mais les larves ont constamment six pieds à crochet, dont elles font ordinairement usage pour chercher leur nourriture.

Je diviserai cet ordre en trois familles, qui, dans leur marche progressive, nous presenteront les rapports naturels suivants : 1° Insectes carnassiers ; demi-métamorphose ; larves aquatiques. 2° Insectes carnassiers ; métamorphose complète ; larves terrestres on aquatiques. 3° Insectes carnassiers ou omnivores, terrestres ; demi-métamorphoses. 4° Insectes herbivores ; métamorphose complète ; larves aquatiques, se construisant des domiciles portatifs. Nous finirons par ceux dont les ailes sont le moins en réseau, et qui ressemblent à des phalènes ou à des teignes.

La première famille, celle

Des SUBULICORNES. (Subulicornes. Lat.) (1)

Se compose de l'ordre des *odonates* de Fabricius, et du genre *Éphémère*. Les antennes sont en forme d'alène, guère plus longues que la tête, de sept articles au plus, dont le dernier sous la figure d'une soie. Les mandibules et les mâchoires sont entièrement couvertes par le labre et la lèvre, ou par l'extrémité antérieure et avancée de la tête.

Les ailes sont toujours très réticulées, écartées, tantôt horizontales, et tantôt élevées perpendiculairement ; les inférieures sont de la grandeur des supérieures ou quelquefois très petites, et même nulles. Ils ont tous les yeux ordinaires gros ou très saillants, et deux à trois yeux lisses situés entre les précédents. Ils passent les deux premiers âges de leur vie au sein des eaux, où ils se nourrissent de proie vivante.

Les larves et les nymphes, dont la forme se rapproche de celle de l'insecte parfait, respirent par le moyen d'organes particuliers, situés sur les côtés de l'abdomen ou à son extrémité. Elles sortent de l'eau pour subir leur dernière métamorphose.

Les uns ont des mandibules et des mâchoires cornées, très fortes, et recouvertes par les deux lèvres ; trois articles aux tarses ; les ailes égales, et l'extrémité posté-

---

(1) Une section, divisée en deux familles, les Libellurines (*Libellulinæ*), dans mon ouvrage sur les fam. natur. du règne animal.

rieure de l'abdomen terminée simplement par des crochets ou des appendices en lames ou en feuillets. Ils forment l'ordre des *odonates* de Fabricius, ou le genre

DES DEMOISELLES OU LIBELLULES. (LIBELLULA. Lin., Geoff.)

Leur forme svelte, les couleurs agréables et variées qui les parent, leurs ailes grandes et semblables à une gaze éclatante, la rapidité du vol avec laquelle elles poursuivent les mouches ou les autres insectes qui leur servent de nourriture, fixent notre attention et font distinguer aisément ces névroptères. Ils ont la tête grosse, arrondie, ou en forme de triangle large; deux grands yeux latéraux (1), trois yeux lisses, situés sur le vertex; deux antennes insérées sur le front, derrière une élévation vésiculeuse, dans le plus nombre de cinq à six articles, ou du moins de trois, dont le dernier composé, et s'amincisant en forme de stylet; le labre demi-circulaire, voûté; deux mandibules écailleuses, très fortes et très dentées; des mâchoires terminées par une pièce de la même consistance, dentée, épineuse et ciliée au côté intérieur, avec un palpe d'un seul article, appliqué sur le dos, et imitant la galète des orthoptères; une lèvre grande, voûtée, à trois feuillets, et dont les latéraux sont des palpes; une sorte d'épiglotte ou de langue vésiculeuse et longitudinale dans l'intérieur de leur bouche; le corselet gros, arrondi; l'abdomen très alongé, tantôt en forme d'épée, tantôt en forme de baguette, terminé dans les mâles, par deux appendices lamellaires, dont la figure varie selon les espèces (2); enfin des pieds courts et courbés en avant.

____

(1) *Voyez* pour leur composition, Cuvier, Mém. de la soc. d'hist. nat. de Paris, in-4º, p. 41.

(2) MM. Van-der-Linden et Toussaint Charpentier en ont fait une

Le dessous du second anneau de l'abdomen renferme, dans les mâles, leurs organes sexuels, et, comme ceux de la femelle, sont situés au dernier anneau, l'accouplement de ces insectes s'opère différemment que dans les autres. Le mâle, planant d'abord au-dessus de sa femelle, la saisit par le col, au moyen des crochets de l'extrémité postérieure de son ventre, et s'envole ainsi avec elle. Au bout d'un temps, plus ou moins long, celle-ci se prêtant à ses désirs, courbe en dessous son abdomen et en applique l'extrémité sur les parties du mâle, dont le corps est alors courbé en forme de boucle. La copulation a souvent lieu dans les airs, et quelquefois encore sur les corps où ces insectes sont posés. La femelle, pour pondre ses œufs, se met sur des plantes aquatiques, peu élevées au-dessus de la surface de l'eau, et y plonge l'extrémité postérieure de son ventre.

Les larves et les nymphes vivent dans l'eau jusqu'à l'époque de leur dernière transfomation, et sont assez semblables à l'insecte parfait, aux ailes près. Mais leur tête, sur laquelle on ne découvre pas encore les yeux lisses, est remarquable par la forme singulière de la pièce qui remplace la lèvre inférieure. C'est une espèce de masque, recouvrant les mandibules, les mâchoires et presque tout le dessous de la tête. Il est composé 1° d'une pièce principale, triangulaire, tantôt voûtée, tantôt plate, que Réaumur nomme *mentonnière*, s'articulant, par une charnière, avec un pédicule ou sorte de manche annexé à la tête; 2° de deux autres pièces insérées aux angles latéraux et supérieurs de la précédente, mobiles à leur base, transversales, soit en forme

---

étude particulière. Le second a représenté avec soin toutes ces variétés (*Voyez* son ouvrage intitulé *Horæ entomol.*). Le genre *Petalura* du docteur Leach (Zool. Miscell.), ne reposant essentiellement que sur des caractères tirés de ces appendices, ne me semble pas pouvoir être admis, parce que cette base une fois adoptée, il faudrait établir presque autant de genres qu'il y a d'espèces

de lames assez larges et dentelées, semblables par leur jeu et la manière dont elles ferment la bouche, à des volets, soit sous la figure de crochets ou de petites serres. Réaumur donne à cette partie du masque où la mentonnière s'articule avec son support, ou le genou, et qui paraît la terminer inférieurement, lorsque le masque est replié sur lui-même, le nom de *menton*. L'insecte le déploie ou l'étend d'une manière très preste, et saisit sa proie avec les tenailles de sa partie supérieure. L'extrémité postérieure de l'abdomen présente tantôt cinq appendices en forme de feuillets de grandeur inégale, pouvant s'écarter ou se rapprocher, et composant alors une sorte de queue pyramidale; tantôt trois lames alongées et velues, ou des espèces de nageoires. On voit ces insectes les épanouir à chaque instant, ouvrir leur rectum, le remplir d'eau, puis le fermer, éjaculer bientôt après avec force, en manière de fusée, cette eau mêlée de grosses bulles d'air, jeu qui paraît favoriser leurs mouvements, L'intérieur du rectum (1) présente à l'œil nu douze rangées longitudinales de petites taches noires, rapprochées par paires, semblables aux feuilles ailées des botanistes. Vues au microscope, chacune de ces taches est un composé de petits tubes coniques, ayant la structure des trachées, et d'où partent de petits rameaux qui vont se rendre dans six grands troncs de trachées principales, parcourant toute la longueur du corps.

Arrivées à l'époque de leur dernier changement, les nymphes sortent de l'eau, grimpent sur les tiges des plantes, s'y fixent et se défont de leur peau.

M. Poë, qui a fait une étude prrticulière des insectes de l'île de Cuba, m'a raconté qu'à une certaine époque de l'année, les vents du nord transportaient dans la ville de la Havane ou aux environs, une quantité innom-

____

(1) Cuv., Mém. de la soc. d'hist. nat. in-4°, pag. 48.

brable d'uue espèce de ce genre, et qu'il a eu l'amitié de me communiquer.

Fabricius, devancé à cet égard par Réaumur, divise les libellules en trois genres.

Les Libellules proprement dites. (Libellula. Fab.)

Qui ont les ailes étendues horizontalement dans le repos, la tête presque globuleuse, avec les yeux très grands, contigus ou très rapprochés; une élévation vésiculaire, ayant de chaque côté un œil lisse, sur le vertex; l'autre œil lisse, ou l'antérieur, beaucoup plus grand; la division mitoyenne de la lèvre beaucoup plus petites que les latérales (1), qui se joignent en dessus, par une suture longitudinale, en fermant exactement la bouche. Leur abdomen est ordinairement en forme d'épée et aplati.

Les larves et les nymphes ont cinq appendices à l'extrémité postérieure du corps, réunis en une queue pointue; le corps court, la mentonnière voûtée, en forme de casque, avec les deux serres en forme de volets.

La *L. aplatie* (*L. depressa*, Lin.; Rœs., Insect. aquat., VI, VII, 3), d'un brun un peu jaunâtre; base des ailes noirâtre; deux lignes jaunes au corselet; abdomen en forme de lame d'épée, tantôt brun, tantôt couleur d'ardoise, avec les côtés jaunâtres (2).

Les AEshnes. (AEshna. Fab.)

Semblables aux libellules propres par la manière dont elles portent les ailes et la forme de la tête, mais dont les deux yeux lisses postérieurs sont situés sur une simple élé-

---

(1) Ces divisions latérales ou palpes présentent, dans les trois sous-genres, des différences remarquables.

(2) *Voyez* pour les autres espèces, Fabricius (Entom. system.), et Latreille, Hist. gén. des crust. et Insect., XIII, p. 10 et suiv.; mais surtout les monographies des insectes de cette famille, des environs de Bologne, publiées en latin, par M. Van-der-Linden, celle qu'il a donnée depuis sur les espèces d'Europe; enfin, une autre monographie des libellulines européennes, faisant partie de l'ouvrage précité de M. Toussaint Charpentier.

vation transverse, en forme de carène ; ayant, en outre, le lobe intermédiaire de la lèvre plus grand , et les deux autres écartés , armés d'une dent très forte et d'un appendice en forme d'épine ; l'abdomen est toujours étroit et alongé, à la manière d'une baguette.

Le corps des larves et des nymphes est aussi plus alongé que celui des libellules, dans les mêmes états. Le masque est plat, et les deux serres sont étroites, avec un onglet mobile au bout. L'abdomen est d'ailleurs terminé par cinq appendices, mais dont l'un est tronqué à sa pointe.

L'*Æ. grande* (*Libellula grandis* , Lin. ; Rœs. , *ibid.*, IV), une des plus grande de cette famille, et qui a près de deux pouces et demi de long ; d'un brun fauve, avec deux lignes jaunes de chaque côté du corselet, l'abdomen tacheté de vert ou de jaunâtre, et les ailes irisées. Elle vole avec une extrême rapidité dans les prairies et sur les bords des eaux, poursuit les mouches, à la manière des hirondelles (1).

Les Agrions. (Agrion. Fab.)

Dont les ailes s'élèvent perpendiculairement dans le repos, et qui ont la tête transversale , avec les yeux écartés.

La forme de leur lèvre est analogue à celle des æshnes ; mais le lobe du milieu est divisé en deux jusqu'à sa base. Le troisième article des latéraux est en forme de languette membraneuse. Les antennes ne paraissent être composées que de quatre articles. Le front n'offre point de vésicule ; les yeux lisses sont presque égaux et disposés en triangle sur le vertex. L'abdomen est très menu ou même filiforme, et quelquefois très long. Celui des femelles a des lames en scie à son extrémité postérieure.

Leur corps, dans le premier et le second états, est pareillement menu et alongé. ; l'abdomen est terminé par trois lames en nageoire. Le masque est plat, avec l'extrémité supérieure de la mentonnière s'élevant en pointe dans les uns, fourchue ou évidée dans les autres ; les serres sont étroites , mais terminées par plusieurs dentelures et en forme de mains.

---

(1) *Voyez* les mêmes ouvrages; l'*Æ. forcipata* pourrait former un autre sous-genre.

L'*A. vierge* (*Libellula virgo* , Lin. ; Rœs. , *ibid.*, ix),
d'un vert doré ou d'un bleu vert, avec les ailes supérieures tantôt bleues, soit entièrement, soit dans leur
milieu ; tantôt d'un brun jaunâtre. La mentonnière des
larves et des nymphes est évidée au bout, en forme de lo-
sange , et terminée par deux pointes.

L'*A. jouvencelle* (*Libellula puella*, Lin.; Rœs., *ibid.*, x
et xi), variant beaucoup pour les couleurs , mais ayant le
plus souvent l'abdomen annelé de noir, et les ailes sans
couleurs.

L'extrémité supérieure de la mentonnière des larves et
des nymphes forme un angle saillant (1).

Les autres NEVROPTÈRES SUBULICORNES ont la bouche
entièrement membraneuse ou très molle , et composée
de parties peu distinctes ; cinq articles aux tarses ; les
ailes inférieures beaucoup plus petites que les supérieures
ou même nulles ; et l'abdomen terminé par deux ou
trois soies. Ils forment le genre

DES ÉPHÉMÈRES. (EPHEMERA. Lin.)

Ainsi nommées de la courte durée de leur vie , dans
leur état parfait. Leur corps est très mou, long, effilé,
et se termine postérieurement par deux ou trois soies
longues et articulées. Les antennes sont très petites et
composées de trois articles , dont le dernier très long,
en forme de filet conique. Le devant de leur tête s'a-
vance, en manière de chaperon, souvent caréné et
échancré, et recouvre la bouche , dont on ne peut distinguer les organes, à raison de leur mollesse et de leur
exiguité. Ces insectes portent presque toujours les ailes
élevées perpendiculairement , ou un peu inclinées en

---

(1) *Voyez* pour les autres espèces, Fabricius (Entom. syst.); Latr. ,
Hist. Gen. des crust. et des Insect. XIII, p. 15 ; Olivier, Encycl. méthod., article *Libellule*; et surtout les monographies précitées, où les
variétés des espèces et de leurs différences sexuelles sont indiquées avec
soin , ce qui a beaucoup contribué à débrouiller la synonymie.

arrière, de même que les agrions. Les pieds sont très grêles, avec les jambes très courtes, se confondant avec le tarse, qui n'offre souvent que quatre articles, le premier disparaissant presque; les deux crochets du dernier sont très comprimés en forme de petite palette; les deux pieds antérieurs sont beaucoup plus longs que les autres, presque insérés sous la tête et dirigés en avant.

Les éphémères paraissent ordinairement au coucher du soleil, dans les beaux jours d'été ou d'automne, le long des rivières, des lacs, etc., et quelquefois en si grande abondance, que le sol, après leur mort, en est tout couvert, et que, dans certains cantons, on les amasse par charretées, pour fumer les terres.

La chute d'une espèce remarquable par la blancheur de ses ailes (*albipennis*), renouvelle à nos yeux le spectacle de ces jours d'hiver où l'on voit tomber la neige par gros flocons.

Ces insectes s'attroupent dans les airs, y voltigent et s'y balancent, à la manière des diptères connus sous le nom de *tipules*, en tenant écartés les filets de leur queue. C'est là aussi que les deux sexes se réunissent. Les mâles sont distingués des femelles par deux crochets articulés, qu'ils ont au bout de l'abdomen, et avec lesquels ils les saisissent. Il paraît qu'ils ont encore les pieds antérieurs et les filets de la queue plus longs, et les yeux plus gros; quelques-uns même ont quatre yeux à réseau, dont deux beaucoup plus grands, élevés, et qu'on a nommés, à raison de leurs formes, des yeux en *turban* ou en *colonne*. Les couples s'étant formés, se posent sur des arbres ou sur des plantes, pour achever leur accouplement, qui ne dure qu'un instant. La femelle, bientôt après, répand dans l'eau tous ses œufs à-la-fois, rassemblés en un paquet. La propagation de leur race est la seule fonction que ces insectes aient à remplir; car ils ne prennent pas de nourriture et meurent souvent le même jour qu'ils se sont métamorphosés, ou ne vivent même que quelques heures. Ceux qui tombent dans l'eau sont un régal pour les poissons, et les pêcheurs leur ont donné le nom de *manne*.

Mais si on remonte à l'époque où ils ont paru sous la forme de larves, leur carrière est beaucoup plus longue, et de deux à trois ans. Dans cet état et celui de demi-nymphe, ils vivent dans l'eau, souvent cachés, du moins pendant le jour, dans la vase ou sous des pierres, quelquefois encore dans des trous horizontaux, divisés intérieurement en deux canaux réunis, et ayant chacun leur ouverture propre. Ces habitations sont toujours pratiquées dans de la terre glaise baignée par l'eau, qui en occupe les cavités; on croit même que ces larves se nourrissent de cette terre. Quoiqu'elles aient des rapports avec l'insecte parfait, lorsqu'il a subi sa dernière transformation, elles s'en éloignent cependant à quelques égards; les antennes sont plus longues; les yeux lisses manquent; la bouche offre deux saillies en forme de cornes, qu'on regarde comme des mandibules; l'abdomen a, de chaque côté, une rangée de lames ou feuillets, ordinairement réunis par paires, à leur base, qui sont des espèces de fausses branchies, sur lesquelles les trachées s'étendent et se ramifient, et qui leur servent, non-seulement à la respiration, mais encore pour nager ou se mouvoir avec facilité; les tarses n'ont qu'un crochet à leur extrémité. L'extrémité postérieure du corps se termine par des soies, et en même nombre que dans l'insecte parfait. La demi-nymphe ne diffère de la larve que par la présence des fourreaux renfermant les ailes. Au moment où elles doivent s'y développer, elle sort de l'eau, et se montre, après avoir changé de peau, sous une nouvelle forme; mais par une exception singulière, ces insectes doivent encore muer une autre fois, avant que de devenir propres à la génération. On trouve souvent leur dernière dépouille accrochée aux arbres et sur les murs; souvent même l'animal la laisse sur les vêtements des personnes qui se promènent autour des lieux qu'il habitait.

De Géer avait formé un ordre particulier avec ce genre et celui des friganes, d'après l'absence ou l'extrême petitesse des mandibules. Dans le Tableau élémentaire de l'histoire naturelle des animaux de M. Cuvier, ils composent aussi une famille spéciale, celle des agnathes, mais faisant toujours partie de l'ordre des névroptères.

Le nombre des ailes et celui des filets de la queue donnent le moyen de diviser le genre des éphémères.

L'*E. de Swammerdam* (*E. Swammerdiana*, Latr., *E. longicauda*, Oliv.; Swamm. Bib. nat., II, XIII, 6, 8), la plus grande de toutes les espèces connues; quatre ailes, queue de deux filets, deux ou trois fois plus longs que le corps, qui est d'un jaune roussâtre, avec les yeux noirs. En Hollande et en Allemagne, dans les grandes rivières.

L'*E commune* (*E. vulgata*, Lin.; De G., Insect., II, XV, 9 - 15), quatre ailes; trois filets au bout de l'abdomen; brune, avec l'abdomen d'un jaune foncé, ayant des taches triangulaires noires; ailes tachetées de brun.

L'*E. diptera* de Linnæus n'a que deux ailes; le mâle a quatre yeux à réseau, dont deux plus grands, placés perpendiculairement comme deux espèces de colonnes (1).

La seconde famille,

Des PLANIPENNES. (PLANIPENNES.)

Qui compose, avec la suivante, la plus grande partie de l'ordre des *synistates* de Fabricius, comprend les névroptères, dont les antennes, toujours composées d'un grand nombre d'articles, sont notablement plus longues que la tête, sans avoir la forme

---

(1) *Voyez* pour les autres espèces, Olivier, Encycl. méth.; Fabricius, et Latreille, Hist. gén. des crust. et des insect., tom. XIII, p. 93: et Gen. crust. et Insect. III, p. 183.

d'une alène ou d'un stilet ; qui ont mandibules très distinctes, et les ailes inférieures presque égales aux supérieures, étendues ou repliées simplement dessous, à leur bord intérieur.

Ils ont presque toujours les ailes très réticulées et nues, avec les palpes maxillaires ordinairement filiformes, ou un peu plus gros à leur extrémité, plus courts que la tête, et composés de quatre à à cinq articles.

Je partagerai cette famille en cinq sections, composant, à raison des habitudes, autant de petites sous-familles particulières.

1º Les PANORPATES (*panorpatæ*) de Latreille, qui ont cinq articles à tous les tarses, et l'extrémité antérieure de leur tête prolongée et rétrécie en forme de bec ou de trompe.

Ils constituent le genre

Des PANORPES (PANORPA. Lin., Fab.) ou MOUCHE-SCORPIONS.

Elles ont les antennes sétacées et insérées entre les yeux ; le chaperon prolongé en une lame cornée, conique, voûtée en dessous, pour recouvrir la bouche ; les mandibules, les mâchoires et la lèvre presque linéaires ; quatre à six palpes courts, filiformes, et dont les maxillaires ne m'ont offert distinctement que quatre articles.

Leur corps est alongé, avec la tête verticale, le premier segment du tronc ordinairement très petit, en forme de collier, et l'abdomen conique ou presque cylindrique.

Les deux sexes diffèrent beaucoup l'un de l'autre,

daus plusieurs espèces. On n'a pas encore observé leurs métamorphoses.

Les unes, et c'est le plus grand nombre, ont la partie nue ou découverte du corselet formée de deux segments, dont le premier plus petit ; les deux sexes sont ailés, et les ailes sont plus longues que l'abdomen, propres au vol, ovales ou linéaires ; mais point rétrécies à leur extrémité, en manière d'alène. Tels sont

Les Némoptères. (Nemoptera. Latr., Oliv.)

Qui ont les ailes supérieures écartées, presque ovales, très finement réticulées ; les inférieures très longues et linéaires, et qui manquent d'yeux lisses.

Leur abdomen a presque la même forme dans les deux sexes ; il paraissent avoir six palpes, et n'ont été observés jusqu'ici que dans les parties les plus méridionales de l'Europe, en Afrique et dans les contrées adjacentes de l'Asie (1).

Les Bittaques. (Bittacus. Lat.)

Où les quatre ailes sont égales et couchées horizontalement sur le corps ; qui ont des yeux lisses, l'abdomen presque semblable dans les deux sexes, et les pieds très longs, avec les tarses terminés par un seul crochet et sans pelotte (2).

Les Panorpes propres. (Panorpa. Lat.)

Ayant les ailes et les yeux lisses, comme dans le genre précédent ; mais où l'abdomen des mâles se termine par une queue articulée, presque à la manière de celui des scorpions, avec une pince au bout ; où celui des femelles finit en pointe, et dont les deux sexes ont les pieds de longueur moyenne, avec deux crochets et une pelotte au bout des tarses.

---

(1) Latr., Gen., crust. et insect., III, p. 186 ; Olivier, Encycl. méth., article *Némoptère*. Le docteur Leach le nomme nomopteryx ; il en a représenté (Zool. miscell., LXXXV), deux espèces, *lusitanica*, *africana*.

(2) Latr., ibid.

La *P. commune* (*Panorpa communis*, Lin.; De G., Insect., II, xxiv, 34), longue de sept à huit lignes; noire, avec le museau et l'extrémité de l'abdomen roussâtres, et les ailes tachetées de noir. — Sur les haies et dans les bois (1).

Les autres ont le premier segment du thorax grand, en forme de corselet, et les deux suivants couverts par les ailes dans les mâles; les ailes sont en forme d'alène, recourbées au bout, plus courtes que l'abdomen et manquent aux femelles, où cette partie du corps est terminée par une tarière en sabre.

Les Borées. (Boreus. Latr.)

La seule espèce connue (*Panorpa hiemalis*, Lin., *Gryllus proboscideus*, Panz., Faun. insect. Germ., XXII, 18), se trouve en hiver, sous la mousse, au nord de l'Europe et dans les Alpes (2).

2° Les Fourmilions (*myrmeleonides*), ayant aussi cinq articles aux tarses, mais dont la tête ne se prolonge pas en forme de bec ou de museau, et où les antennes vont en grossissant, ou se terminent par un bouton.

Ils ont la tête transverse, verticale, n'offrant que les yeux ordinaires, qui sont ronds et saillants; six palpes, dont les labiaux ordinairement plus longs que les autres et renflés au bout; le palais de la bouche élevé en forme d'épiglotte; le premier segment du thorax petit; les ailes égales, alongées, disposées en toit; l'abdomen le plus souvent long et cylindrique, avec deux appendices saillants, à

---

(1) *Voy.*, pour les autres espèces, Latr., Oliv., ibid., art. *Panorpe*, et Leach (Zool., miscell., xciv).

(2) Oliv., ibid., art. id.

son extrémité, dans les mâles. Les pieds sont courts. Ils fréquentent les endroits chauds des contrées méridionales des deux continents, s'accrochent aux plantes, où ils se tiennent tranquilles pendant le jour, et volent très bien pour la plupart. Leurs nymphes sont inactives.

Ces insectes forment le genre

DES FOURMILIONS. (MYRMELEON. Lin.)

Que Fabricius a divisé en deux.

Les FOURMILIONS propres dits. (MYRMELEON Fab.)

Dont les antennes grossissant insensiblement, presque sous la forme d'un fuseau, sont crochues au bout, beaucoup plus courtes que le corps, et dont l'abdomen est très long et linéaire.

La destruction que la larve de l'espèce la plus commune en Europe, fait particulièrement des fourmis, lui a valu la dénomination de *formica-leo* ou *fourmilion*. Son abdomen est très volumineux, proportionnellement au reste du corps. Sa tête est très petite, aplatie, et armée de deux longues mandibules, en forme de cornes, dentelées au côté intérieur, pointues au bout, et qui lui servent à la fois de pinces et de suçoirs. Son corps est grisâtre ou de la couleur du sable où elle vit. Quoique pourvue de six pattes, elle marche lentement, et presque toujours à reculons. Ne pouvant ainsi saisir sa proie à la course, elle lui tend un piége, en forme d'entonnoir, qu'elle creuse dans le sable le plus fin, au pied des arbres, des vieux murs dégradés, au bas des terrains coupés et exposés au midi. Elle arrive au lieu où elle veut s'établir, en pratiquant un fossé, et trace l'enceinte de l'entonnoir, dont la grandeur est relative à sa croissance. Puis, allant toujours à reculons, décrivant par sa marche des tours de spire, dont le diamètre diminue progressivement, chargeant sa tête de sable avec une de ses pattes antérieures, le jetant ensuite au loin, elle vient à bout, quelquefois dans l'espace d'une demi-heure, d'enlever un cône de sable renversé, dont la base a un diamètre égal à celui de l'enceinte, et dont la hauteur égale à peu près les trois quarts de ce diamètre. Cachée et tranquille au fond de sa retraite, ne laissant paraître que ses mandibules, elle attend patiemment qu'un insecte tombe dans le précipice; s'il cherche à s'échapper, ou s'il est à une distance qui ne lui permet pas de s'en saisir, elle fait pleuvoir sur lui, avec sa tête et ses mandibules, une si grande quantité de grains de sable, qu'elle l'étourdit et le fait rouler au fond du trou. Elle l'entraîne ensuite, le suce, et rejette loin d'elle son cadavre.

La matière nutritive qu'elle en retire ne se convertit point en excréments sensibles, d'autant mieux que cette larve, ainsi que plusieurs autres, n'a point d'ouverture analogue à l'anus. Elle peut supporter de longs jeûnes sans paraître en souffrir.

Elle se file, lorsqu'elle veut passer à l'état de nymphe, une coque parfaitement ronde, d'une matière soyeuse, d'un blanc satiné, qu'elle recouvre extérieurement de grains de sable. Ses filières sont situées à l'extrémité postérieure du corps. L'insecte parfait sort au bout de quinze à vingt jours, et laisse sa dépouille de nymphe à l'ouverture qu'il a faite à la coque.

Le *Fourmilion ordinaire* (*Myrmeleon formicarium*, Lin.; Rœs. Insect. III, xvii - xx), long d'environ un pouce, noirâtre, tacheté de jaunâtre; ailes transparentes, avec les nervures noires, entrecoupées de blanc : des taches obscures, et une autre blanchâtre, vers l'extrémité du bord antérieur (1).

Les Ascalaphes. (Ascalaphus. Fab.)

Qui ont les antennes longues et terminées brusquement en bouton, avec l'abdomen ovale-oblong et guère plus long que le thorax.

---

(1) *Voyez*, pour les autres espèces, Latr., Gen., crust. et insect., III, p. 190 ; Oliv., Encycl. méth., article *Myrmeleon. Voyez* encore, quant à ce genre et au suivant, l'ouvrage précité de M. Toussaint Charpentier.

Les ailes sont proportionnellement plus larges et moins longues que celles des fourmilions.

Bonnet a observé, aux environs de Genève, une larve semblable à celle du sous genre précédent, mais qui ne marche pas à reculons et ne fait pas d'entonnoir (1). L'extrémité postérieure de son ventre offre une plaque bifide et tronquée au bout. Cette larve est peut-être celle de l'*ascalaphe italique*, propre au midi de l'Europe, et que l'on commence à trouver, en France, aux environs de Fontainebleau (2).

3°. Les HÉMÉROBINS (*hemerobini.*) de Latreille, semblables aux précédents par la forme générale du corps et les ailes, mais dont les antennes sont en filets, et qui n'ont que quatre palpes.

Ils forment le genre

Des HÉMÉROBES. (HEMEROBIUS. Lin., Fab.)

Les uns ont le premier segment du tronc fort petit, les ailes en toit, le dernier article des palpes plus épais, ovoïde et pointu. Les larves sont terrestres. Ils forment le genre

Des HÉMÉROBES proprement dits. (HEMEROBIUS. Lat.)

Qu'on a aussi nommés *demoiselles terrestres.* Leur corps est mou, avec les yeux globuleux et ornés souvent de couleurs métalliques ; les ailes grandes, très inclinées, et dont le limbe extérieur est élargi. Ils volent lourdement, et plusieurs répandent une odeur forte d'excréments, dont les doigts demeurent long-temps imprégnés, lorsqu'on les touche.

Les femelles pondent sur les feuilles, au nombre de dix à douze, des œufs ovales, blancs, qui y sont fixés par le moyen d'un pédicule fort long et capillaire. Quelques a-

____

(1) Trouvée aussi en Dalmatie par M. le comte Dejean.
(2) Les mêmes ouvrages. *Voyez* aussi, pour quelques espèces de la Nouvelle-Hollande, Leach., *Mélanges de zoologie.*

teurs les ont pris pour des espèces de champignons. Les larves ressemblent beaucoup à celles de la division précédente ;
elles sont plus alongées et vagabondes. Réaumur les nomme
lions des pucerons, parce qu'elles se nourrissent de ces insectes. Elles les saisissent avec leurs mandibules, en forme
de cornes, et les sucent en très peu de temps. Quelques-unes
se forment avec leurs dépouilles un fourreau assez épais, ce
qui leur donne une apparence bizarre. La nymphe est renfermée dans une coque de soie d'un tissu très serré, dont le
volume est très petit, comparativement à celui de l'insecte.
Les filières de la larve sont situées à l'extrémité postérieure
du ventre, comme celles des larves de fourmilions.

L'*H. perle* (*Hemerobius perla*, Lin. ; Rœs., Insect., III,
suppl. xxi, 4, 5), d'un jaune vert ; yeux dorés, ailes
transparentes, avec les nervures entièrement vertes (1)

L'*H. tacheté* de Fabricius a trois petits yeux lisses,
tandis que les autres en sont dépourvus. Latreille en a
formé son genre Osmyle (Osmylus) (2).

Celui de Nymphès (Nymphes) du docteur Léach, établi
sur des insectes de la Nouvelle-Hollande, présente le même
caractère ; mais ici les antennes sont filiformes et plus
courtes (3).

Les autres ont le premier segment du thorax
grand, en forme de corselet, les ailes ordinairement couchées horizontalement sur le corps, et les
palpes filiformes, avec le dernier article conique
ou presque cylinque, souvent plus court que le précédent. Les larves sont aquatiques.

Fabricius les réunit aux espèces du genre *Perle* de

----

(1) Ajoutez les hémérobes *filosus*, *albus*, *capitatus*, *phalænoides*,
nitidulus, *hirtus*, *fuscatus*, *humuli*, *variegatus*, *nervosus*, de Fabricius.
Voy. Latr., Gen. crust. et insect., III, pag. 196.

(2) Latr., ibid.

(3) Nymphes *Myrmeleonides*, Leach., Zool. miscell., xlv. Peut-être
a-t-il six palpes, et dans ce cas il appartiendrait à la division précédente.

Geoffroy, mais qui s'en éloignent par le nombre des articles des tarses, sous le nom générique

De Semblides. (Semblis.)

Ce genre se compose de ceux de Corydale (Corydalis), de Chauliode (Chauliodes), et de Sialis (Sialis), de Latreille. Le premier se distingue par les mandibules, qui sont très grandes et en forme de cornes, dans les mâles (1); le second par les antennes pectinées (2), et le troisième, en ce que ses mandibules sont de grandeur moyenne, comme dans celui-ci, que les antennes sont simples, ainsi que dans celuilà, et des deux précédents, en ce que les ailes sont en toit. A ce dernier sous-genre appartient

La *Semblide de la boue* (*Hemerobius lutarius*, Lin. ; Rœs. insect. II, class. 2, Insect. aquat., xiii), d'un noir mat, avec les ailes d'un brun clair, chargées de nervures noires. La femelle dépose une quantité prodigieuse d'œufs, qui se terminent brusquement par une petite pointe, sur les feuilles des plantes ou des corps situés près des eaux. Ils y sont implantés perpendiculairement comme des quilles, avec symétrie, contigus, et y forment de grandes plaques brunes. La larve vit dans l'eau, où elle court et nage très vite. Elle a, ainsi que celles des éphémères, des fausses branchies sur les côtés de l'abdomen, et son dernier anneau s'alonge en forme de queue; mais elle se change en une nymphe immobile.

4° Une autre division, celle des Trimitines (*termitinæ*), comprendra des névroptères à demi-métamorphose, tous terrestres, actifs, carnassiers ou rongeurs, dans tous les états. Si l'on en excepte les mantispes, bien distinctes de tous les insectes de cet ordre, par la forme de leurs pattes anté-

----

(1) Latr., Gen., crust. et insect., III, p. 199.
(2) Ibid., p. 198.

rieures, ressemblant aux mêmes des mantes; les tarses ont quatre articles au plus, ce qui les éloigne des genres précédents de la même famille. Les mandibules sont toujours cornées et fortes. Les ailes inférieures sont presque de la grandeur des supérieures, et sans plis, ou plus petites.

Les uns ont de cinq à trois articles aux tarses, des palpes labiaux saillants et très distincts; les antennes généralement composés de plus de dix articles, le prothorax grand, en forme de corselet; les ailes égales et très réticulées.

Les MANTISPES (MANPISPA. Illig. — *Rhaphidia*. Scop., Lin. — *Mantis*, Fab., Pall., Oliv.)

Ont cinq articles à tous les tarses, et les deux premières pattes conformées sur le modèle des mêmes des mantes, ou ravisseuses. Ces insectes ont des antennes fort courtes et grenues, les yeux grands, le prothorax fort long, épaissi en devant, et les ailes en toit (1).

Les RAPHIDIES. (RAPHIDIA. Lin., Fab.

Qui ont quatre articles aux tarses; les ailes en toit; la tête alongée, rétrécie en arrière; le corselet long, étroit et presque cylindrique; l'abdomen des femelles se termine par un long oviducte extérieur, formé de deux lames.

La *R. commune* (*R. ophiopsis*, Lin.; De G., Insect., II, xxv, 4 — 8), longue d'un demi-pouce, noire, avec des raies jaunâtres sur l'abdomen; ailes transparentes, avec une tache noire vers le bout. Dans les bois.

______

(1) Latr., Gener., crust. et insect., III, 93.

La larve se tient dans les fissures des écorces d'arbres , et a la forme d'un petit serpent. Elle est très vive (1).

LES TERMITES. (TERMES. HEMEROBIUS. Lin.)

Qui ont aussi quatre articles à tous les tarses, mais dont les ailes sont couchées horizontalement sur le corps, très longues; dont la tête est arrondie et le corselet presque carré ou en demi-cercle.

Leur corps est déprimé , avec les antennes courtes et en forme de chapelet; la bouche presque semblable à celle des orthoptères et la lèvre quadrifide; trois yeux lisses , dont un peu distinct, sur le front, et les deux autres situés , un de chaque côté, près du bord interne des yeux ordinaires ; les ailes d'ordinaire légèrement transparentes, colorées, à nervures très fines et très serrées , ne formant pas de réseau bien distinct ; deux petites pointes coniques et à deux articles au bout de l'abdomen , et les pieds courts.

Les termites, propres aux contrées situées entre les tropiques ou à celles qui les avoisinent, sont connus sous le nom de *fourmis blanches*, *poux de bois*, *caria*, etc., et y font d'horribles dégâts, sous la forme de larves, plus particulièrement. Ces larves, ou les termites *ouvriers*, *travailleurs*, ressemblent beaucoup à l'insecte parfait; mais elles ont le corps plus mou, sans ailes, et leur tête, qui paraît proportionnellement plus grande, est ordinairement privée d'yeux, ou n'en a que de très petits. Elles sont réunies en sociétés, dont la population surpasse tout calcul, vivent à couvert dans l'intérieur de la terre, des arbres , et de toutes les matières ligneuses, comme meubles, planches, solives, etc., qui font partie des habitations. Elles y creusent des galeries, qui forment autant de routes conduisant au

______

(1) *Voyez* Latr. , Gen., crust. et insect., III, p. 203; Fab , Entom. syst. ; et Illiger, édition du Fauna Etrusca de Rossi.

point central de leur domicile, et ces corps ainsi minés,
ne conservant que leur écorce, tombent bientôt en poussière. Si des obstacles les forcent d'en sortir, elles construisent en dehors, avec les matières qu'elles rongent,
des tuyaux ou des chemins qui les dérobent toujours à
la vue. Les habitations ou les nids de plusieurs espèces
sont extérieures, mais sans issue apparente. Tantôt elles
s'élèvent au-dessus du sol, en forme de pyramides, de
tourelles, quelquefois surmontées d'un chapiteau ou
d'un toit très solide, et qui, par leur hauteur et leur
nombre, ont l'apparence d'un petit village; tantôt elles
forment, sur les branches des arbres, une grosse masse
globuleuse. Une autre sorte d'individus, des *neutres*,
nommés aussi *soldats*, et que Fabricius prend faus-
sement pour des *nymphes*, défend l'habitation. On
les distingue à leur tête beaucoup plus forte et plus
alongée, et dont les mandibules sont aussi plus longues, étroites et très croisées l'une sur l'autre. Ils
sont beaucoup moins nombreux, se tiennent près de la
surface extérieure de l'habitation, se présentent les premiers dès qu'on y fait une brêche, et pincent avec
force. On dit aussi qu'ils forcent les ouvriers au travail.
Les *demi-nymphes* ont des rudiments d'ailes, et ressemblent d'ailleurs aux larves.

Devenus insectes parfaits, les termites quittent leur
retraite primitive, s'envolent le soir ou la nuit, en
quantité prodigieuse, perdent, au lever du soleil, leurs
ailes qui se sont desséchées, tombent, et sont en majeure partie dévorés par les oiseaux, les lézards et leurs
autres ennemis. Au rapport de Smeathmann, les larves
recueillent les couples qu'elles rencontrent, enferment
chacun d'eux dans une grande cellule, une sorte de
prison nuptiale, où elles nourrissent les époux; mais j'ai
lieu de présumer que l'accouplement a lieu, comme
celui des fourmis, dans l'air ou hors de l'habitation, et
que les femelles occupent seules l'attention des larves,

dans le but de former une nouvelle colonie. L'abdomen des femelles acquiert, à raison de la quantité innombrables des œufs dont il est rempli, un volume d'une grandeur étonnante. La chambre nuptiale occupe le centre de l'habitation, et autour d'elle sont distribuées avec ordre celles qui contiennent les œufs et les provisions.

Quelques larves de termites, dits *voyageurs*, ont des yeux et paraissent avoir des habitudes un peu différentes, et se rapprocher davantage, sous ce rapport, de nos fourmis.

Les Nègres, les Hottentots sont très-friands de ces insectes. On les détruit avec de la chaux vive, et mieux encore avec de l'arsenic que l'on introduit dans leur domicile. Les deux espèces suivantes, que l'on trouve dans nos départemens méridionaux, vivent dans l'intérieur de divers arbres.

Le *T. lucifuge* (*T. lucifugum*, Ross., Faun., Etrusc., Mant. II, v, k,) noir, luisant; ailes brunâtres, un peu transparentes, avec la côte plus obscure; extrémités supérieures des antennes, jambes et tarses d'un roussâtre pâle.

Il s'est tellement multiplié à Rochefort, dans les ateliers et les magasins de la marine, qu'on ne peut réussir à le detruire, et qu'il y fait de grands ravages.

Le *T. à corselet jaune* (*T. flavicolle*. Fab.,) n'en diffère que par la couleur du corselet. Il nuit beaucoup aux oliviers, surtout en Espagne.

Linnæus a placé les larves dans son genre *termes* de l'ordre des *aptères*, et les individus ailés avec les *hémérobes*.

On n'a caractérisé que très imparfaitement les espèces exotiques. Linnæus en confond plusieurs sous le nom de *termes fatale* (1).

---

(1) *Voyez* Latr., Gen., crust. et Insect. III, p. 203, et nouv. Dict. d'hist. nat., art., *Termès.*
Des insectes des contrées méridionales de l'Europe et d'Afrique, ana-

Les autres *termitines* ont deux articles aux tarses, les palpes labiaux peu distincts et très courts, les antennes d'environ dix articles, le premier segment du tronc très petit, et les ailes inférieures plus petites que les supérieures.

Ils forment le genre

DES PSOQUES. (PSOCUS. Lat., Fab. — *Termes. Hemerobius.* Lin.).

Ce sont de très petits insectes, dont le corps est court, très mou, souvent renflé ou comme bossu, avec la tête grande, les antennes sétacées, les palpes maxillaires saillants, et les ailes en toit, peu réticulées ou simplement veinées. Ils sont très agiles, vivent sur les écorces des arbres, dans le bois, le vieux chaume, etc. On trouve communément dans les livres, les collections d'insectes ou de plantes, l'espèce suivante :

Le *P. pulsateur*, vulgairement *pou du bois* (*Termes pulsatorium.* Lin.; Schæff., Elem., Entom. cxxvi, 1, 2); il est, le plus souvent, sans ailes, d'un blanc jaunâtre, avec les yeux et de petites taches sur l'abdomen, de couleur roussé. On avait cru qu'il produisait ce petit bruit, pareil au battement d'une montre, que l'on entend souvent dans nos maisons, et dont nous avons parlé au genre *vrillette.* Telle est l'origine de son nom spécifique (1).

---

logues aux termès; mais à tête plus large que le corselet, à tarses de trois articles, à ailes ne dépassant guère l'abdomen, ou nulles, ayant les pieds comprimés, les deux jambes antérieures plus larges, sans yeux lisses, et dont le corselet est alongé, forment le genre que j'ai indiqué dans mes familles naturelles du règne animal, sous le nom d'EMBIE (*Embia*); il est figuré dans le grand ouvrage sur l'Egypte.

(1) *Voyez* Latr., Gen., crust. et Insect., III, p. 207; Fab., Supp., Entom., Syst., et la Monographie de ce genre, dans la première décade des Illust. Icon., des Insect. de Coquebert. Le quatrième volume du magasin entomologique de M. Germar offre quelques observations anatomiques sur l'espèce commune (*pulsatorius*).

5° Les PERLIDES, (*perlides*), qui ont trois articles aux tarses, les mandibules presque toujours en partie membraneuses et petites, avec les ailes inférieures plus larges que les supérieures, et doublées sur elles-mêmes au côté interne.

Elles comprennent le genre

PERLE (PERLA) de Geoffroy.

Leur corps est alongé, étroit, aplati, avec la tête assez grande, les antennes sétacées, les palpes maxillaires très saillants, le premier segment du tronc presque carré, les ailes couchées et croisées horziontalement sur le corps, et l'abdomen terminé ordinarement par deux soies articulées. Leurs larves sont aquatiques et vivent dans des fourreaux qu'elles se construisent à la manière de celles de la famille suivante, et où elles passent à l'état de nymphe. Elles subissent leur dernière transformation aux premiers jours du printemps.

Les NÉMOURES (NÉMOURA) de Latreille, diffèrent des *Perles* proprement dites, par leur labre très apparent, leurs mandibules cornées, les articles presque également longs de leurs tarses, et en ce que leur abdomen n'a presque pas de soies au bout (1).

La *P. à longue queue* (*Phryganea bicaudata*. Lin. ; Geoff., Insect. II, XIII, 2), longue de huit lignes, d'un brun obscur, avec une ligne jaune le long du milieu de la tête et du corselet; nervures des ailes brunes; soies de la queue presque aussi longues que les antennes. Commune au printemps, sur les bords des rivières (2).

---

(1) *Voyez* Latr., Gen., crust. et Insect., III, p. 210; Oliv., Encycl. méth., article *Némoure; phryganea nebulosa*, Linn., etc.

(2) *Voyez* Geoffroy et Latr., ibid.

La troisième famille des Névroptères,

Les PLICIPENNES. (Plicipennes.) (1).

N'ont point de mandibules, et leurs ailes inférieures, sont ordinairement plus larges que les supérieures, et plissées dans leur longueur. Elle se compose du genre

Des Friganes. (Phryganea. Lin., Fab.).

Ces névroptères ont l'air, au premier coup d'œil, de petites phalènes, ce qui les a fait nommer par Réaumur *mouches papillonacées*. De Géer même observe que l'organisation intérieure de leurs larves a les plus grands rapports avec celle des chenilles. La tête de ces névroptères est petite, et offre deux antennes sétacées, ordinairement fort longues et avancées; des yeux arrondis et saillants; deux yeux lisses situés sur le front; un labre conique ou courbé; quatre palpes, dont les maxillaires le plus souvent très longs, filiformes ou presque sétacés, de cinq articles, et les labiaux de trois, avec le dernier un peu plus gros, des mâchoires et une lèvre membraneuse réunies. Le corps est le plus souvent hérissé de poils, et forme, avec les ailes, un triangle alongé, comme plusieurs noctuelles ou pyrales. Le premier seg-

---

(1) Elle forme dans les Méthodes de MM. Kirby et Leach, l'ordre des Trichoptères (Trichoptera), qui se lierait par les tinéïtes, avec celui des lépidoptères. Mais, comme des plicipennes on passe naturellement aux perles, l'on serait forcé, en continuant de suivre la série des rapports naturels, de terminer les névroptères, par les libellules et les éphémères, dont l'organisation et les habitudes diffèrent beaucoup de celles des hyménoptères, succédant aux névroptères dans cette Méthode. Les libellules et les autres névroptères, qui, dans la nôtre viennent immédiatement après, nous paraissent être ceux qui se rapprochent le plus des orthoptères.

17*

ment du thorax est petit. Les ailes sont simplement veinées, ordinairement colorées ou presque opaques, soyeuses ou velues, dans plusieurs, et toujours en toit très incliné. Les pieds sont alongés, garnis de petites épines, avec cinq articles à tous les tarses. Ces insectes volent principalement le soir et dans la nuit, pénètrent souvent dans les maisons, attirés par la lumière, sont d'une vivacité extrême dans tous leurs mouvements, ont une mauvaise odeur, sont placés bout à bout dans l'accouplement, et restent long-temps dans cet état. Les petites espèces voltigent par troupes, au-dessus des étangs et des rivières. Plusieurs femelles portent leurs œufs, rassemblés en un paquet verdâtre, à l'extrémité postérieure de leur abdomen. De Géer a vu de ces œufs qui étaient renfermés dans une matière glaireuse, semblable a du frai de grenouille, et placée sur des plantes ou d'autres corps, au bord des eaux.

Leurs larves, que d'anciens naturalistes ont nommées *ligniperdes*, et d'autres *charrées*, vivent toujours comme les teignes, dans des fourreaux ordinairement cylindriques, recouverts de différentes matières qu'elles trouvent dans l'eau, comme des morceaux de gramen, de jonc, de feuilles, de bois, de racines, de graines, de sable, même de petites coquilles, et souvent arrangés avec symétrie. Elles lient ces différents corps avec des fils de soie, matière contenue dans des réservoirs intérieurs, semblables à ceux des chenilles, et dont les fils sortent également par des filières de la lèvre. L'intérieur de l'habitation forme un tube qui est ouvert aux deux bouts pour l'entrée de l'eau. La larve traîne toujours son fourreau avec elle, fait sortir l'extrémité antérieure de son corps lorsqu'elle marche, ne quitte jamais sa maison, et y rentre volontairement lorsqu'on l'en retire de force et qu'on la laisse à sa portée.

Ces larves sont alongées, presque cylindriques, ont la tête écailleuse, pourvue de fortes mandibules et d'un petit œil de chaque côté, six pieds, dont les deux antérieurs plus courts et ordinairement plus gros, et les autres alongés. Leur corps est composé de douze anneaux, dont le quatrième a, de chaque côté, dans le plus grand nombre, un mamelon conique; le dernier se termine par deux crochets mobiles. On voit aussi, dans la plupart, deux rangées de filets blancs, membraneux et très flexibles, qui paraissent être des organes respiratoires. Lorsque ces larves veulent se transformer en nymphes, elles fixent à différents corps, mais toujours dans l'eau, leurs tuyaux, en ferment les deux ouvertures avec une porte grillée, dont la forme, de même que celle du tuyau, varie selon les espèces.

Elles ont soin d'arrêter leur demeure portative de manière que l'ouverture, située au point d'appui, ne soit point bouchée.

La nymphe a, en devant, deux crochets qui se croisent, et forment l'apparence d'un nez ou d'un bec. Elle s'en sert pour percer une des deux cloisons grillées, et en sortir lorsque le moment de sa dernière transformation est arrivé.

Immobile jusqu'alors, elle marche ou nage maintenant avec agilité, au moyen de ses quatre pieds antérieurs qui sont libres et pourvus de franges de poils serrés. Les nymphes des grandes espèces sortent tout-à-fait de l'eau et grimpent sur différents corps, où s'opère leur derniere mue; les petites se rendent simplement à sa surface et s'y transforment en insectes ailés, à la manière des cousins et de plusieurs tipulaires; leur ancienne dépouille leur sert de bateau.

Les unes ont les ailes inférieures évidemment plus larges que les supérieures, et plissées.

Les Séricostomes. (Sericostoma. Lat.)

Ont, dans l'un des sexes, les palpes maxillaires en forme de valvules, recouvrant la bouche en manière de museau arrondi, de trois articles, et sous lesquels l'on découvre un duvet épais et cotonneux ; ceux de l'autre sexe sont filiformes, et de cinq articles (1).

Les Friganes propres. (Phryganea.)

Ont la bouche semblable dans les deux sexes, et les palpes maxillaires plus courts que la tête et le corselet, et peu velus.

La *F. grande* (*P. grandis.* ; Rœs., Insect. II, Ins. aq., cl. 2, XVII), la plus grande de notre pays. Antennes de la longueur du corps ; ailes supérieures d'un brun grisâtre, avec des taches cendrées, une raie longitudinale noire, et deux ou trois points blancs à leur extrémité.

Le tuyau de sa larve est revêtu de petits fragments d'écorces ou de matières ligneuses, disposés horizontalement.

La *F. fauve* (*P. striata.* Lin.; Geoff., Insect. II, XIII, 5), longue de près d'un pouce, fauve, avec les yeux noirs et les nervures des ailes un peu plus foncées que le reste.

La *F. à rhombe* (*P. rhombica.*; Rœs., ibid. XVI), longue de sept lignes, d'un jaune brun ; une grande tache blanche, en forme de rhombe et latérale, aux ailes supérieures. Le tuyau de la larve est garni de petites pierres et de débris de coquilles (2).

Quelques espèces, telles que les suivantes, *filosa, quadrifasciata, longicornis, hirta, nigra*, ont des antennes excessivement longues, et les palpes maxillaires pareillement fort longs, et très velus. Elles forment notre sous-genre Mystacide (Mystacida.)

Les autres ont les quatre ailes étroites, l'ancéolées, presque égales, et sans plis.

A cette division appartient le genre Hydroptile (Hydroptila) de M. Dalman. Les antennes sont courtes, presque grenues et de la même grosseur (3).

---

(1) Genre établi sur une espèce des environs d'Aix, communiquée par M. Boyer de Fons-Colombe, et que M. de Labillardière, de l'acad. roy. des sciences, a aussi rapportée du Levant.

(2) *Voyez*, pour les autres espèces, Fabricius, De Géer et Rœsel.

(3) Anal., entom., p. 26.

L'on pourrait composer un autre sous-genre (*Psycho-myie*), avec d'autres friganes à ailes semblables, mais dont les antennes sont longues et sétacées, ainsi que dans presque toutes les autres. On en rencontre très souvent dans les jardins, sur les feuilles de divers arbustes, une espèce très petite, d'une grande vivacité, dont tout le corps est d'un brun fauve, avec les antennes annelées de blanc, et qui me paraît inédite ou imparfaitement décrite.

LE NEUVIÈME ORDRE DES INSECTES,

Celui des HYMÉNOPTÈRES. (HYMENOPTERA. — *Piezata*. Fab.)

Nous offre encore quatre ailes membraneuses et nues ; une bouche composée de mandibules, de mâchoires, avec deux lèvres ; mais les ailes, dont les supérieures, toujours plus grandes, ont moins de nervures que celles des névroptères, et ne sont que veinées ; les femelles ont l'abdomen terminé par une tarière ou un aiguillon.

Ils ont tous, outre les yeux composés, trois petits yeux lisses ; des antennes variables, non-seulement selon les genres, mais encore dans les sexes de la même espèce, néanmoins filiformes ou sétacées dans la plupart ; des mâchoires et une lèvre générale-ment étroites, alongées, attachées dans une cavité profonde de la tête par de longs muscles (1), en demi-tube à leur partie inférieure, souvent repliées

____

(1) Le menton participe alors à ce mouvement général, tandis qu'il est fixe dans les autres insectes broyeurs.

à leur extrémité, plus propres à conduire les sucs
nutritifs qu'à la mastication, et réunies, en forme
de trompe, dans plusieurs ; la languette membraneuse, soit évasée à son extrémité, soit longue et
filiforme, ayant le pharynx à sa base antérieure, et
souvent recouvert par une sorte de sous-labre ou
d'épipharynx ; quatre palpes, dont deux maxillaires
et deux labiaux ; le thorax de trois segments
réunis en une masse, dont l'antérieur très court,
et les deux autres confondus en un (1) ; les ailes
croisées horizontalement sur le corps ; l'abdomen
suspendu le plus souvent à l'extrémité postérieure
du corselet par un petit filet ou un pédicule ; enfin
des tarses à cinq articles, et dont aucun n'est divisé. La tarière ou l'oviducte et l'aiguillon (2) sont
composés dans la plupart de trois pièces longues et
grêles, dont deux servent de fourreau à la troisième,

---

(1) Le métathorax proprement dit est très court, ne forme qu'un ar-
ceau supérieur, et il est ordinairement intimement uni avec le premier
segment abdominal, de sorte qu'à la rigueur, le thorax vu en dessus, est
composé de quatre segments, dont le second et le dernier plus grands ;
celui-ci offre dans un grand nombre, deux stigmates bien distincts.
Lorsque l'abdomen est pédiculé, son second segment, dans l'hypothèse
que le précédent lui appartienne, en est, en apparence, le premier.

(2) L'un et l'autre sont formés sur le même modèle. Du milieu de l'extrémité postérieure et inférieure de l'abdomen, partent deux lames de
deux articles chaque, tantôt valvulaires et servant de gaîne, tantôt sous
la forme de stylet ou de palpes ; elles renferment, dans l'entre-deux,
deux autres pièces réunies en une, et qui composent la tarière ou l'aiguillon. Lorsqu'elles forment un aiguillon, la supérieure engaîne l'autre dans
une coulisse ou canal inférieur. Dans les tenthrédines, la tarière consiste
en deux pièces en forme de lames de couteau, appliquées l'une contre
l'autre, par le côté le plus large, striées transversalement et dentées sur
leurs bords.

dans ceux qui ont une tarière, et dont une seule, la supérieure, a une coulisse en dessous pour emboîter les deux autres. Dans ceux où cette tarière est transformée en aiguillon, cette arme offensive et l'oviducte sont dentelés en scie à leur extrémité.

M. Jurine a trouvé dans l'articulation des ailes (*Nouv. méth. de class. les Hymen. et les Dipt.*), de bons caractères auxiliaires pour la distinction des genres, mais dont l'exposition ne convient point à la nature de notre ouvrage, et ne dispenserait pas de recourir au sien. Nous nous bornerons à dire qu'il fait principalement usage de la présence ou de l'absence, du nombre, de la forme et de la connexion de deux sortes de cellules, situées près du bord externe des ailes supérieures, et qu'il nomme *radiales* et *cubitales*. Le milieu de ce bord offre le plus souvent une petite callosité désignée sous le nom de *poignet* on de *carpe*. Il en sort une nervure qui, se dirigeant vers le bout de l'aile, forme avec ce bord la cellule *radiale*, quelquefois divisée en deux. Près de ce point naît encore une seconde nervure, qui va aussi vers le bord postérieur; et qui laisse entre elle et la précédente un espace, celui des cellules *cubitales*, dont le nombre varie d'un à quatre (1).

(1) Consultez l'article RADIALE de l'encyclopédie méthodique, où l'exposition de cette Méthode est bien présentée et perfectionnée. Jurine a aussi publié dans les Mémoires de l'académie des sciences de Turin, un très beau travail sur l'organisation des ailes des hyménoptères. Nous devons encore à

Les hyménoptères subissent une métamorphose complète. La plupart de leurs larves ressemblent à un ver, et sont dépourvues de pattes ; telles sont celles des hyménoptères de la seconde famille et des suivantes. Celles de la première en ont six à crochet, et souvent, en outre douze à seize autres simplement membraneuses. Ces sortes de larves ont été nommées *fausses chenilles*. Les unes et les autres ont la tête écailleuse, avec des mandibules, des mâchoires, et une lèvre à l'extrémité de laquelle est une filière pour le passage de la matière soyeuse qui doit être employée pour la construction de la coque de la nymphe.

Les unes vivent de substances végétales ; d'autres, toujours sans pattes, se nourrissent de cadavres d'insectes, de leurs larves, de leurs nymphes, et même de leurs œufs. Pour suppléer à l'impuissance où elles sont d'agir, la mère les approvisionne, tantôt en portant leurs aliments dans les nids qu'elle leur a préparés, et souvent construits avec un art qui excite notre surprise ; tantôt en plaçant ses œufs dans le corps des larves et des nymphes d'insectes, dont ses petits doivent se nourrir. D'autres larves d'hyménoptères, également sans pattes, ont besoin de matières alimentaires, tant végétales qu'animales, plus élaborées et souvent renouvelées. Celles-ci

M. Chabrier, ancien officier supérieur d'artillerie, des recherches de cette nature, mais plus générales dans leur application. Elles ont été insérées dans le Recueil des Mémoires du muséum d'histoire naturelle.

sont élevées en commun par des individus sans sexes, réunis en sociétés, chargés exclusivement de tous les travaux, et dont les ouvrages et le régime de vie sont pour nous le sujet d'une continuelle admiration.

Les hyménoptères, dans leur état parfait, vivent presque tous sur les fleurs, et sont en général plus abondants dans les contrées méridionales. La durée de leur vie, depuis leur naissance jusqu'à leur dernière métamorphose, est bornée au cercle d'une année.

M. Léon Dufour remarque dans son Mémoire sur l'anatomie des scolies (journ. de phys. sept. 1828), que les trachées de tous les hyménoptères soumis à ses dissections, ont un degré de perfection de plus que dans d'autres ordres des insectes ; qu'au lieu d'être constituées par des vaisseaux cylindroïdes et élastiques, dont le diamètre décroît par ses divisions successives, elles offrent des dilatations constantes, des vésicules bien déterminées, favorables à un séjour plus ou moins prolongé de l'air, susceptibles de se détendre ou de s'affaisser suivant la quantité de fluide qu'elles admettent. De chaque côté de la base de l'abdomen, se voit une de ces vésicules, grande, ovale, d'un blanc mat lacté, émettant çà et là des faisceaux rayonnants de trachées vasculaires, qui vont se distribuer aux organes voisins. En pénétrant dans le thorax, elle s'étrangle, se dilate de nouveau, et dégénère insensiblement en un tube dont les subdivisions se perdent dans la tête. En arrière de ces deux vésicules abdominales, l'organe respiratoire se continue en deux tubes filiformes, fournissant une infinité d'arbuscules aériens, et devenant confluents vers l'anus. Dans les xylocopes et les bourdons, les deux grandes vésicules abdominales ont chacune, à leur surface supérieure et antérieure, un corps cylindrique, grisâtre, élastique, mais adhérent dans toute sa longueur dans les xylocopes, et libre dans les bourdons. Il pense que ce corps qui se dirige vers l'insertion des ailes, n'est pas étranger à la production du bourdonnement, puisque celui-ci peut avoir lieu, même après la soustraction complète des ailes.

Je diviserai cet ordre en deux sections.

La première, celle des TÉRÉBRANS (*Terebrantia*), a pour caractères d'avoir une tarière dans les femelles.

Je la partage en deux grandes familles.
La première, celle

DES PORTE-SCIE. (SECURIFERA.)

Se distingue des suivantes par l'abdomen sessile, ou dont la base s'unit au corselet dans toute son épaisseur, et semble en être une continuation et ne pas avoir de mouvement propre (1).

---

(1) Le segment portant les ailes inférieures est séparé du suivant ou du premier de l'abdomen, par une incision ou articulation transverse. Viennent ensuite, sans interruption et sans étranglement particulier, les autres segments.

Les femelles ont une tarière, le plus souvent en forme de scie, et qui leur sert non-seulement à déposer les œufs, mais encore à préparer la place qui doit les recevoir. Les larves ont toujours six pieds écailleux, et souvent d'autres, mais qui sont membraneux.

Cette famille se compose de deux tribus.

La première, celle des TENTHRÉDINES, ou vulgairement MOUCHES - A - SCIE (*Tenthredinetœ.* Lat.), a des mandibules alongées et comprimées ; la languette divisée en trois, et comme digitée ; la tarière composée de deux lames, dentelées en scie, pointues, réunies, et logées dans une coulisse sous l'anus. Les palpes maxillaires sont toujours composés de six articles, et les labiaux de quatre. Ceux-ci sont toujours plus courts ; les quatre ailes sont toujours divisées en cellules nombreuses. Cette tribu compose le genre

Des TENTHRÈDES (TENTHREDO) de Linnæus.

Leur abdomen cylindrique, arrondi postérieurement, composé de neuf anneaux, tellement uni au corselet, qu'il semble n'en être qu'une continuité ; leurs ailes qui paraissent comme chiffonnées ; les deux petits corps arrondis, ordinairement colorés, en forme de grains, que l'on observe derrière l'écusson, et leur port lourd, les font aisément reconnaître. La forme et la composition des antennes varient. Leurs mandibules sont fortes et dentées. Les extrémités de leurs mâchoires sont presque membraneuses, ou moins coriaces que leur tige ; leurs palpes sont filiformes ou presque sétacés, de six articles.

La languette est droite, arrondie, divisée en trois parties, doublées, et dont l'intermédiaire plus étroite; sa
gaîne est ordinairement courte; ses palpes, plus courts
que les maxillaires, ont quatre articles, dont le dernier
presque ovalaire. L'abdomen de la femelle offre à son
extrémité inférieure une double tarière mobile, écailleuse, dentelée en scie, pointue; logée entre deux autres
lames concaves, et qui lui servent d'étui. C'est avec le
jeu alternatif des dents de la tarière qu'elle fait successivement dans les branches ou diverses autres parties
des végétaux, de petits trous, dans chacun desquels elle
dépose un œuf et ensuite une liqueur mousseuse, dont
l'usage est, à ce que l'on présume, d'empêcher l'ouverture de se fermer. Les plaies, faites par les entailles de
la scie, deviennent de plus en plus convexes, par l'aug-
mentation du volume de l'œuf. Quelquefois même ces
parties prennent la forme d'une galle, tantôt ligneuse,
tantôt molle et pulpeuse, semblable à un petit fruit, selon la nature des parties végétales offensées. Ces tumeurs forment alors le domicile des larves qui y vivent,
soit solitaires, soit en compagnie. Elles y subissent leurs
métamorphoses, et l'insecte y pratique, avec ses dents,
une ouverture circulaire, pour sa sortie. Mais, en général, ces larves se tiennent à découvert sur les feuilles
des arbres et des plantes, dont elles se nourrissent. Par
la forme générale de leur corps, leurs couleurs, la disposition extérieure de leur derme, le nombre considérable de leurs pattes, ces larves ressemblent beaucoup
aux chenilles, et ont aussi été nommées *fausses chenilles*; mais elles ont dix-huit à vingt-deux pieds, ou
n'en offrent que six, ce qui les distingue des chenilles,
où le nombre de ces organes est de dix à seize. Plusieurs
de ces fausses chenilles se roulent en spirale, d'autres
ont le derrière de leur corps élevé en arc. Pour se transformer en nymphes, elles filent, soit dans la terre, soit
en dehors, sur les végétaux où elles ont vécu, une co-

que; elles y restent souvent plusieurs mois de suite, l'hiver même, dans leur premier état, et ne passent à celui de nymphe que peu de jours avant de devenir mouches-à-scie.

M. Dutrochet, correspondant de l'Académie des Sciences, a publié dans le Journal physique des observations sur le canal alimentaire de quelques-uns de ces insectes.

Dans les uns, dont les antennes n'ont dans plusieurs que neuf articles; qui ont deux épines droites et divergentes à l'extrémité interne des deux jambes antérieures, la tarière n'est point saillante postérieurement.

Ici le labre est toujours apparent; le côté interne des quatre jambes postérieures n'a point d'épines dans son milieu, ou n'en offre qu'une seule. Les larves ou fausses chenilles ont de douze à seize pattes membraneuses.

Tantôt les antennes, toujours courtes, se terminent, soit par un renflement épais, en forme de cône renversé et arrondi au bout, ou de bouton; soit par un grand article, en massue alongée, prismatique ou cylindrique, fourchu dans quelques mâles; le nombre des articles précédents est de cinq au plus.

Les espèces où ces organes, semblables dans les deux sexes, se terminent par un renflement en forme de bouton, ou de cône renversé et arrondi au bout (1), précédé de quatre à cinq articles; et dont les deux nervures des ailes supérieures, formant la côte jusqu'au point calleux, sont contigues ou très rapprochées parallèlement, sans large sillon intermédiaire, composent le genre

Des CIMBEX. (CIMBEX. Oliv. Fab. — *Crabro.* Geoff.)

Les fausses chenilles ont vingt-deux pattes. Quelques-unes, étant tourmentées, seringuent par les côtés du corps, et jusqu'à un pied de distance, des jets d'une liqueur verdâtre.

M. Leach (2) mettant à profit la considération du nombre

____

(1) Ce renflement est formé par le cinquième ou sixième article, mais qui, dans plusieurs, offre des vestiges de trois ou deux divisions annulaires.

(2) Zool., Miscell., III, p. 100 et suiv.

des articles antérieurs à la massue, de leurs proportions relatives, celle de la disposition des cellules des ailes, a partagé les cimbex en plusieurs autres genres, dont un, celui de PERGA (*Perga*) (1) et propre à la Nouvelle-Hollande, se distingue de tous les autres par les caractères suivants. Les quatre jambes postérieures ont au milieu de leur côté inférieur une épine mobile. L'écusson est grand, carré, avec les angles postérieurs avancés en forme de dents. Les valves recevant la tarière sont garnies extérieurement de soies nombreuses, courtes et frisées. Les antennes sont fort courtes, de six articles, dont le dernier ou la massue sans vestiges d'anneaux, ainsi que dans les SYZYGONIES (SYZYGONIA,) genre établi par M. Klug, sur des espèces du Brésil (2). La cellule radiale est appendicée; les cubitales sont au nombre de quatre, dont la seconde et la troisième reçoivent chacune une nervure récurrente (nervures transverses du disque).

M. Lepeletier de S. Fargeau, dans une très bonne monographie des tenthrédines, n'a adopté que le genre *perga*, et à son imitation nous ne considèrerons ceux du naturaliste anglais que comme de simples divisions des cimbex. Les deux espèces suivantes sont du nombre de celles dont les antennes ont cinq articles avant la massue.

Le *C. jaune*. (*Tenthredo lutea*. Lin.; De G., Insect. II, XXXIII, 8 — 16), long de près d'un pouce, brun; antennes et abdomen jaunes; des bandes d'un noir violet sur cette dernière partie. Sa fausse chenille est d'un jaune foncé, avec une raie bleue, bordée de noir, le long du dos. Sur le saule, le bouleau, etc.

Le *C. à grosses cuisses*. (*Tenthredo femorata*. Lin.; De G., Insect. II, XXXIV, 1 — 6), grand, noir; antennes et tar-

---

(1) Ibid., 116, CXLVIII; Lepelet., monog., Tenthred., p. 40.

(2) Monog., entomol., p. 177; il a présenté dans le même ouvrage (p. 171), les caractères d'un autre genre, *pachylosticta*, pareillement propre au Brésil. Les antennes sont composées de cinq articles. Les ailes supérieures sont dilatées près de leur extrémité, avec le point calleux, semi-lunaire. Les second, troisième et quatrième articles des tarses postérieurs sont très courts. Il en mentionne trois espèces.

A raison des cellules des ailes et des épines des jambes postérieures, le G. perga doit précéder immédiatement celui d'hylotome.

ses d'un jaune brun ; des taches d'un brun noirâtre au bord postérieur des ailes supérieures ; cuisses postérieures très grandes, du moins dans l'un des sexes. Sa fausse chenille vit aussi sur le saule ; elle est verte, avec trois raies sur le dos, dont celle du milieu bleuâtre, et les latérales jaunâtres (1).

Les espèces où les antennes n'offrent que trois articles bien distincts, dont le dernier en massue alongée, prismatique ou cylindrique, plus grêle, cilié, et quelquefois fourchu dans les mâles ; où les deux nervures costales des ailes supérieures sont très écartées l'une de l'autre, forment le sous-genre

Des Hylotomes. (Hylotoma. Lat. Fab. — *Cryptus*. Jur.)

Les uns (Schizocères, *Schyzocera*, Latr. ; *Cryptus*, Leach, Lepel.,) ont quatre cellules cubitales, et les antennes fourchues dans les mâles. Le milieu des jambes n'offre point d'épines (2).

D'autres (*hylotomes* propres) semblables aux précédents, quant aux ailes, ont leurs antennes terminées, dans les deux sexes, par un article simple ou indivis. La plupart (*hylotomes*, Lepel.,) ont une épine au milieu des quatre jambes postérieures. Les fausses chenilles ont dix-huit à vingt pattes.

L'*H. du rosier* (*Tenthredo rosæ*. Lin. ; Rœs., Insect., II, Vesp. II,) long de quatre lignes ; tête, dessus du corselet et bord extérieur des ailes supérieures, noirs ; le reste du corps d'un jaune safran , avec les tarses annelés de noir. Sa larve est jaune, pointillée de noir, et ronge les feuilles du rosier.

M. Lepeletier réunit aux *Cryptus* du docteur Leach quelques espèces qui ne diffèrent des précédentes que par l'absence d'épines au milieu des quatre jambes postérieures.

---

(1) *Voyez*, pour les autres espèces, Oliv. (Encycl. méth. , article *Cimbex*, Fab. ; Latr., Gen., crust. et Insect., III, p. 227; Jurine, genre *tenthredo* ; Panz., hymen., et les ouvrages précités.

(2) Leach., Zool. Miscell., III, p. 124 ; Lepel., Monog. tenthr , p. 52.

D'autres *hylotomes* distingués par le même caractère néga-tif, mais où le nombre des cellules cubitales n'est que de trois, sont génériquement pour lui des PTILIES (*ptilia*) (1).

Tantôt les antennes ont neuf articles au moins, bien dis-tincts, et ne se terminent point nettement et brusquement en massue.

Il y en a, et c'est le plus grand nombre, dont les antennes, toujours simples dans les deux sexes ou du moins dans les femelles, ont quatorze articles au plus, et neuf plus commu-nément.

Les TENTHRÈDES propres. (TENTHREDO. Lat., Fab.)

Qui ont les antennes de neuf articles simples dans les deux sexes.

Leurs larves ont de dix-huit à vingt-deux pattes.

Le nombre des dentelures des mandibules varie, dans l'in-secte parfait, de deux à quatre. Les ailes supérieures présen-tent aussi des différences dans celui de leurs cellules ra-diales et cubitales. Ces caractères ont servi de fondement à plusieurs autres sous-genres que nous réunissons à celui-ci. Ils se composent des *allantes,* des *dolères*, des *némates,* de Ju-rine, et de celui de *pristiphose*, formé de la troisième fa-mille des ptérones de ce savant, et de quelques autres du docteur Leach.

La *T. de la scrophulaire.* (*T. scrophulariæ*, Lin.; Panz., Faun.; insect. Germ. , C. 10, le mâle). Longue de cinq lignes, noire, avec les antennes un peu plus grosses vers leur extrémité, et fauves; anneaux de l'abdomen, le second et le troisième exceptés, bordés postérieurement de jaune; jambes et tarses fauves. Elle ressemble à une guêpe. Larve à vingt-deux pattes, blanche, avec la tête et des points noirs. Elle mange les feuilles de la scrophulaire.

La *T. verte.* (*T. viridis ;* Lin.; Panz. , ibid. LXIV, 2). Même grandeur; antennes sétacées; corps vert, avec des

---

(1) Lepel., ibid., p. 49. *Voyez* aussi le même ouvrage, le précédent de M. Leach , et les Monograp. de divers genres de cette famille du docteur Klüg., quant aux autres espèces d'hylotomes.

taches sur le thorax et une bande le long du milieu du dos de l'abdomen, noires. Sur le bouleau (1).

De Géer nous a donné la description d'une espèce très singulière sous la forme de larve, celle qu'il nomme *mouche-à-scie* de la *larve-limace*, et à laquelle il rapporte la T. du *cerisier* (*cerasi*) de Linnæus. Elle est noire, avec les ailes noirâtres et les pattes brunes. Sa larve est très commune sur les feuilles de divers arbres fruitiers de nos jardins. Réaumur lui avait donné, à raison de sa forme, le nom de *fausse chenille tétard*; elle est toute noire et couverte d'une humeur gluante, ce qui la fait aussi ressembler à une limace. Peck, botaniste anglo-américain, a donné l'histoire complète d'une autre espèce, dont la larve est semblable.

D'autres espèces, ayant encore des antennes de neuf articles, diffèrent des précédentes en ce qu'elles sont pectinées d'un côté dans les mâles.

Les CLADIES. (CLADIUS. Klüg, Lat.) (2)

Quelques autres, ayant le corps court et ramassé comme les hylotomes, et considérés comme tels par Fabricius, ont de dix à quatorze articles aux antennes, et simples dans les deux sexes.

Les ATHALIES. (ATHALIA. Leach.) (3)

Les espèces suivantes sont remarquables par leurs antennes composées de seize articles au moins, pectinées ou en éventail dans les mâles, et en scie dans les femelles. Elles nous conduisent, sous ce rapport, aux mégalodontes, premier sous-genre de la subdivision suivante.

Les PTÉRYGOPHORES. (PTERYGOPHORUS. Klüg.)

Où les antennes n'ont qu'une seule rangée de dents, et simplement plus longues ou en peigne dans les mâles, et

---

(1) *Voyez*, pour les autres espèces, les auteurs mentionnés précédemment.

(2) Lepel., ibid., p. 57.

(3) Ibid., p. 21. M. Leach n'y comprend que les espèces dont les antennes ont dix articles. M. Klüg les range avec ses *Emphytus*.

18*

courtes et en scie dans les femelles; ici elles sont sensiblement plus grosses vers le bout (1).

Les Lophyres. (Lophyrus. Lat.)

Dont les antennes ont, dans les mâles, un double rang
de dents alongées, formant un grand panache triangulaire,
et sont en scie dans les femelles.

Je rapporte à ce sous-genre la première famille des *ptérones* de M. Jurine, ainsi que la première division des *hylotomes* de Fabricius. Les fausses chenilles ont vingt-deux
pattes, vivent en société et plus particulièrement sur les
pins, aux jeunes plants desquels elles nuisent beaucoup (2).

Là, le labre est caché ou peu saillant. Le côté interne des
quatre jambes postérieures offre, avant son extrémité, deux
épines et souvent même une troisième au-dessus de la paire
précédente. Les antennes sont toujours composées d'un
grand nombre d'articles; la tête est forte, carrée, portée sur
un petit cou, avec les mandibules fortement croisées. Ces
espèces paraissent au printemps. Les larves du plus grand
nombre n'ont point de pattes membraneuses, et vivent en
société dans des nids soyeux, formés par elles, autour des
feuilles de divers arbres.

Elles forment le genre *cephaleia* de Jurine, que l'on a divisé en deux autres.

Les Mégalodontes. (Megalodontes. Lat. — *Tarpa*. Fab.)

Où les antennes sont en scie ou en peigne (3).

Les Pamphilies. (Pamphilius. Lat. — *Lyda*. Fab.)

Qui ont les antennes simples dans les deux sexes.

Leurs larves n'ont point de pattes membraneuses, et l'extrémité postérieure de leur corps se termine par deux cor-

---

(1) *Voyez* Klüg., Leach et Lepeletier, ibid.

(2) Lepelet., ibidem, et la Monogr. de ce sous-genre publiée par
Klüg, dans les Mém. des curieux de là nature, de Berlin.

(3) *Voyez* les ouvrages ci-dessus, et Entom. monog. de M. Klüg,
p. 183.

nes. Elles vivent de feuilles, qu'elles plient souvent pour s'y tenir cachées (1).

Les dernières tenthrédines ont la tarière prolongée au-delà de sa coulisse et saillante postérieurement. L'extrémité interne des deux jambes antérieures n'offre distinctement qu'une seule épine; elle est courbe et terminée par deux dents. Les antennes sont toujours composées d'un grand nombre d'articles, et simples.

Les XYÈLES. (XYELA. Dalm. — *Pinicola*. Bréb. — *Mastigocerus.* Klüg.)

Très distinctes par leurs antennes coudées, formant une sorte de fouet, brusquement plus menues vers leur extrémité, et de onze articles, dont le troisième fort long ; ainsi que par leurs palpes maxillaires fort longs et pareillement en forme de fouet. Le point épais ou calleux des ailes supérieures est remplacé par une cellule. Les lames de la tarière sont unies et sans dentelures.

Les larves vivent dans l'intérieur des végétaux ou dans les vieux bois (2).

Les CÉPHUS. (CEPHUS. Lat., Fab. — *Trachelus.* Jur.)

Qui ont les antennes insérées près du front, et plus grosses vers le bout. D'après des observations consignées dans le Bullet. universel de M. le bar. de Férussac, la larve de l'espèce la plus commune (*Pygmæus*) vivrait dans l'intérieur des tiges de blé (3).

Les XIPHYDRIES. (XIPHYDRIA. Lat., Fab. — *Urocerus.* Jur.)

Dont les antennes sont insérées près de la bouche, et plus grêles vers le bout (4).

---

(1) Ibid.; l'article *Pamphilie* de l'Encycl. méth., et la Monograbie du genre *lyda* du docteur Klüg (Mém. des cur. de la nature, de Berlin)... *Voyez* aussi la Monog. de M. Lepeletier.

(2) *Voyez* Dalm., Anal. Entom., p. 27. Le nombre des articles est le même que dans les précédents, et ce savant s'est mépris à cet égard. *Voyez* aussi l'article *Pinicole* du Nouv. dict. d'hist natur., deuxième édit.; et la monog. des tenthrèdes de M. Lepeletier.

(3) Les ouvrages cités plus haut et la Monog. des SIREX du docteur Klüg, g. *Astatus.*

(4) Ibid., et M. Jurine. M. Klüg désigne ce genre sous le nom d'*Hybonotus.*

La seconde tribu, celle des UROCÈRES (*Urocerata.* Lat.), se distingue de la précédente aux caractères suivants : les mandibules sont courtes et épaisses ; la languette est entière ; la tarière des femelles est tantôt très saillante et composée de trois filets, tantôt roulée en spirale dans l'intérieur de l'abdomen et sous une forme capillaire. Cette tribu est composée du genre

DES SIREX (SIREX) de Linnæus.

Leurs antennes sont filiformes ou sétacées, vibratiles, de dix à vingt-cinq articles. La tête est arrondie et presque globuleuse, avec le labre très petit, les palpes maxillaires filiformes, de deux à cinq articles, les labiaux de trois, dont le dernier plus gros. Le corps est presque cylindrique. Les tarses antérieurs ou postérieurs, et dans plusieurs la couleur de l'abdomen diffèrent selon les sexes. La femelle enfonce ses œufs dans les vieux arbres, et le plus souvent dans les pins. Sa tarière est logée à sa base, entre deux valves, formant une coulisse.

Les ORYSSES. (ORYSSUS. Lat. , Fab.)

Qui ont les antennes insérées près de la bouche, de dix à onze articles ; les mandibules sans dents ; les palpes maxillaires longs et de cinq articles ; l'extrémité postérieure de l'abdomen presque arrondie ou faiblement prolongée, et dont la tarière est capillaire et roulée en spirale dans l'intérieur de l'abdomen.

Les deux espèces connues se trouvent, en Europe, sur les arbres, dans les premiers jours du printemps, et sont très agiles (1).

---

(1) *Voyez* Latr., Gen. crust. et insect., III, p. 245, et l'article *Orysse* de l'Encycl. méthod.

Les Sirex propres, ou les Ichneumon-Bourdons. (Sirex.
Lin. — *Urocerus*. Geoff.)

Ayant les antennes insérées près du front, de treize à
vingt-cinq articles; les mandibules dentelées au côté interne; les palpes maxillaires très petits, presque coniques,
de deux articles, avec l'extrémité du dernier segment de
l'abdomen prolongé en forme de queue ou de corne, et la
tarière saillante, de trois filets.

Ces insectes, qui sont d'assez grande taille, habitent plus
particulièrement les forêts de pins et de sapins des contrées
froides et montagneuses, produisent, en volant, un bourdonnement semblable à celui des bourdons et des frelons,
et paraissent, certaines années, en telle abondance, qu'ils
ont été pour le peuple un sujet d'effroi. La larve a six pieds,
avec l'extrémité postérieure du corps terminée en pointe;
elle vit dans le bois, où elle se file une coque et achève ses
métamorphoses.

Le *S. géant*. (*Sirex gigas*, Lin., la fem. — *S. mariscus*,
ejusd., le mâle). Rœs., ins., II, Vesp., viii, ix. La femelle
est longue d'un peu plus d'un pouce, noire, avec une
tache derrière chaque œil, le second anneau de l'abdomen et ses trois derniers, jaunes. Les jambes et les tarses
sont jaunâtres. Le mâle a l'abdomen d'un jaunâtre fauve,
avec son extrémité noire.

Les *Tremex* de M. Jurine ne diffèrent des sirex que par
les antennes plus courtes, moins grêles à leur extrémité, ou
filiformes, composées seulement de treize à quatorze arti-
ticles, et par leurs ailes supérieures n'ayant que deux cellules cubitales (1).

La seconde famille des Hyménoptères,

Les PUPIVORES. (Pupivora.)

Ont l'abdomen attaché au corselet par une simple
portion de leur diamètre transversal, et même le

____

(1) *Voyez* Latr., Gen. crust. et insect., III, p. 238; la Monographie
de ce genre du docteur Klüg; l'ouvrage de M. Jurine, et celui de Panzer
sur les *hyménoptères*.

plus souvent par un très petit filet ou pédicule, de manière que son insertion est très distincte, et qu'il se meut sur cette partie du corps (1). Les femelles ont une tarière qui leur sert d'oviducte.

Les larves sont apodes, et pour la plupart parasites et carnassières.

Je la partage en six tribus.

La première, celle des ÉVANIALES (*Evaniales*, Lat.), ont les ailes veinées, et dont les supérieures au moins aréolées ; les antennes filiformes ou sétacées, de treize à quatorze articles ; les mandibules dentées au côté interne ; les palpes maxillaires de six articles et les labiaux de quatre ; l'abdomen implanté sur le thorax, et dans plusieurs audessous de l'écusson, avec une tarière ordinairement saillante et de trois filets.

Cette tribu pourrait ne former qu'un seul genre, celui

De FOENE. (FOENUS.)

Tantôt la tarière est cachée ou très peu saillante, et sous la forme d'un petit aiguillon. La languette est trifide, caractère qui les rapproche des hyménoptères précédents.

Les ÉVANIES. (ÉVANIA. Fab. — *Sphex*. Lin.)

Dont les antennes sont coudées, et dont l'abdomen très petit, comprimé, triangulaire ou ovoïde et pédiculé brusquement à sa naissance, est inséré à l'extrémité postérieure et supérieure du thorax, au-dessous de l'écusson (2).

---

(1) Le premier segment de l'abdomen forme l'extrémité postérieure du thorax, et s'unit intimement avec le métathorax, de sorte que le second segment de l'abdomen en devient le premier.

(2) *Voyez* Fab. , Jur. , Latr. , Gen. crust. et insect. , III , p. 250.

Les Pélécines. (Pelecinus. Latr., Fab.)

Où l'abdomen inséré, ainsi que celui des suivants, beaucoup plus bas, un peu au-dessus de l'origine des pattes
postérieures, est alongé, tantôt filiforme, très long, arqué,
tantôt rétréci graduellement vers sa base et terminé en manière de massue. Les jambes postérieures sont renflées. Les
antennes sont droites et très menues (1).

Tantôt la tarière est très saillante, et formée de trois
filets distincts et égaux.

Les uns ont l'abdomen et les jambes postérieures en forme
de massue; les antennes sont filiformes; la languette est
entière ou simplement échancrée.

Les Foenes propres. (Foenus. Fab. — *Ichneumon*. Lin.) (2)

L'abdomen des autres est comprimé, ellipsoïdal ou en
faucille, et toutes leurs jambes sont grêles; les antennes
sont sétacées.

Les Aulaques. (Aulacus. Jur., Spin.)

Dont l'abdomen est ellipsoïde (3).

Les Paxyllommes. (Paxylloma. Brébisson.)

Où il est en faucille (4).

La seconde tribu, les Ichneumonides (*Ichneumonides*), ont aussi les ailes veinées, et dont les supérieures offrent toujours dans leur disque des cellules
complètes ou fermées. L'abdomen prend naissance
entre les deux pattes postérieures. Les antennes sont
généralement filiformes ou sétacées (très rarement,

---

(1) Les mêmes ouvrages, et l'article *Pélécine* de l'Encycl. méthod.

(2) *Voyez* Jurine, hyménopt.; Latr., Gener. crust. et insect., IV, 3;
et Panzer, sur les hyménopt. *Voyez* aussi Spinol., Insect. Ligur.

(3) *Item*.

(4) *Voyez* le nouveau Dict. d'hist. nat., deuxième éd.; sous-genre
formé sur une seule espèce, ayant de grands rapports avec les ophions de
Fabricius.

en massue), vibratiles et composées d'un très grand nombre d'articles (seize au moins). Dans la plupart, les mandibules n'ont point de dent au côté interne, et se terminent en une pointe bifide. Les palpes maxillaires, toujours apparents ou saillants, n'ont le plus souvent que cinq articles. La tarière est composée de trois filets.

Cette tribu embrasse la presque totalité du genre

Des ICHNEUMONS (ICHNEUMON) de Linneus. (1)

Qui détruisent la postérité des lépidoptères, si nuisibles à l'agriculture sous la forme de chenilles, de même que l'*ichneumon* quadrupède était censé le faire à l'égard du crocodile, en cassant ses œufs, ou même en s'introduisant dans son corps, pour dévorer ses entrailles.

D'autres auteurs ont nommé ces insectes *mouches tripiles*, à raison des trois soies de leur tarière, et *mouches vibrantes*, parce qu'ils agitent continuellement leurs antennes, qui sont souvent contournées, avec une tache blanche ou jaunâtre, en forme d'anneau, dans leur milieu. Ils ont les palpes maxillaires alongés, presque sétacés, de cinq à six articles ; les labiaux sont plus courts, filiformes, et de trois à quatre articulations. La languette est ordinairement entière ou simplement échancrée. Leur corps a, le plus souvent, une forme étroite et alongée ou linéaire, avec la tarière tantôt extérieure, en manière de queue, tantôt fort courte et cachée dans

___

(1) Ce genre comprend au-delà de douze cents espèces, et son étude est hérissée de grandes difficultés. Les travaux de MM. Gravenhorst et Nées de Esenbeck, ont commencé à les aplanir. Le premier vient de publier le prospectus d'un ouvrage complet sur ces insectes, et nous avons tout lieu d'espérer que cette partie intéressante de l'entomologie sera désormais aussi bien éclaircie que l'état de la science peut le permettre.

l'intérieur de l'abdomen, qui se termine alors en pointe, tandis qu'il est plus épais et comme en massue tronquée obliquement, dans ceux où la tarière est saillante. Des trois pièces qui la composent, celle du milieu est la seule qui pénètre dans les corps où ils déposent leurs œufs; son extrémité est aplatie et taillée quelquefois en bec de plume. Les femelles pressées de pondre marchent ou volent (1) continuellement, pour tâcher de découvrir les larves, les nymphes, les œufs des insectes, et même des araignées, des pucerons, etc., destinés à recevoir les leurs et à nourrir, lorsqu'ils seront éclos, leur famille. Elles montrent dans ces recherches un instinct admirable, et qui leur dévoile les retraites les plus cachées. C'est sous les écorces des arbres, dans leurs fentes ou dans leurs crevasses que celles dont la tarière est longue, placent le germe de leur race. Elles y introduisent leur oviducte ou la tarière propre, dans une direction presque perpendiculaire; il est entièrement dégagé des demi-fourreaux, qui sont parallèles entre eux et soutenus en l'air dans la ligne du corps. Mais les femelles, dont la tarière est très courte, peu ou point apparente, placent leurs œufs dans le corps ou sur la peau des larves des chenilles et dans les nymphes, qui sont à découvert, ou très accessibles.

Les larves des ichneumonides n'ont point de pattes, ainsi que toutes les autres des familles suivantes. Celles qui vivent, à la manière des vers intestinaux, dans le corps des larves ou des chenilles, où elles sont même quelquefois en société, ne rongent que leur corps graisseux, ou les parties intérieures qui ne sont point rigoureusement nécessaires à leur conservation ; mais sur le point de se changer en nymphes, elles percent leur peau,

---

(1) Quelques espèces sont aptères ou n'ont que des ailes très courtes. Elles ont été l'objet d'une monographie particulière publiée par M. Gravenhorst, qui en a donné une autre sur les ichneumons du Piémont.

afin d'en sortir, ou bien leur donnent la mort et y achèvent tranquillement leurs dernières métamorphoses. Telles sont aussi les habitudes des larves d'ichneumonides, qui se nourrissent de nymphes ou de chrysalides. Presque toutes se filent une coque soyeuse, pour passer à l'état de nymphe. Ces coques sont quelquefois agglomérées, et soit nues, soit enveloppées d'une bourre ou d'un coton, en une masse ovale, que l'on trouve souvent attachée aux tiges des plantes. Leur réunion et leur disposition symétrique forment dans une espèce un corps alvéolaire, semblable à un petit rayon d'abeille domestique. La soie de ces coques est tantôt d'un jaune d'un blanc uniforme, tantôt mélangée de noir ou de fils de deux couleurs. Les coques de quelques espèces sont suspendues à une feuille ou à une petite branche, au moyen d'un fil assez long. Réaumur a observé que, détachées du corps où elles sont fixées, elles font des sauts dont la hauteur peut aller jusqu'à quatre pouces, les larves renfermées dans les coques rapprochant les deux extrémités de leurs corps et les débandant ensuite, à la manière de quelques petites larves sauteuses de diptères que l'on trouve sur le vieux fromage. Cette famille est très nombreuse en espèces.

La variété du nombre des articles des palpes peut servir de base à trois divisions principales.

La première comprendra les espèces dont les palpes maxillaires ont cinq articles, et les labiaux quatre. La seconde cellule cubitale est très petite, et presque circulaire ou nulle.

Nous formerons une première subdivision avec les espèces dont la tête ne se prolonge jamais en devant sous la forme de museau ou de bec, dont la languette n'est point profondément échancrée, dont les palpes maxillaires sont fort alongés, avec les derniers articles différant sensiblement, quant aux formes et aux proportions, des précédents. La tarière n'est point recouverte à sa base, par une grande lame en forme de vomer.

Ici cette tarière est très saillante.

Quelques espèces se distinguent des autres par leur tête presque globuleuse; leurs mandibules terminées en une pointe entière ou faiblement échancrée, et l'alongement de leur métathorax. La seconde cellule cubitale manque souvent. Tels sont

Les Stéphanes. (Stephanus. Jur. — *Pimpla. Bracon.* Fab.)

Dont le thorax est très aminci en devant, et de niveau à son extrémité postérieure avec l'origine de l'abdomen, de sorte que cette partie du corps paraît presque sessile et insérée à l'extrémité postérieure et supérieure du métathorax, ainsi que dans les évanies. Les cuisses postérieures sont renflées. Le sommet de la tête présente plusieurs petits tubercules (1).

Les Xorides. (Xorides. Latr. — *Pimpla. Cryptus.* Fab.)

Où le métathorax est convexe et arrondi à sa chute, de manière que l'abdomen est inséré, comme d'ordinaire, à son extrémité inférieure, et présente un pédicule très distinct (2).

Parmi les espèces dont la tête est transverse, et dont les mandibules sont très distinctement bifides ou bien échancrées à leur pointe,

Les unes, comme

Les Pimples. (Pimpla. Fab.)

Ont l'abdomen cylindrique, et très brièvement pédiculé.

Nous citerons l'*Ichneumon persuasif* (*persuasorius*) de Linnæus (Panz., Faun. insect., xix, 18), qui est une de nos plus grandes espèces. Son corps est noir, avec des taches sur le thorax et l'écusson blanc; deux points de cette couleur sur chaque anneau de l'abdomen, et les pattes fauves. La tarière est de la longueur du corps.

---

(1) Latr., Gener. crust. et insect., IX, 3; *Bracon serrator*, Fab.; —Ejusd., *pimpla coronator*, et quelques autres esp. inédites d'Amérique.

(2) Latr., ibid., 4; les pimples *mediator, necator* et *meliorator* de Fab., sont probablement des xorides; son *cryptus ruspator* paraît devoir former un sous-genre propre, voisin du précédent.

Son *I. manifestateur* (*manifestator*, Panz., *ibid.*, XIX, 21), qui est noir ainsi que l'écusson, avec les pattes fauves.

Une autre pimple (*ovivora*, Bullet. univ. des scienc. de M. le baron de Férussac) détruit les œufs des araignées (1).

D'autres ont l'abdomen presque ovalaire, avec un pédicule alongé, grêle et arqué. Ce sont

Les Cryptes (Cryptus) de Fabricius.

On en connaît dont les femelles sont aptères, et qui, à raison de ce caractère et de la forme du thorax divisé en deux parties ou nœuds, pourraient constituer un sous-genre propre. On les rencontre presque toujours à terre (2).

Là, la tarière des femelles est cachée ou peu prolongée au-delà de l'anus.

Tantôt l'abdomen est comprimé en forme de faucille ou de massue tronquée.

Les Ophions. (Ophion. Fab.)

Dont les antennes sont filiformes ou sétacées, et ou l'abdomen est en faucille et tronqué au bout. La tarière est un peu saillante. La seconde cellule cubitale est très petite ou nulle.

L'*O. jaune* (*Ichneumon luteus*, Lin.; Schœff., Icon. insect., I, 10), d'un jaune roussâtre, avec les yeux verts. La femelle dépose ses œufs sur la peau de quelques chenilles, particulièrement de celle qu'on nomme la *queue-fourchue* (*Bombyx vinula*). Ils y sont fixés au moyen d'un pédicule long et délié. Les larves y vivent, ayant l'extrémité postérieure de leur corps engagée dans les pellicules des œufs d'où elles sont sorties, y croissent, sans empêcher la chenille de faire sa coque; mais elles finissent par la tuer, en consumant sa substance intérieure, se filent ensuite des coques, les unes auprès des autres, et en sortent sous la forme d'ichneumons: La larve d'une autre

---

(1) Fab., System. Piez.; et l'art. *Pimple* de l'Encyclop. méthod.
(2) Fab., ibid.

espèce (*O. moderator*, Fab.), détruit celle d'un autre ichneumon (*Pimpla strobilellœ*, Fab.) (1).

Les BANCHUS. (BANCHUS. Fab.)

Semblables par les antennes, mais dont l'abdomen est, dans les femelles, rétréci au bout, et terminé en pointe (2).

Les HELLWIGIES. (HELWIGIA.)

Ont le port des précédents, mais leurs antennes sont plus grosses vers le bout (3).

Tantôt l'abdomen est plutôt aplati que comprimé, soit ovalaire, ou presque cylindrique, soit en fuseau.

Dans ceux-ci, l'abdomen est notablement rétréci à sa base, en manière de pédicule.

Les JOPPES. (JOPPA. Fab.)

Qui s'éloignent des suivants par leurs antennes notablement élargies ou épaissies avant le bout, et se terminant ensuite en pointe (4).

Les ICHNEUMONS propres. (ICHNEUMON.)

Dont la tête est transverse, et dont l'abdomen est ovalaire, presque également rétréci aux deux bouts.

Panzer en a séparé génériquement, sous le nom de *trogus*, des espèces dont l'écusson est en forme de tubercule conique, et dont l'abdomen offre de profondes incisions transverses (5).

Les ALOMYES (ALOMYA) du même.

Ont une tête plus étroite et plus arrondie, avec l'abdomen plus élargi vers son extrémité postérieure.

Un ichneumon de notre pays, qui nous paraît être très voisin du *femoralis* de M. Gravenhorst (ichn. pedem., n° 136), très rapproché d'ailleurs des alomyes, est re-

---

(1) Fab., ibid. ; et l'art. *Ophion* de l'Ecyclop. méthod.
(2) Fab., ibid.
(3) *Voyez* le Bullet. univ. des sc. de M. le baron de Férussac.
(4) Fab., ibid.
(5) Fab., ibid. ; et Panz., Révis. des hymén.

marquable par sa tête pyramidale, avec une élévation antérieure portant les antennes. Il pourrait être le type d'un autre sous-genre (*Hypsicera*) (1).

Dans ceux-là, l'abdomen tient au métathorax par la majeure portion de son diamètre transversal, est presque sessile, presque cylindrique, et simplement élargi ou épaissi vers son extrémité postérieure. Tels sont

Les PELTASTES. (PELTASTES. Illig. — *Metopius*. Panz.)

Ils ont une élévation circulaire au dessous des antennes et les bords latéraux de l'écusson relevés et aigus (2).

La seconde et dernière division des espèces dont les palpes maxillaires ont cinq articles, et les labiaux quatre, nous offre une languette profondément échancrée ou presque bifide ; des palpes maxillaires à articles peu différents, ou dont la forme change graduellement. La tarière est saillante et recouverte à sa base par une grande lame, en forme de vomer. Les cuisses postérieures sont grosses. La tête de plusieurs est avancée en manière de museau.

Les ACÆNITES. (ACÆNITUS. Latr.)

Dont la tête ne présente point en devant de saillie en forme de bec (3).

Les AGATHIS. (AGATHIS. Latr.).

Où elle se termine antérieurement de la sorte. Ces insectes se rapprochent, par les ailes, des sous-genres suivants (4).

Notre seconde division des ichneumons ne diffère de la première, à l'égard du nombre des articles des palpes, qu'en ce qu'il y en a un de moins aux labiaux, ou que ces palpes n'en présentent que trois. Ainsi que dans la plupart

(1) Les mêmes ouvrages.

(2) *Ichneumon necatorius*, Fab.; Panz., Faun., insect. Germ., XLVII, 21 ; — *I. migratorius*, Fab.; — *I. amictorius*, Panz., ibid., LXXXV, 14 ; — ejusd., *I. dissectorius*, XCVIII, 14. *Voyez* l'article *Peltaste* de l'Encyclop. méthod.

(3) Latr., Gen. crust. et insect., IV, 9; Encyclop. méthod., Hist. nat. Insect., X, 37.

(4) Latr., ibid., 9; Encyclop., ibid., 38.

des espèces de la division suivante, la seconde cellule cubitale est plus souvent aussi grande que la première, presque carrée. La tarrière est saillante. La pointe des mandibules est bifide ou échancrée.

Les uns ont un hiatus ou vide remarquable entre les mandibules et le chaperon. Les mâchoires sont prolongées inférieurement au-dessous des mandibules. La seconde cellule cubitale est carrée et assez grande. La tarière est longue. Ce sont

Les Bracons (Bracon) de Jurine et de Fabricius.

On pourrait en détacher, ainsi que je l'avais fait anciennement, sous la dénomination générique de Vipion, les espèces dont les antennes sont courtes et filiformes; dont les mâchoires sont proportionnellement plus longues et forment avec la lèvre une espèce de bec, et où les palpes maxillaires ne sont guère plus longs que les labiaux.

Les espèces à antennes sétacées, aussi longues au moins que le corps; à palpes maxillaires beaucoup plus longs que les labiaux, et dont les mâchoires et la lèvre forment au-dessous de mandibules cette sorte de bec, seraient exclusivement des bracons (1).

Les autres n'offrent point, entre les mandibules et le chaperon, de vide. Les mâchoires et la lèvre ne sont point prolongées. La seconde cellule cubitale est très petite. La tarière et même l'abdomen sont courts.

Les Microgastres. (Microgaster. Latr.) (2)

Notre troisième et dernière division, répondant à celle des *Bassus* de M. Nées d'Esenbeck, a, comme la première, quatre articles aux palpes labiaux; mais les maxillaires en ont un de plus, c'est-à-dire six. L'abdomen est demi-sessile.

Ici les mandibules vont en se rétrécissant et se terminent, ainsi que dans les précédents, par deux dents, ou en une pointe bifide ou échancrée.

Les Helcons. (Helcon. Nées d'Es.)

Dont l'abdomen vu en dessus, présente plusieurs an-

____

(1) *Voyez* Latr., ibid., et l'Encyclop. méthod., même tome, p. 35.
(2) Latr., ibid.

neaux, se termine par une longue tarière, et n'est point voûté en dessous (1).

Les Sigalphes. (Sigalphus. Latr.)

Où il est creusé en voûte inférieurement, n'offre en dessus, que trois segments, et dont la tarière est retirée et en forme d'aiguillon (2).

Les Chélones. (Chelonus. Jur.)

Où cette partie du corps, conformée d'ailleurs presque de même, est inarticulée supérieurement (3).

Là, les mandibules sont presque carrées, avec trois dents au bout, une au milieu, et les autres formées par la saillie des angles du bord terminal.

Les Alysies. (Alysia. Lat.) (4)

Nous n'avons pas encore pu étudier complétement divers autres genres établis par MM. Gravenhorse et Nées d'Esenbeck dans leur tableau des genres de la famille des ichneumonides, et nous n'avons pas cru dès lors devoir les mentionner. Celui d'*Anomalon* de Jurine est à supprimer. Il n'est qu'une sorte de magasin où il a réuni, quelles que soient les autres différences organiques, les ichneumons où la seconde cellule cubitale manque.

La troisième tribu, les GALLICOLES (GALLICOLÆ. *Diplolepariœ*, Latr.), n'ont plus aux ailes inférieures qu'une nervure ; les supérieures offrent quelques cellules ou aréoles ; savoir , deux à la base, les brachiales, mais dont l'interne ordinairement incomplète et peu prononcée ; une radiale et triangulaire , et deux ou trois

---

(1) Nées d'Es., Conspect. gener. et famil., Ichneum., p. 29.

(2) Ibid.; Latr., ibid.

(3) Latr., ibid. ; et le même Conspectus,

(4) Latr., ibid. Ce sous-genre paraît se lier avec les gallicoles; ici les mandibules sont toujours dentées au côté interne.

cubitales, dont la seconde, dans ceux où il y en a trois, toujours très petite, et dont la troisième très grande, triangulaire et fermée par le bord postérieur de l'aile. Les antennes sont de la même épaisseur ou vont en grossissant, mais sans former de massue, et composées de treize à quinze articles (1). Les palpes sont fort longs (2). La tarière est roulée en spirale dans l'intérieur de l'abdomen, avec l'extrémité postérieure logée dans une coulisse du ventre.

Les gallicoles forment le genre

Des Cynips (Cynips) de Linnæus.

Geoffroy les distingue mal à propos sous le nom de *diplolèpe*, et appelle *cynips* des insectes de la famille suivante, compris par Linnæus dans sa dernière division des ichneumons.

Les cynips paraissent comme bossus, ayant la tête petite, et le thorax gros et élevé. Leur abdomen est comprimé, en carène ou tranchant à sa partie inférieure, et tronqué obliquement, ou très obtus, à son extrémité. Il renferme, dans les femelles, une tarière qui ne paraît composée que d'une seule pièce longue et très déliée, ou capillaire, roulée en spirale à sa base, ou vers l'origine du ventre, et dont la portion terminale se loge sous l'anus, entre deux valvules alongées, lui formant chacune un demi-fourreau. L'extrémité de cette tarière est creusée en gouttière, avec des dents latérales, imitant celles d'un fer de flèche, et avec les-

----

(1) Selon les sexes, treize dans les Ibalies femelles, la même quantité dans les Figites du même sexe, et quatorze dans leurs mâles; ce dernier nombre dans les Cynips femelles et quinze dans leurs mâles.

(2) Les maxillaires ont généralement quatre articles, et les labiaux trois, dont le dernier un peu plus gros.

quelles l'insecte élargit les entailles qu'il fait aux différentes parties des végétaux, pour y placer ses œufs. Les sucs s'épanchent à l'endroit qui a été piqué, et y forment une excroissance ou une tumeur qu'on nomme *galle*, et dont la plus connue, *noix de galle*, *galle du Levant*, est employée avec une solution de *vitriol vert*, ou de *sulfate de fer*, dans la teinture en noir. La forme et la solidité de ces protubérances varient selon la nature des parties des végétaux qui ont été offensées, comme les feuilles, leurs pétioles, les boutons, l'écorce ou l'aubier, les racines, etc. La plupart sont sphériques, quelques-unes imitent des fruits; telles sont les *galles en pomme*, en *groseille*, en *pepin*, la *galle en forme de nèfle* du chêne tozin, etc. D'autres sont chevelues, comme celle qu'on nomme *bédéguar*, *mousse chevelue*, et qui vient sur le rosier sauvage ou l'églantier. Il y en a de semblables à des pommes d'artichaux, à des champignons, à de petits boutons, etc. ; les œufs renfermés dans ces excroissances, acquièrent du volume et de la consistance. Il en naît de petites larves sans pattes, mais ayant souvent des mamelons qui en tiennent lieu. Tantôt elles y vivent solitairement et tantôt en société. Elles en rongent l'intérieur, sans nuire à son développement, et y restent cinq à six mois dans cet état. Les unes y subissent leurs métamorphoses; les autres la quittent pour s'enfoncer dans la terre, où elles demeurent jusqu'à leur dernière transformation. Des trous ronds que l'on voit à la surface des galles, annoncent que l'animal en est sorti. On y trouve aussi plusieurs insectes de la famille suivante; mais ils ont pris la place des habitants naturels, qu'ils ont détruits, à la manière des ichneumons.

Quelques cynips sont aptères. Une espèce dépose ses œufs dans la semence du figuier sauvage le plus précoce. Les Grecs modernes, suivant à cet égard une méthode que l'antiquité leur a transmise, enfilent plusieurs

de ces fruits et les placent sur les figuiers tardifs; les
cynips sortent chargés de poussière fécondante, s'introduisent dans l'œil des figues de ces derniers, en fécondent les graines et provoquent la maturité du fruit.
Cette opération a été appelée *caprification.*

Les Ibalies. (Ibalia. Latr., Illig. — *Sagaris.* Panz. —
Banchus. Fab.)

Dont l'abdomen est très comprimé dans toute sa hauteur,
en forme de lame de couteau; les antennes sont filiformes.
La cellule radiale est longue, étroite; les deux brachiales
sont très distinctes et complètes ou entièrement fermées; les
deux premières cubitales sont très petites (1).

Les Figites. (Figites. Latr., Jur.)

Où l'abdomen est ovoïde, épaissi et arrondi supérieurement ou simplement comprimé ou tranchant en dessous; et
dont les antennes sont grenues et vont en grossissant. Il n'y
a qu'une cellule brachiale complète; la radiale est très éloi-
gnée du bout de l'aile; la seconde cubitale manque (2).

Les Cynips proprement dits. (Cynips. Lin. — *Diplolepis.*
Geoff.)

Ont l'abdomen semblable, mais les antennes sont filiformes et non grenues. La base des ailes supérieures n'offre
aussi qu'une cellule complète; les cubitales sont au nombre
de trois, et la première est proportionnellement plus grande
que dans les Ibalies; la radiale est pareillement alongée.

Le *C. de la galle à teinture (Diplolepis gallæ tinctoriæ.*
Oliv. Voyage en Turq.), est d'un fauve très pâle, couvert
d'un duvet soyeux et blanchâtre, avec une tache d'un
brun noirâtre et luisant sur l'abdomen. Dans la galle
ronde, dure et hérissée de tubercules, qui vient sur une
espèce de chêne du Levant, et qu'on emploie dans le

---

(1) Latr., Gen. crust. et Insect., IV, p. 17. Les palpes maxillaires,
d'après mes anciennes observations sur ce genre, auraient cinq articles,
tandis que ceux des Figites et des Cynips, n'en ont que quatre.
 (2) Latr., ibid., p. 19, et Jurine.

commerce. En cassant cette galle, on en retire souvent l'insecte parfait.

Nous citerons encore le *C. des fleurs de chêne* (*C. quercus pedunculi*. Lin. ; Réaum., Ins., III, xl, 1-6), qui est gris, avec une croix linéaire sur les ailes; il pique les chatons des fleurs mâles du chêne, et y produit des galles rondes, ce qui les fait ressembler à de petites grappes de fruit.

Le *C. du bédéguar* (*C. rosæ*, Lin.; Réaum., *ibid.*, xlvi, 5-8; et xlvii, 1-4), noir, avec les pieds et l'abdomen, son extrémité exceptée, rouges (1).

La quatrième tribu, celle des Chalcidites (*Chalcidiæ*. Spin.), ne diffère essentiellement de la précédente que par les antennes qui sont, les Eucharis seuls exceptés, coudées et forment, à partir du coude, une massue alongée ou en fuseau, dont le premier article souvent logé dans un sillon. Les palpes sont très courts. La cellule radiale manque ordinairement; il n'y a jamais qu'une cellule cubitale, et qui n'est point fermée. Les antennes n'ont pas au-delà de douze articles. On peut rapporter les genres qu'on a établis dans cette tribu, à celui

Des Chalcis. (Chalcis. Fab.)

Ces insectes sont fort petits, ornés de couleurs métalliques très brillantes, et ont, pour la plupart, la faculté de sauter. La tarière est souvent composée de trois

---

(1) *Voyez*, pour les autres espèces, Linnæus; Oliv., art. *Diplolèpe* de l'Encyclop. méthod. ; Latr., Hist., Gen. des crust. et des insect., XIII, p. 206, et Gen. crust. et insect., IV, p. 18; Jur. et Panzer, sur les *hyménoptères*.

Le docteur Virey a publié, d'après un Mémoire manuscrit de feu Olivier, de nouvelles observations relatives aux galles produites par ces insectes.

filets, ainsi que celle des ichneumons, saillante, et les
larves sont pareillement parasites. Quelques-unes, à raison de leur extrême petitesse, se nourrissent de l'intérieur
d'œufs d'insectes, presque imperceptibles. Plusieurs
autres vivent dans les galles et les chrysalides des lépidoptères. Je soupçonne qu'elles ne se filent point de
coque pour passer à l'état de nymphe.

Les uns, dont les antennes offrent toujours onze à douze
articles, ont les cuisses postérieures très grandes, lenticulaires, avec leurs jambes arquées.

Ici l'abdomen est ovoïde ou conique, pointu à son extrémité, nettement pédiculé, avec la tarière droite et rarement
saillante ou extérieure. Les ailes sont étendues.

On en connaît dont les mâles ont des antennes en éventail.

Les Chirocères. (Chirocera. Latr.) (1)

Celles des autres sont simples dans les deux sexes.

Les Chalcis proprement dits. (Chalcis. — *Vespa.* Sphex. Lin.)

Les uns ont le pédicule de l'abdomen alongé; tels sont
ceux que Fabricius nomme *sispes* et *clavipes*, et qui se trouvent dans les lieux marécageux. Il sont noirs l'un et l'autre.
Le premier a les cuisses postérieures jaunes; elles sont fauves
dans le second.

M. Dalman (Annal. entom. , p. 29) a formé avec une
espèce africaine de cette division, remarquable par sa tête
profondément bifide, prolongée antérieurement ainsi que
ses mandibules, un nouveau genre, celui de Dirrhine (*Dir-
rhinus*). Deux autres espèces, renfermées dans du succin,
dont les antennes se terminent brusquement en une forte
massue ovoïde, de trois articles, et dont la tarière est saillante et aussi longue que le corps, lui ont paru encore devoir constituer un genre propre, Palmon (*Palmon*). Voyez
son Mémoire sur les insectes du copal. V, 21-24.

Les autres ont le pédicule de l'abdomen très court.

---

(1) *Chalcis pectinicornis*, Latr., Gener. crust. et insect., IV, 26.

Tels sont le *C. nain* (*Vespa minuta*, Lin.), qui est très commun sur les fleurs ombellifères, noir, avec les pieds jaunes, et le *C. à jarretières* (*C. annulata*, Fab.), qui se trouve dans les nids des guêpes cartonnières de l'Amérique méridionale, et que Réaumur (Insect., VI, xx, 2, et xxi, 3, 4) a pris pour l'individu femelle de cette guêpe. Il est noir, avec la pointe de l'abdomen alongée, un point blanc à l'extrémité des cuisses postérieures, et les jambes blanches, entrecoupées de blanc (1).

Là, l'abdomen paraît appliqué contre l'extrémité postérieure du métathorax et comme sessile, arrondi ou très obtus au bout, comprimé latéralement. La tarière se recourbe sur le dos. Les ailes sont doublées, et les supérieures offrent une cellule radiale.

Les LEUCOSPIS. (LEUCOSPIS. Fab.)

Le *L. dorsigère* (*L. dorsigera*, Fab., la fem.; *L. dispar.*, le mâle; Panz., Faun., et insect. Germ., LVIII, 15, le mâle), noir; abdomen presque une fois plus long que le thorax, avec trois bandes et deux petites taches jaunes; une ligne transverse sur l'écusson, et deux autres à la partie antérieure du corselet, de cette même couleur. La femelle place ses œufs dans les nids de quelques abeilles maçonnes de Réaumur. Celle d'une autre espèce (*gigas*) pond dans les guêpiers (2).

Les autres, dont les antennes n'ont, dans plusieurs, que cinq à neuf articles, ont les cuisses postérieures oblongues, avec leurs jambes droites.

Parmi ceux dont les antennes, toujours simples dans les deux sexes, sont composées de neuf à douze articles, nous distinguerons d'abord

Les EUCHARIS. (EUCHARIS. Latr., Fab. — *Chalcis*. Jur.)

Les seuls de cette tribu où ces organes sont droits ou point

---

(1) *Voyez* Latr., Gen. crust. et insect., IV, p. 25; Fab., Syst. Piez.; et Olivier, art. *Chalcis* de l'Encycl. méthodique.

(2) Les mêmes ouvrages et la Monographie de ce genre de M. Klüg, dans les Mémoires des cur. de la nature, de Berlin. Swammerdam paraît avoir eu connaissance de l'une de ces espèces.

coudés. L'abdomen est pédiculé. Plusieurs individus soumis à mon examen, ne m'ont offert aucuns vestiges de palpes (1).

Les Thoracantes. (Thoracanta. Latr.)

Insectes recueillis au Brésil par M. de Saint-Hilaire, représentent ici, par leur prolongement scutellaire et recouvrant les ailes, ces hémiptères que M. Delamarck nomme *scutellères.*

Les autres sous-genres, à antennes toujours composées de neuf articles au moins et simples, mais coudées; et dont les ailes ne sont point recouvertes par l'écusson, peuvent se diviser en ceux où ces antennes sont insérées près du milieu de la face antérieure de la tête ou notablement éloignées de la bouche, et en ceux où elles sont insérées très près d'elle.

Dans ceux où elles en sont éloignées, les uns ont l'abdomen presque ovoïde, comprimé sur les côtés, ou plus haut que large, avec la tarière ordinairement saillante et ascendante. Tels sont

Les Agaons. (Agaon. Dalm.)

Très remarquables par la grandeur et la longueur de leur tête, et leurs antennes dont le premier article très grand, en forme de palette triangulaire, et dont les trois derniers forment brusquement une massue alongée. Elles sont garnies de poils (2).

Les Eurytomes. (Eurytoma. Illig.)

Dont les antennes sont comme noueuses et garnies de verticilles de poils, dans les mâles. La tarière est court (3).

Les Misocampes. (Misocampe. Latr. — *Diplolepis.* Fab.)

Où elles sont composées, dans les deux sexes, d'articles très serrés, et sans verticilles de poils. La tarière est longue.

Une espèce vit sous la forme de larve, dans les bédéguars et en dévore celle de leur cynips (4).

---

(1) Latr., Gener. crust. et Insect., IV, 20.
(2) Dalm., Anal. entom., 30; II, 1-6.
(3) Latr., ibid., 27.
(4) Latr., ibid., 29; *G. Cynips.*

Les autres ont l'abdomen aplati en dessus, soit triangulaire et terminé en pointe prolongée dans les femelles, soit presque en cœur ou presque orbiculaire. La tarière est d'ordinaire cachée ou peu saillante.

Ici la nervure des ailes supérieures, située près de la côte, est toujours courbe et se réunit au bord extérieur avant le point calleux. Les deux pieds postérieurs sont les plus grands de tous. L'épine intérieure des jambes intermédiaires est petite.

Les Périlampes. (Perilampus. Latr.)

Ont des mandibules fortement dentées ; la massue des antennes, courte, épaisse ; l'abdomen court, en forme de cœur, point prolongé au bout, l'écusson épais et saillant (1).

Dans les deux sous-genres suivants, l'abdomen des femelles se prolonge en une pointe conique. La massue des antennes est étroite et alongée.

Les Ptéromales. (Pteromalus. Latr. — *Cleptes*. Fab.)

Dont le thorax est court, sans rétrécissement antérieur (2).

Les Cléonymes. (Cleonymus. Latr.)

Où il est alongé et rétréci antérieurement. L'abdomen est aussi proportionnellement plus long, et les antennes ont leur insertion plus basse (3).

Là, la nervure des ailes supérieures, située près de la côte, est quelquefois droite, et se réunit au point calleux. Les pieds intermédiaires sont les plus longs de tous, et leurs jambes ont une forte épine au côté interne.

L'écusson est avancé.

Les Eupelmes. (Eupelmus. Dalm.)

Où la nervure sous-costale, ainsi que dans les précédents, est courbe, et se réunit au bord extérieur, avant le point

---

(1) Latr , ibid. , 3o.
(2) Latr. , ibid. , 3 ɪ.
(3) Latr., ibid. , 29.

calleux. Le premier article des tarses intermédiaires est grand
et cilié en dessous (1).

Les Encyrtes. (Encyrtus. Latr.)

Où cette nervure est droite et se joint au point calleux, ou
plutôt au rameau commençant la cellule cubitale. La massue
des antennes est comprimée et tronquée au bout (2).

Les Spalangies. (Spalangia. Latr.)

Se distinguent des précédents par leurs antennes (généralement plus longues) insérées très près du bord antérieur
de la tête (3).

Les Eulophes. (Eulophus. Geoff., Latr. — *Entodon*. Dalm.)

N'ont que cinq à huit articles aux antennes, et celles des
mâles sont rameuses (4).

La cinquième tribu, les Oxyures (*Oxiuri*. Lat.),
Semblables aux précédents quant à l'absence de
nervures aux ailes inférieures, ont, dans les femelles, l'abdomen terminé par une tarière tubulaire, conique, tantôt interne, exsertile et sortant par l'anus,
comme un aiguillon, tantôt extérieure et formant
une sorte de queue ou de pointe terminale ; les antennes sont composées de dix à quinze articles, soit
filiformes ou un peu plus grosses vers le bout, soit
en massue dans les femelles. Les palpes maxillaires
de plusieurs sont longs et pendants.

---

(1) Dalm., Monog. des ptérom.

(2) Latr., ibid., 31.

(3) Latr., ibid., 29.

(4) Latr., ibid., 28; Nouv. Dict. d'hist. nat., deuxième édit., et le
quatorzième vol. des Trans. linn., p. III. Voyez, pour ces divers sous-
genres, un Mémoire sur les diplolépaires de M. Maximilien Spinola,
inséré dans les Annales du Muséum d'hist. nat., ainsi qu'un beau travail
de M. Dalman, sur les insectes de cette tribu.

Nous réduisons les divers genres dont elle se compose à celui

Des Béthyles (Bethylus) de Latreille et de Fabricius.

Leurs habitudes sont probablement les mêmes que celles des chalcidites ; mais, comme la plupart de ces insectes se trouvent sur le sable ou sur les plantes peu élevées, je soupçonne que leurs larves vivent cachées dans la terre.

Les uns ont des cellules ou des nervures brachiales aux ailes supérieures. Les palpes maxillaires sont toujours saillants. Les antennes sont filiformes, ou vont simplement en grossissant, dans les deux sexes.

Ici elles sont insérées près de la bouche.

Les Dryines. (Dryinus. Latr. — *Gonatopus*. Klüg.)

Leurs antennes sont droites, de dix articles dans les deux sexes, dont les derniers un peu plus gros. Le thorax est divisé en deux nœuds. Les tarses antérieurs se terminent par deux grands crochets dentelés, dont l'un est replié. Quelques femelles sont aptères (1).

Les Antéons. (Anteon. Jur.)

N'ont aussi que dix articles aux antennes, du moins dans les mâles ; mais leur thorax est continu. Tous les tarses se terminent par des crochets ordinaires, simples et droits. Les ailes supérieures ont un grand point cubital (2).

Les Béthyles propres. (Bethylus. Latr., Fab. — *Omalus*. Jur.)

Dont les antennes sont coudées, de treize articles dans les deux sexes : dont la tête est aplatie, et où le prothorax est alongé, presque triangulaire (3).

---

(1) Latr., Gener. crust. et insect., IV, 39 ; Dalm., Annal. entom. 7.
(2) Jur., Hymen.
(3) Latr., ibid., 40.

Là, les antennes toujours composées de treize à quinze articles, sont insérées près du milieu de la face antérieure de la tête.

Tantôt elles sont droites ou presque droites.

Les PROCTOTRUPES. (PROCTOTRUPES. Latr. — *Codrus.* Jur.)

Où elles sont de treize articles dans les deux sexes ; dont les mandibules sont arquées et sans dents au côté interne ; dont l'abdomen est très brièvement et insensiblement pédiculé, se terminant, dans les femelles, en une pointe ou queue cornée, souvent longue, et formant la tarière ; le second anneau est fort grand (1).

Tantôt les antennes sont très distinctement coudées.

Les HÉLORES. (HELORUS. Latr., Jur.)

Les antennes ont quinze articles. Les mandibules sont dentées au côté interne. Le premier anneau de l'abdomen forme un pédicule brusque, long et cylindrique (2).

Les BÉLYTES. (BELYTA. CINETUS. Jur.)

Leurs antennes sont de quatorze ou quinze articles, filiformes dans les mâles, plus grenues et plus grosses vers le bout, dans les femelles (3).

Les autres oxyures n'ont ni cellules, ni nervures brachiales ou basilaires.

Ceux-ci ont leurs antennes insérées-sur le front.

Les DIAPRIES. (DIAPRIA. Latr. — *Psilus.* Jur.)

Les ailes n'ont aucune cellule. Les palpes maxillaires sont saillants. Les antennes ont quatorze (mâles) ou douze (femelles) articles (4).

Dans ceux-là, elles sont insérées près de la bouche.

Les CÉRAPHRONS. (CERAPHRON. Jur., Latr.)

Ont une cellule radiale, les palpes maxillaires saillants,

____

(1) Latr., ibid., 38.
(2) Latr., ibid., 38.
(3) Latr., ibid., 37.
(4) Latr., ibid., 36.

les antennes filiformes dans les deux sexes, de onze articles, et l'abdomen ovoïdo-conique (1).

Les Sparasions. (Sparasion. Latr.)

Semblables aux céraphrons, quant à la cellule radiale et à la saillie des palpes maxillaires, mais où les antennes ont douze articles dans les deux sexes, sont plus grosses au bout ou en massue dans les femelles, et où l'abdomen est aplati (2).

Viennent encore deux sous-genres ayant aussi une cellule radiale; dont les antennes, ainsi que celles des sparasions, sont plus grosses au bout ou en massue dans les femelles; qui ont aussi l'abdomen aplati, mais dont tous les palpes sont fort courts et ne font point de saillie, ou ne sont point pendants en dessous.

Les Téléas. (Teleas. Latr.)

Dont les antennes ont douze articles (3).

Les Scelions. (Scelion. Latr.)

Où elles n'en ont que dix (4).
Dans le dernier sous-genre, celui

De Platygastre. (Platygaster. Latr.)

La cellule radiale n'existe plus. Les antennes des deux sexes n'ont que dix articles, dont le premier et le troisième fort alongés. Les palpes sont fort courts. L'abdomen est aplati, en forme de spatule.

Je rapporte à ce sous-genre le *Psile de Bosc*, de Jurine, insecte très singulier, en ce que le premier anneau de l'abdomen donne naissance à une corne solide, recourbée en avant, jusque au-dessus de la tête, et qui, suivant les observations d'un naturaliste très habile, M. Leclerc de Laval, est le fourreau de la tarière. Cette espèce est très petite et entièrement noire (5).

---

(1) Latr., ibid., 35.
(2) Latr., ibid., 34.
(3) Latr.. ibid., 32.
(4) Latr., ibid., ibid.
(5) Latr., ibid.

La sixième tribu, les Chrysides (*Chrysides*. Lat.), n'ont point , de même que ceux des trois tribus précédentes, les ailes inférieures veinées ; mais leur tarrière est formée par les derniers anneaux de l'abdomen , à la manière des tubes d'une lunette d'approche , et se termine par un petit aiguillon. L'abdomen , qui, dans les femelles , ne paraît composé que de trois à quatre anneaux , est voûté ou plat en dessous, et peut se replier contre la poitrine ; l'insecte prend alors la forme d'une boule.

Cette tribu comprend le genre

Des Chrysis (Chrysis) de Linnæus.

Par la richesse et l'éclat de leurs couleurs , ils vont de pair avec les colibris et les oiseaux-mouches ; aussi les désigne-t-on sous le nom de *Guêpes dorées*. On les voit se promener, mais toujours dans une agitation continuelle et avec une grande vivacité, sur les murs et sur les vieux bois exposés aux ardeurs du soleil. On les trouve aussi sur les fleurs. Leur corps est alongé et couvert d'un derme solide. Leurs antennes sont filiformes, coudées, vibratiles, et composées de treize articles dans les deux sexes. Les mandibules sont arquées, étroites et pointues. Les palpes maxillaires sont ordinairement plus longs que les labiaux, filiformes, et de cinq articles inégaux ; les labiaux en ont trois. La languette est le plus souvent échancrée. Le thorax est demi-cylindrique, et offre plusieurs sutures ou lignes imprimées et transverses. L'abdomen du plus grand nombre est en demi-ovale, tronqué à sa base, et semble, au premier coup d'œil, suspendu au corselet par toute sa largeur ; le dernier anneau a souvent de gros points enfoncés, et se termine par des dentelures.

Les chrysides déposent leurs œufs dans les nids des apiaires solitaires maçonnes, ou dans ceux de quelques autres hyménoptères. Leurs larves dévorent celles de ces insectes.

Les uns ont les mâchoires et la lèvre très longues, composant une fausse trompe, fléchie en dessous, et les palpes très petits, de deux articles. Tels sont

Les PARNOPÈS (PARNOPES) de Latreille.

Le *P. incarnat* (*P. carnea.*) place ses œufs dans les nids du *Bembex rostrata* de Fabricius (1).

Les autres n'ont point de fausse trompe ; leurs palpes maxillaires sont de grandeur moyenne ou alongés et composés de cinq articles ; il y'en a trois aux labiaux.

Tantôt le thorax n'est point rétréci antérieurement ; l'abdomen est en demi-ovale, voûté, et n'offre à l'extérieur que trois segments, comme dans

Les CHRYSIS proprement dits. (CHRYSIS. Fab.)

Ceux dont les quatre palpes sont égaux, et dont la languette est profondément échancrée, forment le genre STILBE (STILBUM) de M. Max. Spinola, auquel on peut réunir les EUCHRÉES (EUCHRÆUS) de Latreille.

Ceux dont les palpes maxillaires sont beaucoup plus longs que les labiaux, et qui ont la languette échancrée, avec l'abdomen arrondi et uni au bout, ont été distingués génériquement sous le nom d'HÉDYCHRES. (HEDYCHRUM).

Ceux qui, semblables aux hédychres par les proportions relatives des palpes, ont la languette arrondie et entière, forment les genres ELAMPE (ÉLAMPUS) et CHRYSIS (CHRYSIS) de M. Spinola. Les mandibules, dans le premier, ont deux dents au côté interne ; l'abdomen est uni et arrondi au bout ; l'extrémité postérieure du corselet a une épine. Les mandibules, dans le second, n'ont qu'une dentelure au même bord ; l'abdomen est plus alongé, tronqué au bout, et offre souvent près de cette extrémité une rangée trans-

____

(1) Latr., Gen., crust. et insect., IV, p. 47, et Annal. du Muséum d'hist. naturelle.

verse de gros points enfoncés ; dans cette subdivision se place le chrysis le plus commun en Europe.

Le *C. enflammé* (*C. ignita* , Lin.) Panz., Faun. insect. Germ., V, 22 ; qui est bleu, mêlé de vert, avec l'abdomen d'un rouge cuivreux doré, et terminé par quatre dentelures.

Tantôt le corselet est rétréci en devant ; l'abdomen a une figure presque ovoïde, sans être voûté, et offre quatre segments dans les femelles et cinq dans les mâles. Tels sont

Les Cleptes (Cleptes) de Latreille.

Les mandibules sont courtes et dentelées. La languette est entière (1).

La seconde section des hyménoptères, celle des . Porte-aiguillon (*Aculeata*), diffère de la première par le défaut de tarière ; un aiguillon de trois pièces, caché et rétractile, la remplace ordinairement, dans les femelles, et dans les neutres des espèces réunies en société. Quelquefois, comme dans plusieurs fourmis, cet aiguillon n'existe point, et l'insecte se défend en éjaculant une liqueur acide renfermée dans des réservoirs spéciaux, sous la forme de glandes (2).

Les hyménoptères de cette section ont toujours les antennes simples et composées d'un nombre d'articles constant, savoir de treize dans les mâles et de douze dans les femelles. Les palpes sont or-

___

(1) *Voyez*, pour toutes ces divisions, Latr., Gen. crust. et insect., IV, pag. 41 et suiv. ; Améd., Lepeletier, Ann. du Mus. d'hist. nat. ; Maxim. Spinola, Insect. Ligur. ; Jurine et Panzer sur les *hyménoptères*.

(2) *Voyez*, pour ce qui concerne les organes du venin, outre les Mémoires de Réaumur sur les abeilles, celui de M. Léon Dufour relatif aux scolies, cité dans les généralités des insectes de cet ordre.

dinairement filiformes ; les maxillaires, souvent plus longs, ont six articles et les labiaux quatre. Les mandibules sont plus petites et souvent moins dentées dans les mâles que dans les autres individus. Les quatre ailes sont toujours veinées. L'abdomen, uni au thorax par un pédicule ou un filet, est composé de sept articles dans les mâles, et de six dans les femelles. Les quatre ailes sont toujours veinées et offrent les diverses sortes de cellules ordinaires.

Les larves n'ont jamais de pieds, et vivent des aliments que les femelles ou les neutres leur fournissent, et consistant, soit en cadavres d'insectes, soit en sucs de fruits, et pour d'autres, en un mélange de pollen, d'étamines et de miel.

Cette section est divisée en quatre familles.

La première famille de la seconde section, celle

Des HÉTÉROGYNES. (HETEROGYNA.)

Se compose de deux ou trois sortes d'individus, dont les plus communs, les neutres ou les femelles, n'ont point d'ailes, et rarement des yeux lisses très distincts.

Ils ont tous les antennes coudées et la languette petite, arrondie et voûtée, ou en cuiller.

Les uns vivent en société, et nous offrent trois sortes d'individus, dont les mâles et les femelles ailés, et les neutres sans ailes ; dans les deux dernières sortes d'individus, les antennes vont en grossissant, et la longueur de leur premier article égale au moins le tiers de leur longueur totale ; le second est presque aussi long que le troisième, et a la forme d'un cône renversé. Le labre des neutres est grand, corné, et tombe perpendiculairement sous les mandibules. Ces hyménoptères comprennent le genre

Des Fourmis (Formica) de Linnæus (1).

Si vantées pour leur prévoyance, dont plusieurs sont si connues, les unes, par les dégâts qu'elles font dans nos jardins, dans l'intérieur même des habitations, où elles attaquent les sucreries, les viandes conservées, et leur communiquent une odeur de musc désagréable ; les autres, par le tort qu'elles font aux arbres, en rongeant leur intérieur pour s'y établir et s'y propager.

Les fourmis ont le pédicule de l'abdomen en forme d'écaille ou de nœud, soit unique, soit double, caractère qui les fait aisément reconnaître. Elles ont des antennes coudées, ordinairement un peu plus grosses vers le bout, la tête triangulaire, avec les yeux ovales ou arrondis et entiers, le chaperon grand, les mandibules très fortes dans le plus grand nombre, mais dont la forme varie beaucoup dans les neutres ; les mâchoires et la lèvre petites ; les palpes filiformes, dont les maxillaires plus longs ; le thorax comprimé sur les côtés, et l'abdomen presque ovoïde, muni, dans les femelles et les ouvrières, tantôt d'un aiguillon, tantôt de glandes situées près de l'anus, et qui sécrètent un acide particulier, distingué sous le nom de *formique*.

Elles vivent en sociétés et souvent très nombreuses.

____

(1) Tribu des Formicaires (*formicariæ*), Latr., Fam. natur. du reg. anim., 452.

Chaque espèce est de trois sortes : les *mâles* et les *fe-melles*, qui ont des ailes longues, moins veinées que dans les autres hyménoptères de cette section et très caduques, et les *neutres*, privés d'ailes, et qui ne sont que des femelles dont les ovaires sont imparfaits. Les deux premières sortes d'individus ne se trouvent, sous leur dernière forme, que passagèrement dans l'habitation. Ils en sortent dès qu'ils ont acquis des ailes. Les mâles, très inférieurs pour la taille aux femelles, ayant encore la tête et les mandibules proportionnellement plus petites, et les yeux plus gros, les fécondent au milieu des airs, où ils forment avec elles des essaims nombreux, et périssent bientôt après, sans rentrer dans leur ancien domicile, où leur présence n'est plus nécessaire. Ces femelles, propres à devenir mères, s'éloignent de leur berceau, et après avoir détaché leurs ailes, au moyen de leurs pattes, fondent un nouvel établissement. Quelques-unes cependant, parmi celles qui s'accouplent aux environs de la fourmilière, sont retenues par les neutres, qui les ramènent dans l'habitation, les empêchent d'en sortir, leur arrachent les ailes, et les contraignent d'y faire leur ponte ; mais elles en sont chassées, à ce que l'on croit, dès que le vœu de la nature est rempli.

Les *neutres*, distincts, non-seulement par le défaut d'ailes et d'yeux lisses, mais encore par la grandeur de leur tête, leurs fortes mandibules, leur thorax plus comprimé et souvent noueux, leurs pieds proportionnellement plus longs, sont seuls chargés des travaux relatifs à l'habitation et à l'éducation des petits. La nature et la forme des nids ou fourmilières varient selon l'instinct particulier des espèces ; elles les établissent plus généralement dans la terre ; les unes n'emploient que ses molécules, et leur habitation est presque entièrement cachée ; les autres s'emparent de fragments de matières végétales et autres qu'elles rencontrent, et élèvent au-dessus du terrain où elles se sont établies, des monticules coniques ou en forme de dômes. On en connaît qui ont pour domicile habituel le tronc des vieux arbres, dont elles percent l'intérieur en tout sens ou en manière de labyrinthe. Elles tirent parti de la sciure. Diverses routes ou galeries, quoique irrégulières en apparence, conduisent au séjour spécial de la race future.

Les neutres vont à la recherche des provisions, paraissent s'instruire par le toucher et l'odorat de l'heureux succès de leurs découvertes, s'encourager et s'aider mutuellement; des fruits, des insectes ou leurs larves, des cadavres de quadrupèdes ou d'oiseaux de petite taille, etc., leur servent de nourriture. Elles donnent la becquée aux larves, les transportent, dans les beaux jours, à la superficie extérieure de leur habitation, pour leur procurer de la chaleur, les redescendent plus bas, aux approches de la nuit ou du mauvais temps, les défendent contre les attaques de leurs ennemis, et veillent avec le plus grand soin à leur conservation, particulièrement lorsqu'on dérange leurs nids. Elles ont la même attention pour les nymphes, dont les unes sont renfermées dans une coque et les autres à nu; elles déchirent l'enveloppe des premières lorsque le temps de leur dernière métamorphose est arrivé.

Diverses espèces de fourmilières m'avaient offert des individus neutres, remarquables par leur tête beaucoup plus grosse que d'ordinaire et en plus petit nombre. Dupont de Nemours, sans être naturaliste, avait déjà aussi observé cette différence (Voyez son *Recueil de mémoires sur divers sujets*). M. De la Cordaire, que j'ai déjà cité, m'a donné une fourmi neutre, voisine de l'*Atta cephalotes* de Fabricius, en m'assurant que les individus de cette sorte étaient les défenseurs de leur société, et paraissaient en outre remplir les fonctions de capitaines, dans leurs excursions, et qu'ils se tenaient alors sur les côtés de la troupe voyageuse.

On donne vulgairement le nom d'*œufs de fourmis* aux larves et aux nymphes; ceux de la *F. fauve* servent de nourriture aux jeunes faisans. Les neutres empêchent les individus qui viennent d'acquérir des ailes, de sortir, jusqu'au moment propice et toujours déterminé par une chaleur de l'atmosphère assez forte. Elles leur donnent alors leur liberté, en leur frayant des issues favorables.

La plupart des fourmilières sont uniquement composées d'individus de la même espèce; mais la nature s'est écartée de ce plan à l'égard de la *F. roussâtre* ou *amazone*, et de celle que j'ai nommée *sanguine*. Leurs neutres se procurent par la violence des auxiliaires de leur caste, mais d'espèces différentes, et que j'ai désignées sous le nom de *noir-cendrée mineuse*. Lorsque la chaleur du jour commence à décliner, et régulièrement à la même heure, du moins pendant quelques jours, les fourmis *amazones* ou *légionnaires* quittent leurs nids, s'avancent sur une colonne serrée, plus ou moins nombreuse suivant l'étendue de la population, et se dirigent en corps d'armée jusqu'à la fourmilière qu'elles veulent spolier. Elles y pénètrent, malgré l'opposition et la défense des propriétaires, saisissent avec leurs mandibules les larves et les nymphes des fourmis neutres, propres à ces sociétés, et les transportent, en suivant le même ordre, dans leur habitation. D'autres fourmis neutres de leur espèce, mais en état parfait, qui y ont pris naissance ou qui ont été arrachées à leurs foyers, de la même manière, en prennent soin, ainsi que de la postérité de leurs vainqueurs. Telle est la composition des *fourmilières mixtes*. Ces curieuses observations, et que j'ai vérifiées, sont dues à M. Huber fils, qui, par ses découvertes, marche si glorieusement sur les traces de son père.

On sait que les fourmis sont très friandes d'une liqueur sucrée qui transsude du corps des pucerons et des gallinsectes. Quatre à cinq espèces portent et rassemblent au fond de leur nid, surtout dans la mauvaise saison, ces pucerons et leurs œufs même. Elles s'en disputent aussi entre elles la possession. Il y en a qui se construisent, avec de la terre, de petites galerie, partant de la fourmilière et prolongées dans toute la longueur des arbres, jusqu'aux branches chargées de ces insectes. Ces faits intéressants ont été recueillis par le naturaliste que nous venons de citer (Voyez ses *Recherches sur les fourmis indigènes*).

Les fourmis pourvues de sexe périssent au plus tard vers la fin de l'automne ou dès les premiers froids. Les ouvrières passent l'hiver engourdies dans leurs fourmilières; leur prévoyance si célébrée n'a d'autre but, à cet égard, que d'augmenter et de consolider leur habitation par toutes sortes de moyens; car des vivres seraient inutiles pour un temps où elles ne peuvent en faire usage.

L'économie des fourmis étrangères, particulièrement de celles qui habitent les contrées équatoriales, nous est inconnue. Si l'espèce qu'on a nommée *fourmi de visite* rend quelquefois service à nos colons, en purgeant leurs habitations des rats et d'une foule d'insectes domestiques destructeurs ou incommodes, d'autres espèces font maudire leur existence, par les pertes considérables qu'elles font éprouver et qu'il est impossible de prévenir.

Je divise le genre des fourmis de la manière suivante.

1° Les FOURMIS proprement dites (FORMICA), qui manquent d'aiguillon, dont les antennes sont insérées près du front, et qui ont des mandibules triangulaires, dentelées et incisives. Le pédicule de l'abdomen n'est jamais formé que d'une écaille ou d'un nœud.

La *F. biépineuse* (*F. bispinosa*), Latr., Hist. nat. des Fourm., p. 133, IV, 20 ; noire ; deux épines en avant du corselet ; écaille de l'abdomen terminée en une pointe longue et aiguë. A Cayenne. Elle compose son nid d'une grande quantité de duvet, qu'elle tire, à ce qu'il paraît, des semences d'un espèce de fromager.

La *F. fauve* (*F. rufa*, Lin.) Lat., *ibid.*, v, 28. Mulet long de près de quatre lignes, noirâtre, avec une grande partie de la tête, le thorax et l'écaille fauves; thorax inégal ; les petits yeux lisses un peu apparents. Elle forme dans les bois des nids en pain de sucre ou en dôme, composés de terre, de fragments de bois, etc., et qui sont souvent très considérables. Elle fournit l'acide dit *formique*. Les individus ailés paraissent au printems.

La *F. sanguine* (*F. sanguinea*, Lat.), *ibid.*, v, 29. Mulet semblable à la précédente, mais d'un rouge sanguin, avec l'abdomen d'un noir cendré. Elle vit dans les bois, et c'est une de celles que M. Huber nomme *F. amazones* ou *légionnaires*.

La *F. mineuse* (*F. cunicularia*, Lat.). Tête et abdomen du mulet noirs; environs de la bouche, dessous de la tête, premier article des antennes, thorax et pieds, d'un fauve pâle. Cette espèce et la suivante sont enlevées par les fourmis *amazones*, et transportées dans leurs nids, pour qu'elles les remplacent et les aident dans l'éducation des petits de leurs races.

La *F. noir cendrée* (*F. fusca*, Lin.) Lat., *ibid.*, vi, 32. Mulet d'un noir cendré, luisant, avec la base des antennes et les pieds rougeâtres; écaille grande, presque triangulaire ; apparence de trois yeux lisses.

2° Les POLYERGUES (POLYERGUS. Latr.), où l'aiguillon manque encore, mais dont les antennes sont insérées près de la bouche, et dont les mandibules sont étroites, arquées ou très crochues.

La *F. roussâtre* de Latreille (Hist. nat. des Fourmis, vii, 38) est celle que M. Huber fils désigne plus spécialement sous le nom d'amazone. Voyez ses *Recherches sur les Fourmis indigènes*, pâg. 210 — 260, pl. ii, *F. roussâtre*. Dans toute la France.

3° Les PONÈRES (PONERA. Latr.). Les mulets et les femelles armés d'un aiguillon; pédicule de l'abdomen formé d'une seule écaille ou d'un seul nœud; antennes de ces individus plus grosses vers le bout; mandibules triangulaires; tête presque de cette forme, sans échancrure remarquable, à son extrémité postérieure.

On trouve aux environs de Paris une espèce de ce sous-genre, la *F. resserrée* (*F. contracta*) de Latreille, *ibid.*, VII, 40. Le mulet n'a presque pas d'yeux et vit sous les pierres, en société très peu nombreuse. Il est très petit, noir, presque cylindrique, avec les antennes et les pieds d'un brun jaunâtre.

Les ODONTOMAQUES. (ODONTOMACHUS. Latr.)

Ont aussi le pédicule de l'abdomen formé d'un seul nœud, mais terminé supérieurement en forme d'épine; les antennes très menues et filiformes dans les mulets; la tête de ces mêmes individus est en carré long, très échancrée postérieurement, avec les mandibules longues, étroites, parallèles, et terminées par trois dents.

Toutes les espèces connues sont exotiques (1).

4° Les MYRMICES (MYRMICA. Latr.), ayant aussi un aiguillon, mais dont le pédicule de l'abdomen est formé de deux nœuds; leurs antennes sont découvertes, et les palpes maxillaires sont longs, à six articles distincts, les mandibules sont triangulaires. Telle est

La *F. rouge* (*F. rufa*) de Linnæus. Lat., *ibid.*, x, 62. Le mulet est rougeâtre, finement chagriné, avec l'abdomen luisant et lisse; une épine sous le premier nœud de son pédicule; son troisième anneau un peu brun. Cette fourmi pique assez vivement. Dans les bois.

Des espèces, entièrement semblables aux myrmices, mais à mandibules linéaires, composent le sous-genre

ÉCITON. (ÉCITON. Latr.) (2).

5°. Les ATTES (ATTA) de Fabricius (3), ne diffèrent des myr-

---

(1) Latr., Gener., crust. et Insect., IV, 128.
(2) Latr., ibid., 130.
(3) OEcodome, du nouv. Dict. d'hist. nat., deuxième édit.

mices que par leurs palpes très courts, et dont les maxillaires ont moins de six articles. La tête des mulets est ordinairement très grosse.

De ce nombre est la *F. de visite* (*Atta cephalotes*, Fab.) Lat. *ibid.*, IX, 57.

6° Les CRYPTOCÈRES (CRYPTOCERUS. Latr.), toujours munis d'un aiguillon, avec le pédicule de l'abdomen formé de deux nœuds ; mais dont la tête, très grande et aplatie, a une rainure de chaque côté, pour loger une partie des antennes. Espèces propres à l'Amérique méridionale (1).

Les autres HÉTÉROGYNES vivent solitairement ; chaque espèce n'est composée que de deux sortes d'individus, de *mâles* ailés, et de *femelles* aptères et toujours armées d'un fort aiguillon. Les antennes sont filiformes ou sétacées, vibratiles, avec le premier et le troisième articles alongés ; la longueur du premier n'égale jamais le tiers de la longueur totale de ces organes

Ils forment le genre

Des MUTILLES (MUTILLA) de Linnæus (2).

Les unes, dont on n'a encore observé que les mâles, ont les antennes insérées près de la bouche, la tête petite et l'abdomen long et presque cylindrique, comme dans

Les DORYLES (DORYLUS) de Fabricius.

Insectes propres à l'Afrique et aux Indes (3).

Les LABIDES (LABIDUS) de Jurine.

Hyménoptères de l'Amérique méridionale, en diffèrent par

---

(1) *Voyez* Latr., Hist. nat. des fourmis ; ejusd., Gen. crust. et insect., IV, p. 124 ; Huber, sur les *fourmis indigènes* ; Fabricius, etc.

(2) Tribu des MUTILLAIRES (*mutillariæ*), Latr., Fam. natur. du reg. anim., 452.

(3) *Voyez* Fabricius et Latreille, Gen. crust. et insect., IV, p. 123.

les mandibules plus courtes et moins étroites, et par leurs palpes maxillaires de la longueur au moins des labiaux, et composés au moins de quatre articles; ils sont très petits et de deux articles au plus dans les doryles (1).

Les autres ont les antennes insérées près du milieu de la face de la tête, qui est plus forte que dans les précédents; l'abdomen est tantôt conique, tantôt ovoïde ou elliptique. Ce sont

Les Mutilles proprement dites. (Mutilla.)

On trouve ces insectes dans les lieux chauds et sablonneux. Les femelles courent très vite et sont toujours à terre. Les mâles se posent souvent sur les fleurs, mais on ignore d'ailleurs leur manière de vivre.

Les espèces dont le corselet est presque cubique, sans nœuds ni apparence de divisions en dessus, dans les femelles, composent les genres Aptérogyne (2), Psammotherme et Mutille de Latreille. L'abdomen des aptérogynes (*apterogyna*) a les deux premiers anneaux en forme de nœuds, comme dans plusieurs fourmis. Les antennes des mâles sont longues, grêles, sétacées. Leurs ailes supérieures n'offrent que des cellules brachiales ou basilaires, et une seule cellule cubitale, petite et de forme rhomboïdale. Il y en a trois avec deux nervures récurrentes, dans les psammothermes (*psammotherma*) (3), et les mutilles. Ici, d'ailleurs, le second segment de l'abdominal est beaucoup plus grand que le précédent, et ne forme point de nœud. Les antennes des mâles des psammothermes sont pectinées, celles des mutilles sont simples dans les deux sexes.

La *M. tricolore* (*Mutilla europœa*. Lin.), Coqueb. Illust., Icon. insect., dec., II, xvi, 8. La femelle est noire, avec le thorax rouge, et trois bandes blanches, dont les deux dernières rapprochées, sur l'abdomen. Elle a un fort aiguil-

---

(1) *Voyez* Jurine et Latr., ibid.

(2) Latr., ibid., p. 121. Voyez le Dict. class. d'Hist. natur. ; Dalm., Anal. entom., 100, où il donne la fig. de la scolie *globularis* de Fab., mâle d'une autre espèce d'*apteroygne*.

(3) *Mutilla flabellata* de Fab.; feu Delalande a rapporté de son voyage au cap de Bonne-Espérance, un individu de ce genre.

lon. Le mâle est d'un noir bleuâtre, avec le dessus du thorax rouge et l'abdomen comme dans la femelle (1).

Les espèces qui, dans les deux sexes, ont le thorax égal en-dessus, mais partagé en deux segments distincts, avec l'abdomen conique dans les femelles, elliptique et déprimé dans les mâles, composent le genre MYRMOSE (MYRMOSA) de Latreille et de Jurine (2).

Celles où le thorax des femelles est encore égal en dessus, mais divisé en trois segments par des sutures, et qui ont les palpes maxillaires très courts, avec le second article des antennes amboîté dans le premier, forment le genre des MYRMECODES (MYRMECODA) de Latreille (3).

Les SCLÉRODERMES (SCLERODERMA) de Klüg n'en diffèrent que par les palpes maxillaires alongés et les antennes, dont le second article est découvert (4).

Les MÉTHOQUES (METHOCA) de Latreille ont le dessus du thorax comme noueux ou articulé (5).

La seconde famille de cette section, celle

Des FOUISSEURS (FOSSORES) ou GUÊPES-ICHNEU-MONS (6).

Comprend des hyménoptères à aiguillon, dont tous les individus sont ailés, de deux sortes, et vivant solitairement ; dont les pieds sont exclusivement propres à marcher, et dans plusieurs à fouir ; la languette est toujours plus ou moins

(1) Ibid. ; Olivier, art. *Mutille* de l'Encyclop. méthod.; et Klüg, Entom. brasil. specim.

(2) Latr., ibid., p. 119, et Jurine sur les *hymén.*

(3) Latr., ibid., p. 118.

(4) Latr., ibid.

(5) Latr., ibid.

(6) M. Van-der-Linden, que nous avons déjà cité, vient d'acquérir de nouveaux droits à notre estime et notre reconnaissance, par la publication de la première partie d'une Monographie des insectes européens de cette famille (Observ. sur les hymén d'Eur., de la fam. des fouisseurs).

évasée à son extrémité, et jamais filiforme ou sétacée; les ailes sont toujours étendues. Ils composent le genre

Des SPHEX (SPHEX) de Linnæus.

La plupart des femelles placent à côté de leurs œufs,
dans les nids qu'elles ont préparés pour leurs petits., et
le plus souvent dans la terre ou dans le bois, divers
insectes ou leurs larves; quelquefois aussi des arachnides
qu'elles ont préalablement percés de leur aiguillon, et
qui servent de nourriture à ces petits. Les larves n'ont
jamais de pieds, ressemblent à un petit ver, et se métamorphosent dans la coque qu'elles ont filée, avant de
passer à l'état de nymphe. L'insecte parfait est ordinairement très agile et vit sur les fleurs. Les mâchoires et
la lèvre sont alongées, et en forme de trompe dans
plusieurs.

Nous distribuerons les nombreux sous-genres qui dérivent
du genre primitif des *sphex* en sept coupes principales.

Dans les deux premières, les yeux sont souvent échancrés; le corps des mâles est ordinairement étroit, alongé, et
se termine postérieurement, dans un grand nombre, par
trois pointes, en forme d'épines, ou de dentelures.

1° Ceux dont le premier segment du thorax est tantôt en
forme d'arc, et prolongé latéralement jusqu'aux ailes, tantôt en carré transversal ou en forme de nœud ou d'article;
qui ont les pieds courts, gros, très épineux ou fort ciliés,
avec les cuisses arquées près du genou; et dont les antennes
sont sensiblement plus courtes que la tête et le thorax dans
les femelles. Ce sont les SCOLIÈTES de Latreille, ainsi nommées du genre

Des SCOLIES. (SCOLIA.) (1).

Les uns ont les palpes maxillaires longs, composés d'ar-

---

(1) Scoliètes (*scolietæ*); elles peuvent se diviser ainsi :
I. Palpes toujours fort courts. Languette à trois divisions linéaires.

ticles sensiblement inégaux, et le premier article des antennes presque conique.

Tels sont

Les Tiphies (Tiphia. , Fab.), auxquelles on peut associer les Tengyres (Tengyra) de Latreille (1).

Les autres ont les palpes maxillaires courts, composés d'articles presque semblables, avec le premier article des antennes alongé et presque cylindrique.

Tantôt cet article reçoit et cache le suivant, comme dans

Les Myzines (Myzine, Latr.), qui ont les mandibules dentées (2).

Les Mèries (Meria. Illig.), où les mandibules n'ont point de dentelures (3).

Tantôt le second article des antennes est découvert ainsi que dans

Les Scolies proprement dites. (Scolia. Fab.) (4).

Anus des mâles terminé par trois épines. Point épais ou calleux des ailes supérieures remplacé par une petite cellule.

Les Scolies propres.

II. Palpes maxillaires alongés dans plusieurs. Languette large et évasée au bout. Une épine recourbée à l'anus des mâles. Un point épais, distinct, aux ailes supérieures.

A. Second article des antennes découvert. Deux cellules cubitales complètes, ou trois, mais dont l'intermédiaire petite et pétiolée.

a. Point de cellule cubitale incomplète et fermée par le bord postérieur de l'aile (cellule radiale, nulle ou ouverte dans les femelles).

Les Tiphies , les Méries.

b. Une cellule cubitale incomplète, fermée par le bord postérieur de l'aile.

Les Tengyres.

B. Second article des antennes renfermées dans le premier. Quatre cellules cubitales, dont la dernière fermée par le bord postérieur de l'aile, dans les mâles; aucune pétiolée.

Les Myzines.

M. Léon Dufour a publié (Journ. de phys., septemb. 1818) des Observations curieuses sur l'anatomie des scolies.

(1) Latr., Gen. crust. et insect., IV, p. 116; Fab., Jur., Van der-Linden.

(2) Latr., ibid.; Van-der-L.

(3) Latr., ibid.; Van-der-L.

(4) Latr., ibid. et Fab.. Voyez aussi la Monog. des fouisseurs de M. Van-der-Linden.

2° Les fouisseurs dont le premier segment du thorax est conformé ainsi que dans les précédents, qui ont encore les pieds courts, mais grêles, point épineux ni fortement ciliés; et dont les antennes sont, dans les deux sexes, aussi longues au moins que la tête et le corselet.

Leur corps est ordinairement ras ou n'a qu'un faible duvet. Cette subdivision embrasse la famille des Sapigytes de Latreille, dont la dénomination est prise du genre principal

Des Sapyges. (Sapyga.)

Les uns ont les antennes filiformes ou sétacées, comme dans

Les Thynnes (Thynnus. Fab.), qui ont les yeux entiers (1).

Les Polochres (Polochrum. Spin.), où ils sont échancrés, et dont les mandibules sont, en outre, très dentées (2).

Les autres ont les antennes plus grosses vers leur extrémité, ou même en massue, dans quelques mâles. Ils offrent, d'ailleurs, les caractères des polochres.

Tels sont

Les Sapyges proprement dites. (Sapyga. Lat.)

Elles voltigent autour des arbres et des murs exposés au soleil, et paraissent y déposer leurs œufs (3).

Les *céramies* de Latreille, d'après la forme du premier segment du corselet et de leur ailes étendues ou sans plicature, appartiennent à cette subdivision ; mais elles doivent être rangées, sous des rapports plus importants, dans la famille des *diploptères*.

3° Les fouisseurs qui avoisinent encore les précédents, à l'égard de l'étendue et de la forme du premier segment du thorax; mais dont les pieds postérieurs sont une fois au

---

(1) Latr., ibid. Les scotènes (*scotæna*) de M. Klüg me paraissent peu différer des thynnes; mêmes antennes, mêmes ailes, première cellule cubitale pareillement coupée par un petit trait, etc. L'anus des mâles est un peu recourbé, caractère qui les rapproche des tengyres et de divers autres genres de la division précédente.

(2) Latr., ibid. ; Van-der-Lind.

(3) Latr., ibid, ; Van-der-Lind.

moins aussi longs que la tête et le tronc ; et qui ont les antennes le plus souvent grêles, formées d'articles alongés, peu serrés ou lâches, et très arquées ou contournées, du moins dans les femelles.

Latreille les réunit dans la famille des Sphégides, nom dérivé du genre dominant, celui

Des Sphex. (Sphex.)

Les uns ont le premier segment du thorax carré, soit transversal, soit longitudinal, et l'addomen attaché au corselet par un pédicule très court ; leurs jambes postérieures ont ordinairement au côté interne une brosse de poils. Les ailes supérieures ont trois ou deux cellules cubitales complètes ou fermées, et une autre imparfaite et terminale.

Ils forment maintenant plusieurs sous-genres.

Les Pepsis. (Pepsis. Fab.)

Auxquels j'assigne les caractères suivants : labre apparent ; antennes, celles des mâles au moins, presque droites, composées d'articles serrés ; palpes maxillaires guère plus longs que les labiaux, avancés, à articles peu inégaux ; trois cellules cubitales complètes, la première nervure récurrente s'insérant près de l'extrémité antérieure de la seconde de ces cellules. Les mâles ont les jambes et le premier article des tarses postérieures comprimés. Toutes les espèces connues sont exotiques, plus abondantes dans l'Amérique méridionale et aux Antilles, grandes et ont les ailes colorées (1).

Les Céropales. (Ceropales. Latr. Fab.)

Ont le labre et les antennes des pepsis ; mais les palpes maxillaires sont beaucoup plus longs que les labiaux, pendants, à articles très inégaux (2).

Les Pompiles. (Pompilus. Fab.)

Ressemblent, sous ce dernier rapport, aux céropales ; mais les antennes des deux sexes sont contournées et composées

---

(1) Latr., Génér. crust. et insect. , IV, 61.

(2) Latr., ibid., 62 ; Van-der-Lind., Observ. sur les hyménopt. d'Eur., 76.

d'articles lâches ou peu serrés; le labre est caché ou peu découvert.

D'après Fabricius et les autres méthodes les plus récentes, il faut encore restreindre ce sous-genre aux espèces qui ont trois cellules cubitales complètes, dont aucune pétiolée, les mandibules unidentées au côté interne, et le thorax peu ou médiocrement alongé, comparativement à sa largeur. Ces insectes approvisionnent leurs larves d'arachnides fileuses, qu'ils commencent par piquer de leur aiguillon, et qu'ils emportent ensuite dans les trous destinés à être le berceau de leur postérité.

Le *P. des chemins* (*Sph. viatica*, Lin.), Panz. Faun. insect. Germ., LXV, 16, très noir, avec l'abdomen rouge, entrecoupé de cercles noirs.

La seconde famille du genre *misque* de Jurine se compose de véritables pompiles; mais où la troisième cellule cubitale est petite et pétiolée (1).

Celui de *salius* de Fabricius a été établi sur les mâles de quelques espèces dont le prothorax et le métathorax sont proportionnellement plus longs que ceux des pompiles, et dont les mandibules n'offrent point de dentelures (2).

Les PLANICEPS. (PLANICEPS. Latr., Van-der-Lind.)

Sont très voisins des salius, quant à la forme générale du corps; mais leur tête est plate, avec le bord postérieur concave, les yeux lisses, très petits et fort écartés, les yeux ordinaires alongés et occupant les côtés. Les antennes sont insérées près du bord antérieur. Les deux pattes antérieures sont éloignées des autres, courtes, courbées en dessous, avec les hanches et les cuisses grandes. Les ailes supérieures n'ont que deux cellules cubitales complètes, dont la seconde reçoit la première nervure récurrente; la cellule incomplète, ou la terminale, reçoit l'autre nervure, un peu après sa jonction avec la seconde cellule.

Outre l'espèce sur laquelle ce sous-genre a été formé (3),

______

(1) *Voyez* Jurine, Latreille, Van-der-Linden, et l'Encycl. méthod.

(2) *Voyez* Fab., Latr. et Van-der-Linden.

(3) Latr.; ibid., divis. B; Van-der-Linden, et l'article *Planiceps* du Dict. class. d'hist. natur.

il en existe une autre, découverte au Brésil, par M. de la Cordaire, qui a eu la bonté de me la donner et qui portera son nom. Dans

Les Apores. (*Aporus.*) Spinol.)

Il n'y a aussi que deux cellules cubitales complètes; mais la seconde reçoit les deux nervures récurrentes; ces hyménoptères ressemblent d'ailleurs, en tout, aux vrais pompiles (1).

Les autres ont le premier segment du thorax rétréci en devant, en forme d'article ou de nœud, et le premier anneau de l'abdomen, quelquefois même, en outre, une partie du suivant, rétréci en un pédicule alongé. Leurs ailes supérieures offrent toujours trois cellules cubitales complètes, et le commencement d'une quatrième.

Ceux dont les mandibules sont dentées, qui ont les palpes filiformes, presque égaux, les mâchoires et la languette très longues, en forme de trompe, fléchie en dessous, et dont la seconde cellule cubitale reçoit les deux nervures récurrentes, en ont été séparés par M. Kirby, sous le nom générique d'Ammophile (Ammophilus).

Le *Sphex du sable* (*Sphex sabulosa*) de Linnæus, Panz., Faun. insect. Germ., LXV, 12, est de cette division. Il est noir, avec l'abdomen d'un noir bleuâtre, rétréci à sa base, en un pédicule long, menu, presque conique; le second anneau, sa base exceptée, et le troisième sont fauves. Le mâle a un duvet soyeux et argenté sur le devant de la tête.

La femelle creuse avec ses pattes, dans la terre, sur le bord des chemins, un trou assez profond, dans lequel elle dépose une chenille, qu'elle tue ou blesse mortellement, au moyen de son aiguillon, et y pond un œuf auprès d'elle. Elle ferme le trou avec des grains de sable, ou même avec un petit caillou. Il paraîtrait, d'après quelques observations, qu'elle fait successivement, et en recommençant la même manœuvre, d'autres pontes dans le même nid.

Le *Sphex du gravier* (*Pepsis arenaria*, Fab.) Panz., *ibid.*, LXV, 13, est encore une ammophile. Il est noir, velu, avec le pédicule de l'abdomen formé brusquement

---

(1) Latr., ibid., p. 62; et Van-der-Linden.

par son premier anneau ; le second , le troisième et la base du quatrième sont rouges.

Dans quelques (première famille des *miscus* de Jurine), la troisième cellule cubitale est pétiolée supérieurement (1).

Les espèces dont les mandibules et les palpes sont encore conformés de même , mais dont les mâchoires et la lèvre sont beaucoup plus courtes, et fléchies, tout au plus, à leur extrémité , sont comprises par Latreille dans les genres SPHEX , PRONÉE et CHLORION. Dans

LES PRONÉES. (PRONÆUS. Lat.)

La seconde cellule cubitale reçoit, ainsi que celle des ammophiles , les deux nervures récurrentes (2).

Dans les SPHEX propres (SPHEX), cette cellule ne reçoit que la première; la troisième s'insère sous l'autre (3).

Dans les CHLORIONS (CHLORION. Latr.), la première nervure récurrente est insérée sous la première cubitale, et la seconde sous la troisième.

Le *Chlorion comprimé*, très commun à l'île de France, y fait la guerre aux kakerlacs, dont il approvisionne ses petits. Il est vert, avec les quatre cuisses postérieures rouges.

Le *C. lobé*, qui est entièrement d'un vert doré , se trouve au Bengale (4).

D'autres espèces ayant toujours les mandibules dentées, mais dont les palpes maxillaires sont beaucoup plus longs que les labiaux, et presque en forme de soie, composent le genre DOLICHURE (DOLICHURUS. Latr.) (5).

Les derniers fouisseurs de cette troisième division , n'ont point de dentelures aux mandibules, et sont compris

---

(1) Latr., Gen. crust. et insect. , IV , p. 53 ; et Van-der-Lind.

(2) Latr., ibid. , 56 , 57.

(3) Ibid. , p. 55.

(4) Ibid. , p. 57 ; dans cette espèce, la première nervure récurrente s'insère à la jonction de la première cubitale avec la seconde. Consultez, quant aux habitudes du *C. compressum* de Fab. , le voyage de Son- nerat aux Indes orientales.

(5) Latr , ibid. , 57 , 387 ; la seconde et troisième cellules cubitales reçoivent chacune une nervure récurrente.

dans les genres Pélopée, Podie et Ampulex. Ces organes sont striés.

Les Ampulex. (Ampulex. Jur.)

Ressemblent, quant à l'insertion des nervures recurrentes des ailes supérieures, aux chlorions (1).

Dans les deux autres sous-genres, la seconde cellule cubitale reçoit ces deux nervures. Le chaperon est ordinairement denté.

Les Podies. (Podium. Lat.)

Ont les antennes insérées au-dessous du milieu de la face antérieure de la tête, et les palpes maxillaires ne sont guère plus longs que les labiaux (2).

Ceux des Pélopées (Pelopoeus. Latr., Fab.), sont sensiblement plus longs, avec leurs articles plus inégaux. L'insertion des antennes est un peu plus haute et de niveau avec le milieu des yeux.

Les *Pélopées* ou *Potiers*, font, dans l'intérieur des maisons, aux angles des corniches, des nids de terre, arrondis ou globuleux, formés d'un cordon tournant en spirale, et présentant sur leur côté inférieur deux ou trois rangées de trous, de sorte que ces corps ressemblent à l'instrument connu sous le nom de *sifflet de chaudronnier*. Les ouvertures sont les entrées d'autant de cellules, dans chacune desquelles l'insecte place une araignée, un diptère, etc., avec un de ses œufs, et qu'il bouche ensuite avec de la terre.

Du nombre de ces hyménoptères est

Le *Sphex tourneur* (*Sphex spirifex*) de Linnæus, qui est noir, avec le filet de l'abdomen et les pieds jaunes. Dans les départements méridionaux de la France (3).

4° Dans d'autres fouisseurs, le premier segment du thorax ne forme plus qu'un simple rebord linéaire et transversal, dont les deux extrémités latérales sont éloignées de l'origine des ailes supérieures. Les pieds sont toujours courts ou de longueur moyenne. La tête, vue en dessus, paraît transverse, et les yeux s'étendent jusqu'au bord postérieur.

(1) Jur., Hymén.
(2) Latr.. ibid., 59.
(3) *Voy.* Fab., Latr., Van-der-Linden.

L'abdomen forme un demi-cône alongé, arrondi sur les côtés, près de sa base. Le labre est entièrement à nu ou très saillant. J'ai fait de ces insectes une petite famille, que j'appelle BEMBÉCIDES, à raison du genre de Fabricius, dont elle est formée, celui de

BEMBEX. (BEMBEX.)

Ces hyménoptères propres aux pays chauds, ont le corps alongé, pointu postérieurement, presque toujours varié de noir et de jaune ou de roussâtre, glabre, avec les antennes rapprochées à leur base, un peu coudées au second article et grossissant vers le bout; des mandibules étroites, alongées, dentées au côté interne et croisées; les jambes et les tarses garnis de petites épines ou de cils, qui sont plus remarquables aux tarses antérieurs des femelles. On voit souvent une ou deux dents élevées sous l'abdomen des mâles. Ils ont des mouvements très rapides, volent de fleur en fleur, en faisant entendre un bourdonnement aigu et coupé. Plusieurs répandent une odeur de rose. Ils ne paraissent qu'en été.

Les uns ont une fausse trompe, fléchie en dessous, avec le labre en triangle alongé.

Tantôt les palpes sont très courts; les maxillaires n'ont que quatre articles et les labiaux que deux. Tel est

Le *B. à bec* (*Apis rostrata.* Lin.) Panz., Faun. insect. Germ., 1, 10. Mâle. Grand, noir, avec des bandes transverses d'un jaune citron sur l'abdomen, dont la première interrompue, et les suivantes ondulées. La femelle, qui a moins de jaune à la tête, que le mâle, creuse dans le sable dés trous profonds, où elle empile des cadavres de divers insectes à deux ailes, particulièrement de syrphes et de mouches, et y fait sa ponte; elle bouche ensuite avec de la terre la retraite qu'elle a préparée à ses petits. Dans toute l'Europe (1).

Tantôt les palpes maxillaires, assez alongés, ont six articles, et les labiaux quatre, comme dans les MONÉDULES (MONEDULA) de Latreille (2).

---

(1) *Voyez* Latr., Gen., crust. et insect., IV, 97.

(2) Latr., ibid.; la plupart des *bembex* de Fab.

Les autres n'ont point de fausse-trompe, et le labre est court et arrondi. Tels sont les Stizes (*Stizus*) du même et de Jurine (1).

5º D'autres fouisseurs, ayant presque le port de ceux de la division précédente, en diffèrent par le labre caché en totalité ou en grande partie, et nous offrent dans leurs mandibules, qui ont au côté inférieur, près de leur base, une profonde échancrure, caractère qui les distingue tant des précédents que des suivants. Ce sont nos Larrates.

Ici les ailes supérieures ont trois cellules cubitales fermées, dont la seconde récevant les deux nervures récurrentes.

Les Palares. (Palarus. Lat. — *Gonius*. Jur.)

Dont les antennes sont très courtes, vont en grossissant ; dont les yeux sont très rapprochés postérieurement et renferment les yeux lisses, et où la seconde cellule cubitale est pétiolée (2).

Les Lyrops. (Lyrops. Illig. — *Liris*. Fab. — *Larra*. Jur.)

Dont les antennes sont filiformes, où la troisième cellule cubitale est étroite, oblique, presque en croissant, et où le côté interne des mandibules offre une saillie en forme de dent (3).

Les Larres. (Larra. Fab.)

Qui ne diffèrent guère des lyrops que par leurs mandibules sans dents au côté interne, leurs yeux également distants l'un de l'autre, et leur métathorax et leur abdomen sensiblement plus longs (4).

Là, les ailes supérieures n'ont que deux cellules cubitales fermées, recevant chacune une nervure récurrente.

---

(1) Latr., ibid., la plupart des larres de Fabricius, telles que les suivants : *vespiformis, erytrocephala, cincta, crassicornis, bifasciata, analis, ruficornis, cingulata, rufifrons, bicolor, fasciata.*

(2) *Voyez* Latr., ibid. ; et ses Consid. général. sur l'ordre des crust., des arachn. et des insect.

(3) Latr., ibid., 71.

(4) Latr., ibid., 70.

Les Dinètes. (Dinetus. Jur.)

Ont les deux cellules cubitales sessiles. Les antennes des mâles sont moliformes inférieurement et filiformes ensuite. Les mandibules ont trois dentelures au côté interne. La cellule radiale est appendicée (1).

Les Miscophes. (Miscophus. Jur.)

Où la seconde cellule cubitale est pétiolée et dont la radiale n'offre point d'appendice. Les antennes sont filiformes dans les deux sexes. Les mandibules n'ont, au plus, au côté interne, qu'un faible avancement (2)

6° Viennent maintenant des fouisseurs, dont le labre est pareillement caché intégralement ou en grande partie, dont les mâchoires et la lèvre ne forment point de trompe, qui n'ont point d'échancrure au côté inférieur des mandibules, dont la tête est de grandeur ordinaire, et dont l'abdomen est triangulaire ou ovoïdo-conique, se rétrécissant graduellement de la base à son extrémité, et jamais porté sur un long pédicule. Leurs antennes sont filiformes, avec le premier article peu alongé. Ce sont les Nyssoniens.

Les uns ont les yeux entiers.

Les Astates. (Astata. Latr. — *Dimorpha*. Jur.)

Ont trois cellules cubitales fermées, toutes sessiles, et dont la seconde recevant les deux nervures récurrentes ; la radiale appendicée, l'extrémité des mandibules bifide, et les yeux très rapprochés supérieurement (3).

Les Nyssons. (Nysson. Latr., Jur.)

Dont les ailes supérieures ont aussi le même nombre de cellules cubitales, mais dont la seconde est pétiolée, où la radiale n'est point appendicée ; qui ont d'ailleurs les mandibules terminées en une pointe simple, et les yeux écartés (4).

---

(1) Latr., ibid., 72.
(2) Latr., ibid., item.
(3) Latr., ibid., 67.
(4) Latr., ibid., 90.

Les Oxybèles. (Oxybelus. Latr., Jur., Oliv.)

N'ont qu'une cellule cubitale fermée, et recevant une seule nervure récurrente. Leurs antennes sont courtes, contournées, avec le second article beaucoup plus court que le troisième. Les mandibules se terminent en une pointe simple. L'écusson offre une ou trois pointes, en forme de dents. Les jambes sont épineuses, et le bout des tarses présente une grande pelotte. Les femelles font leurs nids dans le sable et approvisionnent leurs larves de cadavres de muscides (1).

Les Nitèles. (Nitela. Latr.)

N'ayant aussi qu'une seule cellule cubitale fermée, mais dont les antennes sont plus longues, presque droites, avec les second et troisième articles de la même longueur; dont les mandibules se terminent par deux dents, et qui n'ont point d'ailleurs de pointes à l'écusson, d'épines aux jambes, et dont la pelotte du bout des tarses est très petite (2).

Les autres ont les yeux échancrés. Tels sont

Les Pisons. (Pison. Spin., Latr.)

Les ailes supérieures ont trois cellules cubitales fermées, dont la seconde très petite, pétiolée et recevant les deux nervures récurrentes, caractère qui les rapproche des nyssons (3).

7° La dernière division des fouisseurs, celle des Crabronites, ne diffère de la précédente, qu'en ce que ces insectes, dont la tête est ordinairement très forte, presque carrée, vue en dessus, et dont les antennes sont souvent plus grosses vers le bout ou en massue, ont l'abdomen soit ovalaire ou elliptique, plus large vers son milieu, soit rétréci à sa base, en un pédicule alongé, et comme terminé en massue.

Les uns ont les antennes insérées au-dessous du milieu de la face antérieure de la tête, avec le chaperon court et large.

---

(1) Latr., ibid., 77; article *Oxibèle* de l'Encycl. méthod.

(2) Latr., ibid, item.

(3) Latr., ibid., 75. *G. Tachybulus;* et 387, *G. pison* de Spinola et non de Jurine.

Tantôt les yeux sont échancrés.

Les Trypoxylons. (TRYPOXYLON. Latr., Fab. — *Apius.*
Jur. — *Sphex.* Lin.)

Les mandibules sont arquées et sans dents. Les ailes supérieures n'ont que deux cellules cubitales fermées, recevant chacune une nervure récurrente ; la seconde cellule est petite et moins prononcée, ainsi qu'une troisième, celle qui est incomplète et qui atteint presque le bout de l'aile. L'abdomen est rétréci à sa base, en un long pédicule.

Le *T. potier* (*Sphex figulus*, Lin.), Jur., Hym., IX, 6-8, est noir, luisant, avec le chaperon couvert d'un duvet soyeux, argenté. La femelle profite des trous qu'offre le vieux bois, et qui ont été creusés par d'autres insectes, pour y déposer ses œufs et les petites araignées destinées à nourrir ses petits. Elle en ferme ensuite l'ouverture, avec de la terre détrempée (1).

Tantôt les yeux sont entiers.

Ici les mandibules sont étroites et simplement dentées au bout, ou se terminent en une pointe simple, avec une seule dent au-dessous ou au côté interne. Les antennes sont rapprochées à leur base.

Les Gorytes. (GORYTES. Latr. — *Arpactus.* Jur. —
Mellinus. Oxybelus. Fab.)

Ont trois cellules cubitales complètes, sessiles, presque égales, dont la seconde reçoit les deux nervures récurrentes ; les mandibules moyennes, unidentées au côté interne, et les antennes un peu plus grosses vers le bout. Le métathorax offre une sorte de faux écusson sillonné ou guilloché. Les tarses antérieurs sont souvent ciliés, avec le dernier article renflé (2).

Les Crabrons. (CRABRO. Fab.)

N'ont qu'une seule cellule cubitale fermée, et qui reçoit la première nervure récurrente ; les mandibules se terminent en une pointe bifide. Les antennes sont coudées, filiformes, en

---

(1) Latr., Gener. crust. et insect., IV, 75.
(2) Latr., ibid., 88.

fuseau ou un peu en scie dans quelques. Leurs palpes sont courts, presque égaux, et la languette est entière. Le chaperon est souvent très brillant, doré ou argenté.

Quelques mâles sont remarquables par la dilatation en forme de palette ou de truelle, ayant même l'apparence d'un crible, de la jambe ou du premier article de leurs pattes antérieures.

La femelle d'une espèce (*Cribrarius*), approvisionne ses larves d'une pyrale qui vit sur le chêne. Les autres femelles les nourrissent avec des diptères qu'elles empilent dans les trous, où elles font leur ponte (1).

Les Stigmes. (Stigmus. Jur.)

Sont ainsi nommés, de la grandeur du point épais ou calleux de la côte de leurs ailes supérieures, et formant une petite tache noire. Elles ont deux cellules cubitales fermées, dont la première reçoit, seule, une nervure récurrente. Les antennes ne sont point coudées, leur premier article étant peu alongé et en forme de cône renversé. Les mandibules sont arquées et terminées par deux ou trois dents (2).

Là, les mandibules, dans les femelles au moins, sont fortes, et bidentées au côté interne. Les antennes sont écartées à leur base.

Les Pemphredons. (Pamphredon. Latr., Fabr. — *Cemonus. Jur.*)

Qui ont deux cellules cubitales complètes, sessiles, et une troisième imparfaite, fermée par le bord postérieur de l'aile.

Une espèce (*unicolor*) nourrit sa larve de pucerons (3).

Les Mellines. (Mellinus. Fab. Jur.)

Qui ont trois cellules cubitales complètes, toutes sessiles, et souvent le commencement d'une quatrième, mais qui n'atteint point le bout de l'aile; la première et la troisième reçoivent chacune une nervure récurrente. L'abdomen est

---

(1) Latr., Gener. crust. et insect., IV, 80.
(2) Latr., ibid., 84.
(3) Latr., Gener. ibid., 83, divis. I et II.

rétréci en manière de pédicule élargi à sa base. Les tarses se terminent par une grande pelotte (1).

Les Alysons. (Alyson. Jur. — *Pompilus.* Fab.)

Nous offrant aussi trois cellules cubitales complètes, mais dont la seconde est pétiolée et reçoit les deux nervures récurrentes. La base de l'abdomen n'a point de rétrécissement particulier. La pelotte du bout des tarses est petite (2).

Les autres et derniers crabonites ont leurs antennes insérées plus haut, ou vers le milieu de la face antérieure de la tête ; elles sont ordinairement plus grosses vers le bout ou même en forme de massue. Ils ont tous trois cellules cubitales complètes et deux nervures récurrentes. Ces insectes se lient, sous plusieurs rapports, avec ceux de la famille suivante.

Tantôt le chaperon est presque carré. L'abdomen est porté sur un pédicule brusque, long, formé par le premier anneau. Les mandibules se terminent par deux dents.

Les Psens.(Psen.Latr., Jur.—*Trypoxylon. Pelopœus.*Fab.)(3)

Tantôt le chaperon est comme trilobé. Le premier anneau de l'abdomen est tout au plus rétréci en manière de nœud. Les mandibules se terminent en une pointe simple. Les yeux sont souvent un peu échancrés.

Ces insectes composent le genre

Des Philanthes (Philanthus) de Fabricius.

Les femelles creusent leurs nids dans le sable, et y enfouissent, pour nourrir leurs petits, des cadavres d'abeilles, d'andrènes et même des charansonites.

D'autres entomologistes restreignent cette coupe générique aux espèces dont les antennes sont écartées, brusquement renflées ; dont les mandibules n'ont point de saillie au côté interne, et dont toutes les cellules cubitales sont sessiles.

---

(1) Latr., ibid., 85.
(2) Latr., ibid., 86.
(3) Latr., ibd., 91.

Ce sont

Les Philanthes propres (Philanthus, Latr.— *Simblephilus,*
Jur.) (1).

Celles où les antennes sont rapprochées, beaucoup plus
longues que la tête, et grossissant graduellement ; dont les
mandibules offrent au côté interne un avancement en forme
de dent, et dont la seconde cellule cubitale est pétiolée,
forment le genre

Des Cerceris. (Cerceris. Latr. — *Philanthus.* Jur.) (2).

La troisième famille des Hyménoptères porte-
aiguillon, celle

Des DIPLOPTÈRES. (Diploptera.)

Est la seule de cette section qui nous offre, à un
un petit nombre d'exceptions près (*Céramies*), des
ailes supérieures doublées longitudinalement. Les
antennes sont ordinairement coudées et en massue,
ou plus grosses vers le bout. Les yeux sont échancrés. Le prothorax se prolonge en arrière de chaque
côté, jusqu'à l'origine des ailes; les supérieures
ont trois ou deux cellules cubitales fermées, dont
la seconde reçoit les deux nervures recurrentes. Le
corps est glabre ou presque glabre, noir, plus ou
moins tacheté de jaune ou de fauve. Beaucoup vi-

---

(1) Latr., ibid., 95. Le genre *trachypus* de M. Klüg diffère peu de
celui-ci. Le premier anneau de l'abdomen est proportionnellement plus
alongé, plus étroit, et forme presque un pédicule analogue à celui des
psens.

(2) Latr., ibid, 93. Bosc a donné, dans le tome LIIIe des Annales d'agriculture, une Notice sur les habitudes de quelques espèces de
ce sous-genre.

vent en sociétés temporaires, et composées de trois sortes d'individus, de mâles, de femelles, et de neutres ou mulets. Les femelles qui ont resisté aux intempéries de l'hiver, commencent l'habitation et soignent les petits qu'elles mettent au jour. Elles sont ensuite aidées par les neutres.

Nous partagerons les diploptères en deux tribus.

La première, celle des MASARIDES (MASARIDES. Latr.), a pour type le genre

MASARIS (MASARIS) de Fabricius.

Les antennes semblent, au premier coup d'œil, n'être composées que de huit articles ; le huitième forme avec les suivants une massue presque solide, à articulations peu distinctes, et arrondie ou très obtuse au bout. La languette est terminée par deux filets, qui peuvent se retirer dans un tube formé par sa base. Les ailes supérieures n'ont que deux cellules cubitales complètes. Le milieu du bord antérieur du chaperon est échancré, et reçoit, dans cette échancrure, le labre.

Les MASARIS propres. (MASARIS.)

Ont des antennes un peu plus longues que la tête et le thorax, dont le premier article alongé, et dont le huitième formant une massue en forme de cône renversé et arrondie au bout. L'abdomen est long (1).

Les CÉLONITES. (CÉLONITES. Latr. — *Masaris.* Fab., Jur.)

Où les antennes sont à peine plus longues que la tête, avec les deux premiers articles beaucoup plus courts que le troisième, et le huitième et suivants, formant un corps presque globuleux. L'abdomen est à peine plus long que le thorax (2).

---

(1) Latr., Gener. crust. et insect., IV, 144.
(2) Latr., ibid., item.

Une espèce figurée sur les planches du grand ouvrage sur l'Egypte, paraît former un sous-genre intermédiaire.

La seconde tribu des DIPLOPTÈRES, celle des GUÉPIAIRES (VESPARIÆ), se compose du genre

Des GUÊPES (VESPA) de Linnæus.

Les antennes offrent toujours distinctement treize articles dans les mâles, douze dans les femelles, et se terminent en massue alongée, pointue et quelquefois crochue (mâles) au bout : elles sont toujours coudées, du moins les femelles et les mulets. La languette est tantôt divisée en quatre filets plumeux, tantôt en trois lobes, ayant quatre points glanduleux au bout, un à chaque lobe latéral, et les deux autres sur le lobe intermédiaire, qui est plus grand, évasé, échancré ou bifide à son extrémité. Les mandibules sont fortes et dentées. Le chaperon est grand. Au-dessous du labre est une petite pièce en forme de languette, analogue à celle que Réaumur avait observée dans les bourdons, et que M. Savigny nomme *épipharynx*. Si l'on en excepte un très petit nombre d'espèces, les ailes supérieures ont trois cellules cubitales complètes. Les femelles et les neutres sont armés d'un aiguillon très fort et venimeux. Plusieurs vivent en sociétés, composées de trois sortes d'individus.

Les larves sont vermiformes, sans pattes, et renfermées chacune dans une cellule, où elles se nourrissent tantôt de cadavres d'insectes dont la mère les a approvisionnées au moment de la ponte, tantôt du miel des fleurs, du suc des fruits et de matières animales, élaborées dans l'estomac de la mère ou dans celui des mulets, et que ces individus leur fournissent journellement.

M. de Saint-Hilaire a rapporté des provinces méridionales du Brésil, une espèce qui fait une provision abondante de miel, qui, ainsi que le miel ordinaire, est véneneux par circonstance (Mém. du Mus. d'hist. natur.).

Un premier sous-genre, celui

De Céramie. (Ceramius. Latr., Klüg.)

Et qui a été l'objet d'une monographie de l'un de nos plus célèbres entomologistes, le docteur Klüg, fait, par les ailes supérieures qui sont étendues, le nombre de leurs cellules cubitales, qui n'est que de deux, exception aux caractères généraux de cette tribu. Ses palpes labiaux sont en outre plus longs que les maxillaires.

On n'en connaît encore que quatre espèces, dont deux du cap de Bonne-Espérance, et les deux autres du midi de l'Europe ; l'une de celles-ci (*lusitanicus*) nous paraît avoisiner , par ses rapports naturels, les masaris (1).

Dans tous les sous-genres suivants, les ailes supérieures sont doublées et offrent trois cellules cubitales complètes.

Tantôt les mandibules sont beaucoup plus longues que larges, rapprochées en devant, en forme de bec ; la languette est étroite et alongée ; le chaperon est presque en forme de cœur ou ovale, avec la pointe en avant et plus ou moins tronquée.

Ils vivent tous solitairement , et chaque espèce n'est composée que de *mâles* et de *femelles*. Ces derniers individus approvisionnent leurs petits avant leur naissance et pour tout le temps qu'ils seront en état de larve. Les nids de ces petits sont ordinairement formés de terre, et tantôt cachés dans les trous des murs, dans la terre, dans le vieux bois , et tantôt extérieurs et situés sur des plantes. La mère renferme dans chacun d'eux des chenilles ou d'autres larves qu'elle empile circulairement, quelquefois aussi des aranéïdes , après les avoir préalablement percées de son dard ; ces cadavres servent de nourriture à la larve de la guêpe.

Les Synagres. (Synagris. Lat., Fab.)

Dont la languette est divisée en quatre filets longs et plumeux, sans points glanduleux à leur extrémité. Les mandibules de quelques mâles sont très grandes et en forme

---

(1) Latr., Consid. génér. sur l'ord. des crust., des arachn. et des Insect., 329 ; — Klüg, Entomol. monog., 219 et suiv.

de cornes. Les espèces connues sont peu nombreuses et propres à l'Afrique (1).

Les Eumènes. (Eumenes. Lat., Fab.)

Où la languette est divisée en trois pièces glanduleuses à leur extrémité, dont celle du milieu plus grande, évasée au bout, en forme de cœur, échancrée ou bifide.

L'abdomen des unes est ovoïde ou conique, et plus épais à sa base. Tels sont

Les Ptérochiles (Pterochile) de M. Klüg, remarquables par leurs mâchoires et leurs lèvres très longues, formant une espèce de trompe fléchie en dessous, et reconnaissables encore par leurs palpes labiaux hérissés de longs poils, et n'ayant que trois articles distincts (2).

Les Odynères (Odynerus Latr.), auxquels on peut réunir les *rygchies* de M. Spinola, où ces parties de la bouche sont beaucoup plus courtes, et dont les palpes labiaux sont presque glabres, avec quatre articles apparents.

La femelle d'une espèce de cette division (*Vespa muraria*, Lin.) Réaum. Mém. VI, XXVI, 1—10, pratique dans le sable ou dans les enduits des murs, un trou profond de quelques pouces, à l'ouverture duquel elle élève, en dehors, un tuyau d'abord droit, ensuite recourbé, et composé d'une pâte terreuse, disposée en gros filets contournés. Elle entasse, dans la cavité de la cellule intérieure, huit à douze petites larves du même âge, vertes, semblables à des chenilles, mais sans pattes, en les posant par lits les unes au-dessus des autres, et sous une forme annulaire. Après y avoir pondu un œuf, elle bouche le trou, et détruit l'échafaudage qu'elle avait construit (3).

Dans les autres, l'abdomen a son premier anneau étroit

---

(1) *Synagris cornuta*, Latr., Gener. crust. et insect., IV, p. 135; Fab., System., Piezat.; Drur., Insect., II, XLVIII, 3, le mâle; — *vespa valida*, Linn. — *v. hæmorrhoidalis*, Fab.

(2) Panz., hymén., p. 146; ejusd. *vespa phalærata*, Faun. insect., Germ., XLVII, 21.

(3) *Voyez* Latr., ibid., p. 139 et 136; plusieurs guêpes de Fabricius.

et alongé en forme de poire, et le second en cloche, comme dans

Les Eumènes proprement dites, auxquelles on peut rapporter les *Zèthes* (1) de Fab. et les *Discœlies* (2) de Lat.

L'*E. étranglée* (*E. coarctata*, Fab.) Panz., Faun. insect. Germ., LXIII, , 12 le mâle. Longue de cinq lignes; noire, avec des taches et le bord postérieur des anneaux de l'abdomen jaunes; le premier anneau en poire alongée, avec deux petits points jaunes·; une bande oblique, de la même couleur, de chaque côté du second, qui est le plus grand de tous et en cloche.

La femelle construit sur les tiges des végétaux, et particulièrement des bruyères, avec de la terre très fine, un nid sphérique, le remplit, suivant Geoffroy, de miel, et y dépose un œuf (3).

Tantôt les mandibules ne sont guère plus longues que larges, et ont une troncature large et oblique à leur extrémité; la languette est courte ou peu alongée; le chaperon est presque carré.

Ces espèces forment le sous-genre

Des Guêpes proprement dites. (Vespa. Polistes. Lat.)

Elles sont réunies en sociétés nombreuses, composées de *mâles*, de *femelles* et de *mulets*. Les individus des deux dernières sortes font, avec des parcelles de vieux bois ou

____

(1) Latr., ibid. Les Eumènes (*Eumenes*), ont le chaperon longitudinal, prolongé en pointe par devant; les mandibules forment, réunies, un bec long, étroit et pointu; elles sont proportionnellement plus courtes, et ne forment qu'un angle très ouvert, dans les Zèthes (*Zethus*); ici, d'ailleurs, le chaperon est aussi large ou plus large que long, et sans prolongement antérieur. La seconde cellule cubitale est parfaitement triangulaire. Les palpes maxillaires ne dépassent point l'extrémité des mâchoires. Ils sont plus longs dans les Discoelies (*discœlius*), qui, d'ailleurs, ressemblent aux zèthes, quant à la forme du chaperon et des mandibules. On remarquera que la plupart des espèces que Fabricius place dans ce dernier genre, sont des polistes, mais dont l'abdomen diffère de celui des espèces ordinaires, et se rapproche de celui des eumènes.

(2) Latr., ibid.

(3) Latr., ibid.

d'écorce, qu'ils détachent avec leurs mandibules, et qu'ils réduisent, en les délayant, en forme de pâte, de la nature du papier ou du carton, des gâteaux ou rayons ordinairement horizontaux, suspendus en dessus par un ou plusieurs pédicules, et qui ont au côté inférieur un rang d'alvéoles verticaux, en pyramides hexagonales et tronquées. Ces cellules servent uniquement à loger, et d'une manière isolée, les larves et les nymphes. Le nombre des gâteaux composant le même nid ou le même guêpier, varie. Il est tantôt nu, tantôt enveloppé, avec une ouverture commune et extérieure, presque toujours centrale, et qui correspond quelquefois à une file de trous, pour la communication intérieure, si les gâteaux adhèrent aux parois de l'enveloppe, et soit en plein air, soit caché en terre ou dans des creux d'arbres. Sa figure est encore très diversifiée, selon les espèces.

Les femelles le commencent seules, et pondent des œufs, d'où sortent des mulets ou des guêpes ouvrières, qui aident à agrandir le guêpier, ainsi qu'à élever les petits qui éclosent ensuite. Leur société n'est, jusqu'au commencement de l'automne, composée que de ces deux sortes d'individus. A cette époque paraissent les jeunes mâles et les jeunes femelles. Toutes les larves et les nymphes qui ne peuvent subir leur dernière métamorphose avant le mois de novembre, sont mises à mort et arrachées de leurs cellules par les mulets, qui périssent avec les mâles au retour de la mauvaise saison. Quelques femelles survivent, et deviennent au printemps les fondatrices d'une nouvelle colonie. Les guêpes se nourrissent d'insectes, de viandes ou de fruits, et alimentent leurs larves de l'extrait de ces substances. Ces larves qui, à raison de la situation inférieure des ouvertures de leurs cellules, s'y tiennent le corps renversé, ou la tête en bas, s'enferment et se font une coque, lorsqu'elles veulent passer à l'état de nymphe. Les mâles ne travaillent point.

Dans plusieurs espèces, la portion du bord interne des mandibules qui est au-delà de l'angle, et qui le termine, est plus courte que celle qui précède cet angle; le milieu du devant du chaperon s'avance en pointe. Ces espèces forment le genre POLISTE (POLISTES) de Latreille et de Fabricius (1).

____

(1) Latr., Gen., crust. et insect., IV, p. 141. Les espèces dont l'ab-

Tantôt l'abdomen ressemble, par la forme de ses deux premiers anneaux, à celui des eumènes proprement dites. Telle est

La *G. Tatua* (*Polistes morio*, Fab.), Cuv., Bull. de la Soc. philom., n° 8; Lat., Gen. crust. et insect., I, xiv, 5. Elle est entièrement d'un noir luisant. Son nid a la forme d'un cône tronqué, comme celui de la guêpe cartonnière; mais il est d'un carton plus grossier, plus grand, avec le fond plat et percé à l'un des côtés. A Cayenne.

Tantôt l'abdomen a une forme ovalaire ou elliptique. Tel est celui de

. La *G. des arbustes* (*Vespa gallica*, Lin.), Panz., Faun. insect., Germ., XLIX, 22, un peu plus petite que la guêpe commune; noire, chaperon, deux points sur le dos du thorax, six lignes à l'écusson, deux taches sur le premier et sur le second anneau de l'abdomen, leur bord supérieur, ainsi que celui des autres, jaune ; abdomen ovalaire, briévement pédiculé. Son guêpier a la forme d'un petit bouquet étagé, composé de vingt à trente cellules, dont les latérales plus petites. Il est ordinairement fixé sur une branche d'arbuste.

Tantôt encore l'abdomen des guêpes de cette division est ovoïde ou conique, comme dans

La *G. cartonnière* (*Vespa nidulans*, Fab.), Réaum., Insect., VI, xx, 1, 3, 4; xxi, 1 ; xxii-xxiv. Petite, d'un noir soyeux, avec des taches et le bord postérieur des anneaux de l'abdomen jaunes. Son nid, suspendu aux branches d'arbres, par un anneau, est composé d'un carton très fin, et a la forme d'un cône tronqué. Les gâteaux, dont le nombre augmente avec la population, et donne quelquefois au guêpier une grandeur considérable, sont

---

domen est ovalaire ou elliptique, insensiblement rétréci vers sa base, quelquefois même porté sur un long pédicule, sont des polistes proprement dites. Celles où le second anneau est beaucoup plus grand que les autres et en cloche, et où le précédent forme souvent un pédicule en massue, sont des ÉPIPONES (*Epipone*). La *guêpe Tatua* est de cette division, ainsi que l'espèce du Brésil récoltant du miel, précédemment mentionnée, et la *G. cartonnière*.

circulaires, mais concaves en dessus et convexes en dessous, ou en forme d'entonnoir, et percés d'un trou central. Ils sont fixés aux parois intérieures de l'enveloppe par toute leur circonférence. L'inférieur est uni en dessous, ou n'a point de cellules ; son ouverture sert d'issue ou de porte. A mesure que la population s'accroît, ces guêpes construisent un nouveau fond, et garnissent de cellules la surface inférieure du précédent.

Les autres guêpes ont la portion supérieure du bord interne de leurs mandibules, celle qui vient après l'angle, aussi longue ou plus longue que l'autre partie de ce bord ; le milieu du bord antérieur de leur chaperon est largement tronqué, avec une dent de chaque côté. Leur abdomen est toujours ovoïde ou conique. Elles comprennent le genre des Guêpes (Vespa) propres de Latreille (1).

La *Guêpe frélon* (*Vespa crabo*, Lin.), Réaum., Insect., VI, xviii, longue d'un pouce ; tête fauve, avec le devant jaune ; thorax noir, tacheté de fauve ; anneaux de l'abdomen d'un brun noirâtre, avec une bande jaune, marquée de deux ou trois points noirs au bord postérieur. Elle fait son nid dans des lieux abrités, comme dans les greniers, les trous des murs, et dans les troncs d'arbres. Il est arrondi, composé d'un papier grossier et couleur de feuille morte. Les rayons, ordinairement en petit nombre, sont attachés les uns aux autres par des colonnes ou des piliers, dont celui du milieu est beaucoup plus épais. L'enveloppe est généralement épaisse et friable. Cette espèce dévore les autres insectes et particulièrement les abeilles, dont elle vole aussi le miel.

La *Guêpe commune* (*Vespa vulgaris*), Réaum. , *ibid.*, xiv, 1-7, longue d'environ huit lignes ; noire, le devant de la tête jaune, avec un point noir au milieu ; plusieurs taches jaunes sur le corselet, dont quatre à l'écusson ; une bande jaune, avec trois points noirs au bord postérieur des anneaux.

Elle fait dans la terre un nid analogue à celui de la guêpe frélon, mais composé d'un papier plus fin, et dont

---

(1) Latr., Gen., crust. et insect., IV, p. 142.

les rayons sont plus nombreux. Les piliers qui les sou-
tiennent sont égaux. Son enveloppe est formée de plusieurs couches, disposées par bandes, et se recouvrant
successivement par leurs bords.

Une autre espèce de guêpe (*media*, Lat.), d'une taille
intermédiaire entre celles des deux précédentes, fait un
nid semblable, mais qu'elle attache aux branches des
arbres.

Une autre (*holsatica*, Fab.), construit un guêpier,
d'une forme bien singulière. Il est presque globuleux,
percé à son sommet, et renfermé inférieurement dans une
pièce ayant la figure d'une soucoupe; elle le place quelquefois dans l'intérieur des greniers ou aux poutres des
appartements peu fréquentés, même dans les ruches (Iatr.,
Annal. du Mus. d'hist. natur.)

La quatrième et dernière famille des Hyménoptères porte-aiguillon, celle

Des MELLIFÈRES. (ANTHOPHILA. Latr.)

Nous offre, dans la propriété qu'ont d'ordinaire (1) les deux pieds postérieurs, celle de ra-
masser le pollen des étamines, un caractère unique
et qui la distingue de toutes les autres familles d'insectes; le premier article des tarses de ces pieds,
est très grand, fort comprimé, en palette carrée,
ou en forme de triangle renversé.

Leurs mâchoires et leurs lèvres sont ordinairement
fort longues et composent une sorte de trompe.
La languette a la plus souvent la figure d'un fer de
lance ou d'un filet très long, et dont l'extrémité

---

(1) Les espèces parasites n'ont point cette faculté; mais la forme de
leurs pieds est toujours essentiellement la même. Ils sont simplement dépourvus de poils ou de brosses.

est soyeuse ou velue. Les larves vivent exclusive-ment de miel et de la poussière fécondante des étamines. L'insecte parfait ne se nourrit lui-même que du miel des fleurs.

Ces hyménoptères embrassent le genre

Des ABEILLES (APIS) de Linnæus.

Que je diviserai en deux sections.

La première, ou celle des ANDRENÈTES (*Andrenetæ*. Lat.), a la division intermédiaire de la languette en forme de cœur ou de fer de lance, plus courte que sa gaîne, et pliée en dessus dans les unes, presque droite dans les autres. Elle se compose du genre des PRO-ABEILLES de Réaumur et de De Géer, ou des ANDRÈNES de Fabricius et des MÉLITES de M. Kirby (1).

Ces insectes vivent solitairement et n'offrent que deux sortes d'individus, des mâles et des femelles. Leurs mandibules sont simples ou terminées au plus par deux dentelures; les palpes labiaux ressemblent aux maxillaires; ceux-ci ont toujours six articles. La languette est divisée en trois pièces, dont les deux latérales très courtes, en forme d'oreillettes. La plupart des femelles ramassent avec les poils de leurs pieds postérieurs la poussière des étamines, et en composent, avec un peu de miel, une pâtée pour nourrir leurs larves. Elles creusent dans la terre, et souvent dans les lieux battus, sur les bords des chemins ou des champs, des trous assez profonds, où elles placent cette pâtée avec un œuf, et ferment ensuite l'ouverture avec de la terre.

Les uns ont la division moyenne de la languette évasée à son extrémité, presque en forme de cœur, et doublée dans le repos.

Les HYLÉES. (HYLÆUS. Fab. — *Prosopis*. Jur.)

Tantôt le corps est glabre, le second et le troisième article des antennes sont presque de la même longueur. Les ailes

---

(1) *Monog. apum Angliæ*, ouvrage qui a immortalisé son auteur.

supérieures n'offrent que deux cellules cubitales complètes.
Ces insectes n'ayant point de poils, ne recueillent point de
pollen, et paraissent déposer leurs œufs dans les nids des autres hyménoptères de cette famille. Ce sont LES HYLÉES (HY-
LÆUS) proprement dits de Latreille et de Fabricius (1).

Les autres ont le corps velu, avec le troisième article des
antennes plus long que le second. Les aîles supérieures ont
trois cellules cubitales complètes. Les femelles font des ré-
coltes sur les fleurs. Latreille les distingue sous le nom générique de COLLÈTES (COLLETES). Telle est

Le *C. glutineux* (*Apis succincta*, Lin.), ou *l'abeille
dont le nid est fait d'espèces de membranes soyeuses*, de
Réaumur, Ins. VI, XII; petit, noir, avec des poils blanchâtres; ceux du corselet roussâtres; abdomen ovoïde;
bord postérieur de ses anneaux couvert d'un duvet
blanc, formant des bandes. Le mâle (*Evodia calen-
darum*, Panz.) a les antennes plus longues. La femelle fait dans la terre un trou cylindrique, dont elle
enduit les parois d'une liqueur gommeuse qu'on peut
comparer à la bave visqueuse et luisante que les limaçons
laissent sur les lieux de leur passage. Elle y place ensuite
bout à bout et dans une file, des cellules composées de la
même substance, d'une forme analogue à celle d'un dé à
coudre et renfermant chacune un œuf et de la pâtée (2).

Les autres andrenètes se distinguent des précédentes par
la figure en fer de lance de la languette.

Dans les unes, cette languette se replie sur le côté supérieur de sa gaîne, comme dans les ANDRÈNES (ANDRENA) (3),
et les DASYPODES (DASYPODA) de Latreille (4). Les femelles
des dernières ont le premier article des tarses postérieurs fort long, hérissé de longs poils, en forme de plu-
maceau. Les aîles supérieures, dans ces deux sous-genres,
n'ont que deux cellules cubitales.

L'*Andrène des murs* (*Andrena flessæ*, Panz., Faun. ins.

---

(1) Latr., Gen., crust. et Insect., IV, p. 149.
(2) Ibid.
(3) Latr., Gen., crust. et Insect., IV, p, 150
(4) Ibid.

Germ. LXXXV, 15), Réaum. Insect. VI, VIII, 2, longue de six lignes, des poils blancs sur la tête, le corselet, les bords latéraux des derniers anneaux de l'abdomen et aux pieds; abdomen d'un noir bleuâtre; ailes noires, avec une teinte violette. La femelle creuse, dans les enduits de sable gras, des trous au fond desquels elle dépose un miel de la couleur et de la consistance du cambouis, et d'une odeur narcotique. Commune dans nos environs.

Dans les autres, la languette est droite ou un peu courbée en dessous à son extrémité. Tels sont les SPHÉCODES (SPHECODES) (1), les HALICTES (HALICTUS) (2), et les NOMIES (NOMIA) (3) de Latreille.

Ici d'ailleurs les mâchoires sont plus fortement coudées que celle des andrènes. Le nombre des cellules cubitales fermées est toujours de trois.

Les sphécodes mâles ont des antennes noueuses; leur languette, ainsi que celle des femelles, est presque droite, à divisions presque également longues; celle du milieu est beaucoup plus longue dans les halictes et dans les nomies. Les femelles des halictes ont à l'extrémité postérieure de leur abdomen une fente longitudinale. Les cuisses et les jambes des pieds sont renflées ou dilatées dans les nomies mâles.

La seconde section des hyménoptères mellifères, celle des APIAIRES (*Apiariæ*. Latr.), comprend les espèces dont la division moyenne de la languette est aussi longue au moins que le menton ou sa gaîne tubulaire, et en forme de filet ou de soie. Les mâchoires et la lèvre sont très alongées et forment une sorte de trompe coudée et repliée en dessous, dans l'inaction.

---

(1) Ibid.

(2) Ibid. Consultez encore, surtout quant à la manière de vivre de ces insectes, un excellent Mémoire de M. Walckenaër, cité à l'article *meloe*.

(3) Ibid. Voyez l'article *Nomie* de l'Encycl. méthod.

Le dixième volume de la partie des insectes de cet important recueil, offre aussi plusieurs autres articles, rédigés par MM. Lepeletier et Servile, relatifs aux insectes de cette famille. Nous citerons surtout celui de PARASITES. Quelques-uns ont pour objet de nouveaux genres, mais dont nous n'avons pas encore suffisamment comparé les caractères, ce qui nous oblige à les omettre ou à n'en parler que très superficiellement.

Les deux premiers articles des palpes labiaux ont, le plus souvent, la figure d'une soie écailleuse, comprimée, et qui embrasse les côtés de la languette ; les deux autres sont très petits ; le troisième est communément inséré près de l'extrémité extérieure du précédent, qui se termine en pointe.

Les apiaires sont solitaires ou réunis en société.

Les premiers ne nous offrent jamais que les deux sortes d'individus ordinaires, et chaque femelle pourvoit seule ou isolément à la conservation de sa postérité. Les pieds postérieurs de leurs femelles n'ont ni duvet soyeux (*la brosse*) à la face interne du premier article de leurs tarses, ni d'enfoncement particulier au côté extérieur de leurs jambes (*la corbeille*) ; ce côté, ainsi que le même du premier article des tarses, est le plus souvent garni de poils nombreux et serrés.

Une première division de ces apiaires solitaires se composera d'espèces où le second article des tarses postérieurs des femelles est inséré au milieu de l'extrémité du précédent ; l'angle extérieur et terminal de celui-ci ne paraît point dilaté ou plus avancé que l'intérieur, dans les sous-genres suivants.

On peut encore détacher de ce groupe des espèces (*Andrenoïdes*) qui se rapprochent de celles des derniers sous-genres précédents, par leurs palpes labiaux, composés d'articles grêles, linéaires, placés bout à bout, presque semblables en tout à ceux des palpes maxillaires, et qui sont au nombre de six. Le labre est toujours court. Les femelles n'ont point de brosse au ventre ; mais leurs pieds postérieurs sont velus ou garnis de houppes de poils, qui leur servent à recueillir le pollen des fleurs.

Les unes ont des mandibules étroites, rétrécies vers le bout, terminées en pointe et unies ainsi que le labre. Tels sont

Les Systrophes. (Systropha. Illig.)

Dont les mandibules ont une dentelure sous la pointe ; dont les cellules cubitales complètes sont au nombre de trois ; et dont les antennes sont recoquillées à leur extrémité dans les mâles (1).

---

(1) Latr., Gener., crust. et Insect., IV, 156.

Les Rophites. (Rophites. Spin.)

Ayant aussi des mandibules dentées, mais n'offrant que deux cellules cubitales complètes, et à antennes non contournées dans les deux sexes (1).

Les Panurges. (Panurgus. Panz.)

Dont les mandibules n'ont point de dentelures. La tige des antennes, à prendre du troisième article, forme dans les femelles une sorte de fuseau, ou de massue alongée, presque cylindrique, amincie vers sa base. Les ailes supérieures n'ont aussi que deux cellules cubitales (2).

Les femelles des autres ont des mandibules presque en forme de cuilleron, très obtuses, carénées ou sillonnées, et bidentées au bout. Le labre est très dur, cilié en dessus. Les antennes sont fortement coudées et filiformes. Les ailes supérieures ont trois cellules cubitales complètes, dont la première coupée par un petit trait transparent, dont la seconde triangulaire, et dont la troisième plus grande et recevant les deux nervures récurrentes.

Les Xylocopes. (Xylocopa. Lat., Fab.)

Appelées communément *Abeilles perce-bois*, *Menuisières*, etc. Elles ont de grands rapports avec les mégachiles, et plus particulièrement avec celles de la division des osmies. Elles ressemblent à de gros bourdons. Leur corps est ordinairement noir, quelquefois couvert en partie d'un duvet jaune, avec les ailes souvent colorées de violet, de cuivreux ou de vert, et brillantes. Le mâle, dans plusieurs espèces, diffère beaucoup de la femelle. Leurs yeux sont grands et plus rapprochés supérieurement. Leurs pieds antérieurs sont dilatés et ciliés.

La *X. violette* (*Apis violacea*, Lin.) Réaum., Insect., VI, v, vi, longue de près d'un pouce, noire, avec les ailes d'un noir violet; un anneau roussâtre au bout des antennes du mâle. La femelle creuse dans le vieux bois, sec et exposé au soleil, un canal vertical, assez long,

---

(1) Latr., ibid., 161; et nouv. Dict. d'Hist. nat., deuxième édit.

(2) Latr., ibid., 157; et article *Panurge*, de l'Encyclop. méthod.

parallèle à la surface du corps qu'elle a choisi, et divisé en plusieurs loges, par des cloisons horizontales formées avec de la râpure de bois agglutinée. Elle dépose successivement, dans chacune d'elles, en commençant par l'inférieure, un œuf et de la pâtée. Elle creuse quelquefois jusqu'à trois canaux dans le même morceau de bois.

Ces insectes sont propres aux pays chauds (1).

Les palpes labiaux des autres apiaires sont en forme de soies écailleuses ; les deux premiers articles sont fort grands ou fort alongés, comparativement aux deux derniers, comprimés, écailleux, avec les bords membraneux ou transparents. Les palpes maxillaires sont toujours courts et ont souvent moins de six articles. Le labre, dans un grand nombre, est alongé, incliné sur les mandibules, tantôt en carré long, tantôt en triangle alongé.

Les apiaires, que dans notre ouvrage sur les familles naturelles du règne animal, nous avons désignés collectivement sous le nom de *Dasygastres* (*Dasygastræ*), sont remarquables, ainsi que l'indique son étymologie, en ce que le ventre des femelles est presque toujours (2) garni de poils nombreux, serrés, courts, formant une brosse soyeuse. Le labre est aussi long ou plus long que large, et carré. Les mandibules des femelles sont fortes, incisives, triangulaires et dentées. Les paraglosses sont toujours fort courtes, en forme d'écailles, pointues au bout.

De tous les sous-genres de ce petit groupe, celui qui nous paraît le plus se rapprocher des xylocopes et qui nous présente seul des palpes maxillaires de six articles, et trois cellules cubitales complètes, est celui

De Cébatine. (Ceratina. Latr., Spin., Jur. — *Megilla. Prosopis.* Fab.)

Le corps est étroit et oblong, avec les antennes insérées dans de petites fossettes et terminées presque en massue

---

(1) Latr., Gen. crust., et insect., IV, 158.

(2) Les cératines, les stélides et les cœlioxydes, quoique dépourvues de brosse ventrale, doivent, d'après la forme du labre, des mandibules et d'autres caractères généraux, faire partie de ce groupe.

alongée ; les mandibules sillonnées et tridentées au bout ; l'abdomen ovalaire et depourvu de brosse soyeuse. Le labre est proportionnellement plus court que dans les sous-genres suivants, où il a la forme d'un quadrilatère alongé. Il résulte des observations curieuses, recueillies par M. Maximilien Spinola (Annal. du mus. d'hist. nat.), que les femelles ont les habitudes des xylocopes (1).

Tous les autres dasygastres ont quatre articles au plus aux palpes maxillaires, et deux cellules cubitales complètes.

Viendront d'abord les espèces dont le ventre est évidemment muni en dessous d'une brosse soyeuse.

Les Chelostomes. (Chelostoma. Latr.)

Dont le corps est alongé, presque cylindrique, avec les mandibules avancées, étroites, arquées, fourchues ou échancrées au bout, et dont les palpes maxillaires ont trois articles (2).

Les Hériades. (Heriades. Spin.)

Qui ont aussi le corps alongé et presque cylindrique ; mais dont les mandibules sont triangulaires, dont les palpes maxillaires n'ont que deux articles, et où le second des labiaux est beaucoup plns court que les labiaux. Ces insectes, ainsi que les chelostomes, font leurs nids dans les trous des vieux arbres (3).

Dans les quatre sous-genres suivants, l'abdomen est plus court et presque triangulaire ou en demi-ovale. Ces apiaires répondent aux abeilles *maçonnes et coupeuses de feuilles,* de Réaumur.

Les Mégachiles. (Megachile. Latr. — *Anthophora.*
Xylocopa. Fab. — *Trachusa.* Jur.)

Ont les palpes maxillaires composés de deux articles, l'abdomen plan en dessus, et susceptible de se relever supérieurement, ce qui donne aux femelles le moyen de faire usage de leur aiguillon, par-dessus leur corps.

---

(1) Latr., Gener. crust. et insect , IV, 160. Voyez aussi l'article *Cératine* du nouv. Dict. d'hist. nat., deuxième édit.

(2) Latr., ibid., 161.

(3) Latr., Gener. crust. et insect., IV, 162.

La *M. des murs* (*Xylocopa muraria*, Fab.), Réaum., Insect., VI, vii, viii, 1-8, est l'une des plus grandes de ce genre. La femelle est noire, avec les ailes d'un noir violet ; le mâle est couvert de poils roussâtres, avec les derniers anneaux noirs. La femelle construit son nid avec de la terre très fine, dont elle forme un mortier ; elle l'applique sur les murs exposés au soleil ou contre des pierres. Il devient très solide et ressemble à une motte de terre. Son intérieur renferme douze à quinze cellules, dans chacune desquelles elle dépose un œuf et de la pâtée. L'insecte parfait éclot au printemps de l'année suivante.

Une autre espèce très voisine de la précédente (*Apis sicula*, Ross.), donne au sien la forme d'une boule, et le place sur des branches de végétaux.

D'autres mégachiles, nommées par Réaumur *Abeilles coupeuses de feuilles*, emploient dans la construction de leurs nids, des portions parfaitement ovales ou circulaires de feuilles, qu'elles entaillent, au moyen de leurs mandibules, avec autant de promptitude que de dextérité. Elles les emportent dans les trous droits et cylindriques qu'elles ont creusés dans la terre et quelquefois dans les murs, ou le tronc pourri des vieux arbres ; elles tapissent avec ces portions de feuilles le fond de la cavité, en forment une cellule qui a la figure d'un dé à coudre, y mettent la provision mielleuse dont la larve doit se nourrir, y pondent un œuf, et la ferment avec un couvercle, plat ou un peu concave, et pareillement de portion de feuille. Elles font une nouvelle cellule, et de la même manière, au-dessus de la première, puis une troisième, et ainsi de suite, jusqu'à ce que le trou soit plein. De ce nombre est

La *M. du rosier* (*Apis centuncularis*, Lin.), Réaum., Insect., VI, x, longue d'environ six lignes, noire, avec un duvet d'un gris fauve ; de petites taches blanches et transverses sur les côtés supérieurs de l'abdomen, et son dessous garni de poils fauves. Le mâle est décrit par Linnæus, comme une autre espèce, sous le nom de *lagopoda*.

D'autres espèces analogues coupent des feuilles de chênes, d'ormes, de ronces, pour le même but (1).

----

(1) Latr., Gener. crust. et insect., IV, 165.

Les Lithurges. (Lithurgus. Latr.)

Ont quatre articles aux palpes maxillaires, ainsi que le sous-genre suivant, mais l'abdomen est déprimé en dessus. Tous les articles des palpes labiaux sont placés bout à bout (1), et les palpes ressemblent à de longues soies écailleuses, termi-minées en pointe. Les mandibules sont étroites dans les deux sexes, avec l'extrémité échancrée dans son milieu ou biden-tée. Les femelles ont un avancement arrondi au milieu de la tête (2).

Les Osmies. (Osmia. Panz. — *Anthophora*. Fab. — *Trachusa*. Jur.)

Ont les palpes maxillaires de quatre articles, ou de trois au moins bien distincts, et l'abdomen convexe en dessus. Les unes sont maçonnes et ont souvent deux ou trois cornes sur le chaperon qui paraissent leur être de quelque usage dans la construction de leurs nids. Elles les cachent dans la terre, les fentes des murs, dans des trous de portes, de vieux bois, quelquefois même dans des coquilles d'hélix, et y emploient du mortier. Elles sont généralement velues et printannières. Les mâles ont ordinairement les antennes assez longues. D'autres coupent des pétales de fleurs et en font des cellules à la manière des coupeuses de feuilles. L'abeille *tapissière* de Réaumur compose les siennes de por-tions de pétales de coquelicot, et quelquefois de navette (3). D'autres s'établissent dans les galles des arbres (4).

Les Anthidies. (Anthidium. Fab.)

Ont aussi l'abdomen convexe; mais les palpes maxillaires

---

(1) Le troisième article est ordinairement inséré sur le côté extérieur du second, avant sa pointe, et forme, avec le quatrième, une petite tige oblique et latérale.

(2) *Centris cornuta*, Fab., et une espèce inédite de l'Ile de France.

(3) Cette espèce et toutes les autres dont les mandibules sont triden-tées, forment le genre Anthocope (*Anthocopa*) de M. Lepeletier (Voyez l'article *Rophyte* de l'Encyclop. méthod.). Les osmies propres n'ont que deux dents à chaque mandibule.

(4) Latr., Gener., crust. et insect., IV, 164; et l'article *Osmie* de l'Encyclop. méthod.

n'ont qu'un seul article. Les femelles arrachent le duvet cotonneux de quelques plantes, pour former le nid de leur postérité (1).

Les deux derniers sous-genres des dasygastres se rapprochent des suivants par le défaut de brosse soyeuse, ce qui fait présumer que ces insectes sont pareillement parasites, mais leur labre est parallélogrammique et leurs mandibules sont triangulaires et dentées. Les palpes maxillaires sont très courts et de deux articles.

Les Stélides. (Stelis. Panz.)

N'ont ni dents ni épines à l'écusson. Leur abdomen est presque en forme de demi-cylindre, convexe en dessus, et courbé à son extrémité (2).

Les Coelioxydes. (Coelioxys. Lat.)

Ont deux dents ou deux épines à l'écusson, et l'abdomen triangulaire, plan en dessus, prolongé en pointe à son extrémité dans les femelles, et ordinairement denté dans les mâles.

Ces insectes se rapprochent beaucoup des mégachiles, tandis que les stélides se lient avec les anthidies (3).

D'autres apiaires, les *Cuculines* (*Cuculinæ*), semblables aux précédents, quant aux tarses postérieurs, ayant aussi, comme dans les derniers sous-genres, les palpes labiaux en forme de soies écailleuses, dépourvus, dans les deux sexes, de brosse ventrale, et parasites, de même que les cœlioxydes et les stélides, tantôt presque glabres et semblables par leurs couleurs à des guêpes, tantôt velus par place, ont le labre en forme de triangle alongé et tronqué, ou court et presque demi-circulaire, les mandibules étroites, allant en pointe, et unidentées au plus au côté interne. Les paraglossés sont souvent longues, étroites, en forme de soies. L'écusson de plusieurs est échancré ou bidenté, tuberculeux dans d'autres. Ce sont les *nomades* de Fabricius. Plu-

----

(1) Latr., Ann. du Mus. d'Hist. nat., tom. XIII.

(2) Latr., Gener. crust. et insect., IV, 163. Voyez surtout l'article *Stélide* de l'Encyclop. méthod.

(3) Latr., ibid., 166.

sieurs de ces insectes paraissent de bonne heure, voltigent à ras de terre ou près des murs exposés au soleil, afin de déposer leurs œufs dans les nids des autres apiaires. C'est à raison de ces habitudes analogues à celles des coucous, que je leur ai donné le nom de cuculines.

Les uns, toujours presque glabres, ont les paraglosses beaucoup plus courtes que les palpes labiaux.

Tantôt le labre est en forme de triangle alongé, tronqué au bout, incliné au dessous des mandibules. Il n'y a jamais que deux cellules cubitales complètes.

Les Ammobates. (AMMOBATES. Lat.)

Où les palpes maxillaires ont six articles (1).

Les Philerèmes. (PHILEREMUS. Latr. — *Epeolus*. Fab.)

Où ils n'en ont que deux (2).

Tantôt le labre est court, presque semi-circulaire ou demi-ovale.

Les Epéoles. (EPEOLUS. Lat., Fab.)

Ont trois cellules cubitales complètes, et un seul article aux palpes maxillaires (3).

Les Nomades. (NOMADA. Fab.)

Ont le même nombre de cellules cubitales, mais les palpes maxillaires sont composés de six articles (4).

Les Pasites. (PASITES. Jur. — *Nomada*. Fab.

N'ont que deux cellules cubitales complètes. Leurs palpes maxillaires offrent quatre artices (5).

Les autres cuculines, dont le corps est très velu par places, dont l'écusson est souvent épineux, qui ont toujours trois cellules cubitales complètes, s'éloignent des apiaires précédents et se rapprochent des suivants, par la longueur

---

(1) Latr., Gener. crust. et Insect., IV, 169.
(2) Latr., ibid., item.
(3) Latr., Gener. crust., et insect., IV, 171.
(4) Latr., ibid., 169.
(5) Latr., ibid., 170.

de leurs paraglosses ou divisions latérales de la lèvre , qui égale presque celle des palpes labiaux.

Les MELECTES. (MELECTA. Latr. — *Crocisa.* Jur.)

Dont les palpes maxillaires ont cinq ou six articles distincts (1).

Les CROCISES. (CROCISA. Jur.)

Où ils n'en ont que trois, et où l'écusson est prolongé et échancré (2).

Les OXÉES. (OXÆA. Klüg.)

Où le labre est en carré long, et non en demi-ovale, comme celui des sous-genres précédents , et dont les palpes maxillaires sont nuls ou du moins réduits à un seul article et très petit (3).

Les derniers apiaires solitaires ont le premier article de leurs tarses postérieurs dilaté inférieurement au côté extérieur, de sorte que l'article suivant est inséré plus près de l'angle interne de l'extrémité du précédent que de l'angle opposé ; le côté extérieur de ce premier article , ainsi que celui des jambes, est chargé de poils épais et serrés, formant surtout dans plusieurs espèces exotiques, une sorte de balais ou de houppe ; de là l'origine du nom de *scopulipèdes* que j'ai donné (Fam. natur. du règne anim.) à cette dernière division des apiaires solitaires. Le dessous de l'abdomen est nu ou dépourvu, au moins, de brosse soyeuse. Le nombre des cellules cubitales est , à quelques espèces près, de trois , dont les deux dernières recevant chacune une nervure récurrente.

Tantôt les palpes maxillaires sont composés de quatre à six articles.

Dans ceux-ci les mandibules n'offrent, au plus, qu'une dent au côté interne. Ils volent avec beaucoup de rapidité de fleur en fleur et toujours en bourdonnant. Plusieurs mâles ont au premier et dernier article des tarses intermédiaires un

---

(1) Latr., ibid. , 171. Voyez, pour quelques autres genres analogues, les articles *Parasites* et *Philérème* de l'Encyclop. méthod.

(2) Latr., ibid., 172.

(3) Latr. , ibid., item. ; Encyclop. méthod., article *Oxée.*

faisceau de poils ; d'autres sont distingués de l'autre sexe, soit par leurs longues antennes , soit par un épaississement plus remarquable des deux cuisses de la seconde paire de pieds ou par celui des deux dernières. L'extrémité antérieure de leur tête est souvent colorée de jaune ou de blanc. Les femelles ont souvent les jambes et le premier article des tarses des pieds postérieurs très garnis extérieurement de poils. Elles font leur nid, soit dans la terre, soit dans les fentes des vieux murs. Plusieurs choisissent de préférence les terrains coupés à pic et qui sont exposés au soleil. Les cellules où elles pondent , sont composées de terre , en forme de dés à coudre , ainsi que celles de beaucoup de mégachiles , et très lisses en dedans. Elles en bouchent l'entrée avec la même matière.

Les espèces dont les deux divisions latérales de la languette sont aussi longues que les palpes labiaux, en forme de soie, et dont les mâles ont de longues antennes, forment le sous-genre proprement dit des Eucères (Eucera). M. Spinola en a détaché génériquement, sous le nom de Macrocère (Macrocera), des espèces dont les palpes maxillaires n'ont que cinq articles distincts, et qui n'ont que deux cellules cubitales aux ailes supérieures.

Les Melissodes (Melissodes. Latr.) sont des eucères d'Amérique, n'ayant que quatre articles aux palpes maxillaires. Leurs cellules cubitales sont au nombre de trois.

L'*E. longicorne* (*Apis longicornis*, Lin.), Panz, Faun. insect, Germ., Fasc. , LXIV, 21, le mâle; LXXVIII, 19, et LXIV, 16, la femelle. Le mâle est noir, avec le labre et l'extrémité antérieure de la tête jaunes; son dessus, le thorax et les deux premiers anneaux de l'abdomen sont couverts d'un duvet roussâtre. Les antennes sont noires et un peu plus longues que le corps. La femelle a les antennes courtes ; les mâchoires et la lèvre forment à leur base une petite saillie; l'abdomen a des raies grises : l'anus est roussâtre. Elle paraît dès les premiers jours du printemps (1).

Les autres apiaires de cette subdivision ont les paraglosses beaucoup plus courtes que la languette, et offrent constamment trois cellules cubitales.

---

(1) Latr., Gen., crust. et Insect. , IV, 173.

Il y en a dont les palpes maxillaires offrent évidemment six articles. Tels sont

Les MELITTURGES. (MELITTURGA. Latr.)

Dont les antennes sont courtes et terminées en massue dans les mâles. Tous les articles des palpes sont continus et dans la même direction (1).

Les ANTHOPHORES. (ANTHOPHORA. Latr. — *Megilla. Centris.* Fab.)

Dont les antennes sont filiformes dans les deux sexes, et où les deux derniers articles des palpes labiaux forment une petite tige oblique.

L'*A. pariétine* (*Annal. du mus. d'hist. nat.*, tom. III) fait son nid dans les murs; elle élève à son entrée un tuyau perpendiculaire et un peu courbé, composé de grains de terre. Sa ponte achevée, elle le détruit ou l'emploie peut-être pour boucher l'entrée du nid (2).

D'autres n'ont que cinq articles aux palpes maxillaires, et ceux des labiaux sont continus. C'est ce qui distingue

Les SAROPODES. (SAROPODA. Latr.) (3)

D'autres enfin n'ont que quatre articles à ces palpes maxillaires. Le premier article des tarses postérieurs des mâles est très grand, courbe, creusé en voûte à son extrémité interne. On voit une forte épine dentelée, au même bout des jambes postérieures des femelles.

Les ANCYLOSCÈLES. (ANCYLOSCELIS. Latr.) (4)

Dans ceux-là, les mandibules ont plusieurs dentelures au côté interne; les palpes maxillaires n'ont, ainsi que dans le sous-genre précédent, que quatre articles.

---

(1) Latr., Gener. crust. et insect., IV, 173.

(2) Latr., ibid., item.

(3) Latr., ibid., item.

(4) Insectes rapportés du Brésil par M. de Saint-Hilaire. Mon genre *mélitome* (fam. natur. du Règ. Anim.), formé d'abord sur les femelles d'ancyloscèles, doit être suprimé. Celui de *tétrapédie* de M. Klüg rentre peut-être dans le précédent.

23*

Les Centris. (Centris. Fab.)

Les espèces de ce sous-genre ne se trouvent qu'en Amérique (1).

Tantôt les palpes maxillaires n'ont qu'un seul article très petit et qui devient même invisible dans quelques. Les paraglosses sont très courtes. Les mandibules sont dentelées.

Les Épicharis. (Epicharis. Klüg. — *Centris*. Fab.)

Où les derniers articles des palpes labiaux sont dans la même direction que les précédents, peu distincts, et forment la pointe de ces organes, qui ressemblent à des soies très alongées; où les seconde et troisième cellules cubitales reçoivent chacune une nervure récurrente (2).

Les Acanthopes. (Acanthopus. Klüg. — *Xylocopa*. Fab.)

Où les deux derniers articles des palpes labiaux forment une petite tige oblique et latérale; où la troisième cellule cubitale reçoit les deux nervures récurrentes.

L'extrémité interne des deux jambes postérieures présente deux fortes épines dentelées (3).

Les derniers apiaires vivent en société, composée de *mâles*, de *femelles*, et d'une quantité considérable de *mulets* ou d'*ouvrières*. Les pieds postérieurs de ces derniers individus ont à la face externe de leurs jambes (*la palette*) un enfoncement lisse (*la corbeille*), où ils placent une pelotte de pollen, qu'ils ont recueilli avec le duvet soyeux ou la brosse, dont la face interne du premier articles des tarses (*la pièce carrée*) des mêmes pieds est garnie. Les palpes maxillaires sont très petits et formés d'un seul article. Les antennes sont coudées.

Tantôt les jambes postérieures sont terminées par deux épines, comme dans

Les Euglosses. (Euglossa. Lat. Fab.)

Dont le labre est carré, et qui ont la fausse trompe de la

---

(1) Latr., ibid., 177. Suivant MM. Lepeletier et Serville (Encyclop. méthod.), les *ptilotopus* de M. Klüg sont de véritables *centris*.

(2) Latr., ibid, 178.

(3) Latr., ibid., item.

longueur du corps, avec les palpes labiaux terminés en une pointe (1) formée par les deux derniers articles.

Les Bourdons. (Bombus. Lat., Fab.)

Où le labre est transversal, qui ont la fausse trompe notablement plus courte que le corps, et le second article des palpes labiaux terminé en pointe, portant sur le côté extérieur les deux autres.

On désigne communément sous ce nom, les mâles de notre abeille domestique. Mais les insectes dont il s'agit ici ont le corps beaucoup plus gros, plus arrondi, et chargé de poils, souvent distribués par bandes diversement colorées. Ils sont bien connus des enfants, qui les privent souvent de la vie pour avoir le miel renfermé dans leur corps, et le sucer. Ils vivent dans des habitations souterraines, réunis en société de 50 à 60 individus, ou quelquefois de 200 à 300, qui finit aux approches de l'hiver. Elle se compose de *mâles*, distingués par la petitesse de leur taille, leur tête moins forte, leurs mandibules plus étroites, terminées par deux dents et barbues, ainsi que très souvent par des couleurs différentes; de *femelles* qui sont plus grandes que les autres individus, et dont les mandibules, ainsi que celles des *mulets* ou des *ouvrières*, c'est-à-dire de la troisième sorte d'individus, sont en forme de cuiller; les ouvrières sont d'une taille intermédiaire entre les deux autres. Réaumur cependant en distingue deux variétés; les unes plus fortes et de grandeur moyenne, et les secondes plus petites, et qui lui ont paru plus vives et plus actives. M. Huber fils a vérifié ce fait. Suivant lui, plusieurs des ouvrières qui naissent au printemps, s'accouplent au mois de juin avec des

---

(1) Dans les espèces même dont le corps est presque glabre, telles que la *dentata*, la *cordata*, etc, la face postérieure du premier article des deux derniers tarses est néanmoins garnie d'une brosse. Le régime social de ces insectes nous est inconnu. Quelques individus diffèrent des autres par la convexité ou l'épaississement antérieur de leurs dernières jambes. On y remarque aussi, près du bord extérieur, une fente ou un enfoncement étroit, longitudinal. Le genre Aglaé de MM. Lepeletier et Serville, paraît avoir été établi (Encyclop. méthod., insect., X, 105) sur de tels individus. *Voyez* Lat., ibid. Ces apiaires sont propres à l'Amérique méridionale.

mâles provenus de leur mère commune, pondent bientôt après, mais ne mettent au jour que des individus de ce dernier sexe; ceux-ci féconderont les femelles ordinaires ou tardives, celles qui ne paraissent que dans l'arrière-saison , et qui doivent, au printemps de l'année suivante, jeter les fondements d'une nouvelle colonie. Tous les autres individus, sans en excepter les petites femelles, périssent.

Celles des femelles ordinaires qui ont échappé aux rigueurs de l'hiver, profitent des premiers beaux jours pour faire leur nid. Une espèce (*Apis lapidaria*) s'établit à la surface de la terre, sous des pierres; mais toutes les autres le placent dans la terre, et souvent à un ou deux pieds de profondeur, et de la manière que nous allons exposer. Les prairies, les plaines sèches et les collines sont les lieux qu'elles choisissent. Ces cavités souterraines d'une étendue assez considérable, plus larges que hautes, sont en forme de dôme; leur voûte est construite avec de la terre et de la mousse, cardée par ces insectes, et qu'ils y transportent brin par brin, en y entrant à reculons. Une calote de cire brute et grossière en revêt les parois intérieures. Tantôt une simple ouverture ménagée au bas du nid sert de passage; tantôt un chemin tortueux, couvert de mousse et long d'un à deux pieds, conduit à l'habitation. Le fond de son intérieur est tapissé d'une couche de feuilles, sur laquelle doit reposer le couvain. La femelle y place d'abord des masses de cire brune, irrégulières, mamelonnées, que Réaumur nomme *la pâtée*, et qu'il compare, à raison de leurs figures et de leurs couleurs, à des truffes. Leurs vides intérieurs sont destinés à renfermer les œufs et les larves qui en proviennent. Ces larves y vivent en société, jusqu'au moment où elles doivent se changer en nymphes; elles se séparent alors et filent des coques de soie, ovoïdes, fixées verticalement les unes contre les autres; la nymphe y est toujours dans une situation renversée, ou la tête en bas, comme le sont, dans leur coque, les femelles de l'abeille ordinaire; aussi ces coques sont-elles toujours percées à leur partie inférieure, lorsque l'insecte parfait en est sorti. Réaumur dit que les larves vivent de la cire qui forme leur logement; mais dans l'opinion de M. Huber, elle les garantit simplement du froid et de l'humidité, et la nourriture de ces larves consiste dans une provision assez grande de pollen, humecté d'un peu de miel, que les ouvrières ont soin de leur fournir; lorsqu'elles l'ont épuisée, elles percent à cet effet le couvercle de leurs cellules, et les referment ensuite. Elles les agrandissent même, en leur ajoutant une nouvelle pièce, lorsque ces larves, ayant pris de la croissance, sont trop à l'étroit. On trouve, en outre, dans ces nids, trois à quatre petits corps composés de cire brune ou de la même matière que la pâtée, en forme de gobelets ou de petits pots presque cylindriques, toujours ouverts, plus ou moins remplis d'un bon miel. Les places qu'occupent les réservoirs à miel ne sont pas constantes. On a dit que les ouvrières faisaient servir au même usage les coques vides : mais le fait me paraît douteux, ces coques étant d'une matière soyeuse et percées inférieurement.

Les larves sortent des œufs quatre à cinq jours après la ponte, et achèvent leurs métamorphoses dans les mois de mai et de juin. Les ouvrières enlèvent la cire du massif qui embarrasse leur coque, pour faciliter leur sortie. On avait cru qu'elles ne donnaient que des ouvrières; mais nous avons vu plus haut qu'il en sort aussi des mâles, et nous en avons indiqué les fonctions. Ces ouvrières aident la femelle dans ses travaux. Le nombre des coques qui servent d'habitation aux larves et aux nymphes s'accroît, et elles forment des gâteaux irréguliers, s'élevant par étages, sur les bords desquels on distingue surtout la matière brune que Réaumur nomme pâtée. Suivant M. Hûber, les ouvrières sont très friandes des œufs que la femelle pond, et entr'ouvrent même quelquefois, en son absence, les cellules où ils sont renfermés, pour sucer la matière laiteuse qu'ils contiennent; fait bien extraordinaire, puisqu'il semble démentir l'attachement connu des ouvrières pour le germe de la race dont elles sont les gardiennes et les tutrices. La cire qu'elles produisent a, d'après le même observateur, la même origine que celle de l'abeille domestique, ou n'est qu'un miel élaboré, et qui transsude aussi par quelques-uns des intervalles des anneaux de l'abdomen. Plusieurs femelles vivent en bonne intelligence sous le même toit et ne se témoignent point de l'aversion. Elles s'accouplent hors de leur demeure, soit dans l'air, soit sur des plantes, où je les ai vues quelquefois ainsi réunies. Les femelles sont bien moins fécondes que celles de l'abeille demestique. On trouve communément dans nos environs les espèces suivantes :

Le *B. des mousses* (*Apis muscorum*, Lin.), Réaumur, Insect., VI, II, 1, 2, 3, jaunâtre; poils du thorax fauves. Mêmes couleurs dans tous les individus.

Le *B. des pierres* (*Apis lapidaria*, Lin.), Réaumur, *ibid.*, I, 1-4. La femelle est noire, avec l'anus rougeâtre et les ailes incolores. Le mâle (*Bombus arbustorum*, Fab.) a le devant de la tête et les deux extrémités du thorax jaunes. L'anus est rouge, ainsi que dans l'individu précédent. Cette espèce fait son nid sous des tas de pierres.

Le *B. souterrain* (*Apis terrestris*, Lin.), Réaum., *ibid.*, III, 1, noir, avec l'extrémité postérieure du thorax et la base de l'abdomen jaunes; anus blanc (1).

Tantôt les apiaires sociales n'ont point d'épines à l'extrémité de leurs jambes postérieures.

Elles forment deux sous-genres :

Les ABEILLES proprement dites. (APIS. Lat.)

Dont les ouvrières ont le premier article de leurs tarses postérieurs en carré long, et garni à sa face interne d'un duvet soyeux, divisé en bandes transversales ou strié.

L'*Abeille domestique* (*Apis mellifica*, Lin.), Réaum., Insect., V, XXI-XXXVIII, noirâtre; écusson et abdomen de cette couleur; une bande transversale grisâtre, formée par un duvet, à la base du troisième anneau et des suivants.

Les abeilles ou *mouches à miel* sont beaucoup plus petites et plus oblongues que les bourdons. Leur corps n'a, sur quelques parties, qu'un simplet duvet, et ses couleurs sont peu variées. Leur société est composée d'ou-

----

(1) *Voyez*, pour les autres espèces, le Mémoire de M. Huber, Transactions de la Soc. Linnéenne, tom. VI ; M. Jurine sur les *hyménoptères*, genre *breme*, et Panzer sur le même ordre d'insectes. Voyez aussi, à l'égard des organes sexuels masculins de ces insectes, un Mémoire de Lachat et de M. Audouin.

vrières ou de *mulets*, dont le nombre ordinaire est de quinze à vingt mille (quelquefois trente mille); d'environ six à huit cents mâles (mille et au-delà dans quelques ruches), appelés *bourdons* par les cultivateurs, *faux-bourdons* par Réaumur; et communément d'une seule *femelle*, dont les anciens faisaient un roi ou le chef de la population, et que des modernes désignent sous le nom de reine. Les ouvrières, plus petites que les autres individus, ont les antennes de douze articles, l'abdomen composé de six anneaux, le premier article des tarses postérieurs, ou la *pièce carrée*, dilaté en forme d'oreillette pointue, à l'angle extérieur de leur base, couvert, à sa face interne, d'un duvet soyeux, court, fin et serré, et sont armées d'un aiguillon. La femelle présente les mêmes caractères; mais les ouvrières ont l'abdomen plus court; leurs mandibules sont en forme de cuiller et sans dentelures. Leurs pieds postérieurs ont, sur le côté externe de leurs jambes, cet enfoncement uni et bordé de poils qu'on a nommé *corbeille*; la brosse soyeuse du premier article des tarses des mêmes pieds, a sept à huit stries transversales. Les mâles et les femelles sont plus grands, avec les mandibules échancrées sous la pointe et velues; la trompe plus courte, surtout dans les mâles. Ceux-ci diffèrent des uns et des autres par leurs antennes de treize articles; par leur tête plus arrondie, avec les yeux plus grands, alongés et réunis au sommet; par leurs mandibules plus petites et plus velues; par le défaut d'aiguillon; par les quatre pieds antérieurs courts, dont les deux premiers arqués; enfin par leur pièce carrée, qui n'a ni oreillette ni brosse soyeuse. Leurs organes sexuels se présentent sous la forme de deux cornes, en partie d'un jaune rougeâtre, accompagnées d'un pénis terminé en palette et de quelques autres pièces. Si on fait sortir de force ces organes, l'animal périt sur-le-champ.

L'intérieur de l'abdomen des femelles et des ouvrières offre deux estomacs, les intestins et la fiole à venin. Une ouverture assez grande, placée à la base supérieure de la trompe, au-dessous du labre et fermée par une petite pièce triangulaire, nommée *langue* par Réaumur, l'*épi-*

pharynx ou l'*épiglosse* par Savigny, sert de passage aux aliments et conduit à un œsophage délié, traversant l'intérieur du thorax, et de là à l'estomac antérieur ou plutôt le jabot, qui renferme le miel. L'estomac suivant contient le pollen des étamines ou la matière cireuse, suivant Réaumur, et a des rides annulaires et transverses, en forme de cerceaux, à sa surface. Cette cavité abdominale renferme, en outre, dans les femelles, deux grands ovaires, composés d'une multitude de petits sacs, contenant chacun seize à dix-sept œufs; chaque ovaire aboutit à l'anus, près duquel il se dilate en une poche, où l'œuf s'arrête et reçoit une humeur visqueuse, fournie par une glande voisine. D'après les observations de M. Huber fils, les demi-anneaux inférieurs de l'abdomen des ouvrières, à l'exception du premier et du dernier, ont chacun, sur leur face interne, deux poches où la cire se sécrète et se moule en forme de lames, qui effluent ensuite par les intervalles des anneaux. Au-dessous de ces poches est une membrane particulière, formée d'un réseau très petit, à mailles hexagonales, s'unissant à la membrane qui revêt les parois de la cavité abdominale. Ces observations sur l'anatomie intérieure des abeilles, sont communes, à quelques modifications près, aux bourdons proprement dits (1). La cire, d'après les expériences du même naturaliste, ne serait qu'une élaboration du miel, et le pollen, mêlé d'un peu de cette substance, ne servirait qu'à la nourriture de ces insectes et de leurs larves.

M. Huber distingue deux sortes d'abeilles ouvrières; les premières, qu'il nomme *cirières*, sont chargées de la récolte des vivres, de celle de tous les matériaux de construction et de leur emploi; les secondes ou les *nourrices*, plus petites et plus faibles, sont faites pour la retraite, et toutes leurs fonctions se réduisent presque à l'éducation des petits, et aux soins intérieurs du ménage.

Nous avons vu que les abeilles ouvrières ressemblent aux femelles en plusieurs points. Des expériences cu-

---

(1) C'est ce que j'ai aussi vérifié. Voyez le Mémoire que j'ai publié à cet égard et qui fait partie du recueil de ceux du Mus. d'Hist. naturelle.

rieuses ont prouvé qu'elles sont du même sexe, et qu'elles peuvent devenir mères, si, étant sous la forme de larves, et dans les trois premiers jours de leur naissance, elles reçoivent une nourriture particulière, celle qui est fournie aux larves des reines. Mais elles ne peuvent acquérir toutes les facultés de ces dernières, qu'étant alors placées dans une loge plus grande ou semblable à celle de la larve de la femelle propre, la cellule royale. Si, étant nourries de cette manière, leur demeure reste la même, elles ne peuvent donner naissance qu'à des mâles, et diffèrent en outre des femelles par leur taille plus petite. Les abeilles ouvrières ne sont donc que des femelles dont les ovaires, à raison de la nature des aliments qu'elles ont pris en état de larve, n'ont pu se développer.

La matière qui compose leurs gâteaux ne pouvant résister aux intempéries de l'air, ces insectes n'ayant pas d'ailleurs l'instinct de se construire un nid ou une enveloppe générale, ils ne peuvent s'établir que dans les cavités où leur ouvrage trouve un abri naturel. Les ouvrières chargées seules du travail, font avec la cire ces lames composées de deux rangs opposés de cellules hexagones, à base pyramidale, et formée de trois rhombes. Ces cellules ont reçu le nom d'*alvéoles*, et chaque lame celui de *gâteau* ou de *rayon*. Ils sont toujours perpendiculaires, parallèles, fixés par leur sommet ou par une des tranches, et séparés entre eux par des espaces qui permettent le passage à ces insectes. La direction des alvéoles est ainsi horizontale. D'habiles géomètres ont fait voir que leur forme est à la fois la plus économique sous le rapport de la dépense de la cire, et la plus avantageuse quant à l'étendue de l'espace renfermé dans chaque alvéole. Les abeilles savent cependant modifier cette forme, selon les circonstances. Elles en taillent et en ajustent les pans, pièce à pièce. Si l'on excepte l'alvéole propre à la larve et à la nymphe de la femelle, ces cellules sont presque égales, et renferment les unes le couvain, et les autres le miel et le pollen des fleurs. Parmi les cellules à miel, les unes sont ouvertes, et les autres, ou celles de la réserve, sont fermées d'un couvercle plat ou peu convexe. Les cellules royales, dont le nombre varie de deux à quarante, sont beaucoup plus grandes, presque cylindriques, un peu moins grosses au bout, et ont de petites cavités à leur surface extérieure. Elles pendent ordinairement, en manière de stalactites, sur les bords des gâteaux, de façon que la larve s'y trouve dans une situation renversée. Il y en a qui pèsent autant que cent cinquante cellules ordinaires. Les cellules des mâles sont d'une grandeur mitoyenne entre les précédentes et celles des ouvrières et placées çà et là. Les abeilles prolongent toujours leurs rayons de haut en bas. Elles calfeutrent les petites ouvertures de leur habitation avec une espèce de mastic qu'elles cueillent sur différents arbres, et qu'on nomme la *propolis*.

L'accouplement se fait au commencement de l'été, hors de la ruche, et suivant MM. Huber, la femelle rentre dans son habitation, en portant à l'extrémité de son abdomen les parties sexuelles du mâle. Cette seule fécondation vivifie, à ce que l'on croit, les œufs qu'elle peut pondre dans le cours de deux ans, et peut-être même pendant sa vie entière. Les pontes se succèdent rapidement et ne cessent qu'en automne. Réaumur évalue à douze mille le nombre des œufs qu'une femelle pond, au printemps, dans l'espace de vingt jours. Guidée par son instinct, elle ne se méprend point sur le choix des alvéoles qni leur sont propres. Quelquefois cependant, comme lorsqu'il n'y a pas une quantité suffisante d'alvéoles, elle met plusieurs œufs dans le même. Les ouvrières en font ensuite le triage. Ceux qu'elle produit au retour de la belle saison, sont tous des œufs d'ouvrières qui éclosent au bout de quatre à cinq jours. Les abeilles ont soin de donner aux larves la pâtée nécessaire, proportionnée à leur âge, et sur laquelle elles se tiennent, ayant le corps courbé en arc. Six ou sept jours après leur naissance, elles se disposent à subir leur métamorphose. Enfermées dans leurs cellules par les ouvrières qui en ont bouché l'ouverture avec un couvercle bombé, elles tapissent les parois de leur demeure d'une toile de soie, se filent une coque, deviennent nymphes, et, au bout d'environ douze jours de réclusion, se dégagent et se montrent sous la forme d'abeilles. Les ouvrières

aussitôt nettoyent leurs loges, afin qu'elles soient propres
à recevoir un nouvel œuf. Mais il n'en est pas ainsi des
cellules royales; elles sont détruites, et les abeilles en re-
construisent d'autres s'il est nécessaire. Les œufs contenant des mâles sont pondus deux mois plus tard, et ceux
des femelles bientôt après ceux-ci.

Cette succession de générations forme autant de sociétés
particulières, succeptibles de fonder de nouvelles colonies, et que l'on connaît sous le nom d'essaims. Une ruche en donne quelquefois trois à quatre; mais les derniers
sont toujours faibles. Ceux qui pèsent six à huit livres
sont les meilleurs. Trop resserrés dans leur habitation,
ces essaims quittent souvent leur mère-patrie. Quelques
signes particuliers annoncent au cultivateur la perte dont
il est menacé, et il tâche de la prévenir, ou de faire tour-
ner à son avantage l'émigration.

Les abeilles se livrent quelquefois entre elles de violents
combats. A une époque où les mâles deviennent inutiles,
les femelles ayant été fécondées (du mois de juin à celui
d'août), les ouvrières les mettent à mort, et le carnage
s'étend jusqu'aux larves et aux nymphes des individus de
ce sexe.

Les abeilles ont des ennemis intérieurs et extérieurs,
elles sont sujettes à plusieurs maladies.

Le cultivateur instruit donne à ces animaux une attention particulière, choisit parmi les différentes sortes de
ruches qu'on a imaginées, celle qui est la moins dispen-
dieuse dans sa construction, la plus favorable à l'éducation des abeilles, la plus propre à les conserver ; il étudie
leurs habitudes, prévoit les accidents dont elles sont me-
nacées ou atteintes, et n'a point lieu de se repentir de ses
peines et de ses sacrifices. L'origine de la culture de ces insectes se perd dans la nuit des temps. Ils étaient, chez les anciens Égyptiens, l'emblême hiéroglyphique de la royauté.

Toutes les abeilles proprement dites ne se trouvent que
dans l'ancien continent; et celles de l'Europe méridionale et orientale, de l'Égypte, diffèrent déjà de la nôtre,
qu'on a transplantée en Amérique et dans diverses autres
colonies où elle s'est acclimatée.

L'espèce qui se trouve à l'île de France et à Madagascar (*A. unicolor*, Lat.) donne un miel très estimé qu'on désigne par l'épithète de *vert* (1).

Le dernier sous-genre des apiaires sociales, celui

DES MÉLIPONES. (MELIPONA. Illig., Lat. — *Trigona*. Jur.)

Est distingué du précédent par la forme du premier article des tarses postérieurs, plus étroit à sa base, ou en triangle renversé, et sans stries sur la brosse soyeuse de sa face interne. Les ailes supérieures n'ont encore que deux cellules cubitales complètes, tandis qu'il y en a une de plus dans les abeilles, et dont la dernière oblique et linéaire (2).

On trouve ces hyménoptères dans l'Amérique méridonale. Ils établissent leurs nids au sommet des arbres, ou dans leurs cavités.

Celui de la *M. amalthée* a la forme d'une cornemuse. Son miel est très doux, fort agréable, mais très liquide et se corrompt facilement. Il fournit aux Indiens une liqueur spiritueuse qu'ils aiment beaucoup.

M. Cordier, membre de l'Académie royale des sciences et professeur de géologie au jardin du Roi, possède un morceau de succin, renfermant un individu de cette espèce. Il paraît que l'on trouve dans l'île de Sumatra quelques autres mélipones (*Trigones*, latr.).

LE DIXIÈME ORDRE DES INSECTES ,

Celui des LÉPIDOPTERES. (LEPIDOPTERA. — *Glossata*. Fab.)

Termine la série de ceux qui ont quatre ailes et nous montre deux caractères qui lui sont exclusivement propres.

---

(1) *Voyez*, pour les autres espèces, Latr., dans les Obs.. Zool. et Anat. de MM. Humbold et Bonpland.

(2) Les espèces à mandibules sans dentelures sont des MÉLIPONES

Les ailes sont recouvertes, sur leurs deux surfaces, de petites écailles colorées, semblables à une poussière farineuse, et qui s'enlèvent au toucher. Une trompe, à laquelle on a donné le nom de *langue* (1), roulée en spirale, entre deux palpes hérissés d'écailles ou de poils, forme la partie la plus importante de leur bouche, l'instrument avec lequel ces insectes sucent le miel des fleurs, qui est leur seule nourriture. Nous avons vu dans les généralités de la classe des insectes, que cette trompe était composée de deux filets tubulaires, représentant les mâchoires, et portant chacun, près de leur base extérieure, un très petit palpe (les *supérieurs*), ayant la forme d'un tubercule. Les palpes apparents ou *inférieurs*, ceux qui sont pour la trompe une sorte de gaîne, tiennent lieu des palpes labiaux des insectes broyeurs ; ils sont cylindriques ou coniques, ordinairement relevés, composés de trois articles, et insérés sur une lèvre fixe, qui forme la parois de la portion de la cavité buccale inférieure à la trompe. Deux petites pièces, à peine distinctes, cornées et plus ou moins ciliées, situées, une de chaque côté, au bord antérieur et supérieur du devant de la tête, près des yeux, semblent être des vestiges de mandibules. Enfin on retrouve, et dans des proportions pareillement très exiguës, le labre ou la lèvre supérieure.

| proprement dites. Celles où ces organes sont dentelés forment le genre Trigone. Voyez mon Gener., crust. et insect., IV, 182.

(1) Spiritrompe, dans ma nomenclature.

Les antennes sont variables et toujours composées d'un grand nombre d'articles. On découvre dans plusieurs espèces deux yeux lisses, mais cachés entre les écailles (1). Les trois segments, dont le tronc des insectes hexapodes est formé, se réunissent en un seul corps; le premier est très court; les deux autres se confondent l'un avec l'autre. L'écusson est triangulaire; mais sa pointe regarde la tête. Les ailes sont simplement veinées, de figure, de grandeur et de position variables; dans plusieurs, les inférieures ont quelques plis longitudinaux, vers leur bord interne. A la base de chacune des supérieures est une pièce en forme d'épaulette, prolongée en arrière, qui répond à celle qu'on a nommée *tegula*, dans les hyménoptères. Mais plus développée ici, je l'appellerai *ptérygode*. L'abdomen, composé de six à sept anneaux, est attaché au thorax par une très petite portion de son diamètre, et n'offre ni aiguillon, ni tarière analogue à celle des hyménoptères. Dans plusieurs femelles cependant, comme les *cossus*, les derniers anneaux se rétrécissent et se prolongent, pour former un oviducte, en forme de queue pointue et rétractile. Les tarses ont constamment cinq articles. Il n'y a a jamais que deux sortes d'individus, des mâles et des femelles. L'abdomen des premiers se termine par une sorte de pince plate renfermant le penis.

(1) D'après une observation de M. Dalman, ils n'existeraient pas dans les lépidoptères diurnes.

Les femelles placent leurs œufs, souvent très nombreux, sur les substances ordinairement végétales, dont leurs larves doivent se nourrir, et ils périssent bientôt après.

Les larves des lépidoptères sont connues sous le nom de *chenilles*. Elles ont six pieds écailleux ou à crochets, qui répondent à ceux de l'insecte parfait, et, en outre, quatre à dix pieds membraneux, dont les deux derniers sont situés à l'extrémité postérieure du corps, près de l'anus ; celles qui n'ont en tout que dix à douze pieds ont été appelées, à raison de la manière dont elles marchent, *géomètres* ou *arpenteuses*. Elles se cramponnent au plan de position au moyen des pattes écailleuses, puis élevant les articles intermédiaires du corps, en forme d'anneau ou de boucle, elles rapprochent les dernières pattes des précédentes, dégagent celles-ci, s'accrochent avec les dernières, et portent leur corps en avant, pour recommencer la même manœuvre. Plusieurs de ces chenilles arpenteuses et dites en *bâton* sont fixées, dans le repos, aux branches des végétaux, par les seuls pieds de derrière ; elles ressemblent, par la direction, la forme et les couleurs de leur corps, à un rameau, et se tiennent long-temps dans cette situation sans donner le moindre signe de vie. Une attitude si gênante suppose une force musculaire prodigieuse ; et Lyonet a, effectivement, compté dans la chenille du saule (*cossus ligniperda*), quatre mille quarante-un muscle. Quelques chenilles à quatorze ou seize pattes, mais dont quelques-unes des membraneuses intermédiaires sont plus courtes, ont été nommées *demi-arpenteuses*, ou *fausses-géomètres*. Les pieds membraneux sont souvent terminés par une couronne plus ou moins complète de petits crochets.

Le corps de ces larves est, en général, alongé, presque cylindrique, mou, diversement coloré, tantôt nu ou ras, tantôt hérissé de poils, de tubercules, d'épines, et composé, la tête non comprise, de douze anneaux, avec neuf stigmates de chaque côté. Leur tête est revêtue d'un derme corné ou écailleux, et offre de chaque côté six petits grains luisants, qui paraissent être de petits yeux lisses ; elle a, de plus, deux antennes très courtes et coniques, une bouche composée de fortes mandibules, de deux mâchoires, d'une lèvre et de quatre petits palpes. La matière soyeuse dont elles font usage, s'élabore dans deux vaisseaux intérieurs, longs et tortueux, dont les extrémités supérieures viennent, en s'amincissant, aboutir à la lèvre ; un mamelon tubulaire et conique, situé au bout de cette lèvre, est la filière qui donne issue aux fils de la soie.

La plupart des chenilles se nourrissent des feuilles de végétaux ; d'autres en rongent les fleurs, les racines, les boutons, les graines ; la partie ligneuse ou la plus dure des arbres sert d'aliments à quelques-unes. Elles la ramollissent au moyen d'une liqueur qu'elles y dégorgent. Certaines espèces rongent nos draps, nos étoffes de laine, les pelleteries, et sont pour nous des ennemis domestiques très pernicieux : le cuir, la graisse, le lard, la cire, ne sont même pas épargnés. Plusieurs vivent exclusivement d'une seule matière; mais il en est de moins délicates, et qui attaquent diverses sortes de plantes ou de substances (1).

Quelques-unes se réunissent en société, et souvent sous une tente de soie qu'elles filent en commun, et qui leur devient même un abri pour la mauvaise saison. Plusieurs se fabriquent des fourreaux, soit fixes, soit portatifs. On en connaît qui se logent dans le parenchyme des feuilles, où elles creusent des galeries. Le plus grand nombre se plaît à la lumière du jour. Les autres ne sortent de leurs retraites que la nuit. Les rigueurs de l'hiver, si contraires à presque tous les insectes, n'atteignent pas quelques phalènes; elles ne paraissent qu'à cette époque.

Les chenilles changent ordinairement quatre fois de peau avant de passer à l'état de nymphe ou de chrysalide. La plupart filent alors une coque où elles se renferment. Une liqueur souvent rougeâtre, ou sorte de méconium, que les lépidoptères jettent

---

(1) L'une des preuves les plus manifestes de la providence, est la parfaite coïncidence de l'apparition de la chenille, avec celle du végétal dont elle doit se nourrir.

par l'anus, au moment de leur métamorphose, at-
tendrit un des bouts de la coque et facilite leur
sortie ; communément encore une des extrémités
du cocon est plus faible ou présente, par la disposition des fils, une issue propice. D'autres chenilles
se contentent de lier avec de la soie des feuilles,
des molécules de terre, ou les parcelles des substances où elles ont vécu, et se forment ainsi une
coque grossière. Les chrysalides des lépidoptères
diurnes, ornées de taches dorées qui ont donné
lieu à cette dénomination générale de chrysalides,
sont à nu, et fixées par l'extrémité postérieure
du corps. Les nymphes des lépidoptères offrent un
caractère spécial et que nous avons exposé dans
les généralités de la classe des insectes. Elles sont
emmaillotées ou en forme de *momie* (1). Celles de
plusieurs lépidoptères, particulièrement des diurnes,
éclosent en peu de jours ; souvent même ces insectes
donnent deux générations par année. Mais à l'é-
gard des autres, leurs chenilles ou leurs chrysalides passent l'hiver, et l'insecte ne subit sa dernière
métamorphose qu'au printemps ou dans l'été de
l'année suivante. En général, les œufs pondus dans
l'arrière saison n'éclosent qu'au printemps prochain.
Les lépidoptères sortent de leur chrysalide, à la
manière ordinaire, ou par une fente qui se fait sur
le dos du corselet.

---

(1) Les gaines des pattes et des antennes sont fixes, caractère propre
à cette sorte de métamorphose.

L'intestin des chenilles consiste en un gros canal sans inflexions, dont la partie antérieure est quelquefois un peu séparée en manière d'estomac, et dont la partie postérieure forme un cloaque ridé; les vaisseaux biliaires, au nombre de quatre et très longs, s'insèrent fort en arrière. Dans l'insecte parfait, on voit un premier estomac latéral ou jabot, un second estomac tout boursoufflé, et un intestin grêle assez long, avec un cœcum près du cloaque (1).

Les larves des ichneumonides et des chalcidites nous délivrent d'une grande partie de ces insectes destructeurs.

Nous partagerons cet ordre en trois familles, qui répondent aux trois genres dont il se compose dans la méthode de Linnæus.

La première famille, celle

Des DIURNES. (Diurna.)

Est la seule (2) où le bord extérieur des ailes inférieures n'offre point une soie roide, écailleuse, ou une espèce de frein, pour retenir les deux supérieures; celles-ci et même le plus souvent les autres sont élevées perpendiculairement dans le repos; les antennes sont tantôt terminées par un renflement en forme de bouton ou de petite massue, tantôt presque de la même grosseur, ou même

---

(1) *Voyez*, sur l'anatomie de la chenille, l'admirable ouvrage de Lyonet; et sur le développement des organes dans la chrysalide et le papillon, celui de M. Hérold, intitulé : *Histoire du Développement des papillons*, en allemand, Cassel et Marburg, 1815.

(2) Quelques nocturnes exceptés.

plus grêles et en pointe crochue à leur extrémité. Cette famille comprend le genre

Des PAPILLONS (PAPILIO) de Linnæus.

Leurs chenilles ont constamment seize pieds. Leurs chrysalides sont presque toujours nues, attachées par la queue, et le plus souvent anguleuses. L'insecte parfait, toujours pourvu d'une trompe, ne vole que pendant le jour; les couleurs du dessous de leurs ailes ne le cèdent pas à celles qui ornent leur face supérieure.

Nous les partagerons d'abord en deux sections.

Ceux de la première n'ont qu'une paire d'ergots ou d'épines à leurs jambes, savoir celle de leur extrémité postérieure. Leurs quatre ailes s'élèvent perpendiculairement dans le repos. Leurs antennes sont tantôt renflées à leur extrémité, en manière de bouton ou de petite massue, tronquée ou arrondie à son sommet, tantôt presque filiformes.

Cette section renferme le genre PAPILLON et les HESPÉRIES *ruricoles* de l'Entomologie systématique de Fabricius.

On peut diviser cette coupe, très nombreuse en espèces, de la manière suivante :

1° Ceux dont le troisième article des palpes inférieurs est tantôt presque nul, tantôt très distinct, mais aussi fourni d'écailles que le précédent, et dont les crochets des tarses sont très apparents ou saillants.

Leurs chenilles sont alongées, presque cylindriques. Leurs chrysalides sont presque toujours anguleuses, quelquefois unies, mais renfermées dans une coque grossière.

Il y en a parmi eux (les *Hexapodes*) dont tous les pieds sont propres à la marche, et presque identiques dans les deux sexes (1). Leur chrysalide, outre l'attache postérieure

____

(1) Les papillon proprement dits, ou ceux de la division des *equites* de Linnæus, se rattachent par un bout aux danaïdes bigarrées, et par l'autre aux parnassiens. Des derniers, l'on passe aux thaïs et ensuite aux piérides. Les danaïdes précédentes se lient avec les héliconiens. Il s'ensuit que

ordinaire, est fixée par un lien de soie, formant une boucle ou un demi-anneau au-dessus de son corps. Celle de quelques-uns est renfermée dans une coque grossière. La cellule centrale des ailes inférieures est fermée inférieurement (1).

Ceux-ci ont le bord interne de ces ailes concave ou plissé.

Tels sont :

Les **Papillons** proprement dits. (*P. Equites*, Lin.)

Qui ont les palpes inférieurs très courts, atteignant à peine, par leur extrémité supérieure, le chaperon, avec le troisième article très peu distinct.

Leurs chenilles, dans des moments de crainte ou d'inquiétude, font sortir de la partie supérieure du col, une corne molle, fourchue, et qui répand ordinairement une odeur pénétrante et désagréable. Leur peau est nue. La chrysalide est attachée avec un cordon de soie et à découvert.

Les espèces de ce sous-genre sont remarquables par leur taille et la variété de leur coloris. On les trouve plus particulièrement dans les contrées équatoriales des deux hémisphères. Celles qui ont des taches rouges à la poitrine forment la division des *chevaliers troyens* de Linnæus. Il a désigné sous le nom de *grecs* celles qui n'en ont pas en cette partie. Plusieurs ont les ailes inférieures prolongées

---

l'on devrait commencer la série des lépidoptères diurnes par les tétrapodes, comme les satyres, les pavonies, les morphos, les nymphales, afin d'arriver par les argynnes et les céthosies aux héliconiens. Les diurnes se partageraient en deux grandes coupes ; ceux dont les chrysalides sont suspendues verticalement, et simplement attachées par l'extrémité de leur queue ; et ceux où elles sont fixées, non-seulement par cette extrémité, mais encore par un lien de soie traversant le corps en manière de boucle ou de demi-anneau. Les premiers sont constamment tétrapodes. L'on commencerait par ceux dont les chenilles sont nues ou presque nues, et généralement bifides à leur extrémité postérieure ; viendraient ensuite ceux dont les chenilles sont épineuses.

(1) J'avais fait usage de ce caractère dans mon Gener. crust. et insect. ; M. Dalman et Godart en ont généralisé l'application relativement à cette famille.

en forme de queue, et telle est celle de notre pays qu'on a nommée :

Le *P. à queue du fenouil*, ou *grand porte-queue* (*Papilio machaon*, Lin.), God.', Hist. natur. des lépid. de France, I, 1, 2. Ailes jaunes avec des taches et des raies noires; les ailes inférieures prolongées en queue, et ayant près du bord postérieur des taches bleues, dont une en forme d'œil, avec du rouge à l'angle interne.

La chenille est verte, avec des anneaux noirs, ponctués de rouge, et vit sur la carotte, le fenouil, etc., dont elle mange les feuilles.

On trouve encore en France deux autres papillons à queue, celui qu'on nomme le *flambé* (*P. podalirius*), God., *ibid.*, I, 1, 2 ; et l'*Alexanor* (1).

Les Zélimes (Zelima) de Fabricius.

Ne diffèrent des papillons proprement dits, que par la massue de leurs antennes plus courte et plus arrondie. J'en connais deux espèces, l'une du Sénégal et l'autre de Guinée, et qui font partie de la belle collection de M. le comte Dejean.

Les Parnassiens. (Parnassius. Latr. — *Doritis.* Fab.)

Dont les palpes inférieurs s'élèvent sensiblement au-dessus du chaperon, vont en pointe, et ont trois articles très distincts. Le bouton de leurs antennes est court, presque ovoïde et droit. Les femelles ont une espèce de poche cornée et creusée en forme de nacelle, à l'extrémité postérieure de leur abdomen.

Leurs chenilles ont aussi sur le cou un tentacule rétractile, de même que celles des papillons proprement dits; mais elles se forment avec des feuilles liées par des fils de soie, une coque, où elles se changent en chrysalides.

Ces espèces ne se trouvent que dans les montagnes Alpines ou sous-Alpines de l'Europe et du nord de l'Asie. Tel est

Le *P. apollon* (*Papilio apollo*, Lin.), God., *ibid.*, II,

---

(1) *Voyez*, pour les autres espèces, le même ouvrage et l'article Papillon de l'Encyclop. méthod., *G. Papillon.* Voyez aussi, quant aux lépidoptères d'Europe, l'excellent ouvrage d'Ochsenheimer, continué par M. Treitschke.

B. II, I. Blanc, tacheté de noir ; quatre taches blanches, en forme d'yeux, bordées d'un cercle rouge et d'un cercle noir, sur les ailes inférieures. Sa chenille vit sur le *sedum telephium*, sur des *saxifrages*, etc. Elle est d'un noir velouté, avec une rangée de points rouges, de chaque côté, et une autre sur le dos. La chrysalide est arrondie, d'un vert noirâtre, saupoudrée de blanc ou de bleuâtre (1).

Les Thaïs. (Thais. Fab.)

Qui ont les palpes des parnassiens, mais dont le bouton des antennes est alongé et courbe. L'abdomen des femelles n'a point de poche cornée.

Leurs chenilles n'ont pas, à ce qu'il paraît, de tentacule rétractile. Ces espèces sont propres aux contrées méridionales de l'Europe ; quelques-unes ne se trouvent aussi que dans les montagnes (2).

Dans ceux-là, les ailes inférieures s'avancent sous l'abdomen et lui forment une gouttière.

Leurs chenilles n'ont point de tentacule. Plusieurs vivent sur des plantes crucifères.

Ces lépidoptères (*P. danai candidi*, Lin.) forment deux sous-genres.

Les Piérides. (Pieris. Schr. — *Pontia*. Fab.)

Dont les palpes inférieurs sont presque cylindriques, peu comprimés, avec le dernier article, presque aussi long au moins que le précédent, et où la massue des antennes est ovoïde (3).

---

(1) *Voyez* God., ibid., et l'Encyclop. méthod., même article, G. *Parnassien*.

(2) Les *Pap. hysipyle*, *rumina*, Fab. ; Voyez aussi les ouvrages précités.

(3) Ici se rangent les lépidoptères désignés sous le nom général de *Brassicaires*, tels que le *grand papillon du chou* (*P. brassicæ*, Lin.), le *petit P. du chou* (*P. rapæ*, Lin.), le *P. blanc veiné de vert* (*P. napi*, Lin.), le *P. blanc marbé de vert* (*P. daplidice*, Lin.), le *P. blanc de lait* (*P. sinapis*, Lin.), le *P. aurore* (*P, cardamines*, Lin.), etc. espèces presque toutes printanières.

Les Coliades. (Colias. Fab.)

Où cette massue est en forme de cône alongé et renversé, et dont les palpes inférieurs sont très comprimés, avec le dernier article beaucoup plus court que le précédent (1).

Les autres papillons de la même division (les *Tétrapodes*), ont les deux pieds antérieurs notablement plus courts que les autres, repliés, point ambulatoires dans les deux sexes, et quelquefois seulement dans les mâles. La chrysalide est simplement attachée par son extrémité postérieure, et suspendue la tête en bas.

Tantôt les pieds antérieurs, quoique plus petits et repliés, diffèrent peu des autres. Les ailes inférieures, dont la cellule centrale est toujours fermée postérieurement, embrassent peu, dans la plupart, l'abdomen. Les palpes inférieurs sont écartés l'un de l'autre, grêles, cylindriques, et généralement fort courts. Tous les sous-genres de cette subdivision sont exotiques.

On distingue les Danaïdes (Danais. — *Euploea*. Fab. — partie des *P. danai festivi*, de Lin.) à leurs ailes triangulaires et à leurs antennes terminées en manière de bouton alongé et courbe (2); les Idéa (Idea Fab.), à leurs ailes presque ovales, alongées, et à leurs antennes presque filiformes (3). Dans ces deux sous-genres, les palpes inférieurs ne s'élèvent presque pas au-dessus du chaperon, et leur second article est à peine une fois plus long que le premier. Dans les deux sous-genres suivants, dont les ailes ressemblent à celles du précédent, mais sont ordinairement plus étroites et plus alongées, et dont l'abdomen est aussi proportionnellement plus long que celui de la plupart des précédents, cet article est beaucoup plus long que le premier, et son extrémité dépasse manifestement le chaperon. Les Héliconies (Heliconius, Latr. — *Mechanitis*, Fab. —

---

(1) Le *Papillon souci* (*P. hyale*, Lin.), le *P. citron* (*P. rhamni*, Lin.), le *P. cléopâtre* (*P. cleopâtra*, Lin.), etc. Voyez les ouvrages précités.

(2) Latr., Gener. crust. et insect., IV, 201; Encyclop. méthod., insect., IX, article Papillon, *G. Danaïde.*

(3) Latr., ibid, it.; Encyclop. méthod., ibid. *G. Idea.*

P. heliconii, Lin.), ont des antennes une fois plus longues que la tête et le thorax, et grossissant insensiblement vers leur extrémité (1). Celles des Acrées (Acræa. Fab.) sont plus courtes et terminées brusquement en bouton (2).

Tantôt (*P. nymphalis*. Lin.) les deux pieds antérieurs sont fortement repliés, soit apparents et très velus, soit très petits et cachés. Les ailes inférieures, dont la cellule centrale est ouverte dans plusieurs, embrassent très sensiblement l'abdomen en dessous. Les palpes inférieurs sont proportionnellement plus longs, et souvent plus épais et plus rapprochés.

Ici, la cellule centrale des ailes inférieures est ouverte.

Ceux dont les palpes inférieurs sont peu comprimés, écartés dans leur longueur ou du moins à leur extrémité et terminés brusquement par un article grêle et aciculaire; dont les ailes offrent souvent en dessous, des taches argentées ou jaunes sur un fond fauve; dont les chenilles sont toujours chargées d'épines ou de tubercules charnus et velus, composent les sous-genres Cethosia (Cethosia. Fab.), et Argynne (Argynnis. Melitoea. Fab.). Dans le premier, dont plusieurs espèces ont les ailes élevées et alongées, les palpes inférieurs sont écartés dans toute leur longueur, les crochets des tarses sont simples, et la massue des antennes est oblongue (3). Dans le second, elle est courte et brusque; les crochets des tarses sont unidentés; les palpes inférieurs ne sont écartés qu'à leur extrémité. Les ailes inférieures sont souvent rondes.

Les uns (*Argynnis*. Fab.) ont des taches nacrées sous leurs ailes. Leurs chenilles ont des épines, dont deux plus longues sur le cou. Celles des autres (*Melitœa*. Fab.), ont de petits tubercules velus; les ailes sont tachetées en manière de damier; le nacre est remplacé par du jaune, ce qui a aussi quelquefois lieu dans les précédents (4).

Ceux dont les palpes inférieurs sont contigus dans toute

---

(1) Latr., ibid., it.; Encyclop. méthod., ibid., *G. Héliconie.*
(2) Latr., ibid., it.; Encyclop. méthod., ibid., *G. Acrée.*
(3) *Voyez* les ouvrages précités.
(4) Item.

leur longueur, terminés presque insensiblement en pointe, et très comprimés, composent cinq autres sous-genres.

Les Vanesses. (*Vanessa*. Fab.)

S'éloignent des suivants par leurs antennes terminées brusquement par un bouton court, en forme de toupie ou ovoïde. Leurs chenilles sont chargées de nombreuses épines.

La *V. morio* (*Papilio antiopa*, Lin.), God., Hist. nat. des lépid. de France, I. 5, 1. Ailes anguleuses, d'un noir pourpre foncé, avec une bande jaunâtre ou blanchâtre au bord postérieur, et une suite de taches bleues au-dessus. Sa chenille est noirâtre, épineuse, avec une rangée de taches rouges, carrées et partagées en deux, le long du dos. Elle se nourrit des feuilles du bouleau, de l'osier et du peuplier, et y vit en société. Elle paraît à deux époques.

La *V. paon du jour* (*Papilio Io*, Lin.), God., *ibid.*, I, 5, 2. Ailes anguleuses et dentées ; dessus d'un fauve rougeâtre, avec une grande tache en forme d'œil sur chacun ; celle des supérieures rougeâtre au milieu, entourée d'un cercle jaunâtre ; celle des inférieures noirâtre, avec un cercle gris autour, et renfermant des taches bleuâtres ; dessous des ailes noirâtre. Sa chenille est noire, pointillée de blanc, avec des épines simplement velues; elle vit sur l'ortie.

La *V. belle-dame* (*Papilio cardui*, Lin.), God., *ibid.*, I, 5 sec. 2. Ailes dentées ; leur dessus rouge, varié de noir et de blanc ; leur dessous marbré de gris, de jaune et de brun, avec cinq taches, en forme d'yeux, bleuâtres sur leurs bords. La chenille vit solitaire sur les chardons. Il y en a de brunâtres avec des raies jaunes ; ou de roussâtres, avec des bandes transverses jaunes. Elle est épineuse. Ce lépidoptère ne paraît qu'à la fin de l'été.

La *V. vulcain* (*Papilio Atalanta*, Lin.), God., *ibid.*, I, 6, 1. Ailes dentées, un peu anguleuses; leur dessus noir, traversé par une bande d'un beau rouge, avec des taches blanches sur les supérieures ; dessous marbré de diverses couleurs. La chenille est noire, épineuse, avec une suite de traits, d'un jaune citron, de chaque côté. Elle vit sur l'ortie, en mange de préférence la graine, et se tient ca- chée au sommet entre des feuilles qu'elle roule et fixe avec de la soie.

La même division comprend quelques autres espèces très communes dans notre pays, telles que la *grande tortue* (*P. polychloros*, Lin.), la *petite tortue* (*P. urticæ*, Lin.), le *gamma* ou *Robert le diable* (*P. C. album*). La chry- salide de celui-ci représente grossièrement une face hu- maine ou le masque d'un satyre (1).

Dans les quatre sous-genres suivants, les antennes se ter- minent en une massue alongée, ou sont presque filiformes. Les chenilles sont nues ou n'offrent qu'un petit nombre d'épines.

Les Libythées. (Libythea. Fab.)

Dont les mâles seuls ont les deux pattes antérieures très courtes et en palatine. Leurs palpes inférieurs s'avancent notablement en manière de bec. Les ailes supérieures sont très anguleuses (2).

Les Biblis. (Biblis. Fab. — Ejusd. *Melanitis.*)

Où ces palpes sont encore plus longs que la tête, mais plus obtus et un peu courbés à leur extrémité; où les deux pattes antérieures sont courtes et repliées dans les deux sexes, et dont les antennes se terminent d'ailleurs par une massue beaucoup plus petite. Les ailes sont encore proportionnelle- ment plus larges et simplement dentées. On a aussi observé que les nervures des premières étaient très renflées à leur origine (3).

Les Nymphales. (Nymphalis. Latr.)

Semblables, quant aux pattes, aux biblis, mais à palpes in- férieurs plus courts. Ce n'est guère que par l'alongement de la massue des antennes que ce sous-genre se distingue de celui de vanesse. Cependant les chenilles sont différentes; outre qu'elles n'ont que quelques épines, ou quelques émi-

---

(1) *Voyez*, pour les autres espèces, God., ibid.; et l'article Papillon de l'Encyclop. méthod., *G. Vanesse.*

(2) *Voyez* les ouvrages précités.

(3) Item.

nences charnues, elles s'amincissent vers leur extrémité postérieure, qui est un peu fourchue.

Ces papillons sont généralement très ornés, et ont un vol rapide et élevé. On trouve en France plusieurs belles espèces, telles que celles que les amateurs désignent par petits groupes, sous les noms de *Sylvains* et de *Mars*; les mâles de ceux-ci ont des couleurs changeantes. A ce sous-genre appartient encore une autre belle espèce, pareillement indigène, celle que l'on nomme *Jasius* (*P. Jason*, Lin.). La forme et la grandeur de la massue des antennes varient un peu, ainsi que les proportions relatives des ailes, ce qui a donné lieu à l'établissement de quelques autres sous-genres, mais dont les caractères sont très équivoques. Les espèces qui se rapprochent le plus des biblis, et dont une, comme le *Sylvain cœnobite* d'Engrammelle, forment le genre *Neptis* de Fabricius, parmi celles qui s'éloignent le plus des précédentes, soit par les antennes, soit par les ailes inférieures, offrant des queues, ainsi que certaines espèces de la division des papillons *chevaliers* de Linnæus, nous citerons le *jasius* mentionné plus haut (1).

Les Morphos. (Morpho. Fab.)

· Diffèrent des nymphales par leurs antennes presque filiformes, faiblement et graduellement plus grosses vers le bout. Toutes les espèces sont particulières à l'Amérique méridionale et très remarquables par leur taille, leurs couleurs et les taches oculaires du dessous de leurs ailes. Linnæus en a réuni plusieurs à ses papillons chevaliers grecs (2).

Godart en a séparé, sous le nom générique

De Pavonie. (Pavonia.)

Les espèces dont la cellule centrale des ailes inférieures est fermée, et où la nervure la plus interne des supérieures est courbée en S, au lieu d'être droite ou peu arquée. Une espèce, propre aux Indes orientales, et dont l'angle anal des ailes inférieures se prolonge en manière de queue, le

---

(1) *Voyez* Godart, Hist. nat. des lépid. de France, et son article Papillon, de l'Encyclop. méthod., genre *Nymphale*.

(2) *Voyez* les ouvrages précités.

P. Phidippus, est le type du genre AMATHUSIA de Fabricius.
Toutes les autres sont du nouveau continent. La tranche du
second article des palpes inférieurs des pavonies, des morphos et des sous-genres précédents est assez large, où ces
palpes ne sont point fortement comprimés, tandis qu'ils le
sont beaucoup dans les satyres, sous-genre très analogue
aux deux précédents.

Ceux qui suivent ont aussi la cellule discoïdale des ailes
inférieures fermée en arrière.

Les BRASSOLIDES. (BRASSOLIS. Fab.)

Ont des antennes terminées brusquement en une massue
épaisse, en forme de cône renversé, et les palpes inférieurs
courts, ne s'élevant point au-delà du chaperon. Les mâles
ont près du bord interne des ailes inférieures une fente longitudinale, couverte de poils (1).

Les EUMÉNIES. (EUMENIA. God.)

Dont les palpes inférieurs sont plus longs, et où les antennes, à peu de distance de leur origine, s'épaisissent graduellement et forment une massue fort alongée (2).

Les EURYDIES. (EURYDIA. Illig.)

Se rapprochent des brassolides par la brièveté de leurs
palpes inférieurs ; mais ils sont proportionnellement plus
épais, et la massue des antennes est en forme de fuseau
alongé et un peu courbé (3).

Les SATYRES. (SATYRUS. Lat.)

Où les palpes inférieurs dépassent, comme de coutume,
le chaperon , sont très comprimés, avec la tranche aiguë,
hérisée de poils ; dont les antennes se terminent par un petit
renflement, en forme de bouton, ou en une masse grêle et
alongée. Godart a remarqué que les deux ou trois premières
nervures des ailes supérieures sont très renflées à leur ori-

---

(1) *Voyez* l'Encyclop. méthod. , article PAPILLON, genre *Brassolide*.
(2) Encyclop. méthod. , insect. , IX, 826. Godart n'avait vu que des
individus privés d'antennes. M. Poë m'en a communiqué de parfaitement
entiers, et qu'il avait pris à la Havane.
(3) *Voyez* l'Encyclop. méthod. , même article.

gine. Les chenilles sont nues ou presque rases, avec l'extrémité postérieure de leur corps rétrécie en pointe fourchue.
Les chrysalides sont bifides antérieurement et leur dos offre
des tubercules (1).

Nous terminerons cette première section des lépidoptères
diurnes, par ceux dont les palpes inférieurs ont trois articles distincts, mais dont le dernier est presque nu, ou
bien moins fourni d'écailles que les précédents, et dont les
crochets des tarses sont très petits, point ou à peine saillants. La cellule discoïdale des ailes inférieures est ouverte
postérieurement.

Leurs chenilles sont ovales, ou en forme de cloportes.
Leurs chrysalides sont courtes, contractées, unies, et toujours attachées, comme celles des papillons proprement dits,
des piérides, etc., par un cordon de soie qui traverse leur
corps (2).

Linnæus les comprenait parmi les *papillons plébéiens*,
division des *ruricoles*, et Fabricius (Entom. syst.) dans une
coupe homonyme de son genre des *hespéries*. Ce sont les
argus de M. de Lamarck. Fabricius, en dernier lieu (syst.
gloss.), l'a divisé en plusieurs genres, mais dont les caractères
ont besoin de révision.

Tantôt les antennes se terminent, ainsi qu'à l'ordinaire,
par un renflement solide, en forme de bouton ou de massue.

Les uns, ou leurs mâles au moins, ont les deux pattes
antérieures beaucoup plus courtes que les autres. Ils composent le sous-genre

D'ERYCINE. (ERYCINA. Lat.)

Et sont propres à l'Amérique (3).

Toutes les pattes sont semblables dans les deux sexes des
autres.

---

(1) *Voyez* l'Hist. nat., des lépid. de France, et l'article PAPILLON de
l'Ecyclop. méthod., genre *Satyre*.

(2) D'après cette considération, ces sous-genres devraient terminer
cette section, et il faudrait la commencer par les satyres. Telle était la
marche que nous avions d'abord suivie.

(3) *Voyez* l'article PAPILLON, genre *Erycine* de l'Encyclop. méthod.

Les Myrines. (Myrina. Fab.)

Se distinguent des sous-genres suivants par l'alongement et la saillie remarquable de leurs palpes inférieurs (1).

Les espèces où ils ne dépassent point de beaucoup le chaperon forment le sous-genre

Des Polyommates. (Polyommatus.)

Désignés ainsi, parce que ces lépidoptères ont, pour la plupart, sur leurs ailes, de petites taches imitant des yeux.

Plusieurs espèces ont encore été nommées collectivement, les *petits porte-queue*.

La plus commune aux environs de Paris est .

Le *P. bleu* (*Papilio alexis*, Hübn., LX, 292-294), l'*argus bleu*, Geoff. — God., Hist. natur. des lépid. de France, I, II, sec., 3. Le dessus des ailes du mâle est d'un bleu d'azur, changeant en violet tendre, avec une petite raie noire, suivant le bord postérieur et une frange très blanche; celui des ailes de la femelle est brun, avec une rangée de taches fauves, près du bord postérieur, et un trait noir, sur le milieu des supérieures. Le dessous des quatre ailes est à peu près le même dans les deux sexes; il est gris, avec une rangée de taches fauves, renfermées entre deux lignes de points et de traits noirs, près du bord postérieur; on y voit aussi des points noirs bordés de blanc. Sa chenille vit sur le sainfoin, le genêt d'Allemagne, etc. Ses couleurs sont variées (2).

D'autres lépidoptères de la même division nous offrent des antennes d'une forme vraiment insolite. Celles de l'un

______

(1) *Ibid.* Fabricius a établi dans cette division plusieurs autres genres, mais que je n'ai pas encore suffisamment étudiés. Quelques espèces de l'Amérique méridionale ressemblent aux pyrales par leurs ailes supérieures, arquées extérieurement à leur base. La massue des antennes présente aussi diverses modifications, qui peuvent servir de base à des divisions; mais il faudrait voir un grand nombre d'espèces, et surtout connaître leurs métamorphoses.

(2) *Voyez*, pour les autres espèces indigènes, Latr., Nouv. Dict. d'hist. nat., tome XVII, p. 79, *Pap. plébéiens;* l'Hist. nat. des lépid. de France, de Godart, son Tableau méthodique accompagnant cet ouvrage, et l'article *Papillon*, de l'Encyclop. méthod.

des sexes des BARBICORNES (BARBICORNIS , God.), sont sétacées et plumeuses (1); celles des ZÉPHYRIES (ZEPHYRIUS,
Dalm.), se terminent par dix ou douze articles globuleux,
séparés , ou en manière de chapelet (2).

La seconde section des lépidoptères diurnes est composée
des espèces dont les jambes postérieures ont deux paires
d'épines; savoir, une à leur extrémité, et l'autre au-dessus
(et de même dans les deux familles suivantes). Les ailes
inférieures sont ordinairement horizontales dans le repos,
et l'extrémité de leurs antennes se termine fort souvent en
pointe très crochue.

Leurs chenilles, mais dont on ne connaît encore qu'un
petit nombre, plient les feuilles, s'y filent une coque de
soie très mince, et s'y transforment en chrysalides dont le
corps est uni, ou sans éminences angulaires.

Ces lépidoptères forment la division des *papillons plébéiens urbicoles* de Linnæus, ou les papillons *estropiés* de
Geóffroy. Fabricius les avait réunis aux *argus*, sous le nom
générique d'*Hespérie;* mais il faut encore rapporter à cette
section quelques lépidoptères exotiques, appelés *pages* par
les amateurs, et dont la place naturelle n'avait pas été
jusqu'ici bien déterminée : tels sont les *uranies* de Fabricius.
Ces divers lépidoptères conduisent très bien à la seconde
famille.

Ils composent deux sous-genres :

Les HESPÉRIES. (HESPERIA. Fab.)

Ou les *papillons plébéiens urbicoles* de Linnæus, qui ont
des antennes terminées distinctement en bouton ou en massue, et les palpes inférieurs, courts, larges, très garnis d'é-
cailles en devant.

L'*H. de la mauve* (*Hesperia malvæ*, Fab.), Rœs., Insect.,
I, cl. 2, x. Ailes dentées, d'un brun noirâtre en dessus,
avec des taches et des mouchetures blanches; bord postérieur entrecoupé de taches de cette couleur; dessous des
ailes d'un gris verdâtre, avec des taches irrégulières sem-

***

(1) Encyclop. méthod. , insect. , IX , p. 705. Genre établi peut-être
sur des antennes fausses.

(2) Dalm. , Anal. entom. , 102.

blables. Sa chenille est alongée, grise, avec la tête noire, et quatre points jaunes sur le col ou le premier anneau, qui est rétréci, caractère particulier des chenilles de ce sous-genre. Elle vit sur les malvacées, dont elle plie les feuilles, et où elle se métamorphose. Sa chrysalide est noire, mais saupoudrée de bleuâtre (1).

LES URANIES. (URANIA. Fab.)

Où les antennes, d'abord filiformes, s'amincissent en forme de soie à leur extrémité ; et dont les palpes inférieurs sont alongés, grêles, avec le second article très comprimé, et le dernier beaucoup plus menu, presque cylindrique, et nu (2).

La seconde famille des lépidoptères,

LES CRÉPUSCULAIRES. (CREPUSCULARIA.)

Ont près de l'origine du bord externe de leurs ailes inférieures, une soie roide, écailleuse, en forme d'épine ou de crin, qui passe dans un crochet du dessous des ailes supérieures, et les maintient, lorsqu'elles sont en repos, dans une situation horizontale ou inclinée (3). Ce caractère se retrouve encore dans la famille suivante ; mais les crépusculaires se distinguent de celle-ci par leurs antennes en massue alongée, soit prismatique, soit en fuseau.

---

(1) *Voyez*, pour les autres espèces, Fab., Entom. system., la division des hespéries *urbicoles ;* Le *G. Hespérie*, article PAPILLON de l'Encyclop. méthod., et l'Hist. natur. des lépid. de France de Godart.

(2) Les *Pap. riphœus, leilus, lavinia, orontes*, de Fab. ; *noctua Patroclus*, ejusd. Les uranies composent les genres *Cydimon, Nyctalamon* et *Sematura* deM. Dalman. Voyez son prodrome de la Monog. du genre *Castnia*, p. 26.

(3) Quelques smérinthes, d'après Godart, en sont cependant dépourvus.

Leurs chenilles ont toujours seize pattes. Leurs chrysalides ne présentent point ces pointes ou ces angles que l'on voit dans la plupart des chrysalides des lépidoptères diurnes, et sont ordinairement renfermées dans une coque, ou cachées, soit dans la terre, soit sous quelque corps. Ces lépidoptères ne volent souvent que le soir ou le matin.

Cette famille compose le genre

Des SPHINX (SPHINX). de Linnæus, ou des *Papillons-Bourdons* de De Géer.

L'attitude de plusieurs de leurs chenilles, semblable à celle du sphinx de la Fable, leur a valu la première dénomination. Le bourdonnement que l'insecte parfait fait souvent entendre lorsqu'il vole, a donné lieu à la seconde.

Je partagerai ce sous-genre en quatre sections, correspondantes dans le même ordre, aux genres *Castnia*, *Sphinx*, de Fabricius et à ceux qu'il avait d'abord nommés *Sesia* et *Zygæna*.

La première (*Hesperi-sphinges*) se compose de lépidoptères qui lient évidemment les hespéries aux sphinx proprement dits. Les antennes sont toujours simples, épaissies vers leur milieu ou à leur extrémité, qui forme le crochet, se rétrécit en pointe, sans houppe d'écailles, au bout. Tous ont une trompe très distincte; les palpes inférieurs, composés de trois articles bien apparents. Dans les uns, le second est alongé, très comprimé, et le troisième est grêle, presque cylindrique et presque nu; ces palpes ressemblent à ceux des uranies; dans les autres, ils sont plus courts, mais plus larges, presque cylindriques et bien fournis d'écailles. Les antennes de ceux-ci ne sont renflées qu'à leur extrémité.

Ceux dont les palpes inférieurs sont alongés, avec le second article très comprimé et le dernier grêle, presque nu;

dont les antennes sont simplement et graduellement plus
épaissies vers leur milieu, et, se rétrécissant ensuite, se terminent en un crochet alongé, forment le sous-genre

D'Agariste. (Agarista. Leach.) (1).

Ceux qui ont les palpes inférieurs conformés de même, mais
dont les antennes se terminent assez brusquement en massue
avec un crochet court au bout, composent le sous-genre

De Coronis. (Coronis. Latr.) (2).

Ceux enfin qui ont des antennes semblables à celles des
agaristes, mais dont les palpes sont plus courts, larges et
cylindriques, sont des

Castnies. (Castnia) pour Fabricius.

Toutes les espèces connues sont du nouveau continent (3).

Les sphinx de la seconde section (*Sphingides*) ont les
antennes toujours terminées par un petit flocon d'écailles;
les palpes inférieurs larges ou comprimés transversalement,
très fournis d'écailles, avec le troisième article généralement peu distinct.

La plupart des chenilles ont le corps ras, alongé, plus gros,
avec une corne dorsale, à leur extrémité postérieure, et
les côtés rayés obliquement ou longitudinalement. Elles
vivent de feuilles et se métamorphosent dans la terre, sans
filer de coque. Tels sont

Les Sphinx proprement dits. (Sphinx.)

Où les antennes, à commencer vers leur milieu, forment
une massue prismatique, simplement ciliée, ou striée transversalement en manière de rape, sur un côté, et qui ont une
trompe très distincte. Ils volent avec une extrême rapidité,

-----

(1) *Voyez* l'article Papillon de l'Encyclop. méthod., genre *Agariste*.
Près de ce sous-genre vient celui de *Cocytia*, de M. Bois-Duval; les ailes
sont vitrées, caractère qui semble le rapprocher des sésies; mais les
palpes sont ceux des uranies et les antennes celles des agaristes.

(2) Formé sur une espèce du Brésil, que je crois inédite, et qui fait
partie de la collection de M. le comte Dejean.

(3) *Voyez* l'Encyclop. méthod., ibid., et la Monographie précitée de
M. Dalman.

planent au-dessus des fleurs, ce qui les a fait nommer *sphinx éperviers*, et bourdonnent en même temps. Les chrysalides de quelques espèces ont le fourreau de la trompe saillant, en forme de nez ; telle est celle du *S. du liseron*.

Le *Sphinx du tithymale* (*S. euphorbiœ*, Lin.), Rœs., Insect. I, cl. 1, *Pap. noct.*, III. Dessus des ailes supérieures d'un gris rougeâtre, avec trois taches et une large bande vertes ; dessus des inférieures rouge, avec une bande noire et une tache blanche. Antennes blanches. Dessus du corps d'un vert olive. Abdomen. conique très pointu et sans brosse au bout. Sa chenille est noire, avec des points et des taches jaunes, une ligne sur le dos, la queue et les pieds rouges.

Le *Sphinx tête de mort* (*Sphinx atropos*, Lin.), Rœs., Insect. III, 1. Ailes supérieures variées de brun foncé, de brun-jaunâtre et de jaunâtre clair ; inférieures jaunes, avec deux bandes brunes ; une tache jaunâtre, avec deux points noirs sur le thorax ; abdomen sans brosse au bout, jaunâtre, avec des anneaux noirs. Cette espèce est la plus grande de notre pays. La tache de son thorax imitant une tête de mort, le bruit aigu qu'il fait entendre, attribué par Réaumur au frottement des palpes contre la trompe (1), et par M. Lorey, à l'air qui s'échappe rapidement de deux cavités particulières du ventre, ont alarmé le peuple, certaines années où ce sphinx était plus commun (2). Sa chenille est jaune avec des raies bleues sur les côtés, et la queue recourbée en zigzag. Elle vit sur la pomme de terre, le troëne, le jasmin, etc., et se met en nymphe vers la fin du mois d'août. L'insecte parfait éclot en septembre.

Les chenilles de quelques espèces, toutes remarquables par leurs belles couleurs (*celerio*, *nerii*, *elpenor*, *porcellus*), ont l'extrémité antérieure de leur corps très atténuée, en forme de grouin de porc, ce qui les a fait dési-

---

(1) Elle est proportionnellement plus courte que dans les autres sphinx. C'est probablement d'après ce caractère, qu'on a formé, avec cette espèce et une autre de Java, très analogue, le genre *Acherontia*.

(2) Selon M. Passerini (Annal. des scienc. natur., XIII, 332), le siége de l'organe produisant ce cri est dans l'intérieur de la tête.

guer sous le nom de *cochonnes*, et susceptible de se retirer dans le troisième anneau. Sur les côtés sont quelques taches en forme d'yeux. Ces espèces forment, sous ce rapport, une division très naturelle

D'autres sphinx ont, ainsi que les sésies, l'abdomen terminé par une brosse d'écailles. Scopoli en avait formé un genre propre, celui de MACROGLOSSE (MACROGLOSSUM). Fabricius les avait d'abord réunis à ses sésies. Il les en a plus tard (System. glossat.) séparés, en conservant à ce groupe générique cette dénomination, et en donnant celle d'AEGÉRIE (*Ægeria*) au genre primitif des sésies. Mais les lépidoptères qu'il désigne maintenant sous le nom générique de SÉSIE, ont les caractères essentiels des sphinx ; tel est celui du *Caille-lait* (*stellatarum*, Lin.), et ceux qu'on a nommés *fuciformis*, *bombyliformis*, etc. Les ailes de ces deux derniers sont vitrées ou transparentes en grande partie (1).

LES SMÉRINTHES. (SMERINTHUS. Lat.)

Qui ont les antennes dentées en manière de scie, et n'ont point de langue distincte.

Le *sphinx du tilleul*, mais bien plus commun sur l'orme, le *S. demi-paon*, ceux du *peuplier*, du *chêne*, etc., forment ce sous-genre. Ils sont lourds et les ailes inférieures débordent les supérieures, comme dans plusieurs bombyx (2).

Notre troisième division (*Sesiades*) des sphinx comprend ceux dont les antennes sont toujours simples, en fuseau alongé, souvent terminées, ainsi que dans les derniers sous-genres, par un petit faisceau de soies ou d'écailles ; dont les palpes inférieurs, grêles et étroits, ont trois articles très dis-

---

(1) *Voyez*, pour les autres espèces, Fabricius, loc., cit., l'Hist. natur. des lépid. de France de Godart et un Mémoire de M. Bois-Duval, dans le recueil de ceux de la Soc. Linn. de Paris. M. Lefébure de Cerisy, ingénieur de marine, a préparé sur ce genre une Monographie des plus complètes, et accompagnée d'excellentes figures, mais que des circonstances ne lui ont pas encore permis de mettre au jour.

(2) *Voyez* l'article *Smérinthe* de l'Encyclop méthod., et l'Hist. natur. des lépidopt. de France.

tincts, et dont le dernier allant en pointe; et dont les jambes postérieures ont à leur extrémité des ergots très forts. L'abdomen est terminé, dans la plupart, par une sorte de brosse. Leurs chenilles rongent l'intérieur des tiges ou des racines des végétaux, à la manière de celles des *Hépiales* et des *Cossus*, sont nues, sans corne postérieure, et se construisent; dans ces mêmes végétaux, avec les débris des matières dont elles se sont nourries, la coque où elles doivent subir leur dernière transformation.

Les Sésies. (Sesia.)

Où les antennes se terminent par une petite houppe d'écailles. Les ailes sont horizontales, et ont des espaces vitrés. Les écailles de l'extrémité de l'abdomen forment une brosse. Plusieurs de ces insectes ressemblent à des guêpes, ou à d'autres hyménoptères, á des diptères, etc. (1).

Les Thyrides. (Thyris. Hoffm., Illig.)

Semblables aux sésies, mais à antennes beaucoup moins épaisses, presque sétacées, et sans houppe à leur extrémité. Leurs ailes sont anguleuses et dentées. Leur abdomen se termine en pointe.

M. Bois-Duval, qui, pour la connaissance des lépidoptères, et ceux d'Europe spécialement, ne le cède à aucun des entomologistes les plus célèbres, et qui va bientôt publier une monographie des *zygénides*, favorablement accueillie par l'Académie royale des sciences, a observé les métamorphoses de l'espèce la plus connue (2).

Les Ægocères. (Ægocera. Lat.)

Ayant aussi des antennes sans houppe d'écailles à leur extrémité, mais évidemment épaissies vers leur milieu et en forme de fuseau; dont le second article des palpes inférieurs est d'ailleurs garni d'un faisceau de poils, avancé en manière de bec. L'abdomen se termine aussi en une pointe simple.

---

(1) *Voyez* la Monographie des *sésies* de Laspeyres, Hübner, Godart, etc.
(2) *Sphinx fenestrina*, Fab.; Latr., ibid.

Les ailes sont en toit et entièrement couvertes d'écailles. Leurs métamorphoses sont inconnues (1).

La quatrième et dernière section des sphinx (*zygœnides*) se compose de lépidoptères dont les antennes, toujours terminées en une pointe dépourvue de houppe, sont tantôt simples dans les deux sexes, en fuseau ou en corne de bélier, tantôt peu épaisses vers leur milieu, presque sétacées, pectinées dans les deux sexes, ou du moins dans les mâles; dont les palpes inférieurs sont de moyenne grandeur ou petits, presque cylindriques, et toujours formés de trois articles dictincts. Les ailes sont toujours en toit, et offrent dans un grand nombre des taches vitrées. L'abdomen n'a point de brosse à son extrémité. Les ergots des jambes postérieures sont généralement petits. Les chenilles vivent à nu sur diverses légumineuses. Elles sont cylindriques, généralement velues, sans corne postérieure, semblables à celles de plusieurs bombyx, et se forment une coque de soie, en fuseau ou ovoïde, qu'elles attachent aux tiges des plantes. Les habitudes de ces insectes ont été bien décrites par M. Bois-Duval, dans le travail dont je viens de faire mention. On a désigné ces lépidoptères sous les noms de *sphinx-béliers*, de *papillons-phalènes*, etc.

Les Zygènes. (Zygæna.)

Insectes étrangers au nouveau continent, dont les antennes sont simples dans les deux sexes, terminées brusquement en une massue en fuseau ou en corne de bélier; et dont les palpes inférieurs s'élèvent au-delà du chaperon, et sont pointus au bout.

La *Z. de la filipendule* (*Sphinx filipendulæ*, Lin.), Rœs. Insect. I, class. 2, *Pap. noct.* LVII, d'un vert noir ou bleuâtre; six taches rouges sur les ailes supérieures; les inférieures rouges, avec le bord postérieur de la couleur du corps. Sa chenille est d'un jaune citron, un peu velue, avec cinq rangées de taches noires le long du corps. Elle file sur les tiges des plantes une coque d'un jaune

---

(1) *Bombyx venulia*, Fab.; voyez Latr., Gen., crust. et insect., IV, p. 211; Dalm., Anal. entom., p. 49; peut-être serait-il plus conforme à l'ordre naturel, de placer ce sous-genre près de celui d'agariste.

paille, luisante, fort alongée et en fuseau. Sa surface est ridée ou comme plissée. L'insecte parfait en sort dans le mois de juillet (1).

Les Syntomides. (Syntomis. Illig.)

Ne diffèrent des zygènes qu'en ce que leurs antennes sont moins épaisses, en fuseau grêle, et formé insensiblement. Les palpes inférieurs sont plus courts et obtus (2).

Les Atychies. (Atychia. Hoffm., Illig.)

Ont des antennes simples (femelles), ou bipectinées (mâles), selon les sexes; les palpes inférieurs très velus et dépassant notablement le chaperon; les ailes courtes, et des ergots très forts à l'extrémité des jambes postérieures (3).

Les Procris. (Procris. Fab.)

Se rapprochent des atychies quant aux antennes ; mais les palpes inférieurs sont plus courts et point velus ; leurs ailes sont longues, et les ergots des jambes postérieures sont petits.

Le *P. turquoise* (*sphinx statices*, Lin.), De Géer, Insect. II, p. 255, III, 8-10, corps d'un vert luisant et comme doré ; ailes inférieures brunes ; antennes du mâle ayant deux rangs de barbes noires, celles de la femelle un peu dentées en scie.

Les autres lépidoptères de cette division ont, dans les deux sexes, des antennes garnies d'un double rang de dents alongées, ou bipectinées. Ceux qui ont une trompe distincte forment le genre GLAUCOPIDE (GLAUCOPIS) de Fabricius (4), et ceux où cet organe manque, ou n'est pas distinct, celui d'AGLAOPE (AGLAOPE) (5).

On trouve dans les pays étrangers un grand nombre d'espèces de ces deux sous-genres. Ces crépusculaires semblent se lier avec les callimorphes.

---

(1) Latr. , ibid.; Voyez aussi l'Hist. nat. des lépid. de France.

(2) *Voyez* les mêmes ouvrages.

(3) Latr. , ibid. , IV, 214.

(4) Latr. , ibid., item.; c'est le genre *Charidea* de M. Dalman.

(5) Latr. , ibid. , item.; voyez aussi l'Hist. nat. des lépid. de France, de Godart.

Nota. Le genre *Stygia* de Draparnaud, qu'on avait placé dans cette tribu, appartient à celle des *hépialites*.

M. De Villiers, qui nous a donné (Ann. de la Soc. Linn. de Paris, V, 473) de nouveaux détails sur la *S. australe*, et accompagnés de bonnes figures, la considère comme intermédiaire entre les sésies et les zygènes; mais elle n'a point de trompe. Ses palpes sont ceux des cossus. Ses antennes sont courtes, nullement en fuseau, et plus analogues à celles de certains bombyx qu'à celles des sésies et des zygènes. Par la disposition même des couleurs des ailes supérieures, ce lépidoptère se rapproche beaucoup plus des cossus et des zeuzères que des insectes précédents.

La troisième famille des Lépidoptères, celle

Des NOCTURNES. (Nocturna.)

Nous présente encore, à quelques exceptions près, des ailes bridées, dans le repos, au moyen d'un crin corné ou d'un faisceau de soies, partant du bord extérieur des inférieures, et passant dans un anneau ou une coulisse du dessous des supérieures. Les ailes sont horizontales ou penchées et quelquefois roulées autour du corps. Les antennes vont en diminuant de grosseur, de la base à la pointe, ou sont sétacées.

Cette famille ne compose, dans la méthode de Linnæus, qu'un seul genre, celui

Des Phalènes. (Phalæna.)

Ces lépidoptères ne volent ordinairement que la nuit, ou le soir après le coucher du soleil. Plusieurs n'ont point de trompe. Quelques femelles sont privées d'ailes ou n'en ont que de très petites. Les chenilles se filent le plus souvent une coque; le nombre de leurs pieds varie de dix à seize (1). Les chrysalides sont toujours arrondies ou sans proéminences angulaires, ni pointes.

Cette famille présente, relativement à sa classification, de grands embarras, et nos méthodes ne sont encore, à cet égard, que des essais ou des ébauches très imparfaites (2). Nous la partagerons en dix sections. Les espèces dont les ailes sont parfaitement entières, ou sans fissures, composant des sortes de digitations, rempliront les neuf premières. Toutes celles qui, sous la forme de chenilles, vivent presque toutes à nu, ou dans des retraites toujours fixes et dont plusieurs ont moins de seize pattes; et qui, dans leur dernier état, ont les palpes supérieurs très petits ou entièrement cachés, les ailes plus ou moins triangulaires, horizontales ou en toit, et ne se moulant point autour du corps, composeront les huit premières. La dernière de celles-ci ou la huitième, est la seule dont les chenilles aient quatorze pattes, et dont deux anales. Si l'on trouve dans quelques autres, le même nombre, ici, les deux postérieures manquent.

Aux quatre premières sections répondent les deux divisions *attacus* et *bombyx*, du genre *phalæna* de Linnæus. La trompe est le plus souvent rudimentaire ou très petite, et ses deux filets sont disjoints. Les palpes inférieurs, un petit nombre excepté, sont petits, presque cylindriques. Les antennes, du moins dans les mâles, sont pectinées ou en scie. Les ailes sont horizontales ou en toit, et dans plusieurs, les inférieures débordent les supérieures dans l'état de repos, et quelquefois encore, sont dépourvues de ce crin corné ou de ce faisceau de soie qui les fixe à celles-ci. Le.

---

(1) De Géer en a compté dix-huit, et tous membraneux, dans une espèce, II, p. 245; et I, xxx, 20; xxxi, 13-16.

(2) On est souvent contraint d'emprunter des caractères tirés de la chenille. Si on n'y a pas égard, il faudra supprimer un très grand nombre de genres; je citerai, par exemple, celui des phalènes proprement dites, ou des géomètres. Il est impossible, en ne considérant que l'insecte parfait, de distinguer génériquement plusieurs espèces, telles que les suivantes: *prodromaria, betularia, hirtaria*, des bombyx; il est évident encore qu'on ne pourra plus en séparer les platyptérix et d'autres genres.

thorax est toujours uni, ainsi que l'abdomen, et laineux. Celui-ci est généralement très volumineux dans les femelles. La
coque de la chrysalide est généralement bien feutrée et solide.

Quoique les nocturnes de la quatrième section aient de
grands rapports avec ceux des précédentes, leurs chenilles
nous offrent cependant un caractère unique dans cet ordre:
les pattes anales manquent, tandis que celles des trois premières sections en ont toutes seize.

La première section, celle des HÉPIALITES (*Hepialites*),
a pour types, les genres *hepialus* (*Hepiolus* de quelques
autres) et *Cossus* de Fabricius. Les chenilles sont rares et se
tiennent cachées dans l'intérieur des végétaux dont elles se
nourrissent ; la coque qu'elles se forment pour passer à
l'état de chrysalide, est composée en grande partie, de parcelles de ces végétaux. Les bords des anneaux de l'abdomen
de la chrysalide sont dentelés ou épineux. Les antennes de
l'insecte parfait sont toujours courtes, n'offrent le plus
souvent qu'une seule sorte de petites dents, courtes, arrondies et serrées. Celles de quelques autres se terminent toujours par un filet simple; mais elles sont garnies inférieurement, dans les mâles, d'un double rang de barbes. La
trompe est toujours très courte et peu sensible. Les ailes
sont en toit et ordinairement alongées. Les derniers anneaux
de l'abdomen des femelles forment un oviducte alongé ou
une sorte de queue. Sous la forme de chenilles, ces insectes
font beaucoup de tort à différents arbres, et à quelques autres
végétaux utiles.

Tantôt les antennes, presque conformées de même dans
les deux sexes, n'offrent que des dents très courtes, disposées sur un ou deux rangs. Tels sont

Les Hépiales. (Hepialus. Fab.)

Que l'on distingue à leurs antennes presque grenues et
beaucoup plus courtes que le thorax. Les ailes inférieures
n'ont point ordinairement de frein.

Leurs chenilles vivent dans la terre et rongent les racines
des plantes.

L'*H. du houblon* (*H. humuli*, Fab.), Harr., Ins. Ang.,

iv, a-d. Le mâle a les ailes supérieures d'un blanc argenté, sans taches; celles de la femelle sont jaunes avec des taches rouges. La chenille dévore les racines du houblon, et cause de grands dommages dans les lieux où on en fait une culture particulière (1).

Les Cossus. (Cossus. Fab.)

Où les antennes, aussi longues au moins que le thorax, offrent au côté interne une rangée de petites dents lamellaires, courtes et arrondies au bout.

Les chenilles vivent dans l'intérieur des arbres, qu'elles rongent; elles en font entrer la sciure dans la construction de leur coque. Leurs chrysalides, au moment où l'insecte va se développer, s'avancent jusqu'à l'ouverture extérieure, qui doit lui servir de passage.

Le *C. ronge-bois* (*Cossus ligniperda*, Fab.), Rœs., Insect. tom. I, class. 2, *Pap. noct.*, xviii. Long d'un peu plus d'un pouce. D'un gris cendré, avec de petites lignes noires, très nombreuses, sur les ailes supérieures, y formant de petites veines, entremêlées de blancs. Extrémité postérieures du thorax jaunâtre, avec une ligne noire.

Sa chenille, que l'on trouve au printemps, ressemble à un gros ver; elle est rougeâtre avec des bandes transverses d'un rouge de sang. Elle vit dans l'intérieur du bois du saule, du chêne, mais particulièrement de l'orme. Elle dégorge une liqueur âcre et fétide, contenue dans des réservoirs intérieurs spéciaux, et qui lui sert, à ce qu'il paraît, à ramollir le bois (2).

Les STYGIES. (STYGIA. Drap. — *Bombyx*. Hübn.)

Où les antennes ont dans toute leur longueur, un double rang de petites dents courtes, étroites, dilatées et arrondies au bout (3)

---

(1) *Voyez*, pour les autres espèces, Fabricius, Esper, Engramelle, Hübner, Donovan, Godart, etc.

(2) Ajoutez: *cossus terebra*, Fab.; *phalène strix* de Cramer; — *Cossus lituratus*, Donov.; — *C. nebulosus*, ejusd.

(3) *Stygia australis*, Latr., Gener. crust. et insect., IV, 215; God., Hist. nat., des lépid. de France, III, 169, xxii, 19; voyez aussi le mé-

Tantôt les antennes diffèrent beaucoup selon les sexes ; celles des mâles sont garnies inférieurement d'un double rang de barbes , et terminées ensuite par un filet ; celles des femelles sont entièrement simples , mais cotonneuses à leur base.

Les ZEUZÈRES. (ZEUZERA. Latr. — *Cossus*. Fab.)

La chenille d'une très jolie espèce (*Cossus œsculi*, Fab.), dont le corps est d'un beau blanc, avec des anneaux bleus sur l'abdomen et des points nombreux de la même couleur sur les ailes supérieures , vit dans l'intérieur du marronnier d'Inde, du pommier , du poirier, etc., et souvent dans leur moelle même (1).

Notre seconde section, celle des BOMBYCITES (*Bombycites*), se distingue de la précédente et de la troisième, à ces caractères : trompe toujours très courte et simplement rudimentaire ; ailes soit étendues et horizontales, soit en toit, mais dont les inférieures débordent latéralement les supérieures ; antennes des mâles entièrement pectinées.

Les chenilles vivent à nu, et rongent les parties tendres des végétaux. Elles se font pour la plupart une coque de pure soie. Les chrysalides n'ont point de dentelures aux bords des anneaux de l'abdomen.

Nous formerons avec les espèces dont les ailes sont étendues et horizontales, ou les phalènes *attacus* de Linnæus, un premier sous-genre, auquel nous conserverons le nom

De SATURNIE. (SATURNIA.)

Que lui a donné M. Schrank , et auquel nous réunirons

---

moire précité de M. de Villiers, inséré dans le recueil de ceux de la Société Linnéenne de Paris (tome V). L'Amérique septentrionale en fournit une autre espèce. Les antennes diffèrent de celles des cossus, et ce sous-genre peut être conservé ; l'abdomen se termine par une petite brosse.

(1) Rœsel., insect. , III, XLVIII, 5 6; — *Cossus pyrinus*, Fab. ; — *C. scalaris*, ejusd.; *phalœna scalaris*, Donov. ; — *P. mineus*, ejusd.

les AGLIA (*Bombyx tau.*, Fab.) d'Ochsenheimer. Il comprend les plus grandes espèces, et dont les ailes ont souvent des taches vitrées (*fenestratæ*). Telles sont surtout, parmi les exotiques, l'*Atlas* ou la phalène *porte-miroir* de la Chine, le *B. hespéride*, le *B. cecropia*, le *B. luna*, dont les ailes inférieures se prolongent en forme de queue, etc. On emploie depuis un temps immémorial, au Bengale, la soie du cocon de deux autres espèces de la même division, le *bombyx mylitta* de Fabricius et la *phalène cynthia* de Drury (Insect., II, vi, 2) (1). Je me suis assuré, d'après la communication que m'a fait M. Huzard, d'un manuscrit chinois sur cet objet, que les chenilles de ces bombyx étaient les *vers à soie sauvages de la Chine*. Je conjecture qu'une partie des soieries que les anciens se procuraient par leur commerce maritime avec les Indiens provenaient de la soie de ces chenilles.

L'Europe ne fournit que cinq espèces de ce sous-genre (2). La plus commune est

La *S. paon de nuit* ou *grand paon* (*B. pavonia, major.* Fab.), Rœs, Ins., IV, xv-xvii, la plus grande de notre pays, ayant jusqu'à cinq pouces de largeur, les ailes étendues; le corps brun, avec une bande blanchâtre à l'extrémité antérieure du thorax; les ailes rondes, d'un brun saupoudré de gris; une grande tache, en forme d'œil, noire, coupée par un trait transparent, entouré d'un cercle d'un fauve obscur, d'un demi-cercle blanc, d'un autre rougeâtre, et enfin d'un cercle noir, sur le milieu de chacune. La chenille, qui vit de feuilles de différents arbres, est verte, avec des tubercules bleus, disposés annulairement, d'où partent de longs poids terminés en massue. Elle se file au mois d'août une coque ovale, mais rétrécie en pointe mousse, à double goulot, et dont l'intérieur est formé en partie de fils élastiques et convergents, qui facilitent la sortie de l'insecte, mais qui

---

(1) Linn., sociét. Trans., VII, p. 35.

(2) Les auteurs n'en mentionnent que quatre, mais on vient d'en découvrir une autre, parfaitement distincte, et que j'ai vu dans la collection de M. Bois-Duval.

empêchent l'entrée de tout insecte ennemi. La soie est très forte et gommeuse. Le bombyx éclot au mois de mai de l'année suivante (1).

Les autres bombycites ont les ailes supérieures inclinées en toit ; le bord extérieur des inférieures les déborde presque horizontalement (*alœ reversæ*).

Quelquefois leurs palpes s'avancent en forme de bec, et leurs ailes inférieures sont souvent dentelées. L'insecte ressemble à un paquet de feuilles mortes. Ces espèces forment le genre

LASIOCAMPE. (LASIOCAMPA.) (2)

Les espèces où les palpes inférieurs n'ont point de saillie remarquable, composeront le sous-genre

Des BOMBYX proprement dits. (BOMBYX.) (3).

Le *B. du mûrier* ou *le ver à soie* (*B. mori,* Lin.), Rœs., Ins., III, VII-IX, blanchâtre, avec deux ou trois raies obscures et transverses, et une tache en croissant sur les ailes supérieures. Sa chenille est connue sous le nom de ver à soie. On sait qu'elle se nourrit des feuilles de mûrier, et qu'elle se file une coque ovale d'un tissu serré de soie très fine, le plus souvent d'un beau jaune et quelquefois blanche. L'on cultive maintenant de préférence une va-

---

(1) *Voyez,* pour les autres espèces, Fab. , Entom. system. , première division des *Bombyx;* et Olivier, Encyclop. méthod., première famille du même genre.

(2) Les *B. quercifolia, populifolia, betulifolia, illicifolia, potatoria,* de Fabricius. Ce sous-genre fait partie du genre *Gastropacha* d'Ochsenheimer.

M. Banon, professeur de pharmacie à Toulon, et à l'amitié duquel je dois beaucoup d'insectes recueillis par lui à Cayenne, ainsi que d'autres du Levant, m'a communiqué un lépidoptère ayant tous les caractères des lasiocampes, mais pourvu d'une trompe très distincte. Il semble faire le passage de ce sous-genre à celui de *calyptra* d'Ochsenheimer.

(3) Cette dénomination générique a été mal à propos supprimée par Ochsenheimer. Nous l'appliquerons collectivement à toutes les espèces de son genre *Gastropacha,* dont les palpes inférieurs ne sont point avancés en manière de bec.

riété, qui donne constamment de la soie de cette dernière couleur.

Le bombyx qui la produit est originaire des provinces septentrionales de la Chine. Suivant Latreille, la ville de Turfan, dans la petite Bucharie, fut long-temps le rendez-vous des caravanes venant de l'Ouest, et l'entrepôt principal des soieries de la Chine. Elle était la métropole des Sères de l'Asie supérieure, ou de la Sérique de Ptolémée. Expulsés de leurs pays par les Huns, les Sères s'établirent dans la grande Bucharie et dans l'Inde. C'est d'une de leurs colonies, du Ser-hend (*Ser-indi*), que des missionnaires Grecs transportèrent, du temps de Justinien, les œufs du ver à soie à Constantinople. Sa culture passa, à l'époque des premières croisades, de la Morée en Sicile, au royaume de Naples, et plusieurs siècles après, sous Sully particulièrement, dans notre pays. Mais les anciens tiraient encore leurs soieries, soit par mer, soit par terre, des royaumes de Pégu et d'Ava, ou des Sères orientaux, ceux qui sont le plus généralement mentionnés dans les écrits des premiers géographes. Une partie des Sères septentrionaux réfugiée dans la grande Bucharie, en faisait même le commerce, ainsi que semble l'indiquer un passage de Denis le Périégète. On sait que la soie se vendait anciennement au poids de l'or, et qu'elle est aujourd'hui pour la France une source importante de richesses.

Le *B. livrée* (*B. neustria*, Fab.), Rœs., Ins., I, class. 2, *pap. noct.*, VI, jaunâtre, avec une bande ou deux raies transverses d'un brun fauve, au milieu des ailes supérieures. La femelle dépose ses œufs autour des branches, en forme de brasselet ou d'anneau. Sa chenille est rayée longitudinalement de blanc, de bleu et de rougeâtre, d'où lui vient le nom de *livrée*. Elle vit en société et fait souvent beaucoup de tort aux arbres fruitiers. Elle fait une coque d'un tissu mince, entremêlé d'une poussière blanchâtre.

Le *B. processionnaire* (*B. processionnea*, Fab.), Réaum., Ins., II, x, xi, cendré, ainsi que les ailes ; deux raies obscures vers la base des supérieures, et une troisième noirâtre, un peu au-delà de leur milieu ; toutes les trois transverses. Les chenilles ont le corps velu, d'un cendré obscur, avec le dos noirâtre et quelques tubercules jaunes. Elles vivent en société, sur le chêne, se filent en commun, dans leur jeune âge, une toile où elles sont à couvert, changent souvent de domicile jusqu'après la troisième mue, se fixent alors et se forment une autre habitation commune, de la même matière, semblable à un espèce de sac, et divisée intérieurement en plusieurs cellules. Elles en sortent ordinairement le soir, dans un ordre processionnaire. Un des individus est à la tête et sert de guide ; deux autres viennent ensuite et composent la seconde ligne ; il y en a trois à la troisième, quatre à la quatrième, et ainsi de suite, en augmentant toujours d'une unité. Ils suivent les mouvements du premier. Ces chenilles se filent chacune une coque les unes à côté des autres, avec le tissu de laquelle elles mêlent des poils de leur corps. Ces poils, ainsi que ceux de plusieurs autres espèces, sont très fins, pénètrent dans la peau et occasionent des démangeaisons assez vives et des ampoules.

Le *B. du pin* (*B. pythio-campa*) est une espèce analogue à celle-ci.

Les habitants de Madagascar emploient la soie d'une chenille qui vit aussi en grande réunion. Son nid a quelquefois trois pieds de hauteur, et les coques sont tellement pressées les unes contre les autres, qu'il n'y a point de vide. Un seul de ces nids offre jusqu'à cinq cents coques (1).

La troisième section des nocturnes, celle des FAUX-BOMBYX (*Pseudo-Bombyces*), se compose de lépidoptères, dont les ailes inférieures, ainsi que celles de tous les nocturnes suivants, sont pourvues d'un frein, qui les fixe aux supérieures, dans le repos. Elles sont alors entièrement recouvertes par celles-ci, et les unes et les autres sont disposées en toit, ou horizontales, mais en recouvrement au bord interne. La trompe, vers la fin de cette tribu, commence à s'alonger, et ne diffère même guère dans les derniers sous-genres, de

---

(1) Cette espèce appartient au sous-genre *Séricaire* de la section suivante.

celle des autres lépidoptères, qu'en ce qu'elle est un peu plus courte. Les antennes sont entièrement pectinées ou en scie, dans les mâles au moins. Les chenilles vivent toutes des parties extérieures des végétaux.

Nous séparerons d'abord les espèces dont la trompe est très courte, et nullement propre à la succion.

Dans les unes, et formant le plus grand nombre, les chenilles vivent à nu, et ne se fabriquent point de domiciles portatifs.

Parmi celles-ci, les chenilles des unes sont alongées, munies de pattes ordinaires, très propres à la marche ; les anneaux du corps ne sont point soudés en dessus.

Tantôt les deux sexes ont des ailes propres au vol.

Les Séricaires. (Sericaria. Latr.)

Dont les ailes supérieures n'offrent point de dentelures au bord interne.

La *S. disparate* (*B. dispar*, Fab.), Rœs., Insect., I, cl. 2, *Pap. noct.* III, dont le mâle, beaucoup plus petit, a les ailes supérieures brunes, avec des raies ondées, noirâtres ; et dont la femelle est blanchâtre, avec des taches et quelques raies noires sur ces mêmes ailes. Elle recouvre ses œufs avec les poils nombreux qu'elle porte à l'extrémité de l'abdomen. Sa chenille fait souvent du tort à nos arbres fruitiers (1).

Les Notodontes. (Notodonta. Ochs.)

Où ce bord est dentelé.

Ce sous-genre se lie avec certaines noctuelles (2).

---

(1) Les bombyx *versicolora*, *bucephala*, *coryli*, *pudibunda*, *abietis*, *anachoreta* de Fab., ou les genres *Endromis*, *Liparis*, *Pygœra*, et plusieurs espèces de celui *d'Orgyia* d'Ochsenheimer.

(2) Les notodontes du même ; j'en excepte cependant l'espèce appelée *palpina*, qui, à raison de ses palpes grands et comprimés et de sa trompe roulée en spirale, doit former un sous-genre propre, qui lie les notodontes avec les *Calyptra* de ce savant, et que je mets en tête des noctuélites, pour passer de là aux *Xylena*, aux *Cuculia*, etc.; quelques notodontes ont le corselet et crête, caractère qui paraît plus propre à cette dernière section. Il en est même dont les palpes inférieurs sont très comprimés, comme ceux des noctuélites (Voyez ci-après les généralités de cette division des nocturnes).

Tantôt les femelles sont presque aptères, comme dans

Les Orgyies. (Orgyia. Ochs.)

Les chenilles ont des aigrettes et des pinceaux de poils.

L'*O. étoilée* (*B. antiqua*, Fab.), Rœs., *ibid.*, xxxix, la fem.; iii, cl. 2, *Pap. noct.* xiii, le mâle.

Le mâle a les ailes supérieures fauves, avec deux raies transverses, noirâtres, et une tache blanche vers l'angle interne. L'abdomen de la femelle est très volumineux (1).

Viennent maintenant des faux-bombyx, dont les chenilles sont rampantes, leurs pattes étant très courtes, et les écailleuses même étant rétractiles ; le corps est ovale, en forme de cloporte, avec la peau soudée en dessus, à partir du second anneau, de sorte qu'elle forme une voûte, sous laquelle la tête se retire.

Ces espèces composent le sous-genre

Des Limacodes. (Limacodes. Lat.)

Leurs chenilles semblent représenter, dans cette division des nocturnes, celles de certains lépidoptères diurnes, tels que les polyommates (2).

Considérés aussi dans leur premier âge, les derniers nocturnes faux bombyx sans trompe bien sensible, ou du moins utile, nous offrent une autre anomalie. Leurs chenilles vivent à la manière de celles de plusieurs teignes, dans des domiciles portatifs, consistant en un tube soyeux, sur lequel elles appliquent des morceaux de tiges ou de petites branches de divers végétaux, formant de petites baguettes, couchées les unes sur les autres. Ces habitations ressemblent à celles de quelques larves de phryganes. Les Indes orientales, le Sénégal, en fournissent de très remarquables.

---

(1) Ajoutez l'*O. gnostigma* d'Ochsenheimer. Les autres seront des séricaires.

(2) Les hépiales *Testudo*, *Asellus*, *Bufo* de Fab.; voyez God., Lépid. de France, IV, 2791, xxviii, 1, 2.

Ces lépidoptères, réunis par Hübner aux teignes, composent le sous-genre.

De Psyché. (Psyche. Schr.) (1).

Les derniers faux-bombyx qui, par la disposition de leurs couleurs, semblent représenter les diurnes, appelés *damiers*, ont une trompe très distincte et se prolongeant notablement, lorsqu'elle est déroulée, au-delà de la tête. Tels sont

Les Écailles. (Chelonia. God. — *Arctia*. Schr. — *Eyprepia*. Ochs.)

Dont les ailes sont en toit, dont les antennes sont en peigne dans les mâles, et qui ont les palpes inférieurs très velus et la trompe courte.

L'*E*. queue-d'or (*Bombyx chrysorrhœa*, Fab.), Rœs., Ins. I, class. 2, *Pap. noct.* xxii. Ailes blanches, sans taches; extrémité postérieure de l'abdomen d'un brun fauve. Sa chenille, certaines années, dépouille de leurs feuilles des bois entiers.

L'*E. martre* (*Bombyx caja*, Fab.), Rœs., *ibid.*, 1. Tête et thorax bruns ; ailes supérieures de la même couleur, avec des raies irrégulières blanches ; ailes inférieures et dessus de l'abdomen rouges, avec des taches d'un noir bleuâtre. Sa chenille, qui vit sur l'ortie, la laitue, sur l'orme, etc., a été nommée l'*hérissonne* ou l'*ours*, à raison des poils longs et nombreux dont elle est garnie. Elle est d'un brun noirâtre, avec des tubercules bleus, disposés en anneaux (2).

Les Callimorphes. (Callimorpha. Lat. — *Eyprepia*. Ochs.)

Où les ailes sont aussi en toit, mais dont les antennes sont tout au plus ciliées dans les mâles ; les palpes inférieurs ne sont couverts que de petites écailles, la trompe est longue.

Une espèce très commune dans notre pays est celle dont la chenille se trouve sur le seneçon (*Bombyx Ja-*

---

(1) *Voyez* Ochs., God., etc.

(2) *Voyez*, pour les autres espèces, Latr., Gen. crust. et insect., IV, p. 220 ; Ochsenheimer, et God., Hist. natur. des lépid. de France.

cobeæ, F., Rœs'., Insect., class. 2, *Pap. noct.* XLIX.) Elle est noire. Ses ailes supérieures ont une ligne et deux points d'un rouge carmin. Les inférieures sont de cette couleur et bordées de noir. La chenille est jaune, avec des anneaux noirs (1).

Les Lithosies. (Lithosia. Fab.)

Où les ailes sont couchées horizontalement sur le corps (2).

La quatrième section des nocturnes, celle des Aposures (*Aposura*) (3), s'éloigne, ainsi que nous l'avons dit dans les divisions générales de cette famille, par un caractère unique, tiré de l'absence des pattes anales de l'animal, considéré en état de larve ou de chenille. L'extrémité postérieure du corps se termine en pointe, qui, dans plusieurs, est fourchue, ou présente même deux appendices articulés, longs et mobiles, formant une sorte de queue. Sous le rapport de la trompe, des palpes et des antennes, ces lépidoptères s'éloignent peu des précédents. Quelques-uns, tels que

Les Dicranoures. (Dicranoura. God. — *Cerura*. Schr. — *Harpyia*. Ochs.)

Ont le port extérieur des séricaires et des écailles; les antennes des mâles se terminent par un petit filet simple et courbe. L'extrémité postérieure du corps des chenilles est fourchue (4).

Quelques autres tels que

Les Platyptérix. (Platypterix. Lasp. — *Drepana*. Schr.)

Ressemblent beaucoup aux phalènes proprement dites. Leurs ailes sont larges, et l'angle supérieur de l'extrémité postérieure des premières est avancé ou en faulx. Le corps est grêle. Celui des chenilles finit en une pointe simple et tronquée. Elles replient et fixent les

---

(1) Les mêmes ouvrages.

(2) Item.

(3) Anus sans pattes, caractère propre aux chenilles de cette tribu, qui forme un rameau latéral, conduisant aux phalénites.

(4) *Voyez* Ochsenheimer, Godart, Hübner et Fischer (Entom. de la Russie).

les bords des feuilles où elles se tiennent et dont elles se nourrissent, avec des fils de soie. La coque de la chrysalide est très peu fournie. Ces insectes, en un mot, se rattachent, sous la forme de chenilles, aux dicranoures, et dans l'état parfait, à la section des phalénites (1).

La cinquième section des lépidoptères nocturnes, celle des Noctuélites (*Noctuœlites*, Latr.), semblable aux précédentes, quant à la coupe et à la grandeur relative des ailes, et quant à leur position dans le repos, nous montre pour caractères distinctifs : une trompe cornée, roulée en spirale et le plus souvent longue ; des palpes inférieurs terminés brusquement par un article très petit ou beaucoup plus menu que le précédent : celui-ci est beaucoup plus large et très comprimé.

Les noctuélites ont le corps plus couvert d'écailles que de duvet laineux. Leurs antennes sont ordinairement simples. Leur thorax est souvent huppé en dessus ; l'abdomen a la forme d'un cône alongé ; leur vol est rapide. Quelques espèces paraissent pendant le jour.

Leurs chenilles ont communément seize pattes ; les autres en ont deux ou quatre de moins ; mais les deux postérieures ou les anales ne manquent jamais, et dans celles qui n'en offrent que douze, la paire antérieure des membraneuses est aussi grande que la suivante. La plupart de ces chenilles se renferment dans une coque, où elles achèvent leurs métamorphoses.

Ces lépidoptères embrassent la division des *phalènes de nuit* (*noctuœ*) de Linnæus.

Toutes les coupes génériques qu'on a établies dans ces derniers temps, et dont les caractères sont plutôt empruntés de l'insecte considéré sous la forme de chenille que dans

---

(1) Les phalènes *falcataria*, *lacertinaria* de Fab., son bombyx *compressa*. J'avais d'abord eu l'idée de former avec ce sous-genre une section particulière, et qui aurait été intermédiaire entre les faux bombyx et les phalénites. Ochsenheimer le place à la fin des noctuélites, pour passer des euclidies à la section précédente ; mais les platypterix nous semblent bien plus rapprochés, sous la forme des chenilles, des harpyies de ce savant, que des euclidies, et autres noctuélites dont les chenilles sont de fausses géomètres.

son état parfait, se rattachent aux deux sous-genres suivants :

Les ÉRÈBES. EREBUS. Latr. — *Thysania*. Dalm. — *Noctua*. Fab.)

Dont les ailes sont toujours étendues et horizontales, et dont le dernier article des palpes inférieurs est long, grêle et nu.

Ce sont les lépidoptères les plus grands de cette tribu et qui, à l'exception d'une seule espèce, propre à l'Espagne (*Ophiusa scapulosa*, Ochs.), sont toutes exotiques (1).

Les Noctuelles. (Noctua.)

Où le dernier article des palpes inférieurs est très court, et couvert d'écailles ainsi que les précédents (2).

Parmi ses noctuelles propres, il y en a, et c'est le plus

---

(1) Latr., Gener. crust. et insect., IV, 225; Consid. gén. sur les crust., etc. Les mâles de quelques espèces ont les antennes pectinées, et pourraient constituer un sous-genre propre.

(2) Le genre *noctua* de Fabricius en forme, dans l'Histoire des lépidoptères d'Europe d'Ochsenheimer, quarante-deux, à commencer à celui d'*acronicta*, jusqu'à celui d'*Euclidia* inclusivement. Ce sont, en grande partie, toutes les divisions établies dans le catalogue systématique des lépidoptères de Vienne, transformées en genres, et dont la nature de notre ouvrage nous interdit l'exposition. Celui de noctuelle, les *Erebus* en étant détachés, nous paraît se diviser en deux grandes séries parallèles ; l'une se lie avec ces derniers lépidoptères, et l'autre avec les notodontes. La première se compose de noctuelles, dont les chenilles marchent à la manière de celles qu'on a nommées *arpenteuses* ou *géomètres*. Les unes ont seize pattes, mais dont les deux ou quatre antérieures des membraneuses intermédiaires sont plus courtes ; les autres n'en ont que douze : telles sont les *plusies* et les *chrysoptères*, sous-genre distingué du précédent par la grandeur des palpes inférieurs, qui se recourbent sur la tête. La seconde série commencera par des espèces, dont les palpes sont proportionnellement plus grands, dont les antennes sont pectinées, et dont la trompe est petite ; telles sont : la notodonte *palpina* (*odonptera palpina*, Nob.) et les *calyptra* d'Ochsenheimer, ou les *Calpe* de M. Treitschke. Suivront les genres *xylena*, *cucullia*, les noctuelles dont les ailes supérieures ont le bord postérieur anguleux ou denté, celles dont les antennes sont pectinées, et ensuite celles où ces organes sont simples. Nous terminerons ces dernières espèces par celles dont le

grand nombre, dont les chenilles ont seize pattes. Nous y remarquerons

La *N. fiancée* (*N. sponsa*, Fab.), Rœs., Ins., IV, xix, d'un gris cendré ; thorax en crête ; ailes en recouvrement ; le dessus des supérieures d'un gris obscur, avec des raies noires, très ondées, et une tache blanchâtre divisée par quelques traits noirs ; dessus des inférieures d'un rouge vif, avec deux bandes noires ; abdomen entièrement cendré.

Sa chenille vit sur le chêne ; elle est grise, avec quelques taches obscures, irrégulières, et de petits tubercules ; son huitième anneau a une bosse sur laquelle est une plaque jaune. Cette espèce et quelques autres sont connues sous le nom de *lichenées*, parce que leurs chenilles ont la couleur des lichens qui viennent sur les arbres. Elles ont les quatre pieds membraneux antérieurs plus courts et marchent à la manière des arpenteuses.

La *N. accordée* (*N. pacta*, Fab.) est de ce nombre ; elle est distinguée des autres par la couleur rouge du dessus de son abdomen. Elle ne se trouve qu'au nord de l'Europe (1).

---

thorax est uni, et dont quelques-unes du genre *Erastia* de ce naturaliste, paraissent conduire aux pyralites. Toutes les chenilles de cette seconde série ont seize pattes, avec les membraneuses intermédiaires de grandeur égale ; leur marche est rectigrade. Les *Chrysoptères* (*Plusia concha*, Fisch., Entom. de la Russ., I, Lépid., IV), par lesquelles nous finissons l'autre série, ont des rapports avec les herminies et les pyralites. Ainsi, les deux séries semblent aboutir, en convergeant, à cette dernière section. Les lichénées, ou les catocales d'Ochsenheimer, sont de grandes espèces à ailes presque horizontales, et qui paraissent naturellement avoisiner, ainsi que les ophiuses, les bréphos, etc., les Erebus. Si on les place dans l'autre série, elles en troubleront l'harmonie.

Le bombyx *cyllopoda* de M. Dalman (Analect. entom., 102), doit former un nouveau sous-genre, très remarquable, en ce que les deux pieds postérieurs du mâle sont plus courts que les autres, mutiques et presque inutiles à la course. Cet insecte ayant les antennes pectinées, une trompe distincte, et les palpes une fois plus longs que la tête, semble devoir aller près du genre *Calyptra* d'Ochsenheimer, ou près de nos herminies.

(1) Ces deux espèces sont du genre *Catocala* d'Ochs.

Les chenilles de quelques - unes n'ont que douze pattes. L'insecte parfait a souvent des taches dorées ou argentées sur les ailes supérieures. Telles sont les deux espèces suivantes (1).

La *N. gamma* (*N. gamma*, Fab.), Rœs. , Ins. , I, clas. 3, pap. noct. , v, a le thorax en crête ; le dessus des ailes supérieures brun , avec des nuances plus claires , et une tache dorée, représentant un lambda ou un gamma couché de côté, dans leur milieu. Lorsqu'on presse l'extrémité postérieure de l'abdomen du mâle , on en fait sortir deux houppes de poils. La chenille vit sur plusieurs plantes potagères.

La *N. dorée* (*N. chrysitis*, Fab.), Esp. noct. , CIX, f. 1-5. Ailes supérieures d'un brun clair, traversées par deux bandes couleur de laiton poli.

Quelques chenilles, comme celles de la *N. du bouillon blanc* (*verbasci*), de la *N. de l'armoise* (*artemisiæ*), de la *N. de l'absinthe* (*absinthii*), etc., ont l'habitude particulière de se nourrir des fleurs des plantes qui leur sont propres (2).

D'autres espèces de noctuelles ont les antennes pectinées, comme la *N. des graminées* (*P. graminis*, Lin.), dont la chenille ravage quelquefois les prés de la Suède.

La sixième section des lépidoptères nocturnes :

Les Tordeuses. (Phalænæ tortrices de Linnæus.)

Ont les plus grands rapports avec les lépidoptères des deux précédentes. Les ailes supérieures, dont le bord extérieur est arqué à sa base et se rétrécit ensuite, leur forme courte et large, en ovale tronqué, donne à ces insectes une physionomie particulière. On les a nommés : *phalènes à larges*

---

(1) Genre *Plusia* du même.

(2) Elles appartiennent au genre *Cucullia* de Schrank et autres lépidoptérologues. Voyez, pour les autres espèces , Olivier, art. *Noctuelle* de l'Encycl. méthodique, et Latr. , Gener. crust. , et insect. , IV, p 224. Voyez surtout l'ouvrage sur les lépidoptères d'Europe d'Ochsenheimer, et l'Histoire naturelle de ceux de France, par Godart, continuée maintenant par M. Duponchel, bien connu des entomologistes par son intéressante monographie du genre *Erotyle*, déjà citée, et divers mémoires.

épaules, *phalènes chappes.* Ils ont tous une trompe distincte et les palpes inférieurs généralement presque semblables à ceux des noctuelles, mais un peu avancés.

Ces lépidoptères sont petits, agréablement colorés, portent leurs ailes en toit écrasé ou presque horizontalement, mais toujours couchées; les supérieures se croisent même un peu alors, le long de leur bord interne.

Leurs chenilles ont seize pattes, le corps ordinairement ras ou peu velu, tordent et roulent les feuilles; elles fixent successivement, et dans un même sens, divers points de leur surface, par des couches de fils de soie, se font ainsi un tuyau où elles sont à couvert et où elles mangent tranquillement le parenchyme de ces feuilles. D'autres ont pour retraite plusieurs feuilles ou des fleurs qu'elles lient toujours avec de la soie. Il en est qui s'établissent dans les fruits.

Plusieurs ont l'extrémité postérieure du corps plus étroite, et Réaumur les nomme *chenilles en forme de poisson.* Leur coque a la figure d'un bateau. Ces coques sont tantôt de pure soie, tantôt mélangées de diverses matières.

Les tordeuses composent le sous-genre

Des Pyrales. (Pyralis. Fab.) (1).

La *P. des pommes* (*P. pomana*, Fab.), Rœs., Insect., I,

---

(1) Quelques divisions établies dans notre Gener. crust. et insect. (IV, 230, div. 2 et 11), nous ont paru (Fam. nat. du règ. anim., 476) pouvoir former des sous-genres propres.

Des espèces (*Tortrix dentana*, Hübn.), qui ont un port d'ailes particulier, les supérieures se relevant un peu au côté extérieur et s'inclinant vers le bord opposé, et dont les chenilles ont des pattes membraneuses d'une forme particulière, et que Réaumur compare à des jambes de bois, composent le sous-genre Xylopode (Xylopoda). D'autres espèces (les pyrales *rutana*, *umbellana*, *heracleana*), dont les palpes inférieurs se recourbent au-dessus de la tête, en manière de cornes, et vont en pointe, forment celui des Volucre (Volucra).

D'autres enfin, ayant les ailes étroites et alongées, et les palpes inférieurs plus longs et avancés, espèces qui ont les plus grands rapports avec les crambus de Fabricius, près desquels il faudrait peut-être les placer, constituent un troisième sous-genre, celui de Procérate (Procerata), ayant pour type la pyrale *saldonana* de Fabricius.

Voyez, pour les autres espèces, Fabricius et Hübner.

clas. 4, pap. noct., XIII, d'un gris cendré; ailes supérieures finement rayées en dessus de brun et de jaunâtre, avec une grande tache d'un rouge doré. Sa chenille se nourrit du pepin des pommes. L'insecte parfait avait déposé ses œufs sur leur germe.

La *P. de la vigne* (*P. vitis*), Bosc, Mém. de la Soc. d'Agric., II, IV, 6. Ailes supérieures d'un verdâtre foncé, avec trois bandes obliques, noirâtres, dont la troisième terminale. Sa chenille fait de grands dégâts dans les vignobles.

La *P. verte à bandes* (*P. prasinaria*, Fab.), Rœs., Ins., IV, X, la plus grande des espèces connues. Dessus des ailes supérieures d'un vert tendre, avec deux lignes obliques blanches.

Sur l'aulne et sur le chêne. Sa chenille est du nombre de celles que Réaumur compare à un poisson. Sa coque a la forme d'un bateau.

La septième section des nocturnes, celle des ARPENTEUSES (*Phalænites*. Lat. ; *P. Geometræ*, Lin.) comprend des lépidoptères dont le corps est ordinairement grêle, avec la trompe, soit presque nulle, soit généralement peu alongée et presque membraneuse ; les palpes inférieurs petits et presque cylindriques ; les ailes amples, étendues ou en toit aplati. Les antennes de plusieurs mâles sont pectinées. Le thorax est toujours uni. Les chenilles n'ont ordinairement que dix pattes ; les autres en offrent deux de plus ; les anales existent toujours. La manière dont elles marchent leur a valu la dénomination d'*arpenteuses* ou de *géomètres*. Lorsqu'elles veulent avancer, elles se fixent d'abord par les pattes antérieures ou les écailleuses ; elles élèvent ensuite leur corps en manière de boucle ou d'anneau, pour rapprocher l'extrémité postérieure de leur corps de l'opposée, ou de celle qui est fixée ; elles se cramponnent ensuite au moyen des dernières pattes, dégagent les antérieures et portent après leurs corps en avant, pour s'y fixer de nouveau avec les pieds écailleux, et recommencer le même manége. Leur attitude dans le repos est très extraordinaire. Fixées aux branches ou aux rameaux de divers végétaux par les seules pattes de derrière, leur corps est suspendu en l'air, dans une ligne droite et parfaitement immobile. Par les couleurs et les inégalités de sa peau, il ressemble souvent, et de manière à s'y méprendre, à ces rameaux même. Il fait avec eux un angle de quarante-cinq degrés ou plus. L'animal se tient, pendant plusieurs heures et même des journées entières, dans cette singulière position.

Les chrysalides sont presque nues ou leur coque est très mince et peu fournie de soie.

Cette section ne comprend, abstraction faite de la considération des chenilles, qu'un sous-genre, celui

Des PHALÈNES proprement dites. (PHALÆNA.)

La chenille de la *phalène perle* (*margaritaria*, Fab.) a douze pieds (1); les autres n'en ont que dix.

La *phalène du sureau* (*P. sambucaria*, Lin.), Rœs., Insect., I, class. 3, *pap. noct.* VI, une des plus grandes de notre pays, et d'un jaune de soufre; ses ailes sont étendues et marquées de deux raies transverses et brunes; les inférieures se prolongent, à l'angle extérieur, en forme de queue, et on y remarque deux petites taches noirâtres. Sa chenille est brune et ressemble pour la forme et la couleur à un petit bâton; sa tête est plate et ovale. M. Leach (Zool. miscell.) forme avec cette phalène et quelques autres espèces, dont les ailes inférieures ont la même figure, un genre qu'il nomme *Ourapteryx*.

Nous citerons encore:

La *P. du lilas* (*P. syringaria*, Lin.), Rœs., *ibid.*, X, dont les antennes sont pectinées dans le mâle; qui a les ailes anguleuses, et jaspées par un mélange de jaunâtre, de brun et de rougeâtre. Sa chenille a quatre gros tubercules sur le dos, outre d'autres plus petits, et une corne ou crochet, sur le huitième anneau.

La *P. du groseiller* (*P. grossulariata*, Lin.), Rœs., *ibid.*, II, dont les ailes sont blanches, mouchetées de noir; deux bandes d'un jaune aurore sur le dessus des supérieures, une vers la base et l'autre un peu au-delà du milieu. Sa chenille est, en dessous, d'un gris bleuâtre, tachetée de

---

(1) Type de mon sous-genre MÉTROCAMPE (METROCAMPE).

noir, avec les côtés inférieurs et le ventre jaunes, pointillés de noir.

La femelle de la *Ph. hiémale* (*Ph. brumata*, Lin.), ainsi
que celles de quelques autres espèces analogues, n'ont
que des rudiments d'ailes. Ces espèces paraissent en
hiver (1).

De Géer décrit une espèce (*Ph. à six ailes*) dont le mâle
semble avoir six ailes, les inférieures ayant au côté interne un petit appendice qui se couche sur elles (2).

La huitième section des lépidoptères nocturnes, celle des
Deltoïdes (*Deltoides*. Lat.) (3) nous offre des espèces très
analogues aux phalènes proprement dites, mais dont les
chenilles ont quatorze pattes, et sont rouleuses et plieuses
de feuilles. Dans l'insecte parfait, les palpes inférieurs sont
alongés et recourbés. Ses ailes forment avec le corps, sur
les côtés duquel elles s'étendent horizontalement, une sorte
de delta, dont le côté postérieur a, dans son milieu, un angle
rentrant, ou paraît fourchu. Les antennes sont ordinairement pectinées ou ciliées.

Les lépidoptères deltoïdes composent le sous-genre

D'HERMINIE. (HERMINIA. Latr.)

Qui appartient à la division des phalènes *pyralides* de Linnæus, et qui se compose du genre *hyblœa* de Fab. et de
plusieurs de ses *crambus* (4).

La neuvième section des lépidoptères nocturnes, celle des
Tinéïtes (*Tineites*. Lat. — *Phalænæ tineæ*, Lin., et la majeure partie de ses *P. pyralides*) comprend les espèces les
plus petites de cet ordre, et dont les chenilles toujours
rases, pourvues de seize pattes au moins et rectigrades, vivent cachées, dans des habitations, soit fixes, soit mobiles,
qu'elles se pratiquent. Ici les ailes forment une sorte de

---

(1) Ces espèces forment mon sous-genre HYBERNIE (HYBERNIA).

(2) *Voyez*, pour les autres espèces Fabricius et Hübner.

(3) Cette section comprenait, dans la première édition de cet ouvrage,
toutes les phalènes *pyralides* de Linuæus. Mais il en résultait une com-
plication de caractères, qui disparaît, en ne comprenant dans cette division, que les herminies. Celle de tinéites se composera dès lors exclusivement, des *teignes* et *fausses-teignes* de Réaumur.

(4) Latr., Gener. crust. et insect., IV, 228.

triangle alongé, presque aplati, terminé par un angle rentrant; telles sont les phalènes *pyralides* de Linnæus (1); ces espèces ont quatre palpes distincts, ordinairement découverts. Là, les ailes supérieures sont longues et étroites, tantôt moulées sur le corps, et lui formant un toit arrondi, tantôt inclinées presque perpendiculairement, appliquées sur les côtés, et souvent relevées ou ascendantes postérieurement, en manière de queue de coq. Dans l'un et l'autre cas, les ailes inférieures sont toujours larges et plissées. Souvent encore ces espèces ont les quatre palpes à découvert.

Toutes les chenilles dont les fourreaux d'habitation sont fixes ou immobiles, sont des fausses *teignes* pour Réaumur; celles qui s'en construisent de mobiles et qu'elles transportent avec elles, sont des *teignes* proprement dites.

Les substances dont elles vivent, ou sur lesquelles elles se tiennent habituellement, fournissent les matériaux de construction.

Parmi les fourreaux composés de substances végétales, il y en a de très singuliers. Les uns, tels que ceux des Adèles, sont recouverts extérieurement de portions de feuilles, appliquées les unes sur les autres, et formant des sortes de falbalas. D'autres sont en forme de crosse, et quelquefois dentées le longs de l'un de leurs côtés. Il y en a dont la matière est transparente, et comme celluleuse ou divisée par écailles.

Les chenilles des teignes proprement dites, appelées vulgairement *vers*, se vêtissent de parcelles d'étoffes de laine, qu'elles coupent avec leurs mâchoires et dont elles se nourrissent, de crins, des poils des fourrures, et de ceux des peaux d'animaux de nos collections, qu'elles réunissent avec de la soie. Elles savent alonger par un bout leur fourreau ou en augmenter la grosseur, en le fendant et en y ajoutant une nouvelle pièce. Elles y subissent leurs métamorphoses, après en avoir, au préalable, fermé les ouvertures avec de la soie. C'est aux mémoires de Réaumur, de Rœsel et de De Geer, qu'il faut recourir pour bien connaître la manière dont elles s'y prennent pour fabriquer ces habitations, ainsi que leur diversité de compositions et de figures.

____

(1) Elles pourraient former une section propre.

Les fausses teignes se bornent à miner l'intérieur des substances végétales et animales dont elles vivent, à former de simples galeries, ou si elles construisent des fourreaux, soit avec ces matières, soit avec de la soie, ces habitations sont toujours fixes et un simple lieu de retraite.

Les chenilles qui creusent, en divers sens, le parenchyme des feuilles dont elles se nourrissent, ont été nommées mineuses. Elles produisent ces espaces desséchés, en forme de taches, de lignes ondulées, que l'on observe sur beaucoup de feuilles. Les boutons, les fruits, les semences, et souvent même celles du blé, enfin jusqu'à des galles résineuses de quelques arbres conifères, servent d'aliments et de domicile à d'autres. Ces lépidoptères sont souvent ornés de couleurs très brillantes. Les ailes supérieures offrent dans plusieurs espèces, des taches ou des points dorés ou argentés, quelquefois même en relief.

Les uns, dont les quatre palpes sont toujours distincts (1), découverts, ou simplement cachés (les supérieurs) en partie par les écailles du chaperon, avancés, de moyenne grandeur, ressemblent à des phalènes (*P. pyralydes*, Lin.); leurs ailes disposées en toit, le plus souvent aplati ou peu élevé, forment un triangle alongé ou une sorte de delta.

Tantôt la trompe est très apparente, et sert aux usages ordinaires. Les chenilles de ces espèces vivent sur diverses plantes.

Les Botys. (Botys. Latr.)

Leurs chenilles sont des rouleuses de feuilles, et ne diffèrent pas extérieurement des autres, quant aux organes respiratoires.

---

(1) Les yponomeutes, une ou deux exceptés, les œcophores et les adèles, sont presque les seules tinéites, dont les palpes supérieurs ou maxillaires ne soient pas bien apparents ; mais comme ils peuvent être cachés par les inférieurs, et qu'il est très difficile d'établir, à cet égard, une ligne de démarcation fixe et rigoureuse, nous n'avons pas cru devoir partager les tinéites d'après le nombre de ces organes. M. Savigny, dans ses mémoires sur les animaux sans vertèbres, a donné des figures où ils sont représentés sous divers degrés de proportions. Les nouveaux genres, qu'il ne fait que nommer, nous sont inconnus.

Le *B. queue-jaune* (*P. urticata*, Lin.) , Rœs., Insect. , I, Phal., xiv , dont le thorax et le bout de l'abdomen sont jaunes, et dont les ailes sont blanches, avec des taches noirâtres, formant des bandes: Sa chenille plie les feuilles de l'ortie, et reste neuf mois dans la coque qu'elle s'est filée avant de se métamorphoser en nymphe; elle est rase, verte, avec une raie plus foncée le long du dos.

La même plante nourrit la chenille d'une autre espèce du même sous-genre, le *B. Vertical* (*P. verticalis*, Lin.), Rœs., *ibid.*, I, Phal., 4, iv. L'insecte parfait est d'un jaunâtre pâle, luisant, avec quelques raies obscures, transverses, plus marquées en dessous (1).

Les Hydrocampes. (Hydrocampe. Latr.)

Se composent d'espèces très analogues aux précédentes , mais dont les chenilles sont aquatiques, et ont ordinairement des appendices en forme de filet ou de longs poils, dont l'intérieur présente des trachées. Elles se fabriquent, avec les feuilles de diverses plantes aquatiques, des tuyaux où elles sont à couvert (2).

Tantôt la trompe est nulle ou presque nulle, comme dans

Les Aglosses. (Aglossa. Latr.)

Dont les quatre palpes sont découverts, et dont les ailes forment un triangle aplati ; les supérieures n'ont point d'échancrure à leur extrémité.

L'*A. de la graisse* (*P. pinguinalis*, Lin.), Deg., Insect., II, vi, 4-12 ; Réaum., Insect., III, xx, 5-11. Les ailes supérieures sont d'un gris d'agathe, avec des raies et des taches noirâtres. On la trouve dans les maisons, sur les murs. Sa chenille est rase, d'un brun noirâtre et luisant, et se nourrit de substances graisseuses ou butyreuses. Réaumur la nomme *fausse-teigne des cuirs*, parce qu'elle ronge aussi cette matière, de même que les couvertures des livres. Elle construit un fourreau, en forme de long

____

(1) Les phalènes *forficalis, purpuraria, margaritalis, alpinalis, sanguinalis*, etc., de Fab.

(2) Les *P. potamogata, stratiolata, paludata, lemnata, nympheata*, etc.

tuyau, qu'elle applique contre les corps dont elle vit, et qu'elle recouvre de grains, composés en majeure partie de ses excréments. Suivant Linnæus, on la trouve, mais rarement dans l'estomac de l'homme, où elle produit des effets plus alarmants que ceux qu'occasionent les vers intestinaux. Un médecin éclairé, et dont je ne puis révoquer en doute la véracité, m'a envoyé des chenilles de cette espèce, qu'une jeune famille avait vomies.

Celle d'une autre aglosse (*P. farinalis*, Lin.) mange la farine. L'insecte parfait se trouve aussi très souvent sur les murs, où il se tient immobile, avec l'abdomen relevé. La base de ses ailes supérieures est rougeâtre et bordée de blanc postérieurement; l'extrémité postérieure est pareillement rougeâtre; mais cette couleur y forme une tache anguleuse et bordée en haut par une raie blanche, pareillement anguleuse; l'espace compris entre ces taches ou le milieu est jaunâtre.

Les Galleries (Galleria. Fab.)

Où les écailles du chaperon forment une saillie recouvrant les palpes; où les ailes supérieures, proportionnellement plus étroites que celles des aglosses, et échancrées au bord postérieur, sont, ainsi que les inférieures, assez fortement inclinées, et se relèvent postérieurement en queue de coq, comme dans beaucoup d'espèces des sous-genres suivants :

La *G. de la cire* (*G. cereana*, Fab.), Hübn., Tin. IV, 25, est longue d'environ cinq lignes, cendrée, avec la tête et le thorax plus clairs, et de petites tache brunes le long du bord interne des ailes supérieures. Réaumur désigne sa chenille sous le nom de *fausse-teigne de la cire*. Elle fait de grands dégâts dans les ruches, dont elle perce les rayons, et construit, à mesure qu'elle avance, un tuyau de soie recouvert de ses excréments, qui sont formés de la cire dont elle se nourrit. On trouve quelquefois les coques de leurs chrysalides rassemblées pas tas.

La *G. des ruches* (*alvearia*) de Fabricius se rapproche plus des teignes que de ce sous-genre.

Son *crambus erigatus* et les teignes *tribunella* et *colonella* d'Hübner avoisinent les tinéites précédentes, par l'étendue et la disposition de leurs ailes ; mais leurs palpes inférieurs sont beaucoup plus longs, et ces insectes ont, sous ce rapport, plus d'affinité avec les crambus. Ils pourraient former des sous genres propres.

Les autres, dont les palpes supérieurs ne sont pas toujours bien distincts, ont les ailes supérieures longues, étroites, tantôt couchées et roulées sur le corps, tantôt appliquées perpendiculairement sur ses côtés. Dans cet état, l'insecte a toujours une forme étroite et alongée, se rapprochant de celle d'un cylindre ou d'un cône.

Ici les palpes inférieurs, toujours grands, sont portés en avant ; le dernier article au plus est relevé ; les palpes supérieurs sont apparents.

Les Crambus. (Crambus. Fab.)

Qui ont une trompe distincte ; dont les palpes inférieurs s'avancent en manière de bec droit, jusqu'au bout. Ces lépidoptères se trouvent dans les pâturages secs, sur diverses espèces de plantes (1).

Les Alucites. (Alucita. Lat. — *Ypsolophus*. Fab.)

Ayant aussi une trompe distincte, mais où le dernier article des palpes inférieurs est relevé. Les antennes sont simples (2).

Les Euplocames. (Euplocamus. Lat. — *Phycis*. Fab.)

A trompe très courte et peu apparente, ayant d'ailleurs le dernier article des palpes inférieurs relevé ; les écailles du précédent forment un faisceau. Les antennes des mâles ont un double rang de barbules (3).

Les Phycis. (Phycis. Fab.)

Tout-à-fait semblables aux euplocampes, mais à antennes tout au plus ciliées (4).

---

(1) Fab., Entom. Syst., supp. ; et Latr., Gener. crust. et insect., IV, 232. *Voyez* Hub., Tin., V-VIII. Le *crambus carnellus* appartient à un autre sous-genre (Ilithyie).

(2) Latr., ibid., 233 ; réunissez au même sous-genre, les crambus de la divis., II, 2, p. 232.

(3) Latr., Gen. crust. et insect., IV, 233.

(4) *Phycis boleti*, Fab.

Là, les palpes inférieurs sont entièrement relevés et même recourbés par dessus la tête dans plusieurs.

Tantôt les palpes inférieurs sont très apparents et de grandeur moyenne. Les antennes et les yeux sont écartés.

Dans les deux sous-genres suivants, les palpes inférieurs ne dépassent guère le front.

Les Teignes. (Tinea.)

Ont la trompe très courte, formée de deux petits filets membraneux et disjoints. Leur tête est huppée.

La *T. des tapisseries* (*Pyralis tapezana*, Fab.), Réaum., Insect. III, xx, 2-4. Ailes supérieures noires; leur extrémité postérieure, ainsi que la tête, blanches.

La chenille ronge les draps où d'autres étoffes de laine, cachée sous une voûte où un demi-tuyau, qu'elle forme de leurs parcelles, et qu'elle alonge en avançant. C'est une fausse-teigne pour Réaumur. (1)

La *T. des draps* (*Tinea sarcitella*, Fab.), Réaum., Ins. III, vi, 9, 10, d'un gris argenté; un point blanc de chaque côté du thorax. Sa chenille se trouve sur les draps et les étoffes de laine. Elle se fabrique, en tissant avec de la soie, les brins qu'elle détache, son tuyau immobile; elle l'alonge par le bout, à mesure qu'elle croît, le fend pour l'élargir, et y ajoute une pièce. Ses excréments ont la couleur de la laine qu'elle a mangé.

La *T. des pelleteries* (*T. pellionella*, Fab.), Réaum., Insect. III, vi, 12-16. Ailes supérieures d'un gris argenté, avec un ou deux points noirs sur chacune. Sa chenille vit dans un tuyau feutré, sur les pelleteries, dont elle coupe les poils à la racine, et qu'elle détruit rapidement.

La *Teigne à front jaune* (*T. flavifrontella*, Fab.) ravage de la même manière les collections d'Histoire naturelle (2).

La *T. des grains* (*T. granella*, Fab.), Rœs., Ins. I, class.

---

(1) Elle se rapproche des volucres (p. 412) par son port et ses palpes, et forme peut-être un nouveau sous-genre.

(2) Tous les auteurs qui ont décrit ou figuré des tinéïtes et autres lépidoptères analogues, s'étant peu attachés à les étudier d'une manière rigoureuse, il nous est impossible de rapporter à nos divers sous-genres la plupart des espèces mentionnées par eux.

4, *pap. noct.* XII, Ses ailes supérieures sont marbrées de gris, de brun et de noir, et se relèvent par par derrière. Sa chenille (*fausse-teigne des blés*) lie plusieurs grains de blé avec de la soie, et s'en formé un tuyau, dont elle sort de temps en temps pour ronger ces grains. Elle nuit beaucoup.

Les ILITHYIES. (ILITHYIA. Latr. — *Crambus*. Fab.)

Ont une trompe très distincte et de grandeur ordinaire, et le dernier article des palpes inférieurs manifestement plus court que le précédent (1).

Les YPONOMEUTES. (YPONOMEUTA. Latr.)

Ont aussi une trompe très distincte et de grandeur ordinaire, mais le dernier article des palpes inférieurs est presque aussi long au moins que le précédent.

Ces insectes semblent se lier avec les lithosies.

L'*Y. du fusain.* (*Tinea evonymella*, Fab.) Rœs., Insect., I, class. 4, *pap. noct.*, VIII. Ailes supérieures d'un blanc luisant, avec des points noirs très nombreux; les inférieures noirâtres.

L'*Y. du cerisier* (*Tinea padella*, Fab.), Rœs., *ibid.*, VII, Ailes supérieures d'un gris plombé, avec une vingtaine de points noirs.

Sa chenille, ainsi que celle de la précédente, vit en société nombreuse, sous une toile. Elle se multiplie quelquefois prodigieusement sur nos arbres fruitiers, dont elle dévore les feuilles. Les branches semblent être recouvertes de crêpes (2).

Dans le sous-genre suivant, celui

D'OEcophore. (OEcophora. Lat.)

Les palpes inférieurs se recourbent par dessus la tête, en manière de cornes, allant en pointe, et atteignent même le dos du thorax :

---

(1) *Crambus carneus*, Fab. ; et quelques autres espèces. Les antennes des mâles ont inférieurement un renflement en forme de nœud.

(2) *Voyez* Latr., Gener. crust. et insect., IV, 222, et l'Hist. nat. des lépid. de France, de Godart.

La *teigne des blés*, qui fait souvent tant de ravage dans les départements méridionaux de la France, et qui est entièrement couleur de café au lait, appartient à ce sous-genre. J'y rapporte aussi la *teigne harisella*, dont la chenille, suivant les observations de M. Hubert fils, se forme une sorte de hamac (1).

Tantôt les palpes inférieurs sont très petits et velus. Les antennes sont presque toujours fort longues, et les yeux sont très rapprochés.

Les **Adèles**. (**Adela**. Latr. — *Alucita*. Fab.)

On trouve ces insectes dans les bois, et plusieurs espèces paraissent dès que les feuilles des chênes commencent à pousser. Leurs ailes sont généralement brillantes.

L'*A. de de Géer* (*Alucita Degeerella*, F.), de G., Insect., I, xxxii, 13. Antennes trois fois plus longues que le corps, blanchâtres, avec la partie inférieure noire. Ailes supérieures d'un jaune bien doré, sur un fond noir, qui y forme des raies longitudinales, avec une large bande d'un jaune d'or, transverse et bordée de violet.

L'*A. de Réaumur* (*A. Reaumurella*, Fab.), est noire, avec les ailes supérieures dorées, sans taches (2).

La dixième et dernière section des lépidoptères nocturnes, celle des **Fissipennes** (*Pterophorites*. Lat.), a de grands rapports avec la précédente, quant à la forme étroite et alongée du corps et des ailes supérieures, mais s'en éloigne, ainsi que de toutes les autres du même ordre, en ce que les quatre ailes, ou deux au moins, sont refendues dans leur longueur, en manière de branches ou de doigts barbus sur leurs bords, et ressemblant à des plumes. Les ailes imitent celles des oiseaux.

Linnæus comprend ces lépidoptères dans sa division des *phalènes alucites*. De Géer les nomme *phalènes-tipules*.

----

(1) Les teignes *majorella, geoffroyella, rufimitrella*, etc., d'Hübner. *Voyez*, à l'égard de ce sous-genre et du précédent, la Monographie des *phycis*, insérée dans le troisième volume du Magasin entomol. de M. Germar.

(2) *Voyez* Fab., Entom. system., suppl.; Latr., Gener. crust. et insect., IV, 223; et Hübner, teignes, XIX.

Nous en formerons, avec Geoffroy et Fabricius, le sous-genre

Des Pterophores. (Pterophorus.)

Leurs chenilles ont seize pattes, vivent de feuilles ou de fleurs, sans se construire de fourreau.

Tantôt les palpes inférieurs se recourbent dès leur naissance, sont entièrement garnis de petites écailles et pas plus longs que la tête ; ils composent le genre *Ptérophore* proprement dit de Latreille. Leurs chrysalides sont à nu, hérissées de poils ou de petits tubercules, tantôt suspendues par un fil, tantôt fixées, au moyen des crochets de l'extrémité postérieures de leur corps, à une couche de soie, sur des feuilles, etc.

La *P. à cinq digitations* (*P. pentadactylus*, Fab.), Rœs., Insect., 1, class. 4, *pap. noct.*, v. Ailes d'un blanc de neige ; les supérieures divisées en deux lanières, et les inférieures en trois (1).

Tantôt les palpes inférieurs sont avancés, plus longs que la tête, avec le second article très garni d'écailles, et le dernier presque nu et relevé. La chrysalide est renfermée dans une coque de soie. Latreille distingue ces espèces sous le nom générique d'Ornéode (Orneodes) (2).

L'ORDRE ONZIÈME DES INSECTES,

Celui des RHIPIPTÈRES. (Rhipiptera.)

A été établi sous le nom de *stresiptères* (ailes torses) par M. Kirby, sur des insectes très singuliers par leurs formes anomales et leurs habitudes. Des deux côtés de l'extrémité antérieure du tronc,

---

(1) Les autres ptérophores de Fabricius, à l'exception de l'*hexadactylus* ; *voyez* aussi Hübner et De Géer.

(2) *P. hexadactylus*, Fab. ; le *ptérophore en éventail* de Geoffroy. *Voyez* Lat., Gen. crust. et insect., IV, p. 234 et 235.

près du col et de la base extérieure des deux premières pattes, sont insérés deux petits corps crustacés, mobiles, en forme de petites élytres, rejetés en arrière, étroits, alongés, dilatés en massue, courbes au bout, et se terminant à l'origine des ailes (1). Les élytres, proprement dites, recouvrant toujours la totalité ou la base de ces derniers organes, et naissant du second segment du tronc, ces corps ; ne sont donc pas de véritables étuis, mais des pièces analogues à celles (*ptérygodes*) que nous avons observées à la base des ailes des lépidoptères. Les ailes des rhipiptères sont grandes, membraneuses, divisées par des nervures longitudinales, formant des rayons, et se plient dans leur longueur en manière d'éventail. Leur bouche est composée de quatre pièces, dont deux, plus courtes, paraissent être autant de palpes à deux articles, et dont les autres insérées près de la base interne des précédentes, ont la forme de petites lames linéaires, pointues et se croisant à leur extrémité, à la manière des mandibules de plusieurs insectes ; elles ressemblent plus aux lancettes du suçoir des diptères, qu'à de véritables mandibules (2). La tête offre, en outre, deux yeux gros, hémisphériques, un peu pédiculés et grenus ;

(1) Prébalanciers, Latr.

(2) Suivant M. Savigny, leur bouche se compose d'un labre, de deux mandibules, de deux mâchoires portant chacune un très petit palpe, d'un seul article, et d'une lèvre, sans palpes.

deux antennes, rapprochées à leur base, sur une élévation commune, presque filiformes, courtes et composées de trois articles, dont les deux premiers très courts, et dont le troisième fort long, se divise, jusqu'à son origine, en deux branches, longues, comprimées, lancéolées, et s'appliquant l'une contre l'autre. Les yeux lisses manquent. Le tronc, par sa forme et ses divisions, a beaucoup de rapports avec celui de plusieurs cicadaires, des psyles et des chrysis. L'abdomen est presque cylindrique, formé de huit à neuf segments, et se termine par des pièces qui ont encore de l'analogie avec celles que l'on voit à l'anus des hémiptères mentionnés ci-dessus. Les pieds, au nombre de six, sont presque membraneux, comprimés, à peu près égaux, et terminés par des tarses filiformes, composés de quatre articles membraneux, comme vésiculaires à leur extrémité, dont le dernier, un peu plus grand, n'offre point de crochets. Les quatre pieds antérieurs sont très rapprochés, et les deux autres se rejettent en arrière. L'espace de la poitrine compris entre ceux-ci est très ample, et divisé en deux par un sillon longitudinal. L'extrémité postérieure du métathorax se prolonge en manière d'un grand écusson, sur l'abdomen. Les côtes de l'arrière-tronc, qui servent d'insertion à cette dernière paire de pattes, se dilatent fortement en arrière, et forment une espèce de bouclier renflé, qui défend la base extérieure et latérale de l'abdomen.

Ces insectes vivent en état de larve, entre les écailles de l'abdomen de quelques espèces d'andrènes et de guêpes, du sous-genre des polistes. Ils sautillent et leurs balanciers se meuvent en même temps que les ailes. Quoiqu'ils paraissent s'éloigner par plusieurs considérations des hyménoptères, je crois néanmoins que c'est encore de quelques-uns de ces insectes, comme des eulophes, dont ils se rapprochent le plus.

M. Peck a observé une des larves (*Xenos Peckii*) qui se trouve sur les guêpes. Elles est ovale-oblongue, sans pattes, annelée ou plissée, avec l'extrémité antérieure dilatée en forme de tête, et la bouche formée de trois tubercules. Ces larves se métamorphosent en nymphes, dans la même place, et sous leur propre peau, à ce qu'il m'a paru, d'après l'examen de la nymphe du *xenos Rossii*, autre insecte du même ordre, et sans changer de forme (1).

Peut-être la nature a-t-elle donné aux rhipiptères les deux faux étuis dont nous avons parlé, pour se dégager, avec plus de facilité, d'entre les écailles de l'abdomen des insectes sur lesquels ils ont vécu.

Ce sont des sortes d'*œstres* d'insectes. Nous verrons plus bas qu'une espèce de conops subit ses métamorphoses dans l'intérieur du ventre des bourdons.

Les rhipiptères composent deux genres, celui de XENOS

---

(1) *Voyez*, sur cet insecte, un très bon Mémoire de M. Jurine père.

(Xenos) établi par Rossi, et celui de Stylops (Stylops), que M. Kirby a observé et institué le premier. Ici la branche supérieure de la dernière pièce des antennes est composée de trois petits articles. L'abdomen est rétractile et charnu. On n'en connaît qu'une espèce, qui vit sur des andrènes. Dans l'autre genre, ou celui de *xenos*, les deux branches des antennes n'ont point d'articulations. L'abdomen est corné, à l'exception de l'anus, qui est charnu et rétractile. Il comprend deux espèces, dont l'une vit sur la guêpe nommée *gallica*, et l'autre sur une guêpe analogue de l'Amérique septentrionale (*polistes fuçata*, Fab.) (1).

LE DOUZIÉME ET DERNIER ORDRE DE LA CLASSE DES INSECTES,

Celui des DIPTÈRES. (Diptera.—*Antliata*. Fab.)

A pour caractères distinctifs : six pieds; deux ailes membraneuses, étendues, ayant presque toujours au-dessous d'elles, deux corps mobiles, en forme de balanciers (2); un suçoir composé de

---

(1) Consultez le mémoire de M. Kirby, tome XIe des Transactions de la Société linnéenne.

(2) Pour se convaincre que ces organes ne représentent point les secondes ailes, il faut comparer le thorax d'une grande tipule avec celui d'un hymenoptère, et particulièrement d'un cryptocère femelle, où les stigmates postérieurs sont très apparents. Ici, comme dans tous les hyménoptères, le segment portant les secondes ailes est très peu développé ou incomplet, ne forme immédiatement au-dessous de l'écusson, qu'une petite pièce très étroite, transverse, linéaire et fort courte. Vient après celle qu'on appelle communément métathorax, et qui forme ce demi-segment que, dans mon mémoire sur les appendices articulés des insectes, j'ai nommé *médiaire*. Il a, de chaque côté, une épine, et deux stigmates plus extérieurs que les épines, et situés à peu de distance d'elles. Le thorax de ces tipules offre la même conformation; seulement, le

pièces écailleuses, en forme de soies, d'un nombre variable (deux à six), et soit renfermé dans la gouttière supérieure d'une gaîne, en forme de trompe, terminée par deux lèvres, soit recouvert par une ou deux lames inarticulées, qui lui servent d'étui (1).

Leur corps est composé, à la manière de celui des autres insectes à six pieds, de trois parties principales. Le nombre des yeux lisses, lorsqu'ils sont présents, est toujours de trois. Les antennes sont ordinairement insérés sur le front et rapprochées à leur base; celles des diptères de notre première famille ont beaucoup de rapports, par leur forme, leur composition, et souvent leurs appendices, avec les antennes des lépidoptères nocturnes; mais dans les familles suivantes, qui font le plus grand nombre, elles ne sont composées que de deux ou trois articles, dont le dernier a souvent la figure d'un fuseau ou d'une palette lenticulaire ou prismatique, munie soit d'un petit appendice, en forme de stylet, soit d'un gros poil ou d'une soie, tantôt simple, tantôt velue ou barbue. Leur bouche n'est propre qu'à

demi-segment qui, dans les hyménoptères, sert d'attache aux secondes ailes, est ici un peu moins distinct; et l'on ne voit, à chacun de ces bouts, aucune trace d'ailes. Les balanciers occupent exactement la place des épines, et les stigmates sont pareillement situés en dehors. Il est donc évident que cette extrémité postérieure du thorax portant les balanciers, répond au segment médiaire, le même, où dans les cigales mâles sont placés les organes de la stridulation, et qui, dans plusieurs criquets de pareil sexe, offre encore des particularités analogues.

(1) Cette trompe s'alonge dans plusieurs espèces de la même famille, en manière de long siphon.

extraire et conduire des matières fluides ; lorsque ces substances nutritives sont contenues dans des vaisseaux propres, mais dont l'enveloppe est aisément perméable, les pièces du suçoir font l'office de lancettes, percent l'enveloppe et fraient un passage à la liqueur, qui suit le canal intérieur et remonte, par un effet de la pression qu'exercent sur elle ces pièces, au pharynx situé à la base du suçoir. La gaîne du suçoir, ou le corps extérieur de la trompe, ne sert qu'à maintenir les lancettes, et se replie ordinairement sur elle-même, dans leur action. Cette gaîne paraît représenter la lèvre inférieure de la bouche des insectes broyeurs, comme les pièces du suçoir semblent être les analogues, du moins dans les genres où il est le plus compliqué, des autres parties, telles que le labre, les mandibules et les mâchoires (1). La base de la trompe porte très souvent deux palpes filiformes ou terminés en massue, composés, dans quelques-uns, de cinq articles, mais dans le plus grand nombre d'un à deux seulement. Les ailes sont simplement veinées, et le plus souvent horizontales (2).

L'usage des balanciers n'est pas encore bien

---

(1) Cet espace antérieur de la tête, qu'on appelle chaperon, et qui est pour moi l'épistome, est ici représenté par cette portion supérieure de la trompe, qui précéde le suçoir et les palpes.

(2) Elles peuvent fournir, de même que celles des hyménoptères, de bons caractères secondaires pour l'établissement des coupes. J'en ai le premier fait usage. Voyez, à cet égard, les ouvrages de MM. Fallen, Kirby, Meigen, Macquart, etc.

connu ; l'insecte les fait mouvoir avec une grande
vitesse. Beaucoup d'espèces, particulièrement celles
des dernières familles ont, au-dessus des balanciers,
deux pièces membraneuses semblables à deux valves
de coquilles, attachées ensemble par un de leurs
côtés, et qu'on a nommées *ailerons*, ou *cuillerons*.
L'une de ces pièces est unie à l'aile, et participe à
ses mouvements ; mais alors les deux pièces se trouvent presque dans le même plan. La grandeur de
ces ailerons est en raison inverse de celle des balanciers. Le prothorax est toujours très court, et
souvent l'on ne découvre que ses portions latérales.
Dans quelques-uns, comme les scénopines, quelques
cousins et quelques psychodes, elles sont proé-
minentes et sous la forme de tubercules. Le mésa-
thorax compose à lui seul la majeure partie du
tronc ou du thorax, au devant, de chaque côté, ou
derrière le prothorax, sont deux stigmates ; l'on en
voit deux autres près de la naissance des balanciers ;
ainsi que dans les hyménoptères, ceux du mésa-
thorax sont cachés ou oblitérés.

L'abdomen ne tient souvent au thorax que par
une portion de son diamètre transversal ; il est composé de cinq à neuf anneaux apparents, et se termine ordinairement en pointe dans les femelles ;
dans ceux où le nombre des anneaux est le moindre,
les derniers forment souvent une espèce de tarière
ou d'oviducte, présentant une suite de petits tuyaux
rentrant les uns dans les autres, comme une lunette

d'approche. Les organes sexuels des mâles sont extérieurs dans plusieurs espèces, et repliés sous le ventre. Les pieds, longs et grêles dans la plupart, se terminent par un tarse de cinq articles, dont le dernier a deux crochets, et très souvent deux ou trois pelottes vésiculeuses ou membraneuses.

Tous les diptères dont M. Léon Dufour a fait l'anatomie, lui ont offert des glandes salivaires, caractère commun, suivant lui, à tous les insectes pourvus d'un suçoir; mais la structure de ces organes varie selon les genres (1).

Plusieurs de ces insectes nous font du tort, soit en suçant notre sang et celui des animaux domestiques, en déposant même leurs œufs sur leur corps, afin que leurs larves y puisent leur nourriture, soit en infectant, pour le même motif, les viandes que nous conservons et les plantes céréales. D'autres, en revanche, nous sont utiles, en dévorant des insectes nuisibles, en consumant les cadavres ou les matières animales répandues sur la surface de la terre, et qui corrompent le fluide que nous respirons, ou en hâtant la dissipation des eaux putrides.

La durée de la vie des diptères arrivés à leur état parfait, est très courte. Tous subissent une métamorphose complète, mais modifiée de deux manières principales. Les larves de plusieurs changent

______

(1) *Voyez* ses Recherches anatomiques sur l'hippobosque des chévaux, Annal. des Sc. natur., VI, 301.

de peau pour se transformer en nymphes. Quelques-unes même se filent une coque, mais les autres ne muent point; leur peau se durcit, se contracte et se raccourcit le plus souvent; elle devient pour la nymphe une coque assez solide, qui a l'apparence d'une graine ou d'un œuf. Le corps de la larve s'en détache d'abord, et laisse sur les parois intérieures les organes extérieurs qui lui étaient propres, tels que les crochets de sa bouche, etc. Bientôt elle se présente sous la forme d'une masse molle ou gélatineuse, nommée *boulle-alongée*, au dehors de laquelle on ne distingue aucune des parties qui caractérisent l'insecte parfait. Enfin, quelques jours après, ces organes se prononcent et se déterminent, et l'insecte est véritablement en état de nymphe. Il sort, en faisant sauter l'extrémité antérieure de sa coque comme une calotte.

Les larves des diptères n'ont point de pattes, mais on observe dans quelques-unes des appendices qui les simulent. Cet ordre d'insectes est le seul où nous voyons des larves à tête molle et variable. Ce caractère est presque exclusivement propre aux larves des diptères qui se transforment sous leur peau. Leur bouche est ordinairement munie de deux crochets, qui leur servent à piocher les matières alimentaires. Les orifices principaux de la respiration, dans la plupart des larves du même ordre, sont situés à l'extrémité postérieure de leur cops. Plusieurs offrent, en outre, deux stigmates sur lepremier anneau, celui qui vient immédiatement après la tête ou qui en tient lieu.

MM. Fallen, Meigen, Wiedemann et Macquart, ont, dans ces derniers temps, rendu un service signalé à cette partie de l'entomologie, soit en établissant plusieurs nouvelles coupes génériques, soit en décrivant un grand nombre d'espèces inconnues, et en rectifiant les erreurs où l'on était tombé par rapport à plusieurs de celles qui avaient été publiées. Ils ont aussi fait usage des caractères que présente la disposition des nervures des ailes, et que j'avais moi - même employés le premier, avec une nomenclature propre, dans mon *Genera*. M. Macquart, surtout, les a très bien exposés, et son travail sur les diptères du nord de la France, faisant partie du recueil des mémoires de la Société des sciences, de l'agriculture et des arts de Lille, dont il est un des membres les plus distingués, surpasse, à mon avis, tous les écrits publiés jusqu'à ce jour sur cet ordre d'insectes.

Nous partagerons cet ordre en deux sections principales, qui forment même dans diverses méthodes de savants anglais autant d'ordres particuliers.

Les diptères de la première ont toujours la tête distincte du thorax, le suçoir renfermé dans une gaîne, et les crochets des tarses simples ou unidentés. La transformation des larves en état de nymphe s'opère toujours hors du ventre de la mère.

Une première subdivision offrira des diptères dont les antennes sont divisées en un grand nombre d'articles ; elle formera notre première famille, celle

DES NÉMOCÈRES. (NEMOCERA.)

Les antennes sont le plus souvent composées de quatorze à seize articles, et de six ou de neuf à douze dans les autres. Elles sont en forme de fil ou de soie, souvent velues, surtout dans les mâles, et beaucoup plus longues que la tête. Le corps est alongé, avec la tête petite et arrondie, les yeux grands, la trompe saillante, soit courte et terminée par deux grandes lèvres, soit prolongée en forme de siphon de bec, deux palpes extérieurs, insérés à sa base, ordinairement filiformes ou sétacés et composés de quatre à cinq articles ; le thorax gros, élevé et comme bossu ; les ailes oblongues ; les balanciers entièrement découverts et point accompagnés sensiblement de cuillerons ; l'abdomen alongé, formé le plus souvent de neuf anneaux, terminé en pointe dans les femelles, plus gros au bout, et muni de pinces ou de crochets dans les mâles ; et les pieds fort longs, très déliés, et servant souvent à ces insectes pour se balancer.

Plusieurs, surtout les petits, se rassemblent par troupes nombreuses dans les airs, et y forment, en volant, des sortes de danses. On en trouve dans presque toutes les saisons de l'année. Ils sont placés bout à bout dans l'accouplement, et volent souvent dans cette attitude. Plusieurs femelles pondent leurs œufs dans l'eau, les autres dans la terre ou sur les plantes.

Les larves, toujours alongées et semblables à des vers, ont une tête écailleuse, de figure constante, et dont la bouche offre des parties analogues aux mâchoires et aux lèvres. Elles changent toujours de peau, pour se transformer en nymphes. Ces nymphes, tantôt nues, tantôt renfermées dans des coques que les larves ont construites, se rapprochent, par leur figure, de l'insecte parfait, en présentent les organes extérieurs, et achèvent leurs métamorphoses à la manière ordinaire. Elles ont souvent, près de la tête ou sur le thorax, deux organes respiratoires en forme de tubes ou d'oreillettes. Cette famille est composée des genres *culex* et *tipula* de Linnæus.

Les uns, dont les antennes sont toujours en filiformes de la longueur du thorax, hérissées de poils, et composées de quatorze articles, ont une trompe longue, avancée, filiforme, renfermant un suçoir piquant et composé de cinq soies (1). Ils constituent le genre

Des Cousins. (Culex. Lin.— *Culicides*. Lat.)

Ils ont le corps et les pieds fort alongés et velus; les antennes très garnies de poils, et qui forment un pa-

---

(1) Réaumur et Roffredi en ont donné de très bonnes figures. Celle qu'a publiée M. Robineau Desvoidy, dans son Essai sur la tribu des

nache dans les mâles ; les yeux grands, très rapprochés ou convergents à leur extrémité postérieure ; les palpes avancés, filiformes, velus, de la longueur de la trompe et de cinq articles dans les mâles, plus courts et paraissant moins articulés dans les femelles ; la trompe composée d'un tube membraneux, cylindrique, terminé par deux lèvres, formant un petit bouton ou un renflement, et d'un suçoir de cinq filets écailleux, produisant l'effet d'un aiguillon ; et les ailes couchées horizontalement l'une sur l'autre, au-dessus du corps, avec de petites écailles.

On sait combien ces insectes sont importuns et fâcheux, surtout dans les lieux aquatiques, où il se trouvent en plus grande abondance. Avides de notre sang, ils nous poursuivent partout, entrent dans nos habitations, particulièrement le soir, s'annoncent par un bourdonnement aigu, et percent notre peau, que nos vêtements ne peuvent souvent garantir, avec les soies très fines et dentelées au bout, de leur suçoir ; à mesure qu'ils les enfoncent dans la chair, leur fourreau se replie vers la poitrine et forme un coude. Ils distillent dans la plaie une liqueur vénéneuse, et telle est la cause de l'irritation et de l'enflure que cette partie éprouve. On a observé que nous ne sommes tourmentés que par les femelles. Les cousins sont connus en Amérique sous le nom de *maringouins* et *moustiques*. On s'y préserve, ainsi que dans d'autres contrées, de leurs atteintes, en enveloppant sa couche d'une gaze ou *cousinière*. Les Lapons les éloignent avec le feu, et en se frottant les

culicides (Mém. de la Soc. d'hist. nat. , III , 390), ne peut donner qu'une fausse idée de la disposition de ces soies Ce savant a émis, à l'égard de la correspondance de ces pièces et de leur gaine, une opinion bien opposée à celle qui est généralement reçue. S'il avait réfléchi que deux de ces soies, dans les syrphes et plusieurs autres diptères, sont annexées aux palpes, il ne les aurait pas sans doute prises pour des mandibules, mais pour les analogues des mâchoires.

parties nues du corps avec de la graisse. Ces insectes aiment encore le suc des fleurs. Leur accouplement se fait vers le déclin du jour. La femelle dépose ses œufs à la surface de l'eau, et, croisant ses pattes postérieures près de l'anus, les écartant peu à peu, à mesure que les œufs sortent du corps, elle les place les uns à côté des autres, dans une direction perpendiculaire, comme des quilles; la masse qu'ils forment par leur réunion représente un petit bateau, flottant sur cet élément. Chaque femelle pond environ trois cents œufs par année. Ces insectes résistent souvent aux plus grands froids. Leurs larves fourmillent dans les eaux croupissantes des mares et des étangs, surtout au printemps, époque de la ponte des femelles qui ont survécu. Elles se pendent à la surface de l'eau, la tête en bas, pour respirer. Elles ont une tête distincte, arrondie, pourvue de deux espèces d'antennes et d'organes ciliés, qui leur servent, par le mouvement qu'elles leur impriment, à attirer les matières alimentaires; un thorax avec des aigrettes de poils; un abdomen presque cylindrique, alongé, beaucoup plus étroit que la partie antérieure du corps, divisé en dix anneaux, dont l'avant-pénultième porte sur le dos l'organe respiratoire, et dont le dernier est terminé par des soies et des pièces disposées en rayons. Ces larves sont très vives, nagent avec beaucoup de célérité, s'enfoncent de temps à autre, mais pour revenir bientôt à la surface de l'eau; après avoir subi quelques mues, elles s'y transforment en une nymphe, qui continue de se mouvoir par le moyen de sa queue et des deux nageoires de son extrémité. Elle se tient aussi à la surface de l'eau, mais dans une situation différente de celle de la larve, ses organes respiratoires étant placés sur le thorax; ils consistent en deux espèces de cornes tubulaires. C'est là aussi que l'insecte parfait se développe. Sa dépouille de nymphe devient pour lui une espèce de planche ou d'appui, qui le préserve de la submersion. Toutes ces métamorphoses se font dans l'espace de trois à quatre semaines. Aussi ces insectes produisent-ils plusieurs générations dans la même année.

Dans l'excellent ouvrage de M. Meigen sur les diptères d'Europe, le genre *Culex* des auteurs précédents en forme trois. Les espèces où les palpes sont, dans les mâles, plus longs que la trompe, et très courts dans les femelles, composent celui de

Cousin proprement dit. (Culex.)

Le *Cousin commun* (*Culex pipiens*. Lin.) De G., Insect., VI, xvii, cendré; abdomen annelé de brun; ailes sans taches (1).

Les espèces où les palpes sont, dans les mâles, de la longueur de la trompe, forment un autre genre, celui

Des Anophèles. (Anopheles.) (2)

Celles où ils sont très courts dans les deux sexes comprennent celui

D'Aëdès (Aedes) de M. le comte de Hoffmansegge (3).

M. Robineau Desvoidy, dans son Essai sur la tribu des *culicides*, en a ajouté trois autres.

Les espèces dont les palpes (les labiaux, dans sa théorie) sont plus courts que la trompe, dont les jambes et les tarses intermédiaires sont dilatés et très ciliés, sont distinguées collectivement par le nom générique de SABÈTHES (SABE-THES) (4). Celles dont la trompe est alongée, recourbée au bout; où les palpes, pareillement courts, ont leur premier article plus épais, le second plus court, et les trois autres cylindriques, composent le genre MÉGARHINE (MEGARHI-NUS) (5). Le culex *ciliatus* de Fabricius lui a paru devoir en

---

(1) *Voyez*, pour les autres espèces, M. Meigen, Dipt., I, 1; Macq., Dipt. du nord de la France, tipulaires, p. 153.

(2) Ibid., I, 10; Macq., ibid., 162.

(3) Ibid., I, 13.

(4) Mém. de la Soc. d'hist. nat. de Paris, III, 411.

(5) Ibid., 412.

former un autre, celui de Psorophore (Psorophora) (1). Les yeux lisses sont très distincts. Les pieds des femelles sont ciliés. Mais le principal caractère consiste dans la présence de deux petits appendices, situés sur le prothorax, un de chaque côté. Ils nous ont paru formés par une dilatation des extrémités latérales de ce segment. Cet auteur cite, à ce sujet, une observation analogue faite sur une espèce de psychode, par M. Léon Dufour, et que je lui ai communiquée. Mais il se trompe en disant qu'elle n'avait pas encore été publiée; nous en avons fait mention dans la première édition de cet ouvrage, à l'article *Rhipiptères* (p. 585), et à celui de *Psychode* (p. 600).

Les autres Némocères ont la trompe, soit très courte et terminée par deux grandes lèvres, soit en forme de siphon ou de bec, mais perpendiculaire ou courbée sur la poitrine. Les palpes sont courbés en dessous ou relevés, mais alors d'un à deux articles au plus.

Linnæus les comprend dans son genre

Des Tipules. (Tipula. — *Tipulariæ*. Lat.)

Que nous diviserons de la manière suivante :

Nous formerons une première section avec les espèces dont les antennes sont sensiblement plus longues que la tête, du moins dans les mâles, grêles, filiformes ou sétacées, de plus de douze articles, dans le plus grand nombre, et dont les pieds sont longs et grêles.

Les unes, parmi elles et toutes ailées, n'offrent jamais d'yeux lisses. Les palpes sont toujours courts. Leur tête n'est point ou peu prolongée en devant. Les ailes sont couchées ou en toit, avec des nervures généralement peu nombreuses, longitudinales, divergentes et libres postérieurement. Les yeux sont en forme de croissant. Les jambes sont sans épines.

---

(1) Mém. de la Soc. d'hist. nat. de Paris, III, 412.

Cette subdivision se compose de petites espèces, vivant, en état de larve et de nymphe, dans l'eau ou dans des galles végétales.

Tantôt les antennes sont entièrement garnies de poils, mais beaucoup plus longs dans les mâles, et formant un grand panache triangulaire.

Leurs larves vivent, pour la plupart, dans l'eau, et ont des rapports avec celles des cousins. Il y en a qui ont de fausses pattes. D'autres ont, en outre, à l'extrémité postérieure du corps, des appendices en forme de cordons ou de bras, et Réaumur nomme ces larves : *vers polypes*. Leur couleur est ordinairement rouge, et telles sont celles qui fourmillent souvent dans l'eau. Les nymphes habitent le même élément, et respirent par deux tuyaux extérieurs et situés à l'extrémité antérieure du corps. Quelques-unes ont la faculté de nager.

Ces espèces sont analogues aux cousins, et des auteurs les désignent sous le nom de *tipules culiciformes*.

Celles dont les antennes sont composées, dans les deux sexes, de quatorze articles ovalaires, dont les derniers peu différents des précédents, et dont les ailes sont couchées horizontalement l'une sur l'autre, composent le sous-genre

Des Corèthres. (Corethra. Meig.)

La *Tipule culiciforme* de de Géer (Insect., VI, xxii, 10, 11), dont le corps est brun, avec l'abdomen et les pieds gris, et les nervures des ailes velues (1).

Celles dont les ailes sont inclinées, dont les antennes sont composées de treize articles dans les mâles, et de six dans les femelles, garnis de poils courts, et dont le dernier, ainsi que dans les individus précédents, est fort long, composent le sous-genre

Des Chironomes. (Chironomus. Meig.)

De ce nombre est la *Tipule annulaire* du même (*ibid.*,

---

(1) *Voyez*, pour les autres espèces, M. Meigen, sur les diptères, et Lat., Gen. crust. et insect., IV, p. 247 et suiv.

xix, 14, 15), qui est d'un brun grisâtre, avec des bandes transverses, noires, sur l'abdomen, et un point noir aux ailes (1).

Les Tanypes. (Tanypus. Meig.)

Ont aussi les ailes pendantes, mais les antennes ont quatorze articles dans les deux sexes, avec l'avant-dernier fort long dans les mâles; tous les autres, ainsi que ceux des antennes des femelles, sont presque globuleux; le dernier est un peu plus gros que les précédents.

Nous rapporterons à ce sous-genre

La *Tipule bigarrée* du même (*ibid.*, xxiv, 19), qui est cendrée, avec les ailes blanchâtres, tachetées de noirâtre, et dont les antennes des femelles se terminent en bouton. La larve de la dernière a quatre fausses pattes, deux près de la tête et les deux autres au bout du corps (2).

Tantôt les antennes, toujours composées dans les deux sexes de treize articles au moins, et pour la plupart grenues, n'offrent que des soies courtes, ou tout au plus, et dans les mâles seulement, un faisceau de poils à leur base. Ce sont nos *tipules gallicoles*.

Les Cératopogons. (Ceratopogon. Meig. — *Ceratopogon*, *Culicoïdes*. Lat.)

Où les antennes ont simplement un faisceau ou bouquet de poils à leur base.

Leur trompe, de même que dans les deux sous-genres suivants, a la forme d'un bec pointu. Les ailes sont couchées sur le corps. Leurs larves vivent dans des espèces de galles végétales (3).

Les Psychodes. (Psychoda. Lat., Meig.)

Sans panache ni faisceau de poils aux antennes. Leurs ailes sont en toit, et ont un grand nombre de nervures.

Une espèce de ce sous-genre a, au devant du thorax, deux

---

(1) Les mêmes ouvrages; et Fab., Syst. antl.
(2) Les mêmes. La Monog. de M. Fallén.
(3) Latr. et Meig., ibid.

appendices, qui nous paraissent formés par les extrémités latérales de son premier segment (1).

Les Cécidomyies. (Cecidomyia. (Meig.)

Dont les antennes, ainsi que celles des psychodes, sont grenues et simplement garnies de poils courts et verticillés, mais dont les ailes sont couchées sur le corps, et n'offrent que trois nervures (2).

D'autres espèces, toujours de la division de celles dont les antennes sont manifestement plus longues que la tête et menues, sont aussi privées d'yeux lisses; mais les yeux ordinaires sont entiers, ovales ou ronds. Les ailes, écartées dans plusieurs, ont toujours des nervures membraneuses réunies transversalement, du moins en partie, et des cellules discoïdales fermées. L'extrémité antérieure de la tête est rétrécie et prolongée en manière de museau, et offre souvent en dessus une saillie pointue. Les palpes sont ordinairement longs. L'extrémité des jambes est épineuse.

Plusieurs de leurs larves vivent dans le terreau, le tan des vieux arbres, etc., et n'ont point de thorax distinct, ni de fausses pattes; elles offrent, à l'extrémité supérieure du corps, deux ouvertures plus apparentes, pour la respiration. Les nymphes sont nues, avec deux tubes respiratoires, près de de la tête, et les bords des anneaux de l'abdomen épineux.

Cette subdivision comprend les plus grandes espèces de tipules, celles qu'on a nommées *couturières*, *tailleurs*, etc., et qui sont nos *tipulaires terricoles*.

----

(1) Latr. et Meig., ibid.

(2) Meig,, Dipt., I, 93. *Voyez* aussi le Journal de l'acad. des scienc. nat. de Philad., oct. 1817. M. Macquart (Dipt. du nord de la France), place immédiatement après les cécidomyies le genre qu'il a établi sous le nom de Lestremie (Lestremia). Les antennes sont velues, courbées en avant, un peu moins longues que le corps, de quinze articles globuleux, pédiculés dans les mâles. Les pattes sont assez longues et grêles, avec le premier article des tarses alongé. La *Cécidomyia destructor*, décrite, et figurée dans le journal précité, pourrait bien appartenir à ce nouveau sous-genre; les antennes semblent l'indiquer. Les macropèzes sont encore très voisines de ces diptères.

Dans plusieurs, les ailes sont toujours étendues; les antennes des mâles sont ordinairement barbues, pectinées ou en scie; les palpes sont composés de cinq articles, dont le dernier, fort long, semble être formé de plusieurs autres très petits, ou comme noueux. Tels sont les sous-genres suivants :

Les CTÉNOPHORES. (CTENOPHORA. Meig.)

A antennes filiformes, pectinées dans les mâles, grenues ou en scie dans les femelles.

La *C. Pectinicorne* (*Tipula pectinicornis*, Fab.). Son abdomen est fauve, avec des taches noires sur le dos et des raies jaunes sur les côtés. Les ailes ont une tache noire (1).

Les PÉDICIES. (PEDICIA. Lat.)

Où elles sont presque sétacées, simples, avec les deux premiers articles plus grands, alongés ; les trois suivants en forme de toupie; les trois d'après globuleux, et les sept derniers amincis, presque cylindriques (2).

Les TIPULES propres. (TIPULA. Lat.)

Ayant encore des antennes presque sétacées et simples, mais dont tous les articles, à l'exception du second, qui est presque globuleux, sont presque cylindriques; le premier est plus grand, le troisième est alongé.

La *T. des prés.* (*T. oleracea.* Lin.) De G., Insect., VI, XVI, 12-13. Antennes simples; corps d'un brun grisâtre, sans taches; ailes d'un brun clair, plus foncé au bord extérieur. Très commune dans les prés, sur l'herbe. La larve se nourrit de terreau gras et des racines des plantes corrompues (3).

Les NÉPHROTOMES. (NEPHROTOMA. Meig.)

Dont les antennes sont encore simples et presque sétacées, avec les premier et troisième articles alongés et cylindriques, et les suivants arqués ; on en compte dix-neuf à celles

---

(1) Latr., Gener. crust. et insect., IV, 254; Meig., Dipt., 1, 155.

(2) Latr., ibid. ; Meigen les réunit mal à propos avec les limnobies. *Voyez* l'article *Pédicie* de l'Encyclop. méthod.

(3) Latr., ibid. ; Meig., ibid.

des mâles, et quinze à celles des femelles. Dans les sous-genres précédents, ce nombre ne va pas au-dessus, même dans les premiers individus (1).

Les PTYCHOPTÈRES. (PTYCHOPTERA. Meig.)

A antennes toujours simples et presque sétacées, de seize articles, dont le troisième beaucoup plus long que les autres, et les suivants oblongs. Les lèvres de la trompe sont inclinées et très longues (2).

Dans tous les sous-genres suivants, le dernier article des palpes n'est guère plus long que les autres, et n'offre aucune apparence de divisions annulaires. Les ailes sont souvent couchées l'une sur l'autre.

Ici les antennes ont plus de dix articles.

Celles où elles sont en majeure partie grenues, de la même grosseur, ou guère plus menues au bout, et souvent garnies de verticilles de poils, composent, dans M. Meigen, divers genres.

Les RHIPIDIES. (RHIPIDIA. Meig.)

Les seuls tipulaires de cette subdivision, à antennes pectinées dans les mâles (3).

Les ÉRIOPTÈRES. (ERIOPTERA. Meig.)

Ont, ainsi que les tipulaires précédentes, plusieurs nervures aux ailes, mais ici garnies de poils (4).

Les LASIOPTÈRES. (LASIOPTERA. Meig.)

Ayant aussi des ailes velues, mais n'offrant que deux nervures (6).

Les LIMNOBIES. (LIMNOBIA. Meig.)

Dont les ailes sont glabres, et dont les antennes sont simples dans les deux sexes (2).

---

(1) *Voyez* Meig., ibid.
(2) Item ; Latr., ibid.
(3) Item.
(4) Item.
(5) Item.
(6) Item.; mais il faut en retrancher les pédicies.

Les Polymères (Polymera) de M. Wiedemann (Dipt. exot., p. 40), paraissent s'en distinguer par leurs antennes composées de vingt-huit articles, au lieu de quinze à dix-sept.

Dans les autres sous-genres, les antennes se terminent par plusieurs articles évidemment plus menus et presque cylindriques.

Les Trichocères. (Trichocera. Meig.)

Ont leurs premiers articles des antennes presque ovalaires, et les suivants plus menus, longs et pubescents. La *tipule d'hiver* de de Géer, qui ressemble à un cousin, et que l'on trouve souvent dans nos maisons, est de ce sous-genre (1).

Les Macropèzes. (Macropeza. Meig.)

Se distinguent à la longueur extraordinaire de leurs dernières pattes. Leurs antennes, jusqu'un peu au-delà de la moitié de leur longueur, sont hérissées de poils (2).

Les Dixes. (Dixa. Meig.)

Paraissent être très voisines des trichocères; mais le premier article de leurs antennes est fort court, le second est presque globuleux, et les suivants sont proportionnellement plus menus. Le dernier article des palpes est aussi plus alongé que dans les trichocères (3).

Là les antennes n'ont que dix ou six articles.

Celles où leur nombre est de dix forment le genre

Mækistocère (Mækistocera) de M. Wiedemann.

Les ailes sont écartées (4).

Celles où il est de six, celui

d'Héxatome. (Hexatoma. Lat.)

Qui comprendra les *Anisomères* (*Anisomera*)et les *Néma-*

---

(1) *Voyez* Meig., ibid.
(2) Item.
(3) *Voyez* Meig., ibid., et Macq., diptères du nord de la France.
(4) Dipt., exot., p. 41.

tocères (*Nematocera*) de M. Meigen, qui ne diffèrent qu'en ce que, dans le premier genre, le troisième article des antennes est beaucoup plus long que dans le second ; il s'éloigne peu, à cet égard, des autres (1).

D'autres tipulaires, analogues aux précédentes par l'absence des yeux lisses, la figure arrondie de leurs yeux, nous offrent une anomalie très rare dans cet ordre d'insectes : elles sont privées d'ailes, et de là l'origine de la dénomination d'*aptères*, que nous donnerons à cette subdivision. Les antennes sont filiformes, mais un peu amincies vers leur extrémité, et peu velues. Les pattes sont longues, avec les jambes mutiques. L'abdomen des femelles se termine en une pointe, formée par une tarière bivalve.

Cette subdivision comprend le genre

Des Chionées. (Chionea.) de M. Dalman.

Dont la seule espèce connue (*araneoides*) se trouve en hiver, sur la neige et sur la glace (2).

On pourrait former un autre sous-genre, avec la *tipule atome* de de Géer (Mém. Ins., vii, 602, xliv, 27), qui est pareillement aptère, mais dont les antennes ont au moins quinze articles, tandis que M. Dalman n'en accorde que dix à celles de l'insecte précédent. De Géer a trouvé cette espèce sur sa table et courant très vite. L'une et l'autre sont fort petites.

Une autre division de nos tipulaires, celle des *fungivores*, est distinguée des précédentes par la présence de deux ou trois yeux lisses. Les antennes sont d'ailleurs beaucoup plus longues que le tête, menues, de quinze ou seize articles, ce qui éloigne ces tipulaires de la division suivante. Les yeux sont entiers ou échancrés. Le dernier article des palpes ne présente aucune division. Les ailes sont toujours couchées sur le corps, et leurs nervures, tant longitudinales que transverses, sont ordinairement bien moins nombreuses que celles des tipulaires précédentes. Les pattes sont toujours longues et grêles, avec les extrémités des jambes épineuses.

Les unes ont les palpes courbés, et composés de quatre

***

(1) Latr., Gener. crust. et insect., IV, 260 ; Meig., ibid.
(2) Dalm., Anal. entom., p. 35.

articles au moins, bien apparents. Les antennes sont filiformes ou sétacées.

Il en est parmi elles dont l'extrémité antérieure de la tête se prolonge en manière de bec ou de trompe, et dans les espèces où ce prolongement est moins notable, la tête est presque entièrement occupée par les yeux. Il y a toujours trois yeux lisses. Les antennes sont courtes, et leurs articles peu alongés.

Celles où les yeux occupent presque entièrement la tête, dont les yeux lisses sont d'égale grandeur et portés sur une élévation commune, et dont le museau est avancé et pas plus long que la tête, forment le sous-genre

Des Rhyphes. (RHYPHUS. Lat.) (1)

Celles où les yeux n'occupent que les côtés de la tête, dont les yeux lisses ne sont point situés sur un tubercule commun, et où l'antérieur est plus petit que les deux postérieurs, et dont le museau se prolonge sous la poitrine en manière de trompe, composent le sous-genre

D'asindule. (Asindulum.) (2)

Celui

De Gnoriste (Gnorista) de M. Meigen,

Paraît n'en différer que parce que les palpes, d'après ses figures, semblent être insérés près du bout de la trompe, et non près de sa base. Cette observation m'a été communiquée par M. Carcel (3).

La tête dans aucun des sous-genres suivants n'offre de prolongement antérieur en forme de museau ou de trompe. Les yeux sont toujours uniquement latéraux.

Tantôt les antennes, dans les mâles au moins, sont plus longues que le thorax, en forme de soie, avec les deux premiers articles plus épais. Il y a toujours trois yeux lisses, dont l'antérieur ou l'intermédiaire plus petit.

Les Bolitophiles. (Bolitophila. Hoffmans., Meig.)

Où ils sont disposés en une ligne transverse.

---

(1) Latr., ibid., IV, 261; Meig., ibid.
(2) Latr., ibid., Item.; Meig., ibid·
(3) Meig., ibid.

M. Guérin a publié, dans le tome dixième des Annales des sciences naturelles, l'histoire complète et détaillée d'une espèce de ce genre. Sa larve vit dans les champignons (1).

Les MACROCÈRES. (MACROCERA. Meig.)

Où les yeux lisses forment un triangle (2).

Tantôt les antennes, même des mâles, sont de la longueur de la tête et du thorax au plus.

Quelques sous-genre, où les yeux sont toujours entiers, s'éloignent des autres par leurs quatre jambes postérieures, toutes garnies extérieurement de petites épines. Tels sont :

Les MYCÉTOPHILES. (MYCETOPHILA. Meig.)

Qui n'ont que deux yeux lisses, encore très petits ou peu sensibles et très écartés (3) ;

Les LEIAS. (LEIA. Meig.)

Qui diffèrent des mycétophiles par leurs yeux lisses, au nombre de trois, rapprochés, et dont l'antérieur plus petit (4).

Les SCIOPHILES (SCIOPHILA) de M. Meigen ont les articles des antennes moins serrés ou plus distincts que ceux des leïas, et velus. Leurs ailes offrent, outre la cellule fermée qui s'étend de la base au milieu, une autre cellule complète, petite, et répondant à la première de celles que l'on nomme cubitales dans les hyménoptères (5).

Des sous-genres, où les jambes n'offrent point d'épines le long de leur côté extérieur, et qui ont tous trois yeux lisses rapprochés, nous séparerons d'abord ceux dont les antennes ont seize articles.

Ceux-ci ont les yeux entiers et sans échancrure notable.

---

(1) Meig., ibid.
(2) Meig., ibid.
(3) *Voyez* Latr., Meig., Macq., et l'Encyclop. méth.
(4) Meig., ibid.
(5) Meig., ibid. et Macq.', Dipt. du nord de la Fr

Les Platyures (Platyura) de M. Meigen,

Avec lesquelles il réunit, mal-à-propos, les céroplates, se rapprochent beaucoup, quant aux ailes et au port, des sciophiles ; mais leur première cellule cubitale est beaucoup plus grande ; leurs antennes paraissent être proportionnellement plus épaisses ou plus comprimées que celles des derniers sous-genres, et même un peu perfoliées. L'abdomen des femelles est plus large vers le bout (1).

Les Synaphes. (Synapha. Meig.)

Où les ailes n'offrent qu'une seule cellule cubitale et fermée par leur bord postérieur. La nervure qui les parcourt longitudinalement dans leur milieu, s'évide ou se bifurque près du milieu de leur disque, et forme une cellule complète ou fermée et ovale. Ces diptères sont d'ailleurs, aux jambes près, très voisins des léias (2).

Ceux-là ont les yeux très sensiblement échancrés au côté interne.

Les Mycétobies. (Mycetobia. Meig.)

Dont les antennes sont composées de seize articles, et dont les ailes ont une grande cellule fermée, s'étendant depuis la base jusqu'au milieu (3).

Les Molobres. (Molobrus. Latr. — *Sciara*. Meig., Macq.)

Ayant les antennes composées de même, et où le milieu de l'aile présente une cellule, allant de la base au bord postérieur, et fermée seulement par ce bord (4).

Les Campylomyzes. (Campylomyza. Wied., Meig.)

Dont les antennes n'ont que quatorze articles, du moins

---

(1) Meig., ibid. *Voyez* surtout les diptères du nord de la France, de M. Macquart, tipulaires, p. 45.

(2) Meig., ibid.

(3) *Voyez* Meig. et Macq.

(4) *Voyez* Meigen et Macquart. Ce n'est guère que par les ailes, que ce

dans les femelles, et distingué encore des précédents par les ailes, qui sont velues et sans nervures à leur portion interne. Les yeux sont entiers (1).

Les dernières tipulaires fungivores,

Les Céroplates. (Céroplateus. Bosc, Fab.)

Ont les palpes relevés, ne paraissant formés que d'un seul article, de figure ovoïde, et les antennes en forme de fuseau et comprimées (2).

Notre dernière division générale des tipulaires, celle que j'appelle *florales*, se compose d'espèces dont les antennes, guère plus longues que la tête, dans les deux sexes, sont généralement épaisses, de huit à douze articles, en forme de massue perfoliée, presque cylindrique dans la plupart, en fuseau dans quelques, et terminées dans les autres par un article plus gros et ovoïde. Le corps est court et épais. La tête est ordinairement presque entièrement occupée par les yeux dans les mâles. A raison des nervures des ailes et des palpes, ces diptères se rapprochent des tipulaires fungivores. Tels sont surtout

Les Cordyles. (Cordyla. Meig.)

Qui s'éloignent de tous les suivants sous le rapport de leurs antennes en fuseau, composées de douze articles. Les yeux sont ronds, entiers, écartés, et les yeux lisses manquent. Les pattes sont longues avec les jambes épineuses au bout (3).

Nous passerons maintenant à des sous-genres dont les antennes sont composées de onze articles, formant une massue presque cylindrique. Les yeux des mâles sont toujours fort grands, rapprochés ou contigus.

---

sous-genre m'a paru différer du précédent; et ces caractères sont si peu tranchés, que ces deux sous-genres pourraient être réunis. Olivier, dans un premier mémoire sur quelques insectes qui attaquent les céréales, a décrit trois espèces des sciares et en a figuré deux.

(1) *Voyez* Meigen.

(2) Latr., Gener. crust. et insect., IV, 262. *Voyez* aussi Fab., Meig. (*G. platyura*), Macquart et Dalm., Anal. Entom., 98.

(3) Meig., Dipt., I, 274.

Ici, comme dans le sous-genre précédent, la tête n'offre point d'yeux lisses; les yeux des femelles sont échancrés au côté interne, et en forme de croissant.

Les SIMULIES. (SIMULIUM. Lat., Meig. — *Culex*. Lin. — *Rhagio*. Fab.)

Les antennes sont un peu crochues au bout, de là l'origine du nom d'*Atractocera*, donné d'abord à ce sous-genre par M. Meigen. Ces insectes sont très petits, fréquentent les bois humides, et sont très incommodes par leurs piqûres. Ils pénétrent quelquefois dans les parties de la génération des bestiaux et les font périr. On les a aussi appelés, ainsi que les cousins, *Moustiques* (1).

Là, les trois yeux lisses sont distincts.

Un seul sous-genre se rapproche du précédent par ses yeux en croissant, dans les femelles; et il se distingue de tous les autres de cette division par ses palpes très petits, et n'offrant qu'un article distinct.

Les SCATOPSES. (SCATHOPSE. Geoff., Meig., Fab.)

Le S. *noir* (*Tipula latrinarum*. De G.) se trouve en quantité dans les latrines, particulièrement en automne (2).

Les PENTHÉTRIES. (PENTHETRIA. Meig.)

Ont les yeux entiers et séparés dans les deux sexes. Les pattes sont longues et sans épines (3).

Les DILOPHES. (DILOPHUS. Meig. — *Hirtea*. Fab.)

Que l'on confondait avec les bibions, ont les yeux contigus dans les mâles, et occupant presque entièrement la tête. Une rangée de petites épines couronne l'extrémité de eurs jambes antérieures (4).

----

(1) *Voyez* Latr., ibid.; Meig. et Fab.
(2) Latr., Meig., Fab.
(3) *Voyez* Meig.
(4) *Voyez* Meigen.

Enfin, les dernières tipulaires florales n'ont que neuf ou huit articles aux antennes. Les espèces où il y en a neuf, formant une massue presque cylindrique et perfoliée, composent le sous-genre

Des BIBIONS (BIBIO. Geoff., Meig. — *Hirtea.* Fab.)

Ces diptères sont lourds, volent peu et restent long-temps accouplés. Qnelques-uns, très communs dans nos jardins, ont des noms vulgaires qui indiquent le temps où ils paraissent; comme ceux de *mouches de St. Marc*, de *mouches de St. Jean.* Les deux sexes diffèrent quelquefois beaucoup par leurs couleurs; c'est ce que l'on voit dans

Le *Bibion précoce* (*Tipula hortulana.* Lin. fem., ejusd. *T. marci*, le mâle.) Geoff. Ins. II, XIX, 3. Le mâle est tout noir; la femelle a le thorax d'un rouge cerise, l'abdomen d'un rouge jaunâtre, et le reste du corps noir. Il est très abondant sur les fleurs, au printemps.

On croit que ces insectes rongent les extrémités des boutons des plantes, et qu'ils leur sont nuisibles.

Leurs larves vivent dans les bouses, la terre et le fumier, et ont des petites rangées de soies sur leurs anneaux. Leurs nymphes ne sont pas renfermées dans des coques (1).

Les ASPISTES. (ASPISTES. Hofm., Meig.)

Sont les seuls de cette division qui n'aient que huit articles aux antennes, et dont le dernier formant une massue ovoïde (2).

Tous les diptères suivants ont, un très petit nombre excepté, leurs antennes composées de trois articles, et dont le premier quelquefois si court, qu'on peut ne pas en tenir compte; le dernier, dans plusieurs, est annelé transversalement, mais sans séparations distinctes. Il est souvent accompagné d'une soie, ordinairement latérale, située au sommet de l'ar-

---

(1) Idem.
(2) Idem.

ticle dans d'autres , offrant à sa base un ou deux articles , et tantôt simple , tantôt soyeuse. Si cette soie est terminale, il arrive, dans plusieurs , que sa longueur diminue et que son épaisseur augmente , de sorte qu'elle a la forme d'un stylet. Quoique cette pièce puisse être regardée comme une continuation de l'antenne, cependant, comme elle s'en détache et paraît en constituer un appendice , on jetterait de la confusion dans la nomenclature , et l'on s'écarterait de la marche généralement adoptée , en ajoutant au nombre des articles ordinaires de l'antenne , ceux de la soie. Les palpes n'ont jamais au-delà de deux articles.

Les uns dont , un petit nombre excepté, les larves se dépouillent de leur peau pour se transformer en nymphes , ont toujours le suçoir composé de six ou quatre pièces ; la trompe , ou son extrémité au moins, c'est-à-dire ses lèvres , est toujours saillante. Les palpes, lorsqu'ils existent, sont extérieurs et insérés près des bords de la cavité orale. Le suçoir naît près de cette cavité.

Les larves, dans ceux mêmes où la peau sert de coque à la nymphe (*stratiomes*), conservent leur forme primitive.

Cette subdivision comprendra trois familles.

La première, celle

DES TANYSTOMES. (TANYSTOMA.)

Se distingue des deux suivantes par le dernier

article des antennes, qui n'offre, en n'y comprenant point le stylet ou la soie qui peut le terminer,
aucune division transverse; le suçoir est composé
de quatre pièces.

Leurs larves ressemblent à des vers longs, presque
cylindriques, et sans pattes, avec une tête écailleuse et constante, toujours munie de crochets ou
d'appendices rétractiles, qui leur servent à ronger
ou à sucer les substances dont elles se nourrissent.
La plupart vivent dans la terre. Elles changent de
peau pour subir leur seconde transformation. Les
nymphes sont nues et offrent plusieurs des parties
extérieures de l'insecte parfait, qui sort de sa dépouille par une fente du dos.

Une première division nous offrira des diptères
dont la trompe, toujours entièrement ou presque
entièrement saillante, avec l'enveloppe extérieure,
ou la gaîne du suçoir, de consistance assez solide ou presque cornée, s'avance plus ou moins,
sous la forme d'un tube ou d'un siphon, tantôt cylindrique ou conique, tantôt filiforme, et se termine
sans empâtement notable, les lèvres étant petites ou
se confondant avec la gaîne. Les palpes sont petits.

Les uns, vivant de rapine, ont le corps oblong,
avec le thorax rétréci en devant, les ailes couchées
sur le corps; leur trompe est le plus souvent courte
ou peu alongée, et forme une sorte de bec. Les
antennes sont toujours rapprochées, et les palpes
sont apparents.

Les Asiles. (Asilus. Lin.)

Qui ont la trompe dirigée en avant.

Ils volent en bourdonnant, sont carnassiers et très voraces, et saisissent, suivant leur taille et leur force, des mouches, des tipules, des bourdons et des coléoptères, pour les sucer. Leurs larves vivent dans la terre, ont une petite tête écailleuse, armée de deux crochets mobiles, et s'y transforment en nymphes, qui ont des crochets dentelés au thorax et de petites épines sur l'abdomen.

Les uns (*Asilici*, Lat.) ont la tête transverse; les yeux latéraux et écartés entre eux, même dans les mâles; la trompe aussi longue au moins que la tête, et une cellule complète, en forme de triangle alongé, près du bord interne (la dernière de toutes), et se terminant au bord postérieur. L'épistome est toujours barbu.

Tantôt les tarses se terminent par deux crochets, avec deux pelotes intermédiaires.

Ici le stylet du bout des antennes est peu sensible, ou lorsqu'il est très distinct, son second et dernier article ne se prolonge point en manière de soie.

Il en est parmi eux dont les antennes ne sont guère plus longues que la tête; leur stylet est peu sensible, ou très court, et conique et pointu; la partie de la tête leur donnant naissance n'est point ou est peu élevée.

Les Laphries. (Laphria. Meig., Fab.)

Où le stylet du dernier article des antennes, qui est en forme de fuseau ou de petite tête obtuse, n'est point ou presque pas sensible, et où la trompe est droite (1).

Les Ancilorhynques. (Ancilorhynchus. Lat.)

Où le stylet des antennes est à peine saillant et pointu;

---

(1) *Voyez* Latr., Gen. crust. et ins., IV, 298; Meig., Fab., Wied., et Macq.

et où la trompe a la forme d'un bec comprimé, arqué et crochu (1).

Les Dasypogons. (Dasypogons. Meig., Fab.)

Où ce stylet bien distinct et conique, et où la trompe est droite (2).

Dans les deux sous-genres suivants, les antennes sont manifestement plus longues que la tête, souvent portées sur un pédoncule commun ; le stylet est alongé, de la même épaisseur que l'antenne, au bout de laquelle il forme deux articles, dont le second plus long, presque cylindrique ou ovoïde, et se terminant en pointe obtuse. Dans

Les Cératurgues. (Ceraturgus. Wied.)

Les antennes ne sont point portées sur une élévation commune, et leur premier article est plus court que le suivant (3). Dans

Les Dioctries. (Dioctria. Meig., Fab.)

Ces organes sont situés sur un pédoncule commun, et leur premier article est plus long que le suivant (4).

Là, le stylet du bout des antennes se prolonge en manière de soie.

Ceux où cette soie est simple forme le sous-genre

Des Asiles proprement dits (Asilus).

On trouve fréquemment en Europe, vers la fin de l'été, et dans les lieux sablonneux,

L'*Asile frelon* (*Asilus craboniformis*, Lin.), De Géer, Insect., VI, xiv, 3. Cette espèce, est longue d'environ un pouce, d'un jaune d'ocre, avec les trois premiers anneaux de l'abdomen d'un noir velouté, les autres d'un jaune

---

(1) Deux espèces recueillies en Dalmatie par M. le comte Dejean, et une autre des Indes orientales.

(2) Les mêmes auteurs.

(3) Ibid., Anal. entom., pl. 1, 5.

(4) Les mêmes auteurs.

fauve et les ailes roussâtres. On a suivi ses métamorphoses, ainsi que celles de l'*A. cendré* (*A. forcipatus*, Lin.) (1). Ceux dont la soie des antennes est plumeuse forment le sous-genre

Des Ommaties (Ommatius. Illig., Wied.) (2).

Tantôt les tarses se terminent par trois crochets, dont l'intermédiaire remplace les deux pelottes.

Les Gonypes. (Gonypus, Lat. — *Leptogaster*. Meig.)

Le stylet se termine par une soie courte. L'abdomen est long et presque linéaire. Les tarses sont arqués (3).

Les autres (*Hybotini*, Lat.) ont la tête plus arrondie, presque entièrement occupée par les yeux dans les mâles, avec le chaperon souvent point ou peu velu. La trompe est fort courte. Les ailes ont moins de nervures que celles des précédents, et leur portion interne n'offre point cette cellule complète, triangulaire, et dont la pointe s'appuie sur le bord postérieur, ou du moins elle n'est que rudimentaire.

Tantôt le dernier article des antennes est grand, en forme de fuseau alongé, et se termine par un très petit stylet.

Les OEdalées. (OEdalea. Meig.)

Tantôt le dernier article est court, ovoïde ou conique, avec une longue soie (4).

---

(1) Consultez, pour les autres espèces et pour ces divers sous-genres, Latreille, Meigen, Fabricius, Wiedemann et Macquart. J'avais présumé que le *G. Cyrtoma* de M. Meigen ne devait point être placé avec les platypézines, mais avec les empides, ainsi que l'avait jugé M. Fallén. M. Macquart vient en effet de le reporter avec ceux-ci. Ce sous-genre se distingue de tous ceux de cette division, ayant, comme lui, deux articles aux antennes et les palpes couchés sur la trompe, par la forme conique et alongée du dernier article de ses antennes, par les ailes et la petitesse de ses palpes. Nous renvoyons, pour d'autres détails, à l'ouvrage de ce savant, sur les diptères du nord de la France.

(2) Wied., Dipt. exot., 213.

(3) *Voyez* les auteurs ci-dessus.

(4) Item. M. Macquart (Dipt. du nord de la France) a établi dans

Les Hybos. (Hybos , Meig. , Fab. — *Damalis*. Fab.)

Où les cuisses postérieures sont grandes et renflées (1).

Les Ocydromies. (Ocydromia. Hoffm. Meig.)

Où elles sont de grandeur ordinaire (2).

Les Empis. (Empis. Lin. — *Empides*. Lat.)

Très voisins des asiles par la forme du corps et la position des ailes, mais ayant la trompe perpendiculaire ou dirigée en arrière. La tête est arrondie, presque globuleuse, avec les yeux fort étendus.

Ils sont de petite taille, vivent de proie et du suc des fleurs. Le dernier article de leurs antennes est toujours terminé par un stylet biarticulé et court, ou par une soie. Les mâles de quelques espèces (*Hilares*) ont le premier article de leurs tarses antérieurs très dilaté.

Les uns ont des antennes de trois articles.
Tantôt le dernier est en forme de cône alongé.
Ici la trompe est beaucoup plus longue que la tête ; le stylet biarticulé terminant les antennes est toujours court. Les palpes sont toujours relevés.

Les Empis propres. (Empis.)

L'*E. pieds-emplumés* (*Empis pennipes* , Fab.) , Panz. , Faun. Ins, lxxiv, 18 , est noir, avec les ailes obscures; les pieds postérieurs de la femelle sont garnis de poils en forme de plumes.

---

cette division, deux nouveaux genres ; celui de Microphore (*microphora*), semblable à celui d'œdalée, par l'alongement du troisième article des antennes, mais avec le stylet alongé; et celui de Lemtopèze (*lemtopeza*), très voisin des ocydromies, mais avec le stylet tout-à-fait terminal , tandis qu'ici il est inséré sur le dos du troisième article, un peu au-dessous de son extrémité.

(1) Item.
(2) Item.

Les Ramphomyies. (Ramphomyia. Meig.)

Ne diffèrent des empis que par l'absence d'une petite ner-vure transverse du bout des ailes (1).

Là, la trompe n'est guère plus longue que la tête.

Dans les Hilares (Hilara, Meig.) les antennes sont termi-nées par un petit stylet de deux articles (2).

Dans les Brachystomes (Brachystoma, Meig.), c'est une longue soie (3).

Tantôt le dernier article, terminé aussi par une soie, forme avec le précédent un corps sphérique.

Tels sont les Glomes (Gloma, Meig.). La trompe est aussi fort courte (4).

Les autres n'offrent distinctement que deux articles aux antennes. Le dernier article est ovoïde ou presque globu-leux, et terminé par une soie, formant, comme dans les précédents, le second article du stylet. La trompe est géné-ralement courte, et les palpes sont couchés sur elle.

Les Hémérodromies (Hemerodromia, Hoffm., Meig.) sont remarquables par la longueur des hanches des deux pattes antérieures (5).

Les Sicus (Sicus, Lat.), ou les *Tachydromies* (*Tachy-dromia*) de Meigen, par le renflement des cuisses de la pre-mière ou de la seconde paire de pattes (6).

Enfin les Drapétis (Drapetis, Meig.) ont le dernier arti-cle des antennes presque globuleux, et leur trompe est à peine saillante (7).

M. Macquart, appliquant la méthode de Jurine aux dip-tères, et donnant plus d'attention à d'autres parties, a éta-bli quelques nouveaux sous-genres, mais dont l'exposition nous mènerait trop loin (8).

---

(1) *Voyez* Latr., Meigen et Fab.; Macq., F. II.
(2) Meig., Macq.
(3) Meig.
(4) Item.
(5) Meig., Macq.
(6) Item.
(7) Meig.
(8) Macq.

Les autres tanystomes de notre première division ont généralement le corps court, large, avec la tête exactement appliquée contre le thorax, les ailes écartées, et l'abdomen triangulaire. Ils ont, en un mot, le port des mouches ordinaires de nos habitations. Leur trompe est souvent longue.

Les CYRTES. (CYRTUS. Lat.)

Intermédiaires entre les empis et les bombilles, ont les ailes inclinées de chaque côté du corps, les cuillerons très grands et couvrant les balanciers, la tête petite et globuleuse, le thorax très élevé ou bossu, et l'abdomen vésiculaire, arrondi ou presque cubique, les antennes très rapprochées, et la trompe dirigée en arrière ou nulle.

Ceux qui ont une trompe prolongée en arrière, forment le genre PANOPS (PANOPS) de M. de Lamarck et celui des CYRTES (CYRTUS) proprement dits de Latreille. Dans celui-ci les antennes sont très petites, de deux articles, avec une soie au bout du dernier; dans l'autre, elles sont plus longues que la tête, presque cylindriques, de trois articles, et sans soie à l'extrémité. Les autres cyrtes n'ont point de trompe remarquable. Le G. ASTOMELLE (ASTOMELLA) de M. Dufour est distingué par ses antennes composées de trois articles, dont le dernier en bouton alongé, comprimé et sans soie. Dans le genre HÉNOPS (OGCODES, Lat.) d'Illiger, et celui d'ACROCÈRE (ACROCERA) de M. Meigen, les antennes sont très petites, de deux articles, avec une soie terminale. Elles sont insérées au-devant de la tête dans le premier, et à sa partie antérieure dans le second (1).

Les BOMBILLES. (BOMBYLIUS. Lin. — *Bombyliers*. Lat.)

Ont les ailes étendues horizontalement, de chaque

---

(1) *Voyez* Lam., Ann. du Mus. d'hist. nat., III, p. 263, XXII, 3; Latr., Gen. crust. et insect., IV, p. 315 et suiv.; les articles *Ogcode* et *Panops* de l'Encycl. méth.; Meigen et Fabricius. *Voyez*, pour le G. *Astomelle*, le Dict. classiq. d'histoire naturelle.

côté du corps, avec les balanciers nus; le thorax est plus élevé que la tête ou bossu, ainsi que dans les cyrtes; les antennes sont très rapprochées, et l'abdomen est triangulaire ou conique; la trompe est dirigée en avant.

Leurs antennes sont toujours composées de trois articles, dont le dernier alongé, presque en fuseau comprimé, tronqué ou obtus, ordinairement terminé par un stylet très court, et jamais par une soie alongée. Les palpes sont petits, grêles et filiformes. Leur trompe est ordinairement fort longue et plus grêle vers le bout. Leurs pieds sont longs et très déliés. Ils volent avec une grande rapidité, planent au-dessus des fleurs sans s'y poser, y introduisent leur trompe pour en sucer le miel, et font entendre un bourdonnement aigu. Je soupçonne que leurs larves, ainsi que celles du genre suivant, sont parasites.

Les uns ont une trompe manifestement plus longue que la tête, très grêle et allant en pointe.

Les Toxophores. (Toxophora. Meig.)

S'éloignent de tous les autres par leurs antennes aussi longues que la tête et le corselet, avancées, filiformes, terminées en pointe, et dont le premier article est beaucoup plus long que les autres. Le corps est alongé (1).

Parmi ceux dont les antennes sont beaucoup plus courtes,

Les Xestomyzes. (Xestomyza. Wied.)

Se rapprochent des précédents par la longueur du premier article de ces organes, qui surpasse notablement celle des autres; il est presque en forme de fuseau, ainsi que le troisième ou dernier (2).

---

(1) *Voyez* Meigen.; son *T. maculatus*, avait été décrit et figuré par Villers, dans son Entom. d'Europ., III, x, 31, *Asilus fasciculatus*. *Voyez* aussi Vied. (Dipt. exot.).

(2) Wied., Dipt. exot., 153, I, 11.

Un autre sous-genre où le premier article est encore fort long , est celui

D'Apatomyze. (Apatomyza. Wied.)

Mais ici cet article est cylindrique (1).

Dans les suivants de la même division , ou de ceux dont la trompe est longue et sétacée , ou filiforme, le dernier est le plus long.

Tantôt les deux premiers articles des antennes sont courts , presque de la même longueur.

Les Lasies. (Lasius. Wied.)

Où la tête, dans l'un des sexes, est presque entièrement occupée par les yeux ; où le dernier article des antennes est fort long, presque linéaire, comprimé, et sans stylet sensible au bout. L'abdomen est volumineux. Le labre est grand, gibbeux à sa base et tronqué au bout.

Dans un individu que je dois à la générosité de M. de Lacordaire , la trompe s'étend le long du dessous du corps , et le dépasse postérieurement. Ce caractère et quelques autres sembleraient indiquer que ce sous-genre appartient plus naturellement à la tribu des vésiculeux, et qu'il se place près des panops (2).

Les Usies. (Usia. Latr. — *Volucella*. Fab.)

Où le dernier article des antennes est ovoïdo-conique, obtus ou tronqué au bout, et terminé par un stylet. Les palpes ne sont point apparents. Ces espèces sont propres aux contrées méridionales de l'Europe et à l'Afrique (3).

Les Phthiries. (Phthiria. Meig.)

Semblables aux usies par les antennes , mais ayant des palpes distincts (4).

---

(1) Id., ibid., III. Je n'ai vu aucune espèce de ce genre.

(2) Id., Anal. entom., 1, 3.

(3) Latr., Gener. crust. et insect., IV. 314; voy. encore Fab. et Meig.

(4) Les mêmes.

Tantôt le second article est évidemment plus court que le premier; le dernier est long, généralement presque cylindrique, et terminé en pointe. Tels sont

Les Bombilles proprement dits. (Bombylius. Meig.)

Les palpes sont très apparents.

Ces diptères ont le corps garni d'un duvet abondant et laineux qui le colore. Le suivant est le plus commun aux environs de Paris.

Le *B. bichon* (*B. major*, Lin.) De Géer, Insect., VI, XV, 10, 11, long de quatre à cinq lignes, tout couvert de poils d'un gris jaunâtre; trompe longue et noire; moitié extérieure des ailes noirâtre, le reste diaphane; pieds fauves. Geoffroy a confondu ce genre avec celui des asiles (1).

Les Gérons. (Geron. Meig.)

Ne paraissent se distinguer des bombilles que par l'alongement plus remarquable du dernier article des antennes, sa terminaison en manière d'alène, et par les ailes, qui ont près du limbe postérieur une nervure transverse de moins, de sorte que le nombre des cellules fermées de ce limbe est moindre (2).

Le genre *Thlipsomyza* de M. Wiedemann (Dipt. exot., I, IV), paraît avoisiner le précédent et les phthiries. Je présume que près d'eux vient encore celui qu'il nomme *Amictus*; de part et d'autre, le premier article des antennes est plus long que le second et cylindrique, caractère qui les rapproche des gérons. Mais les ailes des *amictus* diffèrent un peu de celles des genres précédents.

Les autres espèces ont la trompe de la longueur au plus de la tête et renflée au bout; le premier article de leurs antennes est le plus grand de tous. Celles où il est beaucoup

____

(1) Ibid., Latreille, Meigen, Fab., Macq. et Oliv, article *bombille*. Les genres *Corsomyza* et *Tomomyza* de M. Wiedemann (Dipt. exot.), me sont inconnus. Le premier a le dernier article des antennes une fois plus long que les deux précédents, comprimé et dilaté au bout. Le second paraît avoisiner les cyllénies et les mulions.

(2) *Voy.* Meigen.

plus gros que les suivants, appartiennent au genre PLOAS
(PLOAS. *Conophorus*, Meig.) (1); et celles où cet article
est simplement plus long, sans être notablement plus gros,
deviennent des CYLLÉNIES (CYLLENIA) (2). Dans celles-ci l'abdomen est plus alongé et presque conique.

Les ANTHRAX. (ANTHRAX. Scop., Fab.— *Musca*. Lin.
Anthracii. Lat.)

Semblables aux bombilles, mais dont le corps est déprimé ou peu élevé en dessus, point gibbeux, avec la
tête aussi haute et aussi large que lui. Les antennes sont
toujours très courtes et, les stygides seules exceptées,
écartées l'une de l'autre, et toujours terminées par un
article en forme de poinçon ou d'alène. La trompe, un
petit nombre excepté, est généralement courte, peu
avancée au-delà de la tête, souvent même retirée
dans sa cavité orale, et terminée par un petit renflement formé par les lèvres. Les palpes sont ordinairement cachés, menus, filiformes, et, dans plusieurs
au moins, adhèrent chacun à l'un des filets du suçoir
L'abdomen est moins triangulaire que celui des bombilles, et en partie carré. Ces insectes sont généralement
velus. Leurs habitudes sont très analogues à celles des
mêmes diptères. Ils se posent souvent à terre, sur les
murs exposés au soleil, le long desquels on les voit souvent voltiger, et sur les feuilles.

Les uns avoisinent les bombilles par leurs antennes très
rapprochées à leur base. Leur trompe est très peu saillante
au-delà de la cavité orale. Tels sont

Les STYGIDES. (STYGIDES. Lat. — *Stygia*. Meg.)(3)

Dans les autres, les antennes sont écartées.

---

(1) Latr., Gener., IV, 312; Fab., Meig., Macq.
(2) Latr., ibid., et Meig.
(3) *Voyez* cet auteur et Macquart. La dénomination de *Stygia* avait
déjà été consacrée à un genre de lépidoptères.

Ici, la tête est presque globuleuse; la trompe n'est jamais longue; les palpes sont toujours cachés, et l'extrémité des ailes ne présente point un grand nombre de petites aréoles, formant un réseau.

Les ANTHAX proprement dits. (ANTHAX. Meig.)

Dont les trois yeux lisses sont très rapprochés.

L'A. *morio* (*Musca morio.*) *A. morio*; Panz. Faun. ins. Germ. XXXIII, 18. ; *A. semiatra.* Meig., tout noir, avec des poils roussâtres sur le thorax et les côtés de l'abdomen. Les ailes, depuis leur base jusqu'un peu au-delà de la moitié de leur longueur, sont noires; cette couleur forme, en se terminant, quatre dentelures presque égales; c'est l'espèce la plus commune de nos environs (1).

Les HIRMONEURES. (HIRMONEURA. Wied., Meig.)

Où l'un des trois yeux lisses, l'antérieur, est éloigné des deux autres ou des postérieurs; la trompe est cachée. Les ailes ont plus de nervures que celles du sous-genre précédent (2).

Là, la tête est proportionnellement plus courte, presque hémisphérique et comprimée transversalement; les antennes sont très écartées; la trompe est plus longue que la tête; les palpes sont quelquefois extérieurs, et l'extrémité des ailes offre souvent une réticulation analogue à celle des ailes des névroptères.

Ceux où elles sont toujours réticulées, comme de coutume, dont la trompe est seulement un peu plus longue que la tête, dont les palpes ne sont point apparents, où le premier article des antennes est cylindrique, un peu plus long que le suivant, et le dernier en forme de cône alongé, composent le sous-genre

Des MULIONS. (MULIO. Lat., Meig.— *Cytherea.* Fab.) (3)

Ceux dont le sommet des ailes est le plus souvent rétriculé, à la manière de celles des névroptères, dont la trompe est

---

(1) *Voyez* Meig., Fab., Fallen, Macq. et Wiedem.
(2) *Voyez* Meigen.
(3) *Voyez* Latreille, Meig., Fab., Wied.

beaucoup plus longue que la tête, avec les palpes extérieurs, et dont les deux premiers articles des antennes sont très courts, presque d'égale grandeur, presque grenus, et dont le dernier est en forme de cône très court, avec un stylet brusque et presque en forme de soie au bout, forment le genre

Des Némestrines. (Nemestrina. Lat., Oliv., Wied.)

Les tarses ont trois pelotes, tandis que dans les sous-genres précédents il n'y en a que deux, et souvent peu sensibles (1).

Deux espèces, et dont l'une (*Cytherea fasciata*, fab.) se trouve en Italie et dans la ci-devant Provence, diffèrent peu, quant à la réticulation de leurs ailes, des autres anthrax. Elles forment le genre Fallénie (Fallenia) de MM. Meigen et Wiedemann. Suivant eux, la trompe peut se courber en dessous le long de la poitrine (2).

Le g. Colax de M. Wiedemann (Anal. entom. 18, fig. 8.) nous paraît se rapprocher, quant au port et quant aux antennes et aux ailes, des derniers anthrax ; mais, d'après ce savant, la cavité orale est fermée, comme dans les œstres, et les yeux lisses manquent.

Notre seconde division générale des tanystomes a pour caractères : trompe membraneuse, à tige ordinairement très courte, peu avancée, terminée par deux lèvres bien distinctes et relevées ou ascendantes.

Les larves des derniers diptères de cette division ont une tête de forme variable.

Les uns (*leptides*), ont les ailes écartées et offrant plusieurs cellules complètes. Les antennes ne se

---

(1) Les hirmoneures doivent en être exceptées, d'après la figure de l'une des pattes donnée par M. Meigen.

(2) *Voyez* les mêmes auteurs et l'article *némestrine* de l'Encyclop. méthod.

terminent point en palette. Les palpes sont filiformes ou coniques.

Tantôt ces palpes sont retirés dans la cavité orale. Les antennes se terminent en forme de fuseau ou de cône alongé, avec un petit stylet articulé au bout (1).

Les THÉRÈVES. (THEREVA. Lat. , Meig.—*Bibio*. Fab.)

La *T. plébeienne* (*Bibio plebeia*, Fab.) noire, avec des poils cendrés; anneaux de l'abdomen bordés de blanc. Sur les plantes.

La larve d'une espèce de ce genre (*Nemotelus hirtus*, De G.) vit dans la terre , et ressemble à un petit serpent. Son corps est blanc et pointu aux deux bouts. Elle se dépouille entièrement de sa peau lorsqu'elle se transforme en nymphe. (2)

Tantôt les palpes sont extérieurs. Le dernier article des antennes est soit presque globuleux ou réniforme , soit presque ovoïde ou conique, et terminé , dans tous , par une longue soie.

Les tarses ont trois pelotes.

Tels sont

Les LEPTIS. (LEPTIS.)

Qui se divisent en plusieurs sous-genres.

Les ATHÉRIX. (ATHÉRIX. Meig. Fab.)

Où le premier article des antennes , plus grand que le

---

(1) Cette subdivision répond à la famille des *xylotomes* de MM. Meigen et Macquart.

(2) Latr., ibid., Fab., Meigen et Macquart. J'ai vu , dans la collection de Faujas, un morceau de schiste portant l'empreinte d'une espèce de ce genre.

second, est épais, du moins dans l'un des sexes, et où le troisième est lenticulaire et transversal.

Les palpes sont avancés (1).

Les LEPTIS propres. (LEPTIS. Fab., Meig. — Auparavant
Rhagio. Fab.)

Où le dernier article des antennes est presque globuleux ou ovoïde, toujours terminé en pointe, et jamais transversal.

Les uns ont les antennes plus courtes que la tête, avec les trois articles presque d'égale longueur.

Ici les palpes sont avancés.

Tels sont les *Leptis* de M. Macquart, où le troisième article des antennes est ovoïde, ou en forme de poire.

Le *L. bécasse* (*Musca scolopacea*, Lin.), *Némotèle bé-casse*, De G. Insect. VI, IX, 6. thorax noir; abdomen fauve, avec un rang de taches noires sur le dos ; pieds jaunes; ailes tachetées de brun. Très commun dans nos bois.

Là les palpes sont élevés perpendiculairement. Ce sont les CHRYSOPILES (*Chrysopilus*) de ce savant, et que Fabricius réunit aux *Athérix*.

Les autres ont les antennes de la longueur de la tête, avec le premier article alongé, cylindrique; le second court; le troisième conique; les palpes relevés. Les tarses postérieurs sont plus épais que dans les précédents. L'abdomen est linéaire.

Le *L. ver-lion* (*Musca vermileo*, Lin.), *Némotèle ver-lion*, De G. ibid. x, semblable à une tipule; jaune; quatre traits noirs sur le thorax; abdomen alongé, avec cinq rangs de taches noires ; ailes sans taches. La larve est presque cylindrique, avec la partie antérieure beaucoup plus menue, et quatre mamelons au bout opposé. Elle ressemble à une chenille arpenteuse *en bâton*, et en a même la roideur lorsqu'on la retire de sa demeure. Elle donne à son corps toutes sortes d'inflexions, s'avance et se promène dans le sable, y creuse un entonnoir, au fond duquel elle se cache, tantôt entièrement, tantôt seulement en partie, se lève brusquement lorsqu'un petit insecte tombe

____

(1) Voyez les mêmes auteurs.

dans son piège, l'embrasse avec son corps, le perce avec les dards ou les crochets de sa tête et le suce. Elle rejette son cadavre, ainsi que le sable, en courbant son corps et le débandant ensuite comme un arc. La nymphe est couverte d'une couche de sable.

M. de Romand, payeur-général à Tours, qui fait une étude particulière des insectes de ses environs, a observé de nouveau les métamorphoses de ce diptère, et m'a envoyé plusieurs larves vivantes. J'en ai conservé quelques-unes dans cet état, près de trois ans (1).

Les CLINOCÈRES (CLINOCERA) de Meigen paraissent, par leurs ailes, appartenir à la division suivante.

Les autres tanystomes de notre seconde division ont les ailes couchées sur le corps, et n'offrent au plus que deux cellules complètes ou fermées. Les antennes se terminent en une palette, presque toujours accompagnée d'une soie (2). Les palpes du plus grand nombre sont applatis en forme de lames et couchés sur la trompe.

Ces caractères, un corps comprimé sur les côtés, avec la tête triangulaire, un peu avancée en manière de museau, l'abdomen courbé en dessous, et des pattes longues, déliées, garnies de petites épines, distinguent particulièrement le genre

Des DOLICHOPES. (DOLICHOPUS. Lat., Fab.)

Qui forme maintenant une petite tribu (DOLICHOPODES) distribuée par M. Macquart d'une manière très naturelle, que nous adoptons, sauf un renversement qui reportera en tête les dolichopes propres et les ortochiles, par lesquels il finit.

---

(1) *Voyez* pour les autres espèces, Fabricius, Meigen et Macquart.

(2) Dans plusieurs, le dernier article des antennes diffère peu de celui des diptères précédents; mais la position respective des ailes et leur réticulation offrent des caractères distinctifs.

Les organes copulateurs masculins des uns offrent des appendices en forme de lames.

Ici, la trompe est alongée et forme un petit bec.

Les Ortochiles. (Ortochile. Lat., Meig., Macq.) (1).

Là, ainsi que dans tous les autres dolichopes, la trompe est fort courte, ou presque pas saillante.

Les Dolichopes propres. (Dolichopus.)

Où le troisième article des antennes est presque triangulaire, peu alongé, avec une soie de longueur moyenne, sans renflement, en forme de nœud, entre son milieu et son extrémité.

Ces insectes ont souvent des couleurs vertes ou cuivreuses. Les pieds sont longs et très déliés. Ils se tiennent sur les murs, les troncs d'arbres, les feuilles, etc. Quelques-uns courent avec célérité sur la surface des eaux. Les organes sexuels des mâles sont presque toujours extérieurs, grands, compliqués et repliés sous le ventre.

Le *D. à crochets* (*D. ungulatus*, Fab.), *Némotèle bronzée*, de G., Insect., VI, XI, 19, 20. Antennes de moitié plus courtes que la tête; corps d'un vert bronzé, luisant, avec les yeux dorés et les pieds d'un jaune pâle; ailes sans taches. Sa larve vit dans la terre; elle est longue, cylindrique, avec deux pointes, en forme de crochets recourbés. La nymphe a sur le devant du thorax deux espèces de cornes assez longues, dirigées en avant et courbées en S (2).

Les Sybistromes. (Sybistroma. Meig.)

Où le dernier article des antennes est presque en forme

---

(1) Latr., Gener. crust. et insect., IV, 289. *Voyez* aussi Meigen et Macquart.

(2) *Voyez*, pour les autres espèces et quelques autres des sous-genres suivants, un Mémoire de M. Cuvier, inséré dans le Journ. d'Hist. nat. et de phys., tom. II, p. 253. *Voyez* aussi Meigen et Macquart.

de lame de couteau, avec une soie très longue et renflée en manière de nœud, avant son extrémité (1).

Les organes copulateurs des mâles des autres ont des appendices filiformes.

Ici, le troisième article des antennes est soit ovalaire ou triangulaire, soit fort long et très étroit, presque lancéolé.

Il a cette dernière forme dans

Les Raphiums. (Raphium. Meig.) (2).

Il est en forme de hache ou triangulaire, avec une soie velue, et dont le premier article très court ou indistinct, dans

Les Porphyrops. (Porphyrops. Meig.) (3).

Cette soie est simple, avec le premier article distinct et alongé, dans

Les Médétères. (Medeterus. Fisc., Meig.)

Le dernier des antennes, ou la palette, est ovalaire.

M. Macquart a formé un genre (*Hydrophorus*), avec les espèces dont la soie est tout-à-fait terminale. Celles où l'insertion est dorsale composent seules le genre médétère (4).

Là, le troisième article des antennes est presque globuleux. La soie est toujours velue. Si elle est terminale, on a le genre Chrysote (Chrysotus); si elle est insérée un peu au-dessous, celui de Psilope (Psilopus); enfin, si elle part de plus bas, ou de près de la base, celui de Diaphore (Diaphorus), qui, par sa tête presque sphérique et entièrement occupée par les yeux, dans les mâles, nous paraît conduire aux diptères suivants, ou à la famille des *Platypezines* (*Platypezina*) de M. Meigen. Les ailes, les yeux lisses, et quelques autres caractères tirés de la considération des parties de la tête, corroborent ceux que nous avons ex-

---

(1) Meig., Macq.

(2) Item.

(3) Item.

(4) Item.

posés. Mais il nous est impossible de nous livrer ici à de semblables détails (1).

Les platypezines de M. Meigen, dont M. Macquart a retranché, avec raison, le *G. cyrtome*, et auxquelles nous réunissons celui de *Scénopine* et sa famille des Mégacéphales (*Megacephali*) (2), se composent de diptères très analogues par la trompe, les antennes et les ailes, aux dolichopes; mais leur corps est déprimé, avec la tête hémisphérique et presque entièrement occupée par les yeux, du moins dans les mâles. Les palpes sont relevés ou retirés, cylindriques ou en massue, et ressemblent à ceux des notacanthes. Les pieds sont courts, sans épines, avec les tarses postérieurs souvent aplatis et larges.

Ces diptères sont très petits, et M. Macquart nous a donné plusieurs observations intéressantes sur les habitudes de plusieurs espèces.

Les uns ont une soie au dernier article des antennes.

Ceux où cette soie est terminale, dont les yeux sont contigus supérieurement dans les mâles, et dont les trois premiers articles des tarses postérieurs, ou le premier au moins, sont aplatis et larges, forment deux sous-genres.

Les Callomyies. (Callomyia. Meig.)

Où le premier article des tarses postérieurs est seul dilaté, mais aussi long que les autres réunis.

Les Platypèzes. (Platypeza. Meig.)

Où les quatre premiers articles des tarses postérieurs sont aplatis.

Ceux où la soie est insérée sur le dos de cet article, près de sa jonction avec le précédent, dont les tarses ne sont point dilatés, et où les yeux sont séparés dans les deux sexes, composent le genre Pipuncule (Pipunculus. Lat. — *Cephalops.* Fallén.). La tête est presque globuleuse.

---

(1) Item. Le genre *Lonchoptera* que M. Meigen place avec les précédents, en est très éloigné. Voyez la tribu des muscides.

(2) Nous en formons une petite tribu sous la dénomination de Céphalopsides.

Les autres n'ont point de soie au dernier article des antennes. Il est plus étroit et plus long que dans les précédents.

Les Scénopines. (Scenopinus. Lat., Meig. — *Musca*, Lin.)

La *S. des fenêtres* (*Musca fenestralis*, Lin.), Schell., Dipt., XIII, 1, la fem.; 2, le mâle. Tête et thorax d'un bronzé obscur; abdomen noir, strié transversalement, rayé de blanc, dans le mâle; pieds fauves, avec les tarses obscurs. Très commune sur les vitres de nos fenêtres (1).

La troisième famille des Diptères, celle

Des TABANIENS. (Tabanides.)

A pour caractères : trompe saillante, terminée ordinairement par deux lèvres, avec les palpes avancés; dernier article des antennes annelé; suçoir de six pièces : elle comprend le genre

Des Taons (Tabanus) de Linnæus (2).

Diptères semblables à de grosses mouches, et connus par les tourments qu'ils font éprouver aux chevaux et aux bœufs, dont ils percent la peau pour sucer leur sang. Leur corps est généralement peu velu. Ils ont la tête de la largeur du thorax, presque hémisphérique et couverte, à l'exception d'un petit espace, surtout dans les mâles, par deux yeux, qui sont communément d'un vert doré, avec des raies ou des taches pourpres. Leurs antennes sont à peu près de la longueur de la tête,

---

(1) *Voyez*, pour tous ces sous-genres, les auteurs précités.

(2) Cette famille ne se lie point avec la précédente. Elle me paraît former, avec la suivante, une série particulière, conduisant des némocères aux athéricères. La famille précédente en composerait une autre qui y mènerait aussi, de sorte que les derniers diptères de celle-ci se rapprocheraient des derniers notucanthes. Les culicides et les tabanides sont les seuls diptères dont le suçoir est de six pièces.

de trois articles, dont le dernier plus long, terminé en pointe, sans soie ni stylet au bout, souvent taillé en croissant au-dessus de sa base, avec des divisions transverses et superficielles, au nombre de trois à sept. La trompe du plus grand nombre est presque membraneuse, perpendiculaire, de la longueur de la tête ou un peu plus courte, presque cylindrique, et terminée par deux lèvres alongées. Les deux palpes sont ordinairement couchés sur elle, épais, velus, coniques, comprimés et de deux articles. Le suçoir renfermé dans la trompe est composé de six petites pièces, en forme de lancettes, et qui, par leur nombre et leur situation respective, représentent les parties de la bouche des coléoptères. Les ailes sont étendues horizontalement de chaque côté du corps. Les cuillerons recouvrent presque entièrement les balanciers. L'abdomen est triangulaire et déprimé. Les tarses ont trois pelotes. Ces insectes commencent à paraître vers la fin du printemps, sont très communs dans les bois et les pâturages, et volent en bourdonnant. Ils poursuivent même l'homme pour sucer son sang. Les bêtes de somme n'ayant pas les moyens de les repousser, sont plus exposées à leurs attaques, et sont quelquefois couvertes de sang, par l'effet des piqûres de ces insectes. Celui dont Bruce a parlé dans ses voyages, sous le nom de *tsaltsalya*, et que le lion même redoute, est peut-être de ce genre.

Les uns ont la trompe beaucoup plus longue que la tête, grêle, en forme de siphon, écailleuse, terminée ordinairement en pointe, et les palpes très courts, relativement à sa longueur. Le dernier article des antennes est divisé en huit anneaux. On en a composé le sous-genre

Des PANGONIES. (PANGONIA. Latr., Fab.—TANYGLOSSA. Meig.)

Ces insectes ne se trouvent que dans les pays chauds, et vivent du suc des fleurs, comme les bombilles (1).

---

(1) Article *Pangonie* de l'Encyclop. méthod.; voyez aussi Meigen et Wiedemann.

Quelques espèces sont privées d'yeux lisses, et forment le genre PHI-

Les autres ont la trompe plus courte, ou à peine plus longue que la tête, membraneuse, terminée par deux grandes lèvres; la longueur des palpes égale au moins la moitié de celle de la trompe; le dernier article des antennes est divisé en cinq ou quatre anneaux.

Tantôt les antennes ne sont guères plus longues que la tête; le dernier article, qui a un peu la forme d'un croissant et se termine en alène, est divisé en cinq anneaux, dont le premier très grand avec une dent supérieure. Ce sont:

Les Taons proprement dits. (Tabanus.)

Le *T. des bœufs* (*T. bovinus*, Lin.), De Géer, Insect., VI, xii, 10, 11, long d'un pouce. Corps brun en dessus, gris en dessous, avec les yeux verts, les jambes jaunes, des lignes transversales et des taches triangulaires d'un jaune pâle sur l'abdomen; ailes transparentes, avec des nervures d'un brun roussâtre. Sa larve vit dans la terre. Elle est alongée, cylindrique, amincie vers la tête qui est petite et armée de deux crochets. Les anneaux du corps, au nombre de douze, ont des cordons relevés. La nymphe est nue, presque cylindrique, avec deux tubercules sur le front, des cils sur les bords des anneaux, et six pointes à son extrémité postérieure. Elle se rend à la surface du sol lorsqu'elle doit se dépouiller de sa peau, pour prendre la forme du taon, et sort à moitié de la terre.

Cette espèce est très commune dans nos environs.

Le *Taon de Maroc* (*maroccanus*, Fab.), qui est noir, avec des taches d'un jaune doré sur l'abdomen, tourmente les chameaux. Leur corps, au témoignage de M. Desfontaines, est quelquefois tout couvert de ces insectes (1).

---

loliche de M. le comte de Hoffmansegg (Wied., Dipt. exot., 54). D'autres espèces de taons, dont la trompe est avancée, ainsi que dans les pangonies, mais ascendante; dont les palpes ont trois articles, au lieu de deux; et dont les antennes ressemblent à celles des taons proprement dits, composent le genre Rhinomyza de M. Wiedemann (ibid., 59).

Ceux qu'il nomme (ibid.), Raphiorhynchus et Acanthomera, et qu'il place entre le précédent et celui de *tabanus*, rentrent, d'après notre méthode, dans la famille des notacanthes.

(1) *Voyez* pour les autres espèces de ce sous-genre, Latr., Fab., Meigen, Palissot de Beauvois, Macquart, Fallén et Wiedemann.

Tantôt les antennes sont très sensiblement plus longues que la tête et terminées par un article en cône alongé ou presque cylindrique, et n'offrant souvent que quatre anneaux. Les yeux lisses manquent dans plusieurs.

Les uns, dont le dernier article des antennes est toujours en forme d'alène et divisé en cinq anneaux, ont trois yeux lisses.

Ceux où le premier article est manifestement plus long que le suivant et cylindrique ; et où celui-ci est très court, en forme de coupe, forment le genre

SILVIE (SILVIUS) de M. Meigen (1).

Ceux où les deux premiers articles sont cylindriques, et presque d'égale grandeur, composent son genre

CHRYSOPS. (CHRYSOPS.)

Le *C. aveuglant* (*C. cæcutiens*, Fab.), De Géer, Insect., VI, XIII, 3, 5, yeux dorés, avec des points pourprés ; thorax d'un gris jaunâtre, rayé de noir ; dessus de l'abdomen jaunâtre, avec une grande tache noire, fourchue au bout, sur les deux premiers anneaux ; deux autres alongés, de la même couleur, sur chacun des anneaux suivants, et trois, d'un brun noirâtre et transverses, sur les ailes. Il tourmente beaucoup les chevaux (2).

Les autres sont dépourvus d'yeux lisses ; le dernier article de leurs antennes, quelquefois cylindrique, n'offre que quatre anneaux.

Ici comme dans

Les HÆMATOPOTES. (HÆMATOPOTA. Meig.)

Il est subulé, et le premier est épais et presque ovalaire dans les mâles (3).

---

(1) *Voyez* Meigen. Il ne cite qu'une seule espèce, le *Tabanus vituli* de Fab., et auquel il rapporte son *T. italicus*.

(2) *Voyez* Fab., Latr., Meig., Fallén, Wied., Macq., etc.

(3) *Voyez* les mêmes auteurs.

Là comme dans

Les HÉXATOMES. (HEXATOMA. Meig. — *Heptatoma* , auparavant.)

Les antennes, plus longues que dans les précédents, sont cylindriques; leur dernier article est fort alongé (2).

La quatrième famille de DIPTÉRES, celle

DES NOTACANTHES. (NOTACANTHA.)

Nous offre, ainsi que la précédente, des antennes dont le troisième et dernier article est divisé transversalement en manière d'anneaux , ou qui sont même (voyez les *chiromyzes*) composées de cinq articles bien séparés; mais le suçoir n'est formé que de quatre pièces ; la trompe, dont la tige est ordinairement très courte, est presque entièrement retirée dans la cavité ovale. La consistance membraneuse de cet organe et ses lèvres relevées , ses palpes terminés en massue et pareillement redressés , la disposition respective des ailes, qui sont ordinairement croisées , la forme de l'abdomen , qui est plutôt ovalaire ou orbiculaire que triangulaire, enfin l'écusson souvent armé de dents ou d'épines , distinguent encore les notacanthes des tabanides. On n'a observé qu'un petit nombre de leurs larves. Celles qu'on a découvertes, et qui ont été décrites par Swammerdam, Réaumur et Rœsel, sont aquatiques (*voyez* ci-après), se rapprochent de celles des athéricères, par leur tête molle ,

----

(1) Item.

de forme variable, et par l'habitude de se transformer en nymphes sous leur propre peau ; mais elles conservent leurs formes et leurs proportions primitives, ce qui n'a pas lieu dans les athéricères.

D'autres larves de notacanthes (xylophages) vivent dans les parties cariées et humides ou suintantes des arbres.

Nous partagerons les notacanthes en trois sections principales.

Ceux de la première (*mydasii.* Lat.) n'ont jamais de dents ou d'épines à l'écusson. Leur corps est oblong, avec l'abdomen en triangle alongé et conique. Les ailes sont écartées. Leurs antennes, et sur lesquelles nous fondons le caractère le plus distinctif, sont composées, tantôt de cinq articles distincts, dont les deux derniers forment dans les uns une massue, et dans les autres, l'extrémité d'une tige cylindrique, terminée en manière d'alène ; tantôt de trois articles, dont le dernier plus grand, presque cylindrique, allant en pointe et divisé en trois anneaux ; ainsi ces organes sont toujours divisés en cinq. Si l'on en excepte les mydas, où l'on aperçoit les vestiges d'un très petit stylet, cet appendice, ni la soie qui le remplace, n'existe dans aucun notacanthe de cette section ; peut-être que les deux derniers articles les représentent.

Les uns ont des antennes beaucoup plus longues que la tête, de cinq articles, terminées en une massue alongée, formée par les deux derniers, avec un ombilic au bout, et duquel sort une soie très courte. Les cuisses postérieures sont fortes et dentelées ou épineuses au côté interne. Les tarses n'ont que deux pelotes. Les cellules postérieures des ailes sont complètes ou fermées avant le bord, étroites ou alongées, et obliques ou transverses.

Ces diptères composent le genre

Des MYDAS. (MYDAS.)

Qui se divise en deux sous-genres.

Les CEPHALOCÈRES. (CEPHALOCERA. Latr.)

Dont la trompe est en forme de siphon, longue et avancée (1).

Les MYDAS propres. (MYDAS. Fab.)

Où cette trompe, ainsi que d'ordinaire dans cette famille, est courte et terminée par deux grandes lèvres (2).

Les autres ont des antennes guère plus longues que la tête, cylindriques, et allant en pointe à leur extrémité. Les tarses ont trois pelotes. Les cellules postérieures des ailes sont fermées par le bord postérieur et longitudinales.

Les CHYROMYZES. (CHIROMYZA. Wied.)

Où les antennes ont cinq articles bien séparés, dont les deux derniers plus menus (3).

---

(1) Sur un insecte du cap de B.-Esp.

(2) *Voyez*, Fab., Latr., et surtout Dalman (Dipt. exot., 115) qui en décrit plusieurs espèces. Ce sous-genre et le précédent paraissent former une division particulière, qu'il faudrait peut-être, dans un ordre naturel, reporter plus haut. Les ailes ont des rapports avec celles des pangonies.

(3) Wied., Dipt. exot., I, VIII.

Les Pachystomes. (Pachystomus. Lat.)

Où les antennes sont composées de trois articles, dont le dernier divisé en trois anneaux (1).

La seconde section (*decatoma*, Latr.) nous offre des antennes toujours composées de trois articles, dont le dernier plus long, sans stylet ni soie, et divisé en huit anneaux, est en massue dans les uns, et presque cylindrique ou en forme de cône. alongé, dans les autres. Les ailes sont généralement couchées sur le corps. Les tarses ont trois pelotes.

On peut réunir ces diptères en une coupe générique, celle

De Xylophage. (Xylophagus.)

Les uns ont les antennes beaucoup plus longues que la tête, avec les deux premiers articles fort courts, et le troisième fort long, comprimé, formant une massue étranglée et un peu coudée au milieu, et dont la portion inférieure en cône alongé, et l'autre en palette ovale. L'écusson est inerme.

Les Herméties. (Hermetia. Lat., Fab. (2)

Les antennes des autres ne sont jamais beaucoup plus longues que la tête, et se terminent par un article presque cylindrique ou en cone alongé.

Ici l'écusson n'offre point d'épines

Les Xylophages propres. (Xilophagus. Meig., Fab., Lat.)

Ont le corps étroit ët alongé, avec les antennes sensible-

---

(1) Latr., Gener. crust. et insect., iv, 286; Encyclop. méthod., article *pachystome*. La larve de *P. syrphoïde* (Panz., Faun. insect. Germ., lxxvii, 9, fem.) vit sous l'écorce du pin; sa nymphe ressemble à celle des taons.

(2) *Voyez* Latr. et Fab.

ment un peu plus longues que la tête, et terminées par un article presque cylindrique. La tête est courte, transverse, sans éminence particulière en devant.

Le *X. noir* (*X. ater.* Lat., Gen. crust. et insect. I, xvi, 9, 10.) est alongé, noir, avec la bouche, une ligne de chaque côté du thorax, l'écusson et les pieds jaunes. On le trouve, au mois de mai, dans les plaies des ormes (1).

Les Acanthomères. (Acanthomera. Wied.)

Où les antennes, de la longueur au plus de la tête, se terminent par un article en cône alongé, ou presque en forme de poinçon, comprimé, et dont le premier anneau plus grand que les autres; il ressemble un peu, sous ce rapport, à celui des taons. La tête est hémisphérique, avec les yeux très grands. L'abdomen est large et aplati; l'espace interoculaire présente inférieurement un avancement en forme de corne ou de bec pointu. Les deux articles des palpes sont de longueur égale.

Dans un autre genre de M. Wiedemann, celui de Raphiorynhque (Raphiorhynchus), le premier article de ces palpes est très court, et le second, beaucoup plus long, se termine en pointe. Les autres caractères sont d'ailleurs identiques. Les espèces de l'un et de l'autre sont de l'Amérique méridionale (2).

Là l'écusson est armé d'épines.

Ceux-ci ont des antennes simples.

Les Coenomyies. (Coenomyia. Latr., Meig. — *Sicus.* Fab.)

Elles sont très voisines des deux sous-genre précédents. Les antennes ne sont guère plus longues que la tête, avec le troisième article conique ou en forme de poinçon; le premier est sensiblement plus long que le suivant. Les palpes sont très apparents, cylindriques, finissant en pointe, et de deux articles égaux. L'écusson a deux épines.

La *C. ferrugineuse* (*Sicus ferrugineus.* Fab.) Meig. Dipt. II, xii, 16 25, roussâtre, avec des taches ou des raies

---

(1) Les mêmes, Meig., Macq.; fam. des xylophagites, et Wied.

(2) Wied., Dipt. exot., II, 1, 1.

jaunes ou blanchâtres sur l'abdomen ; elles varient un peu ; le thorax est quelquefois brun , et l'abdomen a des taches de cette couleur. Elle est très rare aux environs de Paris , mais commune dans le département du Calvados. C'est la *Mouche armée odorante* (*Strat. olens*) du Tableau élémentaire de l'Histoire naturelle des animaux. Elle répand une forte odeur de mélilot , qui dure même long-temps après sa mort (1).

Les Béris. (Beris. Latr., Meig.)

Ont les antennes un peu plus longues que là tête , avec les deux premiers articles d'égale longueur , et le troisième en cône alongé. L'écusson a quatre à six épines (2).

Les Cyphomyies. (Cyphomyia. Wied.)

Où les antennes sont encore plus alongées , avec le premier article plus long que le second ; le troisième est linéaire et comprimé. L'écusson a deux épines (3).

Ceux-là ont des antennes jettant , de chaque côté , près du milieu , trois à quatre filets , linéaires , velus , et les articles supérieurs soyeux ; elles sont presque sétacées vers le bout. L'écusson a quatre dents.

Les Ptilodactyles (Ptilodactylus. Weid.)

Ils ont le port des *béris* et des *cyphomyies* (4).

La troisième section (*stratiomydes* , Lat.) a aussi des antennes de trois articles , dont le dernier offre tout au plus, le stylet ou la soie non compris, cinq

---

(1) *Voy.*, Latr. , Fab. , Meig. et Macq.
(2) *Voyez* les mêmes auteurs.
(3) Wied. , Anal., Entom. , 13 , fig. 4.
Le genre *Platyna* de ce savant , établi et figuré dans le même ouvrage, nous est totalement inconnu. L'insecte, d'après lequel il l'a formé, a le port des béris et des cyphomyies, les antennes pareillement longues, filiformes, dont les deux premiers articles alongés , cylindriques , et dont le dernier, à en juger d'après la figure qu'il a donné de l'un de ces organes, sans anneaux. L'écusson n'a qu'une épine.
(4) *Stratiomys quadridentata* , Fab.

à six anneaux. Ce stylet ou cette soie existe dans presque tous; et dans ceux qui n'en ont pas, le troisième article est long, en fuseau alongé, et toujours divisé en cinq ou six anneaux. Les ailes sont toujours couchées l'une sur l'autre. Dans plusieurs des espèces dont les antennes se terminent en massue ovalaire et globuleuse, et toujours pourvue d'un stylet ou d'une soie, l'écusson n'est point épineux.

Cette section comprend le genre

STRATIOME. (STRATIOMYS. Geoff.)

Les uns ont le troisième article des antennes alongé, en forme de fuseau ou de cône, sans soie au bout, et presque toujours terminé par un stylet de deux articles. L'écusson est armé de deux épines ou dents, dans le plus grand nombre.

Ici la trompe est très courte. Le devant de la tête ne s'avance point en forme de bec, recevant inférieurement cet organe et portant en dessus les antennes. Les antennes sont insérées, comme de coutume, sur le front.

Les STRATIOMES proprement dits. (STRATIOMYS Fab.)

Ont les antennes beaucoup plus longues que la tête, le premier et le dernier article étant fort alongés; celui-ci est en forme de fuseau ou de massue étroite et alongée, rétréci aux deux extrémités, de cinq anneaux au moins distincts (1), sans stylet brusque au bout. Les deux anneaux qui le composent ne sont point distingués des autres par un rétrécissement brusque.

Leurs larves ont le corps long, aplati, revêtu d'un

(1) Il y en a six, ainsi que dans les suivants, mais dont le cinquième très court et peu distinct. Les deux derniers se transforment en un stylet ou en une soie.

derme coriace ou assez solide, divisé en anneaux, dont les trois derniers, plus longs et moins gros, forment une queue terminée par un grand nombre de poils à barbe ou plumeux, et qui partent de l'extrémité du dernier anneau comme des rayons. La tête est écailleuse, petite, oblongue, et garnie d'un grand nombre de petits crochets et d'appendices qui leur servent à agiter l'eau, où ces larves font leur demeure. Elles y respirent, en tenant le bout de leur queue suspendu à la surface de l'eau; une ouverture située entre les poils de son extrémité, donne passage à l'air. Leur peau devient la coque de la nymphe. Elles ne changent point de forme, mais elles deviennent roides et incapables de se plier et de se mouvoir; la queue fait souvent un angle avec le corps. Elles flottent sur l'eau. La nymphe n'occupe qu'une des extrémités de sa capacité intérieure. L'insecte parfait sort par une fente qui se fait au second anneau, se pose sur sa dépouille, où son corps se raffermit et achève de se développer.

Nous trouvons communément dans notre pays

Le *S. chamæleon* (*S. chamæleon*. Fab.) Rœs. Inst. II, Musc. v, long de six lignes ; noir; extrémité de l'écusson jaune, avec deux épines ; trois taches d'un jaune citron, de chaque côté du dessus de l'abdomen (1).

Les Odontomyies. (Odontomyia. Meig.)

Ont les antennes guère plus longues que la tête, avec les deux premiers articles courts, presque d'égale longueur; le troisième en cône fort alongé, grêle, à cinq anneaux au moins distincts, dont le dernier conique, brusquement comprimé, recourbé en dedans, représente l'extrémité du stylet, d'ailleurs semblable aux autres (2).

Les Ephippies. (Ephippium. Latr. — *Clitellaria*. Meig.)

Ayant aussi des antennes, dont la longueur né surpasse guère celle de la tête, et dont les deux premiers articles sont courts, mais où le suivant forme un cône plus

---

(1) *Voyez*, pour les autres espèces, Latreille, Meigen et Macquart.
(2) Item. M. Meigen réunit maintenant ce genre au précédent.

court, plus épais, avec le quatrième anneau en cône tronqué, brusquement aminci au bout et terminé par un stylet de deux articles, dont le second beaucoup plus long, un peu arqué.

L'*E. thoracique* (*Stratiomys ephippium*. Fab.) Schæff. Monograph. 1753, très noire ; thorax d'un rouge satiné, avec une épine de chaque côté et deux à l'écusson. Sur les troncs des vieux chênes (1).

Les OXYCÈRES. (OXYCERA. Meig.)

Semblables aux éphippies par la brièveté de leurs antennes, et qui ont aussi un stylet ; mais dont le troisième article est plus court, presque ovoïde, avec le quatrième anneau plus court, sans rétrécissement brusque au bout ; si l'on regarde l'antenne de profil, on voit que le stylet, plus menu, plus long que dans le sous-genre précédent, et se rapprochant davantage de la forme d'une soie, n'est point terminal, mais inséré sur le dos, près du sommet.

L'*O. hypoléon* (*Stratiomys hypoleon*, Fab.) Panz., Faun. insect. Germ., I, 14, varié de noir et de jaune. Écusson de cette dernière couleur, à deux épines (2).

Là, la trompe est longue, grêle, en siphon, coudée à sa base, et logée dans la cavité inférieure d'une saillie en forme de bec, du devant de la tête, portant les antennes, dont la forme et les proportions sont les mêmes que dans le sous-genre précédent.

Les NEMOTÈLES. (NEMOTELUS. Geoff., Fab.) (3).

Dans les autres, le troisième article des antennes forme, avec le précédent, une massue ovoïde ou globuleuse, terminée par une longue soie. L'écusson est rarement épineux.

Les CHRYSOCHLORES. (CHRYSOCHLORA. Latr. — *Sargus*. Fab.)

Où le troisième article des antennes est conique, et se termine par la soie (4).

---

(1) *Voyez* les mêmes auteurs.
(2) Item.
(3) Item.
(4) *Sargus amethystinus*, Fab.

Les Sargues. (Sargus. Fab.)

Où le même article est presque ovoïde, ou presque globuleux, arrondi ou obtus au sommet, avec la soie insérée sur le dos, près de la jonction du quatrième (1) anneau avec le précédent ; le premier article est presque cylindrique.

L'écusson est rarement épineux. Le corps est souvent alongé, vert ou cuivreux et brillant.

Le *S. cuivreux* (*Musca cupraria.* Lin.) Réaumur, Insect., IV, xxii, 7, 8 ; De G., Insect., VI, xii, 14, d'un vert doré ; abdomen d'un violet cuivreux ; pieds noirs ; avec un anneau blanc ; ailes longues, avec une tache brune.

Sa larve vit dans les bouses de vaches, a une forme ovale-oblongue, rétrécie et pointue en devant, avec une tête écailleuse, munie de deux crochets. Son corps est parsemé de poils. Elle se métamorphose sous sa peau, et sans changer essentiellement de forme. L'insecte parfait sort de sa coque en faisant sauter sa partie antérieure. Voyez Réaumur, Insect., iv, mémoires iv et i.

Le *S. de Réaumur* (*S. Reaumurii.* Meig.) Diffèrent du précédent par son abdomen, dont la plus grande partie, ou du moins la base, est couleur de sang ou rosée (2).

Les Vappons. (Vappo. Lat., Fab. — *Pachygaster.* Meig.)

Ne diffèrent des sargues, qu'en ce que leurs antennes encore plus courtes, ont les deux premiers articles plus courts et plus larges, ou tout-à-fait transversaux (3).

Notre seconde division générale des diptères ayant un suçoir renfermé dans une gaîne, et dont les antennes n'ont que trois ou deux articles, com-

---

(1) Les *Sargues*, quoi qu'en dise M. Meigen, ont le troisième article divisé en quatre anneaux.

(2) *Voyez* les mêmes auteurs.

M. Wiedemann a figuré dans ses analecta entomologica, une espèce du Brésil (*furcifer*), très remarquable par son écusson armé d'une longue épine, fourchue au bout.

(3) *Voyez* les mêmes auteurs.

prend ceux dont la trompe, ordinairement membraneuse, bilabiée, longue, coudée, et portant les deux palpes un peu au-dessus de son coude, est le plus souvent entièrement renfermée dans la cavité orale, et n'a que deux pièces au suçoir, lorsqu'elle est toujours saillante. Le dernier article des antennes, toujours accompagné d'un stylet ou d'une soie, n'offre jamais de divisions annulaires. Les palpes sont cachés dans le repos.

Cette division formera notre cinquième famille, celle

Des ATHÉRICÈRES. (Athericera.)

La trompe se termine ordinairement par deux grandes lèvres. Le suçoir n'a jamais au-delà de quatre pièces, et n'en offre souvent que deux. Les larves ont le corps très mou, fort contractile, annelé, plus étroit et pointu en devant, avec la tête de figure variable, et dont les organes extérieurs consistent en un ou deux crochets, accompagnés, dans quelques genres, de mamelons, et probablement dans tous, d'une sorte de langue destinée à recevoir les sucs nutritifs. Le nombre de leurs stigmates est ordinairement de quatre, dont deux situés, un de chaque côté, sur le premier anneau, et les deux autres sur autant de plaques circulaires, écailleuses, à l'extrémité postérieure du corps. On a observé que ceux-ci étaient formés, du moins dans plusieurs, de trois stigmates plus petits et très rapprochés. La larve peut envelopper ces parties avec les chairs du contour, qui forment une sorte de bourse. Elle ne change point de peau. Celle qu'elle a dès sa naissance devient, en se solidifiant, une espèce de coque pour la nymphe. Elle se raccourcit, prend une forme ovoïde ou celle d'une boule, et la partie antérieure, qui était plus étroite dans la larve, augmente de grosseur, ou est quelquefois plus épaisse que l'extrémité opposée. On y découvre les traces des anneaux, et souvent les vestiges des stigmates, quoiqu'ils ne servent plus à la respiration. Le corps se détache peu à peu de la peau ou de la coque, se montre sous la figure d'une boule alongée et très molle, sur laquelle on ne distingue aucunes parties, et passe bientôt après à l'état de nymphe. L'insecte sort de sa coque, en faisant sauter, en forme de calote, son extrémité antérieure. Il la détache par les efforts de sa tête. Cette partie de la coque est d'ailleurs disposée de manière à s'ouvrir.

Peu d'athéricères sont carnassiers en état parfait.

Ils se tiennent, pour la plupart, sur les fleurs, les feuilles, et quelquefois sur les excréments d'animaux.

Cette famille comprend les genres : *conops*, *œstrus*, et la majeure partie de celui de *musca* de Linnæus.

Nous devons naturellement séparer du dernier des espèces, et en assez grand nombre, dont le suçoir se compose de quatre pièces, et non de deux,

comme dans tous les autres athéricères. Elles formeront une première tribu, celle des SYRPHIDES
(SYRPHIDÆ) (1).

Leur trompe est toujours longue, membraneuse,
coudée près de sa base, terminée par deux grandes
lèvres, et renferme dans une gouttière supérieure
le suçoir. La pièce supérieure de ce suçoir, qui est
inséré près du coude, est large, voûtée et échancrée à son extrémité; les trois autres sont linéaires
et pointues, ou en forme de soie; à chacune des
deux latérales, représentant les mâchoires, est annexé un petit palpe membraneux, étroit, un peu
élargi et arrondi au bout; la soie inférieure est
l'analogue de la languette. La tête est hémisphérique et occupée, en grande partie, par les yeux,
dans les mâles surtout. Son extrémité antérieure
est souvent prolongée en manière de museau ou de
bec, recevant en-dessous la trompe, lorsqu'elle est
pliée sur elle-même. Plusieurs espèces ressemblent
à des bourdons, et d'autres à des guêpes. M. Lepeletier de Saint-Fargeau a communiqué à l'Académie royale des sciences des observations curieuses sur des accouplements contre nature, ou,
pour me servir de ses expressions, des mariages
adultérins, de quelques-uns de ces insectes, mais
dont il n'a pu suivre les résultats.

---

(1) Au lieu de SYRPHIES (*syrphiæ*), dénomination que nous avions
d'abord employée.

Cette tribu ne comprendra qu'un seul genre, celui

De SYRPHE. (SYRPHUS.)

Une première division générale se composera de toutes les espèces dont la trompe est plus courte que la tête et le thorax. Le museau, dans celles où il est distinct, est perpendiculaire et court.

Viendront ensuite des syrphides, dont le devant de la tête, offre, un peu au-dessus du bord supérieur de la cavité buccale, ou vers l'origine du museau, une éminence.

A la tête de ces espèces seront celles dont les antennes, toujours plus courtes que la tête, ont une soie plumeuse. Leur corps est court, souvent velu, avec les ailes écartées. Ces diptères ressemblent, au premier coup d'œil, à des bourdons, et comme les larves de plusieurs d'entre eux vivent dans l'intérieur des nids de ces hyménoptères, il semblerait que l'auteur de la nature a voulu les revêtir de la même manière, afin que, trompant les regards des bourdons, ils pussent s'introduire, sans danger, dans leurs habitations.

Ces syrphides composeront trois sous-genres.

Les VOLUCELLES. (VOLUCELLA. Geoff., Latr., Meig., Fab.)

Ont le troisième article de leurs antennes, ou la palette, oblong; son contour forme un triangle curviligne et alongé.

La *V. bourdon* (*Musca mystacea*, Lin.) De G., Insect., VI, VIII, 2, qui est noire, très velue, avec le thorax et le bout de l'abdomen couverts de poils fauves; l'origine des ailes est de cette couleur.

Sa larve vit dans les nids des bourdons; son corps s'élargit de devant en arrière, a des rides transverses, de petites pointes sur les côtés, six filets membraneux, disposés en rayon, à son extrémité postérieure, et offre, en dessous, deux sigmates et six paires de mamelons, garnis chacun de trois longs crochets, qui lui servent à marcher.

Ici vient encore la *M. à zones*, de Geoffroy (*Syrphus incanis*, Fab.; Panz., Faun. insect. Germ., II, 6), longue de huit lignes, peu velue, fauve, avec la tête jaune, et deux bandes noires sur l'abdomen. Sa larve vit aussi dans le nid des bourdons (1).

Les Séricomyies. (Sericomyia. Meig. , Latr. — *Syrphus.* Fab.)

Où la palette des antennes est semi-orbiculaire (2).

Les Eristales. (Eristalis. Meig., Fab.)

Qui, en restreignant ce sous-genre aux espèces dont la soie des antennes est sensiblement velue , ne diffèrent des séricomyies que par leurs ailes. Ici la cellule extérieure et fermée du limbe postérieur , celle qui est située près de l'angle du sommet , a une forte échancrure arrondie au côté externe ; il est droit dans le sous-genre précédent (3).

A ces sous-genres en succèderont d'autres très analogues aux précédents, par la forme courte de leur corps, leur abdomen triangulaire, leurs antennes beaucoup plus courtes que la tête , mais dont la soie est simple, ou sans poils bien apparents.

Les uns ont, comme les eristales, la dernière cellule externe de leurs ailes fortement unisinuée au côté extérieur. Leur corps est généralemen velu. Les antennes sont très rapprochées à leur base.

Les Mallotes. (Mallota. Meig. — *Eristalis.* Fab.)

Où le dernier article des antennes forme une espèce de trapèze transversal , dont le côté le plus large en devant, (et présentant , lorsqu'il est dilaté, une facette élliptique, rebordée tout autour) (4).

Les Hélophiles. (Helophilus. Meig. — *Eristalis.* , ejusd. Fab.)

Où la palette des antennes forme un demi-ovale.

Leur corps est généralement moins velu que celui des précédents. Les larves de plusieurs ont le corps terminé par une longue queue, ce qui leur a fait donner le nom de *vers*

---

(1) *Voyez* pour les autres espèces, Latr. , Meig., Fab. et Fallén.

(2) Les mêmes.

(3) Les *E. intricarius, similis, alpinus* de Meigen.

(4) *Voyez* Meigen.

à queue de rat. Elles peuvent l'alonger et l'élever perpendiculairement jusqu'à la surface des eaux ou des cloaques où elles vivent, pour respirer au moyen de l'ouverture de son extrémité. Leur intérieur présente deux grosses trachées très brillantes, et qui, vers l'origine de la queue, forment des plexus très nombreux et dans une agitation continuelle.

Les vaisseaux qui se remplissent d'eau pluviale, contiennent un grand nombre de ces larves. On prendrait leur queue pour des filets de racines. (*Voyez* Réaum., Ins., IV, xxx.)

L'*H. abeilliforme* (*Musca tenax*, Lin.), Réaum., Ins., IV, xx, 7, est de la taille du mâle de l'abeille domestique, et lui ressemble, au premier coup d'œil, par ses couleurs. Son corps est brun, couvert de poils fins d'un gris jaunâtre, avec une raie noire sur le front, deux à quatre taches d'un jaune fauve, de chaque côté de l'abdomen. Sa larve vit dans les eaux bourbeuses, les latrines et les égoûts. Elle est du nombre de celles qu'on a nommées *vers à queue de rat.*

On dit qu'elle est si vivace, que la compression la plus forte ne peut la faire périr (1).

D'autres syrphides diffèrent des derniers par la cellule extérieure et fermée du limbe postérieur; son côté externe est droit, ou très faiblement sinué. Les antennes sont élevées à leur naissance, et s'avancent presque parallèlement; leur dernier article est presque ovoïde ou presque orbiculaire. La saillie antérieure de la tête est très courte. L'abdomen est généralement plus étroit et plus alongé que dans les sous-genres précédents. Les ailes, dans ceux où il est plus court, sont ordinairement écartées.

____

(1) Les hélophiles de M. Meigen et la plupart de ses *eristalis*, ceux dont la soie des antennes est simple, comme les suivants : *sepulchralis*, *æneus*, *tenax*, *cryptarum*, *nemorum*, *arbustorum*, etc.

On pourrait passer des hélophiles aux callicères, aux céries, aux chrysotoxes, aux paragues, aux syrphes, terminer la division de ceux qui ont une éminence nasale par les bacchas, et commencer la division de ceux où elle n'existe point, par les ascies et les sphégines, diptères très voisins des bacchas. Viendraient ensuite les aphrites, les mérodons, etc. Cette série serait peut-être plus naturelle.

Les Syrphes proprement dits. (Syrphus. Lat., Meig. —
Scæva. Fab.)

Dont l'abdomen va en se rétrécissant de sa base à sa
pointe.

Leurs larves se nourrissent uuiquement de pucerons de
toute espèce, qu'elles tiennent souvent en l'air, et qu'elles
sucent très vite. Leur corps forme une espèce de cône alongé,
est inégal ou même épineux. Lorsqu'elles doivent se métamorphoser, elles se fixent aux feuilles ou à d'autres corps
par un gluten. Leur corps se raccourcit, et sa partie antérieure, qui était la plus menue, devient la plus grosse.

Le (*S. du grosseiller* (*Scæva ribesii*. Fab.), De G., Ius.,
VI, vi, 8, un peu plus petit que la mouche de la viande.
Tête jaune ; thorax bronzé, avec des poils et l'écusson
jaunes ; quatre bandes de cette couleur sur l'abdomen,
dont la première interrompue (1).

Un autre sous-genre très voisin du précédent, et qui n'en
diffère que par l'abdomen proportionnellement plus long,
rétréci à sa base, et terminé en massue alongée, est celui

De Baccha. (Baccha. Meig., Fab.)

Il faudrait y réunir je pense, le syrphus (*Scæva*, Fab.)
conopseus de Meigen, quoique la palette des antennes soit
moins orbiculaire que celles des bacchas (2).

Nous passons à d'autres sous-genre semblables aux précédents, quant à la forme du museau, de la soie des antennes, mais où la longueur de ces organes égale au moins
celle de la face de la tête.

Ici, les antennes ne sont point portées sur un pédicule
commun, et leur longueur ne surpasse point celle de la tête.

---

(1) Latr., ibid., *Voyez* Meigen. Les *Chrysogastres* (*chrysogaster*)
de M. Meigen nous paraissent peu différer des syrphes ; leurs ailes sont
couchées sur le corps, caractère qui convient assez à plusieurs espèces du
sous-genre précédent. Les antennes sont presque identiques de part et
d'autre ; seulement, dans les chrysogastres, le front des femelles est can-
nelé de chaque côté ; l'éminence nasale est plus forte, et forme une petite
bosse arrondie, dont la chûte est brusque.

(2) Meig., ibid.

Les Paragues. (Paragus. Lat., Meig. — *Mulio.* Fab.) (1).

Là, elles partent d'une élévation commune, et sont plus longues que la tête.

Tantôt la soie est latérale.

Les Sphécomyies. (Sphecomyia. Lat.)

Où elle est insérée sur le second article ; le dernier est beaucoup plus court que les deux autres, surtout que le premier, et presque ovoïde ; celui-ci et le second sont longs et cylindriques.

J'ai établi ce genre sur un diptère recueilli à la Caroline, par feu M. Bosc.

Les Psares. (Psarus. Lat., Fab., Meig.)

La soie des antennes est insérée sur le dos du troisième article, près de son extrémité ; cet article est presque ovalaire, de la même longueur que le second ; le premier est beaucoup plus court Le pédoncule commun est proportionnellement plus élevé que dans les sous-genre analogues. Les ailes sont couchées (2).

Les Chrysotoxes. (Chrysotoxum. Meig. — *Mulio.* Fab.)

La soie des antennes est pareillement insérée sur le troisième article, mais près de sa base ; cet article est le plus long de tous, en forme de triangle étroit et alongé ; les deux autres sont presque d'égale longueur. Les ailes sont écartées (3).

Tantôt la soie (toujours épaisse et en forme de stylet) termine l'antenne.

Les Céries. (Ceria. Fab.)

Dont le corps est étroit, alongé, ressemble à celui d'une guêpe ; où le second article des antennes, de la longueur du dernier, compose avec lui une massue en forme de fuseau, avec un stylet très court. L'abdomen est long et cy-

---

(1) *Voyez* Latr. et Meigen.
(2) Item.
(3) Item.

lindrique. Les ailes sont très écartées, et la cellule extérieure du limbe postérieure a, au côté externe, un angle
rentrant bien prononcé (1).

Les CALLICÈRES. (CALLICERA. Meig.)

Dont le corps, plus court et plus large, soyeux, a le
port des mouches ordinaires ; où le second article des antennes, plus court que le dernier, forme avec lui une massue en fuseau, alongée, comprimée, un peu arquée, avec la
soie en forme de stylet alongé ; le premier article est plus
long que le suivant. La cellule extérieure du limbe postérieur
n'offre sur ses côtés aucune échancrure (2).

L'éminence nasale, qui distinguait les syrphides dont
nous venons d'exposer les sous-genres, n'existe plus dans
les suivants. La soie des antennes est presque toujours simple. Les ailes sont couchées l'une sur l'autre.

Les premiers tiennent des précédents, sous le rapport de la
longueur de leurs antennes. Elles sont très rapprochées à
leur base ; le second article, le plus court de tous, forme
avec le troisième une massue étroite et alongée ; la soie
est insérée près de la base du dernier et simple.

Les CÉRATOPHYES. (CERATOPHYA. Wied.)

L'écusson est inerme. Le troisième article des antennes
est presque une fois plus long que le premier (3).

Les APHRITES. (APHRITIS. Lat. — *Mulio*. Fab. — *Microdon*. Meig.)

L'écusson offre deux dents. Le premier article des antennes
est presque aussi long que les deux suivants réunis.

Dans ce sous-genre, le précédent, ainsi que dans les ascies,
les deux premières cellules fermées du limbe postérieur se
terminent en manière d'angle (4).

Les antennes des syrphides suivants sont plus courtes que
la tête.

______

(1) *Voyez* Fab., Latr., Meig., Wiedem.
(2) *Voyez* Latr., Meig.
(3) Wied., Anal. entom., fig. 9.
(4) *Voyez* Latr., Gener. crust. et insect., IV, 329, Meig. et Fellen.

Les pattes postérieures sont souvent grandes, surtout dans l'un des sexes.

Tantôt la palette des antennes est oblongue, presque en forme de triangle alongé. Les cuisses postérieures sont épaisses et dentées. Les ailes sont couchées l'une sur l'autre.

Les MÉRODONS. (MERODON , Meig., Fab. — *Milesia. Eristalis.* Lat. — *Syrphus.* Fab.)

Dont l'abdomen est triangulaire ou conique , sans rétrécissement à sa base, et où la cellule externe du limbe postérieur des ailes a extérieurement une forte échancrure.

La larve du *M. du narcisse* (*Eristalis narcissi* , Fab.), Réaum. , Insect. , IV, xxx , ronge l'intérieur des oignons de narcisse. L'insecte parfait est d'un bronzé obscur, mais couvert d'un duvet fauve, avec les pieds noirs. Les jambes postérieures sont tuberculeuses au côté interne (1).

Les ASCIES. (ASCIA. Meg., Meig.)

Ont l'abdomen rétréci à sa base et en forme de massue. Les deux premières cellules fermées du limbe postérieure des ailes se terminent angulairement ; le côté extérieur de la première est droit (2).

Tantôt la palette des antennes est courte ou médiocrement alongée , soit presque orbiculaire , soit presque ovoïde.

Ici, comme dans le dernier sous-genre, l'abdomen est rétréci à sa base , et en forme de massue.

Les SPHÉGINES. (SPHEGINA. Meig.)

La palette des antennes est orbiculaire. Les cuisses postérieures sont en massue, et épineuses en dessous (3).

Là, l'abdomen est soit triangulaire ou conique , soit presque cylindrique.

Dans les uns , les ailes ne dépassent guère l'abdomen (qui est souvent étroit et alongé).

---

(1) *Voyez* Meigen.
(2) Idem.
(3) Idem.

Nous en séparerons ceux dont les cuisses postérieures sont très renflées, avec le côté interne armé de petites épines. Les cellules fermées du limbe postérieur des ailes sont sinuées postérieurement.

Tels sont les EUMÈRES (EUMERUS) de M. Meigen, auxquels nous réunissons ses XYLOTES (XYLOTA), dont l'abdomen est seulement plus étroit et presque linéaire, et que nous avions placés avec les milésies. De ce nombre est

L'*E. sifflant* (*Musca pipiens*, Lin.), Panz., Faun. insect. Germ., XXXII, 20, qui est long d'environ quatre lignes, noir, avec l'abdomen tacheté de blanc de chaque côté. Il fait entendre, en bourdonnant, un son aigu, semblable à un piaulement (1).

Dans les deux sous-genres suivants, les cuisses postérieures sont tantôt peu différentes des précédentes, tantôt plus grosses, mais unidentées au plus.

Les MILÉSIES. (MILESIA. Latr., Fab., Meig. — *Tropidia.* Meig.)

Où les deux pieds postérieurs sont brusquement plus grands que les autres, avec les cuisses grosses et unidentées dans plusieurs. Le corps est alongé, avec l'abdomen conique, ou presque cylindrique et convexe (2).

Les PIPIZES. (PIPIZA. Meig. — Ejusd. *Psilota.* — *Eristalis.* Fab. — *Milesia.* Latr.)

Dont les pieds postérieurs sont simplement un peu plus grands que les autres, et dont l'abdomen est déprimé, semi-elliptique et arrondi au bout. Les yeux sont pubescents. Ces diptères ont de grands rapports avec les syrphes, et surtout avec les chrysogastres de M. Meigen (3).

Les BRACHYOPES. (BRACHYOPA. Hoffm., Meig.)

Se distinguent de tous les sous-genres précédents, par

----

(1) *Voyez* Meig.; genres *eumerus* et *xylota*.

(2) Le même, g. *mylesia*, *tropidia*. La palette des antennes des tropidies est proportionnellement plus large, et comme tronquée ou très obtuse.

(3) Le même, g. *pipiza*, *psilota*.

leurs ailes, qui dépassent de beaucoup l'abdomen. Ces diptères ressemblent d'ailleurs beaucoup aux milésies, et paraissent conduire aux *rhingies*, dernier sous-genre de cette tribu.
Selon M. Meigen, la soie des antennes est velue à sa base ;
mais je n'ai pu découvrir ces poils dans les individus que
j'ai eus à ma disposition. Il rapporte à ce sous-genre l'oscine de l'olivier de Fabricius, qui appartient certainement à
la tribu des muscides (1).

Les syrphides que nous avons vus avaient une trompe
plus courte que la tête et le thorax, et la saillie en forme de
bec, courte et perpendiculaire. Cette trompe est maintenant
sensiblement plus longue, presque linéaire, et la saillie antérieure de la tête, proportionnellement plus alongée, se
dirige en avant, en manière de bec pointu. Ces diptères,
par leurs ailes couchées sur le corps, par la forme des antennes, ressemblent d'ailleurs beaucoup aux brachyopes et
aux milésies. Les cuisses sont simples. Tels sont

Les Rhingies. (Rhingia. Scop., Fab., Meig.) (2)

Le g. Pelocère (Pelocera) de M. le comte de Hoffmansegg, et figuré par Meigen, nous est inconnu. Mais il est
facile de le distinguer de tous ceux dont les antennes sont
plus courtes que la tête, par la soie des antennes qui est
courte, épaisse, un peu soyeuse, cylindrique, et divisée en
trois articles, dont le dernier un peu plus long. La palette
est presque en forme de triangle renversé.

Le suçoir de tous les autres athéricères n'est
plus composé que de deux soies, dont la supérieure représente le labre, et l'inférieure la languette.

Ces athéricères formeront trois autres petites
tribus, qui correspondront aux genres *œstrus* et
conops de Linnæus, et à celui de *musca* de Fabricius, tel qu'il l'avait d'abord composé.

------

(1) *Voyez* Meig.
(2) *Voyez* Fab., Lat., Meig., etc.

Les stomoxes et les bucentes se liant avec ce dernier genre, nous commencerons par la tribu des OEstrides (*OEstrides*), qui se compose du genre

DES OEstres. (OEstrus. Lin.)

Bien distinct, en ce qu'à la place de la bouche, on ne voit que trois tubercules, ou que de faibles rudiments de la trompe et des palpes.

Ces insectes ont le port d'une grosse mouche très velue, et leurs poils sont souvent colorés par zones, comme ceux des bourdons. Leurs antennes sont très courtes, insérées chacune dans une fossette, au-dessous du front, et terminées en une palette arrondie, portant sur le dos, près de son origine, une soie simple. Leurs ailes sont ordinairement écartées; les cuillerons sont grands et cachent les balanciers. Les tarses sont terminés par deux crochets et deux pelottes.

On trouve rarement ces insectes dans leur état parfait, le temps de leur apparition et les lieux qu'ils habitent étant très bornés. Comme ils déposent leurs œufs sur le corps de plusieurs quadrupèdes herbivores, c'est dans les bois et les pâturages fréquentés par ces animaux qu'il faut les chercher. Chaque espèce d'œstre est ordinairement parasite d'une même espèce de mammifère, et choisit, pour placer ses œufs, la partie du corps qui peut seule convenir à ses larves, soit qu'elles doivent y rester. soit qu'elles doivent passer de là dans l'endroit favorable à leur développement. Le bœuf, le cheval, l'âne, le renne, le cerf, l'antilope, le chameau, le mouton et le lièvre sont jusqu'ici les seuls quadrupèdes connus sujets à nourrir des larves d'œstres. Ils paraissent singulièrement craindre l'insecte, lorsqu'il cherche à faire sa ponte.

Le séjour des larves est de trois sortes, qu'on peut

distinguer par les dénominations de *cutané*, de *cervical*
et de *gastrique*, suivant qu'elles vivent dans des tumeurs ou bosses formées sur la peau, dans quelque parties de l'intérieur de la tête et dans l'estomac de l'animal
destiné à les nourrir. Les œufs d'où sortent les premières
sont placés par la mère sous la peau, qu'elle a percée avec
une tarière écailleuse, composée de quatre tuyaux rentrant l'un dans l'autre, armée au bout de trois crochets
et de deux autres pièces. Cet instrument est formé par
les derniers anneaux de l'abdomen. Ces larves, nommées *taons* par les habitants de la campagne, n'ont pas
besoin de changer de local; elles se trouvent, à leur
naissance, au milieu de l'humeur purulente qui leur
sert d'aliment. Les œufs des autres espèces sont simplement déposés et collés sur quelques parties de la peau,
soit voisines des cavités naturelles et intérieures où les
larves doivent pénétrer et s'établir, soit sujettes à être
léchées par l'animal, afin que les larves soient transportées avec sa langue dans sa bouche, et qu'elles gagnent
de là le lieu qui leur est propre. C'est ainsi que la femelle de l'œstre du mouton place ses œufs sur le bord
interne des narines de ce quadrupède, qui s'agite alors,
frappe la terre avec ses pieds et fuit la tête baissée. La
larve s'insinue dans les sinus maxillaires et frontaux, et
se fixe à la membrane interne qui les tapisse, au moyen
des deux forts crochets dont sa bouche est armée. C'est
ainsi encore que l'œstre du cheval dépose ses œufs, sans
presque se poser, se balançant dans l'air, par intervalles, sur la partie interne de ses jambes, sur les côtés
de ses épaules et rarement sur le garot. Celui qu'on désigne sous le nom d'*hémorrhoïdal*, et dont la larve vit
aussi dans l'estomac du même solipède, place ses œufs
sur ses lèvres. Les larves s'attachent à sa langue et par-
viennent, par l'œsophage, dans l'estomac, où elles vivent
de l'humeur que secrète sa membrane interne. On les
trouve le plus communément autour du pylore, et rarement dans les intestins. Elles y sont souvent en grand

nombre et suspendues par grappes. M. Clark croit néanmoins qu'elles sont plus utiles que nuisibles à ce quadrupède.

Les larves des œstres ont, en général, une forme conique et sont privées de pattes. Leur corps est composé,
la bouche non comprise, de onze anneaux, chargés de
petits tubercules et de petites épines, souvent disposés
en manière de cordons et qui facilitent leur progression.
Les principaux organes respiratoires sont situés sur un
plan écailleux de l'extrémité postérieure de leur corps,
qui est la plus grosse. Il paraît que leur nombre et leur
disposition sont différentes dans les larves gastriques.
Il paraît encore que la bouche des larves cutanées n'est
composée que de mamelons, au lieu que celle des larves
intérieures a toujours deux forts crochets.

Les unes et les autres ayant acquis leur accroissement,
quittent leur demeure, se laissent tomber à terre, et s'y
cachent pour sé transformer en nymphes sous leur peau,
à la manière des autres diptères de cette famille. Celles
qui ont vécu dans l'estomac suivent les intestins et s'é-
chappent par l'anus, aidées peut-être par les déjections
excrémentielles de l'animal, dont elles étaient les parasites. C'est ordinairement en juin et en juillet que ces
métamorphoses s'opèrent.

M. de Humboldt a vu, dans l'Amérique méridionale,
des Indiens dont l'abdomen était couvert de petites
tumeurs, produites, à ce qu'il présume, par les larves
d'un œstre. Des observations postérieures paraissent appuyer ce sentiment. Ces œstres appartiennent peut-être
au genre *cutérèbre*, de M. Clark, dont les larves vivent
sous la peau de quelques mammifères.

Il résulterait encore, de quelques témoignages, qu'on
a retiré des sinus maxillaires ou frontaux de l'homme
des larves analogues à celles de l'œstre. Mais ces observations n'ont pas été assez suivies (1).

____

(1) J'ai présenté, à l'article *OEstre* de la seconde édition du nouveau

L'*OE. du bœuf* (*OE. bovis.* De G.) Clarck., Lin., Soc. Trans. III, xiii, 1 6, long de sept lignes, très velu ; thorax jaune, avec une bande noire ; abdomen blanc à la base, avec l'extrémité fauve ; ailes un peu obscures. La femelle dépose ses œufs sous le cuir des bœufs et des vaches, âgés au plus de deux ou trois ans et les mieux portants. Il s'y forme des tumeurs ou des bosses, et dont le pus intérieur alimente la larve. Les chevaux y sont encore sujets.

Le renne, l'antilope, le lièvre, etc., nourrissent aussi sous leur peau d'autres larves d'œstres, mais d'espèces différentes.

L'*OE du mouton* (*OE. ovis.* Lin.), Clarck., ibid. xxxii, 16, 17, long de cinq lignes, peu velu ; tête grisâtre ; thorax cendré, avec des points noirs élevés ; abdomen

---

Dict. d'hist. natur., une nouvelle distribution méthodique de ces insectes.

Les uns ont une trompe très petite et rétractile. Le genre Cutérèbre (Cuterebra) de M. Clarck, et celui que j'ai nommé Céphénémyie (Cephenemyia). Le premier a la soie des antennes plumeuse, et les palpes ne sont point apparents. L'*OEstrus buccatus* de Fab., est de ce genre. M. Clarck en a décrit une autre espèce (*Cuniculi*), et j'en ai fait connaître une troisième (*ephippium*) ; toutes sont d'Amérique. La soie des antennes est simple dans les céphénémyies, et les palpes sont sensibles. L'*OEstrus à trompe* de Fab., en est le type. Les autres n'ont point de trompe. La soie des antennes est toujours simple. On découvre encore deux palpes dans les OEdemagènes (OEdemagena). Ce genre est établi sur l'œstre des rennes (*Tarandi*).

Les trois genres suivants n'en offrent plus.

Les Hypodermes (Hypoderma) ont une petite fente buccale, en forme d'Y. Tel est le caractère de l'œstre du bœuf. Les Céphalémyies (Cephalemyia) ont deux tubercules très petits, en forme de points, qui sont les vestiges des palpes. Les ailes sont écartées, et les cuillerons recouvrent les balanciers (*œstrus ovis*). Dans les OEstres (OEstrus), ces deux tubercules existent aussi ; mais les ailes se croisent au bord interne, et les cuillerons ne recouvrent qu'une partie des balanciers, (*œstrus equi*, Fab., et quelques autres). M Meigen appelle ce dernier genre, *gastrus* ; c'est celui de *gasterophilus* du docteur Leach. Tous les autres n'en forment pour eux qu'un seul, celui d'*œstrus*. Ici les cellules postérieures sont fermées par des nervures transverses, avant d'atteindre le bord postérieur ; dans les *gastrus*, c'est le bord qui les ferme. Nous avons exposé, à l'article *OEstre* du nouv. Dict. d'hist., ces divers caractères et quelques autres.

jaunâtre, finement tacheté de brun ou de noir ; pattes d'un brun pâle ; ailes transparentes. La larve vit dans les sinus frontaux du mouton. Celle de l'espèce qu'on nomme *trompe* (*trompe* Fab.) se trouve dans les mêmes parties du renne.

L'*OE. du cheval* (*OE. equi.* Latr.), Clarck., ibid., xxxiii, 8, 9, peu velu, d'un brun fauve ; plus clair sur l'abdomen ; deux points et une bande noire sur les ailes. La femelle dépose ses œufs sur les jambes et les épaules des chevaux ; la larve vit dans leur estomac.

L'*OE. hémorroïdal* (*OE. hæmorroidalis*, Lin.), Clarck., *ibid.*, 12, 13, très velu ; thorax noir, avec l'écusson d'un jaune pâle ; abdomen blanc à sa base, noir au milieu, et fauve à l'extrémité ; ailes sans taches. La femelle dépose ses œufs sur les lèvres des chevaux. Sa larve vit dans leur estomac.

L'*OE. vétérinaire* (*OE. veterinus*), Clarck., *ibid.*, 18, 19, tout couvert de poils roux ; ceux des côtés du thorax et de la base de l'abdomen blancs ; ailes sans taches. Sa larve vit dans l'estomac et les intestins du même solipède. La femelle dépose peut-être ses œufs sur la marge de l'anus.

La troisième tribu des athéricères, celle des CONOPSAIRES (*conopsariæ*), est la seule de la famille dont la trompe soit toujours saillante, en forme de siphon, soit cylindrique ou conique, soit sétacé. La réticulation des ailes est la même que celle de notre première division des muscides.

La plupart de ces insectes se tiennent sur les plantes. Ils composent le genre

Des CONOPS (CONOPS) de Linnæus.

Les uns ont le corps étroit et alongé, l'abdomen en forme de massue, courbé en dessous, avec les organes sexuels mas-

culins saillants, le second article des antennes presque
aussi long au moins que le troisième, qui forme , soit seul,
soit, et le plus souvent, avec lui, une massue en fuseau , ou
ovoïde et comprimée.

Ici la trompe est avancée, et uniquement coudée près de
sa naissance.

Tantôt les antennes sont beaucoup plus longues que la
tête, et terminées en massue, en forme de fuseau. Les ailes
sont écartées.

Les SYSTROPES. (SYSTROPUS. Wied. — *Cephenes*. Latr.)

Où le dernier article des antennes forme seul la massue et
n'offre point de stylet. L'abdomen est long et grêle. Ces insectes, propres à l'Amérique septentrionale , ressemblent à
de petits sphex. Leurs antennes sont proportionnellement
plus longues que celles des conops, et leur trompe est un
peu ascendante (1).

Les CONOPS proprement dits. (CONOPS. Fab. , Lat. , Meig.)

Où les deux derniers articles des antennes forment, réunis, une massue, avec un stylet au bout.

Le *C. grosse tête* (*C. macrocephala*, Fab.), noir; antennes et pieds fauves ; tête jaune, avec une raie noire;
quatre anneaux de l'abdomen bordés de jaune ; côte des
ailes noire.

Le *C. pieds-fauves* (*C. rufipes*, Fab.), qui est noir,
avec les anneaux de l'abdomen bordés de blanc ; sa base
ainsi que les pieds fauves, et la côte des ailes noire.

Il subit ses métamorphoses dans l'intérieur du ventre
des bourdons vivants, et sort par les intervalles de ses anneaux. Une larve apode, trouvée dans le bourdon des
pierres (*A. lapidaria*, Lin.), et peut-être celle de cette
espèce de conops, a fourni à feu Lachat et à M. Audouin,
le sujet de belles observations anatomiques (2).

Tantôt les antennes sont plus courtes que la tête, et se

______

(1) Wied., Dipt. exot., I, vii.

(2) *Voyez* Fab. , Latr. , Meig. , etc., et le premier vol. des Mém. de la
Soc. d'hist. natur. de Paris , etc.

terminent en une massue ovoïde; les ailes se croisent sur le corps.

Les Zodions. (Zodion. Lat., Meig.) (1)

Là, la trompe est coudée vers sa base, et ensuite près du milieu, avec l'extrémité repliée en dessous. Les antennes sont plus courtes que la tête, terminées en palette, avec un stylet.

Les Myopes. (Myopa. Fab.)

Le *M. roux* (*M. ferruginea.* Fab.), qui est roussâtre, avec le front jaune, et les ailes noirâtres (2).

Les autres (*Stomoxydœ*, Meig.) ressemblent, quant à leur forme générale, la disposition de leurs ailes, leurs antennes terminées en palette, plus courtes que la tête et accompagnées d'une soie, et leur abdomen triangulaire ou conique, sans appendices extérieurs, aux mouches ordinaires.

Les Stomoxes. (Stomoxys. Geoff., Fab.)

Dont la trompe n'est coudée que près de sa base, et se porte ensuite entièrement en avant.

Le *S. piquant* (*Conops calcitrans*, Lin.), De G., Insect., VI, iv, 12, 13. Soie des antennes velue; corps d'un gris cendré, tacheté de noir; trompe plus courte que lui. Il pique fortement les jambes, surtout aux approches de la pluie (3).

Les Bucentes. (Bucentes. Latr. — *Stomoxys.* Fab. — *Siphona.* Meig.)

Dont la trompe est coudée deux fois, comme celle des myopes (4).

Le *G. carnus* de M. Nitzsch (*Insect. epiz.*, Mag., Entom. de M. Germar.), qu'il rapporte à notre famille des co-

---

(1) Latr., Gen. crust. et insect., 336; Meig. Dipt.. xxxvii, 1-7.

(2) *Voyez* Fab., Latr., Meig., Fall., etc.

(3) Les mêmes.

(4) Latr., Gener. crust. et insect., IV, 359; Meig., Dipt, xxxvii, 18-25.

nopsaires, est distingué des précédents, en ce qu'il n'offre que des rudiments d'ailes. L'espèce servant de type a été figurée par M. Germar, dans sa Faune des insectes d'Europe, fasc. IX, tab. 24. La direction de sa trompe, la forme de ses antennes et celle du corps, semblent indiquer qu'il vient près des stomoxes.

Une trompe très apparente, toujours membraneuse et bilabiée, portant ordinairement deux palpes (les *phores* seuls exceptés), pouvant se retirer entièrement dans la cavité buccale, et un suçoir de deux pièces, distinguent la quatrième et dernière tribu, celle des MUSCIDES, (*muscides*) des trois précédentes. Les antennes se terminent toujours en palette, avec une soie latérale. Ces athéricères embrassent l'ancien genre *musca* de Fabricius, que les travaux de MM. Fallén et Meigen, sans parler des nôtres, ont singulièrement modifié. Toutes les difficultés qui entravent son étude, sont cependant bien loin d'être aplanies ; car, quoique ces savants aient établi un très grand nombre de nouveaux genres, il en est cependant encore quelques-uns, tels que ceux de *tachina* et *d'anthomyia*, que l'on peut considérer comme des sortes de magasins. En effet dans l'ouvrage de M. Meigen, qui est uniquement consacré aux diptères d'Europe, le premier de ces genres se compose de trois cent quinze espèces, et le second de deux cents treize. Le docteur Robineau Desvoidy, voulant achever de compléter ces recherches et pourvoir aux besoins de la science, s'est livré, avec beau-

coup de zèle, à une étude spéciale des muscides,
qu'il nomme *myodaires*; et le mémoire sur ce sujet,
qu'il a présenté à l'Académie royale des sciences, a
été jugé digne de faire partie du recueil de ceux des
savants étrangers ; mais comme l'impression n'en
est pas encore terminée, et que nous n'en connaissons que les divisions générales, présentées dans le
rapport qu'en a fait à l'Académie M. de Blainville,
nous n'avons pu en profiter. Nous eussions d'ailleurs
dépassé les limités de cet ouvrage, et effrayé peut-
être les jeunes naturalistes, par l'exposition de cette
multitude de nouveaux genres qu'il a introduits
dans cette tribu, et dont plusieurs, au sentiment
même du rapporteur, paroissent peu distincts.
Nous pensons même que le travail de M. Meigen,
sauf la révision des deux coupes génériques précédemment mentionnées, est, dans l'état actuel
de la science, bien suffisant.

Sous le rapport des caractères employés par
M. Robineau, pour signaler ces groupes, très peu
lui sont propres. Il en est même, tels que celui
de la disposition des nervures des ailes, dont il
aurait pu tirer un parti avantageux, qu'il a né-
gligé, du moins dans le travail qu'il a présenté à
l'Académie. Sa première famille, celle des *calyp-
térées*, est la même que celle que, dans mon ouvrage sur les familles naturelles du règne animal,
j'avais nommée *créophiles*, et qui était d'ailleurs
établie dans mes ouvrages précédents. D'après l'ana-

lyse de son mémoire, donnée par M. de Blainville, l'on voit qu'en général les caractères des neufs autres familles des myodaires ne sont le plus souvent fondés que sur la diversité des modes d'habitation, les couleurs, et sur quelques autres considérations assez vagues; nous allons essayer de coordonner les genres de MM. Meigen, Wiedemann et Fallen, que nous avons pu étudier, à notre ancienne distribution, mais avec quelques changements nécessités par les observations de ces célèbres naturalistes, et d'autres qui nous sont particulières.

Cette tribu, comprendra le genre

Des Mouches. (Musca.)

Des antennes insérées près du front, des palpes portés sur la trompe et se retirant avec elle dans la cavité buccale, des nervures transverses aux ailes, tels seront les caractères d'une première section des muscides ailées, et qui comprendra huit groupes principaux ou sous-tribu.

Celles de notre première division, les Créophiles (*Créophilæ*), ont de grands cuillerons recouvrant presque entièrement les balanciers. Leurs ailes sont presque toujours écartées, avec les deux cellules terminales et extérieures du limbe postérieur (1), fermées par une nervure transverse.

----

(2) La plus extérieure est située sous une cellule étroite, alongée et fermée par le bord postérieur, que l'on peut considérer comme une sorte de cubitale. Dans les divisions suivantes, aucune nervure transverse ne ferme cette cellule extérieure. La seconde, ou celle qui est accolée au côté interne de la précédente, est également fermée dans les dernières muscides; mais elle n'est plus terminale, et souvent même elle est beaucoup plus courte; les nervures longitudinales qui en forment les côtés, se prolongent jusqu'au bord postérieur, ce qui produit une autre cellule, devenant terminale et incomplète. Dans les créophiles, les deux nervures ne se prolongent point ou très peu au-delà de la cellule fermée.

Parmi les espèces nous offrant constamment ces caractères, nous distinguerons celles dont l'épistome ne s'avance point en manière de bec, et dont les côtés de la tête ne se prolongent pas sous la forme de cornes.

Les unes ont la soie des antennes simple ou sans poils bien sensibles.

Dans un seul sous-genre, celui

Des Echinomyies. (Echinomyia. Dum. — *Tachina*. Fab. Meig.)

Le second article des antennes est le plus long de tous. Le dernier, où la palette, est plus large, comprimé, presque en forme de triangle renversé ou trapézoïde; la soie est biarticulée inférieurement.

L'*E. géante* (*Musca grossa*, Lin.) de Géer, Insect., VI, 1, 12. La plus grande espèce connue, et presque de la taille d'un bourdon, noire, hérissée de gros poils; tête jaune; yeux bruns; origine des ailes roussâtre. Elle bourdonne fortement, se pose sur les fleurs, dans les bois, et souvent aussi sur les bouses de vache. C'est là que vit sa larve, dont le corps est jaunâtre, luisant, conique, avec un seul crochet, et deux petites cornes charnues à son extrémité antérieure, ou la pointe, et le bout opposé terminé par un plan circulaire, sur lequel sont deux stigmates, formés chacun d'une plaque lenticulaire, brune, élevée dans son milieu. Le second anneau du corps, la tête comptée pour un, offre aussi de chaque côté un stigmate. Dans la coque de la nymphe, qui est pareillement conique, l'extrémité postérieure présente aussi deux stigmates plus distincts; son contour est formé par une lame à neuf pans. *Voyez* Réaum., Insect., IV, xii, 11, 12; XXVI, 6 — 10 (1)

Dans les autres créophiles, le troisième article des antennes est plus long que le précédent, ou du moins jamais plus court.

Tantôt la face antérieure de la tête est presque rase, ou

______

(1) Divis, A , du *g. Tachina* de Meigen. L'espèce appelée *fera* a ses palpes dilatés en spatule et forme le *g. Fabricia* de M. Robineau. Le *stomoxys bombilans* de Fab., a le facies des échinomyies et la trompe des bucentes.

n'offre que des poils très courts, disposés comme d'ordinaire, sur deux rangées longitudinales, et dont aucuns notablement plus grands et en forme de crins.

Ici l'abdomen est toujours convexe, à anneaux très distincts, et plus ou moins triangulaires.

Dans ceux-ci la soie des antennes, dont le second article fort alongé, est coudée et forme un angle, près de son milieu, à la jonction de cet article, avec le suivant ou la dernière division de la soie.

Les Gonies. (Gonia. Meig.) (1)

Dans ceux-là, ainsi que dans les autres créophiles, la soie des antennes n'est point coudée vers son milieu.

Les Miltogrammes (Miltogramma. Meig.)

Le troisième article des antennes est notablement plus long que le précédent (2).

Les Trixes. (Trixa. Meig.)

Où sa longueur excède de peu celle du précédent (3).

Là l'abdomen est tantôt très renflé, comme vésiculaire, et à séparations d'anneaux peu marquées ; tantôt très aplati. Les ailes des derniers sont très écartées, et souvent un peu arquées extérieurement.

Les Gymnosomes (Gymnosomia. Meig. — *Tachina*. Fab.)

Dont l'abdomen est renflé, comme vésiculeux ou ovoïde, avec les séparations des anneaux peu distinctes ; et dont les antennes sont aussi longues que la face de la tête, avec les second et troisième articles presque de longueur égale, et celui-ci linéaire (4).

Les Cistogastres. (Cistogaster. Latr.)

Où l'abdomen est conformé de même, mais dont les antennes sont beaucoup plus courtes, avec le troisième ar-

---

(1) Meig.
(2) Idem.
(3) Idem.
(4) Idem.

ticle plus long que le précédent, presque carré, un peu plus large et arrondi au bout (1).

Les PHASIES. (PHASIA. Meig. — *Thereva*. Fab.)

Qui ont l'abdomen très aplati, presque demi-circulaire, et les jambes simplement garnies de petits poils (2).

Les TRICHIOPODES. (.TRICHIOPODA. Lat. — *Tachina*. Fab.)

Dont l'abdomen est pareillement aplati, mais oblong, et dont les deux jambes postérieures ont extérieurement une frange de cils lamelliformes (3).

Tantôt la face antérieure de la tête offre deux·rangées de long poils, formant des espèces de moustaches, et dont deux ordinairement plus grands, situés, un de chaque côté, à l'extrémité supérieure de la cavité buccale.

Il en est dont les ailes sont vibratiles, et dont l'abdomen est étroit, alongé, presque cylindrique ou en cône alongé. Ils forment trois sous-genres. Les ailes des deux premiers ont, ainsi que celles des précédents et de la plupart des autres, les deux cellules externes et fermées de leur extrémité postérieure, presque également prolongées en arrière ; la plus extérieure dépasse de peu l'autre, et ses angles postérieurs sont aigus. Les antennes sont aussi longues ou guère plus courtes que la face de la tête.

Les LOPHOSIES. (LOPHOSIA. Meig.)

Où le dernier article des antennes forme une très grande palette triangulaire (4).

Les OCYPTÈRES. (OCYPTERA. Meig., Fab.)

Où le même article des antennes, guère plus large que le précédent, forme une palette linéaire ou en carré long.

Dans un Mémoire pour servir à l'histoire du genre *ocyptera*, inséré dans les Annales des sciences naturelles (X,

---

(1) Confondu avec le sous-genre précédent.

(2) Latr., Gener. crust. et insect., IV, 344 ; voyez aussi Fab., Meig.

(3) Les *thereva plumipes*, *lanipes* de Fab. et plusieurs autres espèces inédites, toutes d'Amérique.

(4) *Voyez Meigen.*

248. xı). M. Léon Dufour nous a fait connaître les larves
de deux espèces, *l'O. de la Casside* et , *l'O. bicolore*. Celle
de la première espèce vit dans la cavité viscérale de la casside *bicolore*, et celle de la seconde dans la même cavité
du pentatome gris. L'une et l'autre ne se nourrissent que de
l'épiploon, ou corps graisseux de leurs hôtes. Leur corps
est oblong, mou, blanchâtre, parfaitement glabre, ridé et
contractile. Son bout antérieur offre deux mamelons, ayant
chacun deux petits corps cylindriques, terminés en manière de bouton ombiliqué au centre, et deux pièces cornées, assez fortes, ayant chacune en dehors un grand crochet ou deux, ce qui les fait paraître fourchues et adossées
par leur convexité. Il semble, d'après la figure qu'en
donne ce naturaliste, qu'il y en aurait une pour chaque
mamelon, et qu'elles seraient intérieures. Il les considère
comme des mandibules, et les espèces de palpes dont nous
venons de parler et dont le disque est percé au centre, seraient des sortes de pieds - palpes, faisant l'office de
ventouse ou servant au tact. Le corps de ces larves se
termine par une sorte de siphon, de la longueur du tiers
du corps, de consistance plus solide, de forme invaria-
ble, et allant en se rétrécissant, avec l'apparence de deux
crochets au bout. L'extrémité postérieure de ce siphon occupant l'un des sigmates métathoraciques, et en contact
avec l'air, sert à la respiration de la larve. On ne découvre ni
antennes, ni yeux. C'est dans le même séjour que la larve passe
à l'état de nymphe. Cette nymphe est ovoïde, sans aucune
trace d'anneaux, et présente à l'un des bouts quatre (*O.
casside*) et six (*O. bicolore*) tubercules. Elle quitte sa demeure avant de devenir insecte parfait, tantôt sans que
l'insecte où la larve a vécu périsse, tantôt aux dépens de
sa vie. Ces larves ont deux vaisseaux salivaires, quatre
vaisseaux biliaires, des trachées toutes tubulaires, sans
aspect nacré ni stries transverses, et disposées en deux troncs
principaux, émettant un grand nombre de branches ramifiées. Ces troncs paraissent s'aboucher par un orifice unique
à la base du siphon caudal. Le tube alimentaire a quatre
fois environ la longueur du corps, et présente un œsophage capillaire, un jabot en forme de godet turbiné, qui

dégénère insensiblement en un estomac tubuleux, replie sur lui-même, et suivi d'un intestin flexueux, d'un rectum peu sensible, et terminé par un cœcum oblong (1).

Dans le sous-genre suivant, celui

De MÉLANOPHORE. (MELANOPHORA. Meig. , supprimé aujourd'hui par lui et réuni à celui de *Tachina*).

Les antennes sont beaucoup plus courtes, leur extrémité ne dépassant guère, lorsqu'elles sont inclinées, la moitié de la longueur de la face de la tête. La cellule la plus extétérieure des deux complètes, qui terminent l'aile, est beaucoup plus avancée postérieurement que l'interne, et obtuse à l'angle interne de son extrémité (2).

L'abdomen des autres créophiles est peu alongé, triangulaire, et les ailes ne sont point vibratiles.

Les Phanies. (Phania. Meig.)

Où l'extrémité postérieure de l'abdomen s'alonge, se rétrécit, et se replie en dessous. Le troisième article des antennes est alongé et linéaire. Les ailes, d'après les figures de Meigen, ressemblent beaucoup à celles du dernier sousgenre. Suivant lui, l'abdomen n'offre, ainsi que celui des lophoses et des ocyptères, que quatre anneaux apparents (3). Celui

Des Xystes. (Xysta. Meig.)

En a cinq à six. Les antennes sont courtes, avec les deux derniers articles presque d'égale longueur. Les jambes postérieures sont un peu arquées, comprimées et ciliées.

Ce sous-genre nous paraît faire le passage des gymnosomes aux phasies, et se rapprocher aussi des trichiopodes. L'on sentira facilement combien est équivoque le caractère tiré de la présence ou de l'absence des poils de la face de la tête, employé par M. Meigen. Quelques espèces de trichiopodes sont ambiguës sous ce rapport (4)

(1) Idem, et 1 art. *Ocyptère* de l'Encyclop. méthod.
(2) Latr., Genef. crust. et insect., IV, 346.
(3) *Voyez* Meig.
(4) Idem.

Les Tachines. (Tachina. Fab., Meig.)

Dont l'abdomen n'est point recourbé en dessous, à son extrémité postérieure, n'offre extérieurement que quatre anneaux, et dont les antennes aussi longues, ou presque aussi longues que la tête, se terminent par un article plus long que le précédent.

Quelques espèces, formant une coupe particulière, vivent sous la forme de larves, dans le corps de diverses chenilles et les font périr (1).

Nous passons maintenant aux créophiles, dont la soie des antennes est sensiblement velue ou plumeuse. Leur troisième article forme toujours une palette alongée, plus longue que l'article précédent.

Les Déxies. (Dexia. Meig.)

Qui ont le port des ocyptères, leur abdomen étant étroit et alongé, surtout dans les mâles (2).

Les Mouches proprement dites. (Musca. Lin., Fab., Meig. — *Mesembrina*. Meig.)

Où l'abdomen est triangulaire, avec les yeux contigus postérieurement ou très rapprochés dans les mâles.

Ici se placent la plupart des mouches dont les larves se nourrissent de viandes, de charognes, etc.; quelques autres du même sous-genre vivent dans le fumier. Elles ont toutes la forme de vers mous, blanchâtres, sans pieds, plus gros et tronqués à leur extrémité postérieure, s'amincissant ensuite et se terminant en pointe à l'autre bout, où l'on distingue un à deux crochets, avec lesquels ces larves hachent leurs matières alimentaires, et dont elles hâtent la corruption. Les métamorphoses de ces insectes s'achèvent en peu de jours. Les femelles ont l'extrémité postérieure de

---

(1) Ce genre est encore très embrouillé dans M. Meigen, et se compose d'espèces dont les antennes et les ailes, ainsi que l'annoncent ses figures, sont très diversifiées. Nous en avons retranché les échinomyies et les mélanophores; en attendant la publication de l'ouvrage de M. Robineau Desvoidy, nous laisserons les autres espèces dans le genre *Tachina*.

(2) *Voy*. Meigen.

33*

l'abdomen rétrécie et prolongée en forme de tuyau ou de tarière, pour enfoncer leurs œufs.

La *M. à viande* (*M. vomitoria*, Lin.), Rœs., Insect., II, Musc. et Cul., ix, x, une des grandes espèces de notre pays. Front fauve; thorax noir; abdomen d'un bleu luisant, avec des raies noires.

Cet insecte a l'odorat très fin, s'annonce dans nos maisons par son bourdonnement assez fort, et dépose ses œufs sur la viande. Trompée par l'odeur cadavéreuse qu'exale le gouet serpentaire (*Arum dracunculus*, Lin.) lorsqu'il est en fleur, elle y fait aussi sa ponte. Quand sa larve doit passer à l'état de nymphe, elle quitte les matières où elle a vécu, et dont la corruption pourrait lui être alors nuisible, entre dans la terre, si elle en a la facilité, ou se métamorphose dans quelque endroit sec et retiré.

La *M. dorée* (*M. cæsar*, Lin.). Corps d'un vert doré, luisant, avec les pieds noirs. Elle pond dans les charognes.

La *M. domestique* (*M. domestica*, Lin.), De G., Insect., VI, iv, 1-11.' thorax d'un gris cendré, avec quatre raies noires; abdomen d'un brun noirâtre, tacheté de noir, avec le dessous d'un brun jaunâtre. Les cinq derniers anneaux de l'abdomen de la femelle forment un tuyau long et charnu qu'elle introduit, pour l'accouplement, dans une fente située entre les pièces munies de crochets, qui terminent le bout de l'abdomen du mâle et caractérisent son sexe.

La larve vit dans le fumier chaud et humide (1).

Les Sarcophages. (Sarcophaga. Meig. — *Musca*. Lin., Fab.)

Ne diffèrent des mouches propres, que par leurs yeux notablement écartés l'un de l'autre, dans les deux sexes. Les œufs éclosent quelquefois dans le ventre de leur mère, et ces espèces sont distinguées par l'épithète de *vivipares*.

---

(1) *Voyez* Meig., quelques espèces plus velues forment le *G. mesembrina* de M. Meigen.

La *M. vivipare* (*M. carnaria*, Lin.) De G., Insect., VI,
III, 3 - 18. Un peu plus grande et plus alongée que la
mouche de la viande, corps cendré, avec les yeux rouges ;
des raies sur le thorax et des taches carrées sur l'abdomen, noires. La femelle est vivipare, et dépose ses
larves, qui remplissent la capacité de son ventre, sur la
viande, les cadavres, et quelquefois même sur l'homme,
dans des plaies. Lorsqu'on presse fortement l'abdomen du
mâle, on en fait sortir un corps en forme de boyau,
d'un blanc transparent, et qui se meut vermiculairement
et en divers sens, même après avoir coupé l'insecte en
deux (1).

Nous terminerons les créophiles, par quelques sous-
genres contrastant avec les précédents, soit à l'égard de
quelques particularités de la tête, soit par la situation des
ailes, ou les cellules de leur extrémité postérieure.

La soie des antennes du plus grand nombre est velue.

Dans les uns, tels que les deux sous-genres suivants, les
ailes se terminent de la même manière que dans les précédents, ou présentent à leur extrémité postérieure, entre le
milieu et la côte, deux cellules complètes.

Les ACHIAS. (ACHIAS. Fab.)

Très singuliers par les prolongements, en forme de cornes,
des côtés de leur tête, se rapprochent à cet égard des
diopsis, autres diptères ; mais ils ont leurs antennes insérées
au haut du front, et semblables à celles des mouches, quant
aux formes et proportions des articles ; les ailes sont écartées (2).

Les IDIES. (IDIA. Meig., Wied.)

Où l'extrémité antérieure de la tête fait une saillie en
manière de bec corné. Les ailes sont couchées sur le corps (3).

Dans les deux autres et derniers sous-genres de créophiles,

---

(1) *Voyez* Meig.

(2) *Voyez* Fab., System. antl.

(3) *Voyez* Meig. et Wied. (Anal. entom.) ; j'en connais deux espèces
de l'Île de France, et une autre des environs de Paris. Rapportez - y la
musca felina de Fab., qui se trouve dans le midi de la France.

les cellules terminales des ailes sont fermées par le bord postérieur. Les yeux sont très écartés. L'abdomen est aplati.

Les Lispes. (Lispe. Lat., Fab., Meig. — *Musca*. De G.)

Ont le corps oblong, les antennes insérées près du front, presque aussi longues que la face de la tête, avec le dernier article beaucoup plus long que les précédents, linéaire, et muni d'une soie plumeuse.

Les ailes sont couchées l'une sur l'autre. Les palpes sont très dilatés supérieurement, en forme de spatule, et un peu extérieurs.

Ces insectes fréquentent les bords des eaux (1).

Les Argyrites. (Argyritis. Lat.)

Qui, par la forme courte de leur corps, leur abdomen très aplati, presque demi-circulaire, leur tête courte et large ; et leurs ailes écartées, ressemblent aux phasies. Leurs antennes sont insérées au-dessous du front, très courtes, avec le dernier article un peu plus grand que le précédent, presque orbiculaire, et muni d'une soie simple et coudée, comme celle des antennes des goniies. Les palpes se terminent en une massue courte, mais presque ovoïde et pointue.

J'ai établi ce genre sur deux espèces de diptères que M. Marcel de Serres m'avait envoyées, et qu'il avait prises aux environs de Montpellier. Elles sont de petite taille et ont un duvet soyeux argenté, qui, dans l'une, garnit tout l'abdomen.

Quelques espèces de tachines de Meigen, celles, par exemple, dont les ailes ont pour type la fig. 32, de la pl. 41, et quelques unes de ses anthomyies, à cuillerons grands et recouvrant en grande partie les balanciers, rentreront dans cette dernière division des créophiles.

Dans toutes les autres muscides dont nous allons exposer les caractères, les cuillerons sont petits ou presque nuls,

---

(1) *Voyez* Latr., Gener. crust. et insect., IV, 347; Dej., Fall et Meigen.

les balanciers sont à découvert, et les principales nervures longitudinales des ailes s'étendent jusqu'au bord postérieur, qui, à l'exception d'un très petit nombre, ferme les cellules postérieures et même d'autres, dont l'origine remonte près de l'extrémité opposée ; les ailes, dans la plupart, sont couchées l'une sur l'autre.

Une seconde division générale des muscides, celle des ANTHOMYZIDES (*Anthomyzides*), se compose d'espèces ayant le port des mouches ordinaires ; dont les ailes sont le plus souvent couchées, et non vibratiles ; dont les antennes sont insérées près du front, toujours plus courtes que la tête, terminées par une palette en carré long ou linéaire, plus longue que l'article précédent, avec la soie le plus souvent plumeuse. La tête est hémisphérique, garnie de poils en devant, avec les yeux très rapprochés ou contigus postérieurement dans les mâles. Les pieds sont de grandeur ordinaire, et l'abdomen est composé extérieurement de quatre anneaux.

Les unes ont les antennes presque aussi longues que la face de la tête, avec la soie plumeuse.

Tantôt l'abdomen des deux sexes va en se rétrécissant, pour se terminer en pointe.

Les ANTHOMYIES. (ANTHOMYIA. Meig. — *Musca*. Lin., Fab.)

Où les yeux sont séparés dans les deux sexes ; dont la trompe ne se termine point en manière de crochet, ou par un angle brusque et très ouvert.

L'*A. des pluies* (*Musca pluvialis*, Lin.), cendrée, avec des taches noires sur le thorax, et neuf taches triangulaires également noires sur l'abdomen. Très commune dans notre pays (1).

Les DRYMEÏES. (DRYMEIA. Meig.)

Dont la trompe présente ce caractère, et où les yeux sont réunis postérieurement dans les mâles (2).

Tantôt l'abdomen de ces individus est renflé au bout, et forme la massue.

Les COENOSIES. (COENOSIA. Meig. — *Musca*. De G.)

______

(1) *Voy*. Meig.
(2) Idem.

De Géer nous a donné l'histoire d'une espèce de ce sous-genre (*Musca fungorum*, Insect., VI, 89, v, 2-7). Sa larve vit dans les champignons, et le plus souvent dans ceux que l'on mange. Il a observé, fait rare parmi les diptères, que ces larves s'entre-dévorent (1).

Les autres ont des antennes plus courtes et à soie simple.

Les yeux des mâles sont réunis postérieurement La bouche est très velue.

Les Ériphies. (Eriphia. Meig.) (2)

Notre troisième division, celle des Hydromyzides (*Hydromyzides*), a pour signalement: tête presqu'en triangle, avec les yeux très saillants; un museau ou mufle renflé, voûté; une petite lame cintrée rebordant le haut de la cavité buccale, qui est très grande; la trompe très grosse; les côtés de la face sans soies. Les antennes sont insérées près du front, inclinées, fort courtes, avec la soie, le plus souvent plumeuse. Les ailes sont couchées l'une sur l'autre. Les pattes sont fortes, avec les cuisses, ou du moins les antérieures, renflées dans plusieurs.

Toutes les espèces indigènes vivent dans les lieux aquatiques.

Les unes ont toutes les cuisses, ou du moins les antérieures, renflées; la soie des antennes est toujours velue (3).

Les Ropalomères. (Ropalomera. Wied.)

Dont toutes les cuisses sont renflées, et dont la face présente antérieurement une élévation ou tubercule (4).

Les Ochtères. (Ochtera. Lat. — *Musca*. De G. — *Tephritis*. Fab. — *Macrochira*. Meig.)

Dont les deux pieds antérieurs ont les cuisses très grandes, comprimées, dentelées en dessous, et les jambes arquées, pouvant s'appliquer sur la tranche inférieure de ces cuisses, et terminées par une forte épine (5).

Les autres hydromyzides n'ont point les cuisses renflées.

---

(1) *Voyez* Meig.
(2) Idem.
(3) Les ailes offrent aussi quelques différences.
(4) Wied., Anal. entom.
(5) Latr., Gener. crust. et insect., IV, 347.

Les Éphydres. (Ephydra. Fall.)

Semblables aux ochtères par la saillie de leurs yeux, qui débordent en arrière la tête, par leur gros mufle, mais dont la soie des antennes est simplement épaissie inférieurement et simple; la palette est arrondie au bout. Le vertex offre postérieurement une petite élévation (1).

Les Notiphiles. (Notiphila. Fall.)

Ont la tête plus arrondie, sans prolongement antérieur, en forme de museau; les yeux moins saillants, point avancés en arrière, au - delà du bord postérieur. La soie des antennes est plumeuse; la palette est proportionnellement plus alongée que celle des éphydres, et moins arrondie; le vertex n'offre point d'élévation.

Nous avons suivi M. Fallén, en plaçant ce sous-genre dans cette division, mais nous pensons qu'il serait plus convenable de le mettre dans la suivante, et près des *héléomyzes*, dont il diffère peu.

La *Mouche des celliers* (*cellaria*). Panz., Faun. Insect. Germ., xvii, 24 qui dépose ses œufs dans des vaisseaux renfermant des liqueurs vineuses, appartient à ce sous - genre. Nous l'avions d'abord rapportée à celui de mosille (2).

Les muscides des trois divisions suivantes ont le corps oblong, les ailes couchées, non vibratiles, la tête soit arrondie ou presque sphérique, soit presque pyramidale ou ovalaire, plane en dessus, prolongée et rétrécie en pointe, ordinairement tronquée ou obtuse, à son extrémité antérieure et supérieure, et la face recouverte d'une membrane blanche (sillonnée longitudinalement de chaque côté). Cette tête est souvent comprimée au-dessous des antennes, et son extrémité inférieure ou buccale est avancée en manière de museau tronqué; dans les autres, la face forme un plan très incliné, qui ne se relève point ou presque pas, infé-

---

(1) Fall., Dipt.; et Wied., ibid.

(2) Peut-être est-ce un *piophyle* pour M. Fallén, genre dans lequel est placé la mouche du fromage (*casei*) de Linnæus, dont le corps est très noir, luisant, avec la surbouche, le devant du front et les pattes fauves; les antérieures et les cuisses postérieures ont un anneau noir.

rieurement. Les antennes sont insérées au haut du front, inclinées, et même reçues quelquefois dans des fossettes, mais le plus souvent avancées, droites, écartées, et dans plusieurs, aussi longues ou plus longues que la tête. Dans toutes les autres muscides, elles sont toujours plus courtes qu'elle.

Les muscides de la quatrième division, les SCATOMYZIDES (*Scatomyzides*), ainsi que celles de la suivante, sont distinguées des espèces de la sixième, par les caractères suivants : leur tête, vue en dessus, n'est jamais plus longue que large et sa forme est presque sphérique, ou triangulaire. Leurs pattes postérieures ne sont jamais guères plus longues que le corps, ni très grêles. Le corps, quoique quelquefois étroit et alongé, n'est point filiforme.

Maintenant les scatomyzides se distinguent des muscides de la division suivante, ou celle des *dolichocères*, par leurs antennes, dont le troisième article est évidemment plus long que le précédent ; un seul genre excepté (les *loxocères*), elles sont toujours plus courtes que la tête. Cette partie du corps s'avance rarement, à son extrémité antérieure et supérieure, au-delà des yeux, et paraît, le plus souvent, vue en dessus, presque hémisphérique, et un peu plus large que longue.

Tantôt les pattes postérieures sont grandes, écartées, avec les cuisses grosses ou comprimées, et les articles de leurs tarses dilatés ou élargis. Les antennes sont toujours très courtes, avec le dernier article lenticulaire ou presque globuleux, et muni d'une soie simple. Les côtés de la face sont poilus ou soyeux.

Les THYRÉOPHORES. (THYREOPHORA. Lat., Meig.—*Musca*. Panz.)

Dont les antennes sont logées dans une cavité sous-frontale, avec la palette lenticulaire, mais point transverse ; où la tête va graduellement en pente, depuis son sommet jusqu'à la bouche ; dont les cuisses postérieures sont épaisses, et où le second article des tarses et les suivants sont presque semblables.

Toutes les cellules terminales des ailes sont fermées par

le bord postérieur. Les palpes sont fortement élargis au bout, en forme de spatule.

La *T. cynophile* (*Musca cynophila*. Panz., Faun. Insect. Germ. XXXIV, 32) est d'un bleu foncé, avec la tête d'un jaune rougeâtre et deux points noirs sur chaque aile. L'écusson est terminé par deux épines. On la trouve sur les cadavres des chiens, et toujours dans l'arrière-saison. Suivant une observation qui m'a été communiquée par l'un de nos entomologistes parisiens des plus zélés et des plus instruits, M. Percheron fils, cet insecte est quelquefois phosphorescent, particularité qui avait frappé l'un de ses amis, et qui l'avait déterminé à s'emparer, pendant la nuit, de ce diptère, réfugié dans sa chambre(1).

LES SPHÉROCÈRES. (SPHÆROCERA. Latr. — *Borborus*. Meig. — *Copromyza*. Fall.)

Où les antennes sont saillantes, avec la palette presque hémisphérique, transverse; dont la tête est brusquement concave au-dessous du front, et se relève vers la cavité orale, qui a son extrémité supérieure bordée ; dont les pattes postérieures ont les cuisses comprimées, avec les deux premiers articles des tarses sensiblement plus larges que les suivants.

La seconde cellule de l'extrémité postérieure de l'aile (la dernière des deux qui occupent le milieu de sa longueur) est fermée avant le bord postérieur. Le trompe est très épaisse. Le corps est déprimé.

C'est presque toujours près des fumiers que l'on rencontre ces diptères, et c'est là probablement qu'ils vivent dans leur premier état (2).

Tantôt les pattes postérieures ne diffèrent point ou presque pas des autres. Les antennes de plusieurs sont presque aussi longues que la face de la tête, et leur soie est souvent velue. Les côtés de la face sont quelquefois glabres.

Les uns ont les antennes presque aussi longues que la face, inclinées, ordinairement rapprochées et terminées en

---

(1) Latr., Gener. crust. et insect., IV, 358, et Meig.
(2) Latr., Gener. crust. et insect., IV, 359; Wied.; Anal. entom., sous le nom de *copromyza*.

une palette étroite et alongée, et dont la soie est toujours velue. L'abdomen des mâles au moins est alongé, presque cylindrique, terminé en massue dans quelques-uns, et par un stylet dans d'autres.

Ceux-ci ont les côtés de la face garnis de poils ou de moustaches.

Ici l'abdomen n'offre extérieurement que quatre segments. La soie des antennes est simple.

Les DIALYTES (DIALYTA. Meig.) (1).

Là, il offre cinq anneaux au moins.

Les CORDYLURES. (CORDYLURA. Fall., Meig. — *Ocyptera*. Fab.)

Dont les ailes ne dépassent point ou peu l'abdomen, qui se termine en massue dans les mâles (2).

Les SCATOPHAGES. (SCATOPHAGA. Latr., Meig. — *Musca.* Lin., Fab.)

Où les ailes sont notablement plus longues, et dont l'abdomen n'est renflé à son extrémité postérieure, dans aucun sexe.

Le *S. commun* (*Musca stercoraria* Lin.) Réaum., Ins. IV, xxviii, très velu, et d'un jaune grisâtre; front roux; un point brun sur les ailes, soie de la palette barbue. Très commun sur les excréments, particulièrement sur ceux de l'homme. La femelle y dépose ses œufs, qui sont retenus à la surface, au moyen de deux appendices, en forme d'ailerons (3).

Ceux-là sont dépourvus de moustaches.

Le corps est toujours long, étroit, cylindrique et linéaire.

Les LOXOCÈRES. (LOXOCERA. Lat., Fab., Meig.)

Ont les antennes beaucoup plus longues que la tête, et ressemblent à de petits ichneumons (4).

---

(1) *Voyez* Meigen.
(2) Idem.
(3) Idem, et Latr., Gener. crust. et insect., IV, 358.
(4) *Voyez* Latr., Fab., Meig.

Les Chylizes (Chyliza. Fall. , Meig.)

Où elles sont un peu plus courtes que la tête, avec la soie épaisse, en forme de stylet (1).

Les autres ont les antennes toujours beaucoup plus courtes que la tête, ordinairement avancées, écartées, avec la palette jamais beaucoup plus longue que large, tantôt presque ovoïde ou ovalaire, tantôt presque globuleuse.

Quelques-unes, dont la soie antennaire est ordinairement velue, ont le corps étroit et alongé des précédents, et l'abdomen terminé aussi dans plusieurs par une pointe ou un stylet.

Il en est parmi ces muscides dont la face est nue, et dont la palette des antennes est plus ou moins ovoïde ou ovalaire.

Tels sont les deux sous-genres suivants :

Les Lisses (Lissa. Meig.)

Où le dessus de la tête présente une élévation, et dont l'abdomen, presque linéaire, n'est point terminé par un stylet articulé (2).

Les Psilomyies. (Psilomyia. Latr. — *Psila*. Meig.)

Dont le corps est proportionnellement moins alongé et moins cylindrique, avec l'abdomen terminé dans les femelles par un stylet articulé (3).

Les Géomyzes (Geomyza) de M. Fallén peuvent leur être réunis (4).

Des sous-genres précédents paraissent se rapprocher les deux suivants de M. Meigen, *Tetanura* et *Tanypeza*. Dans l'un et l'autre, les pattes semblent être proportionnellement plus longues et plus grêles que celles des précédents. L'abdomen des tétanures est obtus et épaissi au bout.

La première nervure extérieure des ailes est simple et ne forme point de cellule stigmatiforme; les cellules terminales extérieures sont écartées (5).

---

(1) Meig.

(2) Idem.

(3) *Voyez* Meigen. J'ai changé la dénomination de *psila*, parce qu'elle diffère trop peu de celle déjà donnée à un genre d'hémiptères.

(4) Fall., Dipt.

(5) Meig.

L'abdomen des tanypèzes femelles est terminé par une pointe ou stylet. La première cellule terminale, celle qui vient après la cubitale, est presque fermée au bout, ou en forme de triangle étroit, alongé et tronqué. Je soupçonne que ce sous-genre appartient à la division des dolichopodes (1).

D'autres ont les côtés de la face garnis de poils ; le premier article de leurs antennes est beaucoup plus grêle que les suivants, presque cylindrique, un peu épaissi au bout ; les deux suivants forment une petite massue arrondie, ou forme de tête.

Les Lonchoptères. (LONCHOPTERA. Meig. — *Dipsa*. Fall.)

Les yeux lisses sont situés sur une élévation. Les ailes sont longues, et n'offrent, au-delà de leur base, aucune nervure transverse ; la troisième nervure longitudinale, à commencer au bord extérieur, se bifurque. Ce sous-genre est très éloigné des dolichopodes, près desquels il a été placé par M. Meigen (2).

Le corps des autres scatomyzides est plus épais et moins oblong, et sa forme est plus rapprochée de celle de la mouche commune.

Un seul sous-genre, celui

D'HÉLÉOMYZE. (HELEOMYZA. Fall.)

Nous offre des moustaches (3).

---

(1) Idem.

Voyez, Quant au *G. tetanops* de M. Meigen, qui semble, sous quelques rapports, être de cette division, celle des carpophiles.

(2) *Voyez* cet auteur.

(3) Fall., Dipt. ; la *Mouche des latrines* (*músca serrata*, Lin.) de de Géer, que M. Fallén rapporte à ce sous-genre, diffère des autres espèces par la soie des antennes, qui est simple. La palette est aussi plus grande et plus orbiculaire. Cet insecte, dont le corps est cendré, avec l'abdomen fauve, est très commun dans l'intérieur des maisons. Les soies et les dentelures du bord extérieur des ailes ne forment point de caractère qui lui soit propre ; il est commun à plusieurs autres scatomyzides. La *Mouche bossue* de de Géer (insect., VI, II, 5), citée dans la première édition de cet ouvrage, et dont la larve, vivant de pucerons, a postérieurement deux cornes, n'est point une oscine, mais plutôt une héléomyze.

Deux autres sous-genres s'éloignent des derniers de la division, par la soie velue ou plumeuse de leurs antennes.

Les Dryomyzes. (Dryomyza. Fall., Meig.)

Où la face est concave au-dessous des antennes, et se termine inférieurement, ou à la cavité buccale, par un museau court, tronqué, de même que dans les scatophages et la plupart des dolichocères (1).

Les Sapromyzes. (Sapromyza. Fall., Meig.)

Où la face est droite et ne s'avance point inférieurement (2).

Les derniers scatomyzides ont la soie des antennes simple (3); ces organes sont toujours très courts, écartés, droits, avec le dernier article semi-ovoïde, ou en triangle court et obtus au bout. Ces diptères sont très petits, presque glabres, noirs ou cendrés et plus ou moins variés de jaune, avec les pattes assez fortes, et les yeux assez grands. Le dessus de la tête est plat, et offre souvent au milieu de son extrémité postérieure, un espace triangulaire, brun, sur lequel sont placés les yeux lisses. Les deux nervures transverses ordinaires des ailes sont rapprochées près de leur milieu. On trouve ces insectes sur les fleurs. Plusieurs de leurs larves minent l'intérieur de divers végétaux, et quelques-unes sont extrêmement nuisibles à l'agriculture, en ce qu'elles font périr diverses sortes de plantes céréales, avant leur fructification. Celles d'une espèce (*Musca frit.*, Lin.), détruit quelquefois, en Suède, le dixième du produit de l'orge, perte évaluée à 100,000 ducats d'or. Les larves de quelques autres espèces (les oscines *pumilionis*, *lineata* de Fab.) sont encore très pernicieuses. Nous renverrons, pour des renseignements plus détaillés, au mémoire de feu Olivier, sur quelques insectes qui attaquent les céréales (4)

(1) Meig.
(2) Meig.
(3) Elle est épaissie à sa base.
(4) Quelques espèces à soie des antennes plumeuse et qu'il rapporte au genre *tephritis*, sont peut-être des sapromyzes.

Ces scatomyzides composent notre genre

Oscine. (Oscinis. Latr., Fab.)

Auquel nous rapportons celui de *chlorops* de M. Meigen. Une espèce que j'ai reçue d'Allemagne sous le nom de *brevipennis*, pourrait cependant former un sous-genre propre, à raison de la soie de ses antennes, qui est épaisse, presque en forme de stylet et coudée. L'extrémité antérieure et supérieure de la tête est tantôt tronquée, tantôt pointue. Un autre diptère que j'ai eu aussi d'Allemagne, avec l'étiquette de *Piophila vulgaris* (1), est dans le premier cas ; mais cet insecte ne me paraît pas d'ailleurs s'éloigner suffisamment des oscines (2).

La cinquième division, celle des DOLICHOCERA (*Dolichocera*), et qui embrasse le genre que M. Duméril avait désigné sous le nom de *tétanocère*, est très rapprochée de la précédente ; mais la longueur du second article des antennes, qui égale et surpasse le plus souvent celle du troisième ou la palette, la distingue de celle-ci. Ces organes, toujours écartés et avancés, sont, peu exceptés, aussi longs, ou plus longs que la tête, et ter-

---

(1) Le *P. scutellaris* de MM. Fallén et Meigen. La face n'est presque pas soyeuse. Le dessus de la tête et du thorax est velu dans les héléomyses, sous-genre qu'il est facile de confondre avec le précédent. Dans les oscines, ou les piophiles et les chlorops, le dessus de la tête, ainsi que nous l'avons déjà dit, offre postérieurement un espace triangulaire, quelquefois même un peu élevé, ordinairement brun et luisant, sur lequel sont les yeux lisses. Les antennes sont toujours écartées, avec la soie simple. Le corps est uniquement pubescent. Les pattes sont proportionnellement plus robustes que celles des héléomyzes, et l'on voit que ces insectes se rapprochent des tétanocères. MM. Fallén et Meigen n'ont pas suffisamment comparé les caractères des genres qu'ils ont établis, ni cherché à les rapprocher dans une série naturelle, d'où il résulte qu'on a bien de la peine à saisir les différences de plusieurs d'entre eux. L'ouvrage du second n'étant pas encore terminé, j'ai été souvent embarrassé, pour plusieurs genres, sur lesquels il m'aurait sans doute éclairé.

(2) *Voyez* l'article *Oscine* de la seconde édition du nouv. Diction. d'hist. nat., division II, et Latr., Gener. crust. et insect., IV, 361 ; *oscinis lineata*, et espèces suiv. Voyez aussi, à l'égard des piophiles, Fallén, Meigen et Wiedemann (Analect. entom.).

minés en pointe. Le plan supérieur de la tête, forme un triangle obtus ou tronqué au bout. La face est unie ou faiblement soyeuse.

Les uns ont des antennes plus courtes que la tête.

Les OTITES. (OTITES. Latr.)

Où la soie des antennes est simple, et dont l'extrémité inférieure de la tête, ou sa portion buccale, ne fait point de saillie (1).

Les EUTHYCÈRES. (EUTHYCERA. Lat.)

Où le second article des antennes est plus grand que le suivant, presque carré, et où celui-ci est triangulaire, pointu, avec une soie plumeuse. L'extrémité inférieure de la tête est avancée en manière de museau tronqué (2).

Les autres ont des antennes manifestement aussi longues ou plus longues que la tête.

Les SÉPÉDONS. (SEPEDON. Latr. — *Baccha*. Fab.)

Qui ont les antennes notablement plus longues que la tête, avec le second article beaucoup plus long que le dernier, cylindrique (celui-ci en triangle alongé, pointu, et pourvu d'une soie simple) (3).

Les TETANOCÈRES. (TETANOCERA. Dum., Latr. — *Scatophaga*. Fab.)

Dont les antennes de la longueur de la tête, ou un peu plus longues, ont leur second article comprimé, en carré long et étroit, de la longueur du troisième ou seulement un peu plus long (celui-ci, comme dans le sous-genre précédent, mais avec la soie quelquefois plumeuse) (4).

---

(1) Latr., Hist. nat. des crust. et des insect.; l'article OSCINE de la deuxième éd. du nouv. Dict. d'hist. nat., div. I; et Latr., Gener. crust. et insect., IV, 351; j'y rapporte aussi l'*oscinis umbraculata* de Fab.

(2) *Scatophaga chærophylli*, Fab., et quelques tétanocères.

(3) Latr., Gener. crust. et insect., IV, 349.

(4) Ibid. Ce sous-genre a besoin d'un nouvel examen. Quelques espèces pourront se rapporter aux sépédons (*S. rufa, rufipes*, Fab.); d'autres formeront des sous-genres propres. Il en est qui se lient avec les oscines et les dryomyzes.

La sixième division, celle des Leptopodites (*Leptopodites*), est remarquable par la ténuité et la longueur des pattes; les deux dernières, étant une fois au moins, plus longues que le corps, qui est pareillement grêle et filiforme; les deux premières sont éloignées des autres; tous les tarses sont courts. La tête est sphérique, ou ellipsoïdale et terminée en pointe; sa longueur égale ou surpasse son diamètre transversal. L'abdomen se termine en pointe dans les femelles, et en massue dans les mâles. Les antennes sont très petites et insérées sous le front. Ces muscides se tiennent sur les plantes, et plusieurs fréquentent les lieux aquatiques.

Les Micropèzes (Micropeza) de M. Meigen, et que j'avais désignées sous le nom de *Calobates*, ont la tête ellipsoïdale, terminée en pointe, avec le dernier article des antennes semi-orbiculaire et la soie simple. L'écart qui sépare les pattes antérieures des autres, est ici plus sensible que dans le sous-genre suivant.

La *M. filiforme* (*Calobata filiformis*, Fab.) Schell., Dipt., VI, 1, noirâtre, avec les anneaux de l'abdomen bordés en dessus de blanchâtre; les pieds fauves et ayant un anneau noir aux cuisses postérieures. Dans les bois, aux environs de Paris. M. Meigen rapporte à cette espèce la mouche *corrigiolata* de Linnæus, et qui est encore une calobate pour Fabricius (1).

Les Calobates (Calobata) du même et de Fabricius, ou mes *micropèzes*, ont la tête sphéroïdale, avec le dernier article des antennes plus alongé que dans le sous-genre

---

(1) Latr., Gener. crust. et insect., IV. 352; Meig., Dipt. D'après la figure qu'a donnée M. Wiedemann, d'une espèce de *Nerius* (*fuscus*, Anal. entom., 1) de Fabricius, ces insectes auraient le port des micropèzes; mais ils s'en éloigneraient par leurs antennes presque aussi longues que la tête, et dont le second article aussi long au moins que le troisième; celui-ci serait presque orbiculaire, un peu plus long que large. Il est donc évident que ce genre se lie avec celui des tétanocères, de même que les calobates de M. Meigen conduisent aux *Sepsis*, que j'avais réunis aux précédents, sous le nom commun de micropèze. Ici les ailes sont vibratiles, ce qui nous indique qu'il faut passer de là aux *céphalies*, aux *ortalides* et aux *trypètes* de ce savant, diptères offrant le même caractère.

précédent, presque triangulaire et arrondi au bout ; la soie est souvent plumeuse (1).

Des ailes relevées ou écartées dans le repos, susceptibles alors d'un mouvement réitéré de vibration, ou de s'élever et de s'abaisser alternativement, tachetées ou ponctuées de noir ou de jaunâtre ; un port généralement analogue à celui de nos mouches ordinaires, mais avec les yeux toujours écartés, les balanciers découverts, et l'abdomen de quatre à cinq anneaux extérieurs, et souvent terminé, dans les femelles, par une pointe dure, cylindrique ou conique, servant d'oviducte ; des antennes en palette, toujours courtes, et dont la soie est rarement velue, tel est le signalement de notre septième division des muscides, les CARPOMYZES (*carpomyzæ*), ou mouches des fruits, ainsi nommées de ce que les larves de plusieurs espèces se nourrissent de fruits et de graines, dans le germe desquels les mères avaient déposé leurs œufs.

Plusieurs espèces se rapprochent de celles des derniers sous-genres, à l'égard de la forme étroite et alongée de leur corps, de la longueur de leurs partes, de leur tête globuleuse, ou plus alongée que dans les autres carpomyzes, où sa forme est hémisphérique. Ces espèces alongées composent trois sous-genres (2).

Les Diopsis. (Diopsis. Lin., Fab.)

Appelés aussi *mouches à lunettes*, parce que leurs yeux sont placés à l'extrémité de deux prolongements latéraux, écartés, grêles et cylindriques, de la tête ; les antennes sont insérées au-dessous. L'écusson est terminé par deux épines. Ces singuliers diptères, dont M. Dalman nous a donné une bonne Monographie (Annal. entom., I), sont exotiques. On n'en connaît qu'un petit nombre d'espèces, dont une rouge, avec le thorax noir, et une tache de cette couleur à l'extrémité des ailes, se trouve en Guinée et au Sénégal. M. le comte

---

(1) *Voyez* Meigen.

(2) Suivant M. Meigen, deux de ces sous-genres, les *céphalies* et les *sepsis* n'ont que quatre anneaux apparents à l'abdomen, tandis que celui des sous-genres venant après, les *platystomes* exceptés, en offre cinq.

de Jousselin , m'a donné , de la manière la plus généreuse, un individu de cette espèce , qu'il avait reçu de cette dernière contrée. M. Dalman', qui en décrit cinq , la nomme *Apicalis.*

Les Céphalies. (Cephalia. Meig.)

Ont la palette des antennes étroite et alongée, presque linéaire, avec la soie pubescente ; le devant de la tête notablement prolongé , sans soies , et les palpes très dilatés , en forme de spatule (1).

Les Sepsis. (Sepsis. Fall., Meig. — *Tephritis.* Fab. — *Micropeza.* Lat.)

Où cette palette est beaucoup plus courte, semi-elliptique, avec la soie simple ; où le devant de la tête , peu avancé, est garni de soies, et dont les palpes sont presque filiformes, et vont simplement en grossissant.

Nous citerons la mouche *cynipsea* de Linnæus , qui est très petite, d'un noir cuivreux , luisant, avec la tête noire , les hanches et les pattes antérieures fauves; un point noir près du bout des ailes. Elle répand une forte odeur de mélisse, et se trouve en quantité sur les feuilles, les fleurs, et où on la voit faire vibrer presque continuellement , mais lentement, ses ailes (2).

Les autres carpomyzes ont le port des mouches ordinaires, la tête courte, hémisphérique, l'abdomen triangulaire ou conique, et les pattes de grandeur moyenne.

Tantôt le plan supérieur de la tête est presque horizontal ou légèrement incliné , de sorte que les antennes, si on la considère de profil , paraissent être insérées presque de niveau avec ce plan, ou près du front. Les palpes et la trompe sont retirés dans la cavité buccale. Les ailes sont relevées dans le repos , et l'abdomen paraît composé extérieurement de cinq anneaux.

---

(1) Meig., Dipt., xlvii, 10-16. Voyez, quant à Fabricius , son genre *calobata.*

(2) *Voyez* , pour les autre espèces, Meigen.

Les Ortalides (Ortalis. Fall. — *Scatophaga. Tephritis. Dictya.* Fab. — *Tephritis.* Latr.)

Dont l'abdomen n'est point terminé, dans les femelles, par un prolongement toujours extérieur, en forme de queue ou de stylet, servant d'oviducte (1).

Le corps de plusieurs espèces est un peu plus alongé que dans le sous-genre suivant, et ces diptères sont, à cet égard, intermédiaires entre celui-ci et les précédents.

La palette des antennes est tantôt longue et linéaire, comme dans l'O. des *marais* (*Paludum.* Fall.); tantôt plus courtes et plus large, comme dans l'O. *vibrante* (*Musca vibrans.* Lin.) De G., Ins., VI, 1, 19, 20, dont le corps est noir, avec la tête rouge, et ayant près de chaque bord interne des yeux une raie blanche; on voit une tache noire au bout des ailes; la première nervure extérieure de leur base, en se réunissant à la côte, s'y épaissit et présente l'apparence d'un stigmate de cette couleur.

M. Fallén rapporte à ce sous-genre la *mouche du cerisier* (*Cerasi.* Lin.), ou celle dont la larve se nourrit plus particulièrement des bigarreaux; lorsqu'elle doit se métamorphoser, elle quitte le fruit, entre en terre et y achève ses transformations. L'insecte parfait est très noir, luisant, avec quatre bandes noirâtres et transverses sur les ailes, se réunissant par paires, en sens opposé (2).

Les Tétanops. (Tetanops. Meig)

Où l'abdomen des femelles se termine par un oviducte tubulaire toujours saillant, en forme de queue; la tête, vue en dessus, paraît être presque triangulaire et aussi longue que large (3).

------

(1) Suivant M. Meigen, l'hypostome est voûté, ou plutôt caréné dans son milieu, tandis qu'il est plan dans les trypètes. Mais cette carène, quoique moins forte, m'a paru exister aussi dans plusieurs espèces de ce dernier genre.

(2) *Voyez* Meigen.

(3) Idem. Sous-genre se rapprochant de ceux des dolichocères par la forme pyramidale de la tête, et des téphrites, par les autres caractères, et surtout par l'abdomen terminé en un tube tronqué.

Les Téphrites. (Trephritis. Latr. , Fab. , Fall. — *Trypeta.* Meig. — *Dacus*. Fab.

Ayant l'abdomen terminé de même, mais dont la tête, vue en dessus, est plutôt transverse que longitudinale et arrondie.

Les espèces dont la palette est plus alongée, forment le genre *Dacus* de Fabricius. De ce nombre est celle qui attaque plus communément les olives, et qu'il a cependant placée avec ses oscines. Elle est rongeâtre, avec le dessus du thorax, quelques raies du dos et l'écusson exceptés, noirâtre ; les côtés du dessus de l'abdomen sont tachetés de cette couleur. L'écusson est assez saillant. Coquebert l'a figurée dans son Illust. iconog. des insect. XXIV, 16.

La *T. du chardon* (*Musca cardui*. Lin.) Réaum. Insect. III, XLV, 12-14, noire ; tête et pied d'un jaune fauve ; yeux verts ; une ligne brune en zigzag sur les ailes. La larve pique les tiges du *Chardon hémorroïdal*, pour y enfoncer ses œufs. Il s'y forme une galle, qui sert d'habitation et de nourriture à la larve.

Les colons de l'Ile-de-France ne peuvent presque pas, d'après des observations que m'a communiquées M. Cattoire, obtenir des citrons sains et en parfaite maturité, à raison de l'extrême multiplicité d'un diptère du même sousgenre qui y dépose ses œufs (1).

Tantôt la tête est plus comprimée transversalement, de manière que son plan supérieur est plus incliné que dans les précédents ; et que les antennes, lorsqu'on la regarde de profil, paraissent être insérées vers le milieu de la face. La trompe est très grosse et en partie saillante. Les ailes sont écartées horisontalement, et l'abdomen n'offre à l'extérieur que quatre segments.

Les Platystomes. (Platystoma. Meig. — *Dictya*. Fab. (2).

Ce dernier sous-genre nous conduit manifestement à celui de *Timie* de M. Wiedemann, très rapproché lui-même de nos *mosilles*, de nos *lauxanies* et de quelques autres genres de

______

(1) *Voyez* Meig.
(2) Idem.

M. Meigen. Ils composeront notre huitième division, celle des GYMNOMYZIDES (*Gymnomyzides*). Ce sont de petites muscides, à corps court, ramassé, arqué, presque glabre, d'un noir luisant, à tête très comprimée transversalement, de même que celle des platystomes, de couleur uniforme et généralement de celle du corps, sans saillie inférieure, et à ouverture buccale large ; ayant les ailes couchées sur le corps, et le dépassant postérieurement ; l'écusson assez avancé ; l'abdomen déprimé, court, terminé dans quelques par une petite pointe en forme de stylet, et les pattes presque glabres ou très peu velues.

Les unes ont les antennes aussi longues au moins que la tête (et écartées).

Les CÉLYPHES. (CELYPHUS. Dalm.)

Bien distingués de tous les diptères par leur écusson, recouvrant tout le dessus de l'abdomen, comme dans les scutellères. La seule espèce connue (*obtectus*. Dalm., Anal. entom.) est de Java.

Les LAUXANIES. (LAUXANIA. Latr., Fab., Meig.)

Dont l'écusson est de grandeur ordinaire, et dont les antennes ont une soie plumeuse (1).

Les autres ont les antennes plus courtes que la tête.

Ici elles sont toujours très courtes, insérées sous une espèce de cintre traversant la face, et très écartées ; la première cellule du limbe postérieur des ailes, où celle qui vient immédiatement après la cubitale, est le plus souvent presque fermée. Les antennes sont logées dans des fossettes ; l'intervalle compris entre elles est élevé. Le front est souvent ponctué.

Les espèces dont la première cellule du limbe postérieur est presque fermée, forment, dans M. Meigen, deux genres, mais que nous réunirons en un seul sous-genre, celui

De MOSILLE. (MOSILLUS Latr.)

---

(1) Latr., Gener. crust. et insect., IV, 357 ; Fab. et Meig. Le dernier

Ses Timies (Timia), dont l'abdomen a, suivant lui, six anneaux, et dont la palette des antennes est courte, presque demi-ovoïde; et ses Ulidies (Ulidia), où elle est plus alongée, presque elliptique, et où l'abdomen n'offre que cinq anneaux. M. Fallén avait désigné ce dernier genre sous le nom de *chrysomyza*.

J'ai souvent trouvé en grand nombre le *mosille arqué* sur la poussière des crevasses ou des trous des vieux murs (1).

Les espèces dont les premières cellules du limbe postérieur des ailes sont entièrement ouvertes et longitudinales, composent, dans M. Meigen, deux autres genres :

Celui d'Homalure (Homalura), où l'abdomen a cinq segments; et celui d'Actore (Actora), où il en offre six. La tête est encore plus comprimée que dans les sous-genres précédents. La soie, suivant lui, est nue; mais je l'ai vue plumeuse dans quelques individus (2).

Là les antennes sont presque contiguës; les cellules du limbe postérieur des ailes sont toujours ouvertes.

Les gynomyzides, où ces antennes sont très courtes, insérées, comme dans le dernier sous-genre, sous une sorte de cintre et près du milieu de la face, composent le genre des Gymnomyzes (Gymnomyza) de M. Fallén (3). Celles où ces organes sont insérés plus haut, sans apparence distincte de cintre à leur origine, et se terminent par une palette alongée, composent le genre Lonchée (Lonchæa) du même et de M. Meigen. Suivant celui-ci, le front est plus étroit dans les mâles que dans les femelles, et l'on voit par ce caractère, que ces insectes tiennent, à quelques égards, de plusieurs espèces d'anthomyzes (4). Les antennes des célyphes et des lauxanies sont pareillement insérées plus haut que dans les autres gymnomyzes.

---

y réunit quelques espèces à antennes plus courtes et qui pourraient former un sous-genre propre.

(1) *Voyez* Latr., Gener. crust. et insect., IV, 357, Meig. et Fall.

(2) *Voyez* Meig.

(3) Fall., Dipt.

(4) Fall. et Meig.

Notre seconde section des muscidés, et qui formera notre neuvième et dernière sous-tribu, ou division générale, les HYPOCÈRES (*hypocera*), ne comprend qu'un seul sous-genre, très distinct des précédents, par plusieurs caractères. Les palpes sont toujours extérieurs; les antennes sont insérées près de la cavité orale, très courtes, et terminées par un gros article presque globuleux, avec la soie très longue. Les ailes, dont la côte est munie supérieurement de cils nombreux, offre près de sa base une forte nervure oblique qui gagne la côte, au point où dans les hyméroptères, est situé le stigmate, et de cette nervure en partent trois autres qui s'étendent presque parallèlement dans la longueur de l'aile; de là l'origine de la dénomination de *trineura*, imposée à ce sous-genre par M. Meigen. Le corps est arqué; les pattes sont fortes, épineuses, avec les cuisses grandes, comprimées, surtout les postérieures. Ces insectes sont d'une vivacité extrême, et forment dans notre Genera le genre

DES PHORES (PHORA. Latr. — *Trineura*. Meig.)

Les diptères dont nous avons traité, nous ont offert un suçoir reçu dans le canal supérieur d'une gaîne tubulaire, plus ou moins membraneuse, coudée à sa base, le plus souvent terminée par deux sortes de lèvres, et accompagnée de deux palpes. Les antennes, à l'exception du dernier sous-genre, celui de *phore*, nous ont toujours paru être insérées près du front. Les larves de ces diptères, quoique pouvant naître sous cette forme dans le ventre de leur mère, passent néanmoins leur vie au dehors, et tirent leur nourriture de diverses substances, soit animales, soit végétales. Ces diptères ont composé notre première section générale, partagée en cinq familles. Ceux de la seconde diffèrent, sous tous ces rapports et quelques autres, mais moins généraux, et ces dissemblances ont même déterminé le docteur Leach à faire de ces derniers diptères un ordre particulier, celui D'OMALOPTÈRES (*omaloptera*). Ceux qui le terminent et qui sont privés d'ailes et de balanciers, ont une certaine affinité avec les insectes héxapodes et aptères qui composent notre ordre des parasites, ou le genre *pediculus* de Linnæus.

Cette seconde section formera notre sixième et dernière famille des diptères, celle

Des PUPIPARES. (PUPIPARA.)

Insectes que Réaumur, à l'égard des hippobosques, avait distingués par une dénomination analogue, celle de *nymphipares*.

La tête de ces insectes, vue en dessus, est divisée en deux aires ou parties distinctes, dont l'une postérieure et principale, ou composant plus spécialement la tête, porte les yeux, et reçoit, dans une échancrure antérieure, l'autre partie. Celle-ci se partage aussi en deux, dont la postérieure plus grande et coriace porte latéralement les antennes, et dont l'autre constitue l'appareil manducateur. La cavité inférieure et buccale de la tête est occupée par une membrane ; on voit sortir de son extrémité un suçoir, naissant d'un petit bulbe ou pédicule avancé, composé de deux filets ou soies très rapprochés, et recouvert par deux

lames coriaces, étroites, alongées et velues, qui
lui font l'office de gaîne. Que ces lames ou valvules représentent, ainsi que je l'ai présumé, les
palpes des autres diptères, ou qu'elles soient les
pièces d'une gaîne proprement dite, comme le pense
M. Dufour, à l'occasion d'une espèce d'ornithomyie
(Annales des Scienc. nat., X, 243, XI, 1), où il a
découvert deux petits corps, qu'il prend pour des palpes (1), il n'en serait pas moins vrai, que la trompe
de ces insectes différerait sensiblement de celle des
diptères précédents, et que la gaîne, dans ce cas,
aurait plus de rapports avec celle de la trompe de
la puce, dont elle s'éloignerait cependant par l'absence d'articulations.

Le corps est court, assez large, applati, et dé-
fendu par un derme solide ou presque de la consistance du cuir. La tête s'unit plus intimement au
thorax, que dans les familles précédentés. Les antennes, toujours situées aux extrémités latérales et
antérieures de la tête, se présentent tantôt sous la
forme d'un tubercule portant trois soies, tantôt
sous celle de petites lames velues. La grandeur des
yeux varie; ils sont très petits dans quelques espèces.

Dans sa description de l'ornithomyie *bilobée*, M.
Léon Dufour observe que, quoiqu'on ait attribué

---

(1). Dans les mélophages, la base des lames du sucoir est recouverte
par deux petites pièces coriaces, triangulaires, réunies, et formant une sorte de labre. Elles semblent représenter, en petit, les deux
pièces qui recouvrent la base de la trompe de la puce.

aux insectes de ce genre, des yeux lisses, il n'a pu en découvrir aucun. Un nouvel examen des espèces que j'ai pu me procurer, m'a en effet convaincu que l'on s'était mépris (1), et l'on peut établir en règle générale, que les pupipares sont privés de ces organes. Le thorax offre quatre stigmates, deux antérieurs et deux postérieurs. Ce savant naturaliste n'a aperçu, dans l'hippobosque des chevaux, dont il nous, a fait connaître l'anatomie (Annal. des scienc. nat. VI , 299 et suiv.), que les deux premiers, ceux qui sont situés aux extrémités latérales et antérieures du mésothorax; mais j'ai découvert dans le même insecte, les deux autres ou les deux postérieurs. Ils sont situés, comme dans les autres diptères, près de l'origine des balanciers. L'abdomen de l'*H. du mouton* (voyez *mélophage*) m'en a offert dix, sous la forme de petits tubercules ronds, cornés, ombiliqués, et dont les quatre derniers rapprochés de l'anus. Ceux du thorax, toujours au nombre de quatre, sont très apparents. Suivant le même observateur, l'intérieur de cette partie du corps offre dans l'*H. des chevaux*, des trachées utriculaires et des trachées tubulaires; mais celles de l'abdomen, et très multipliées, sont toutes de cette dernière sorte.

Les ailes sont toujours écartées et accompagnées

---

(1) Le docteur Leach admet cependant leur existence à l'égard de quelques espèces. Voyez ci-après.

de balanciers. Leur côte est plus ou moins bordée de poils ou de cils. Les nervures supérieures qui l'avoisinent sont fortes et bien distinctes ; mais celles qui se prolongent ensuite jusqu'au bord postérieur, sont faibles ou peu marquées, et ne sont point réunies transversalement. Dans les derniers diptères de cette famille, ces organes sont nuls, ou simplement rudimentaires. Les balanciers aussi disparaissent. Les pieds sont fort écartés et terminés par deux ongles robustes, ayant en dessous une ou deux dents, qui les font paraître doubles ou triples. La peau de l'abdomen est formée d'une membrane continue, de sorte que cette partie du corps peut se distendre et acquérir un volume considérable, ainsi que cela a lieu et devenait nécessaire dans les hippobosques femelles ; car leurs larves y éclosent et s'y nourrissent jusqu'à l'époque de leur transformation en nymphes. Elles en sortent alors sous la forme d'un œuf mou, blanc, presqu'aussi gros que l'abdomen de leur mère ; sa peau se durcit et devient une coque solide, d'abord brune, ensuite noire, ronde, et souvent échancrée par un bout, offrant une plaque luisante ou l'opercule, qui se détachera en manière de calotte, à l'époque de la dernière transformation. Cette coque n'a point d'anneaux ou d'incisions transverses, caractère qui la distingue des autres nymphes de diptères, de celles des athéricères, particulièrement, dont elles se rapprochent le plus. C'est dans les beaux mémoires de Réaumur,

de de Géer et de M. Léon Dufour, relatifs à ces insectes, et tous accompagnés de figures détaillées, que
l'on puisera une connaissance approfondie de ces
transformations, et l'explication des changements
qui s'opèrent dans la femelle au moment de la
ponte. Le dernier, surtout, a surpassé ses devanciers
par des recherches anatomiques, qui nous ont dévoilé des faits très curieux, tels que l'existence de
glandes salivaires, d'une sorte de matrice (1) consistant en une grande poche musculo-membra-
neuse, destinée à une véritable gestation analogue à
l'utérus de la femme, et des ovaires totalement
différents de ceux des autres insectes. Ils sont formés
de deux corps ovoïdes, obtus, remplis d'une pulpe
blanche, homogène, libres et arrondis par un bout,
et aboutissant par l'autre à un conduit propre. Suivant lui ces ovaires, par leur configuration et leur
position, se rapprochent singulièrement de ceux de
la femme; Réaumur avait entrevu leur existence.
La matrice, d'abord très petite, se dilate, par les
progrès successifs de la gestation, énormément,
refoule tous les viscères, et finit par envahir toute
la capacité abdominale, à laquelle elle donne une
ampleur considérable. Le mémoire de cet habile
observateur offrira d'autres faits intéressants, mais

---

(1) Le docteur Nitzsch, qui, dans son mémoire sur les insectes épizoïques, a traité des divers genres de la famille des pupipares, fait mention des deux ovaires et des quatre vaisseaux biliaires des hippobosques;
mais il ne parle ni de cette matrice, ni des glandes salivaires.

dont nous ne donnerons point l'analyse, parce qu'ils ne s'écartent point ou peu des lois ordinaires.

Ces diptères, nommés par quelques auteurs *mouches-araignées*, vivent exclusivement sur des quadrupèdes ou sur des oiseaux, courent très vite et souvent de côté.

Les uns (*coriacés*, Lat.) (1) ont une tête très distincte et articulée avec l'extrémité antérieure du thorax. Ils forment le genre

Des HIPPOBOSQUES. (HIPPOBOSCA. Lin., Fab.)

Les HIPPOBOSQUES proprement dites. (HIPPOBOSCA.)
Qui ont des ailes, des yeux très distincts, occupant tous les côtés de la tête, et les antennes en forme de tubercules, avec trois soies sur le dos.

L'*H. du cheval* (*H. equina*, Lin.) De G., Insect., VI, XVI, 1-20, brune, mélangée de jaunâtre. Elle se tient sur les chevaux et les bœufs, et ordinairement sous la queue, près de leur fondement (1).

Les ORNITHOMYIES. (ORNITHOMYIA. Latr.)

Ne diffèrent des hippobosques que par leurs antennes en forme de lames, velues et avancées, et en ce que les ailes ont postérieurement des nervures longitudinales très prononcées, et gagnant le bord postérieur.

Ces insectes forment, dans la Monographie des diptères, du docteur Leach, quatre genres. 1° Les FÉRONIES (FERONIA. — *Nirmomyia*, Nitzsch.). Distinct des suivants, par les antennes en forme de tubercules, et les ongles des tarses n'ayant que deux dents au lieu de trois. 2° Les ORNITHOMYIES

---

(1) Le docteur Leach a publié une Monographie de ces insectes (On the gener. et spec. of eproboc., insect., 1817), enrichie de figures excellentes et parfaitement gravées.

(2) *Voyez* Latr., Gen. crust. et insect., IV, p. 362; Leach., Dufour, etc.

(Ornithomyia) qui ont, ainsi que les trois sous-genres suivants, des yeux lisses et des ongles tridentés; et, comme les
deux qui viennent après, des antennes en forme de lames,
mais dont les ailes sont presque également larges et arrondies.
3° Les Sténepteryx (Stenepteryx), semblables aux féronies, aux ailes près, qui sont étroites très aiguës. 4° Les
Oxyptères (Oxypterum), dont les ailes sont pareillement
aiguës, mais dont les antennes sont en forme de dents, dont
les yeux sont petits, et qui manquent d'yeux lisses, ainsi
que les hippobosques et les féronies.

Elles vivent sur divers oiseaux, les hirondelles, les mé-
sanges, et même sur des vautours.

L'*O. verte* (*Hippobosca avicularia*, Lin.) De G., Insect.,
ibid., 21 - 24, verte, avec le dessus du thorax noir;
trompe avancée; ailes presque ovales. Sur les moineaux,
les rouge-queues, etc. (1).

Les Strèbles. (Strebla. Dalm.)

Différeraient des ornithomyies, par leurs ailes croisées
sur le corps, et dont quelques nervures longitudinales seraient réunies par des petites nervures transverses. Les yeux
sont encore très petits, et situés aux angles postérieurs de la
tête. Sur une chauve-souris de l'Amérique méridionale (2).

Les Mélophages. Latr. (Melophagus. — *Melophila*. Nitz.)

Sans ailes et dont les yeux sont peu distincts.

Le *M. commun* (*Hippobosca ovina*, Lin.) Panz., Faun.
insect. Germ., LXI, 14; rougeâtre. Il se tient caché
dans la laine des moutons. Une autre espèce se trouve sur
le cerf (3).

Une espèce de mélophage vivant sur les cerfs, offrant
des rudiments d'ailes, et dont le thorax est un peu plus
large que la tête, forme le sous-genre Lipoptepna (Lipo-

---

(1) Latr., ibid., l'article *Ornithomyie* de l'Encyclop. méth., Leach.
Les yeux des ornithomyies m'ont paru un peu moins grands que ceux des
hippobosques. Les côtés du thorax se terminent par devant, en pointe.
Le suçoir part d'une petite pièce échancrée en cœur, qui, dans les hippobosques, n'est pas à découvert.

(2) Dalm., anal. entom.

(3) Latr. ibid.; et Leach.

TENA) du docteur Nitzsch. Près des mélophages , paraît devoir venir son genre BRAULE (BRAULA , Germ. Magaz. Entom.), dont la seule espèce connue vit sur l'abeille domestique, et a été figurée par M. Germar (Faun. insect. Europ., VI, 25). Elle est absolument aveugle. Son thorax est divisé en deux parties transverses. Le dernier article des tarses a en dessous une rangée transverse de piquants, formant un peigne. Réaumur avait, depuis long-temps, observé sur l'abeille un animal parasite, très analogue , si ce n'est pas le même, pourvu d'une trompe, et dont il a donné des figures, tome V, pl. xxxviii, fig. 1 — 4, de ses Mémoires.

Les autres pupipares (*phthiromyies* , Lat.), ont la tête très petite ou presque nulle. Elle forme près de l'extrémité antérieure et dorsale du thorax un petit corps qui s'élève verticalement.

Elles composent le genre

Des NYCTÉRIBIES (NYCTERIBIA. Lat. — *Phthiridium*. Herm.)

Ces insectes n'ont ni ailes ni balanciers, et ressemblent encore plus que les précédents à des araignées. Ils vivent sur les chauves-souris. Linnæus en a placé une espèce, et la seule qu'il a connue, avec les *poux* (1).

______

(1) Latr., ibid. ; et l'article *nyctéribie* de l'Encycl. méthod. , et du nouv. Dict. d'Hist. natur., deuxième édit. Voyez aussi le mémoire du doct. Nitzsch sur les insectes épizoïques.

CORRECTIONS ET ADDITIONS.

TOME IV.

Près des condylures, page 153, on placera le genre
Cume (*Cuma*) de M. Milne Edwards (même tome des Annales des sciences naturelles, xIII, B). Ses antennes supérieures sont rudimentaires, et ne consistent qu'en un seul
article. La tête est distincte du thorax, qui est divisé en quatre
segments, dont le premier porte les quatre pattes antérieures, et chacun des trois suivants une autre paire ; tous ces
pieds sont natatoires, dirigés en avant, et sans crochet au
bout ; les deux premières paires sont seules bifides.

Le genre Pontie (*Pontia*), fondé par le même naturaliste
(ibid. xIV), nous paraît avoisiner celui de Cyclope. La tête
est distincte du tronc, et terminée par un rostre, qui est
un peu aigu, et paraît formé de deux articles ; elle offre
deux yeux sessiles; quatre antennes, dont les supérieures sétacées, multiarticulées et ciliées, et dont les inférieures pé-
diformes, composées d'un article ou pédoncule, servant de
support à deux divisions ou branches, terminées chacune par
un pinceau de poils, et dont l'une de deux articles, avec le
dernier élargi au bout, et l'autre d'un seul. Le thorax est divisé en cinq anneaux, et porte cinq paires de pattes natatoires et bifides. L'abdomen est formé de deux segments, et
terminé par deux appendices ou nageoires, en spatule.

P. 205. *Note première*, *lisez* : Parkinson (Outlines Oryc-
tology) croit, etc. *Voyez* aussi le t. XVe des An. des sc. nat.

Au moment où nous rédigeons ce supplément, nous re-
cevons la première livraison de l'Histoire des crustacés de
la Méditerranée et de son littoral, de M. Polydore Roux,
et dans laquelle il établit un nouveau genre, celui d'Ama-
thie (Amathia) qui ne diffère pas de celui que j'ai nommé
Péricère, page 58 de ce tome ; il me paraît même avoir
pour type la même espèce. Les figures lithographiées qui ac-
compagnent cet ouvrage, sont très fidèles et très nettes.

P. 213. *Famille des Arachnides fileuses.* M. Savigny y a établi (Hist. nat. du grand ouvrage sur l'Égypte), les genres suivants : 1º ARIADNE, voisin de celui de Ségestrie, n'ayant aussi que six yeux, mais dont les deux intermédiaires postérieurs sont plus en avant; 2º LACHÉSIS, près des drasses, mais ayant les crochets des chélicères (*forcipules*, Sav.) très petits; 3º ERIGONE, voisin encore des drasses, ainsi que des clubiones; thorax très élevé en devant. Second article des palpes épineux, dilaté en manière d'angle ou de dent à son extrémité; 4º. HERSILIE, (*Hersilia*). près des agelènes et théridions de M. Walckenaer. Pieds longs, grêles, avec les ongles supérieurs bidentés; yeux rassemblés sur une éminence, disposés sur deux lignes transverses, recourbées en arrière. Deux filières très longues, formant une queue; 5º ARACHNÉ. Il ne nous paraît pas différer de celui d'Agélène; 6º ARGYOPE (*Argyopes*). Epeïres dont les yeux latéraux antérieurs sont beaucoup plus petits que les autres.; 7º ENYO. Cinquième famille des Théridions de M. Walckenaer. 8º OCYALE. La seconde famille des Dolomèdes, du même.

P. 335. Seconde famille des MYRIAPODES. L'organisation des *Scutigères* (p. 337) diffère tellement de celle des *Scolopendres* ordinaires, qu'il est convenable de diviser cette famille en deux genres, qui conserveront ces dénominations.

P. 362 *note première.* Je citerai encore le bel ouvrage de M. Curtis sur les genres d'insectes propres à l'Angleterre; leurs caractères y sont représentés avec une grande exactitude.

P. 391. Section des *Carabes simplicimanes.* Elle forme dans la méthode de M. le comte Dejean, sa tribu des *Carabiques féroniens*, et où il a établi (Spec. général des coléoptères, III) plusieurs genres nouveaux. Les Féroniens mâles dont les deux premiers articles des deux tarses antérieurs sont seuls dilatés, comprennent les genres : POGONUS, CARDIADERUS, BARIPUS et PATROBUS. Dans les deux premiers, le dernier article des palpes labiaux est ovalaire et pointu, tandis que, dans les deux autres, il est presque cylindrique, tronqué à l'extrémité, et légèrement sécuriforme. Le second (*Daptus chloroticus*, Fischer) diffère du premier par le corselet, qui est convexe, cordiforme, assez fortement rétréci en arrière. Dans les *Baripus*, il est convexe, presque ovalaire. Celui des *patrobus* est plan, rétréci postérieurement, plus ou moins en forme de cœur.

Dans les autres féroniens mâles, les trois premiers articles des tarses antérieurs sont dilatés. Une première subdivision comprend les féroniens dont les crochets des tarses sont dentelés, et parmi eux le genre Dolichus est le seul dont la dent du milieu du menton soit simple, c'est-à-dire entière. Celui qu'il nomme Pristonychus est identique avec celui que je désigne, pag. 400, par la dénomination de *ctenipus*; il y rapporte le *sphodrus terricola* de son catalogue. Son nouveau genre Pristodactyla ressemble beaucoup à celui de *taphria*; mais le dernier article des palpes est alongé et presque cylindrique, et le corselet est ovalaire. Il n'en décrit qu'une seule espèce.

Parmi les feroniens dont les crochets des tarses sont simples, quatre genres Omphreus, Olisthopus, Masoreus et Antarctia, s'éloignent de tous les autres par l'absence de toute dent sensible ou de lobe au milieu de l'échancrure du menton. Le premier, dont M. le comte Dejean n'a vu que des individus femelles, est bien distinct par la longueur du premier article des antennes, égalant celles des trois suivants; et ensuite par ses palpes, dont le dernier article est assez fortement sécuriforme. Ce naturaliste place ce genre immédiatement après celui de sphodre; peut-être se range-t-il dans la division des patellimanes, et avoisine-t-il les rembus et les dicœles. Le second genre, celui d'Olisthopus appartient à la division de ceux dont les trois premiers articles des deux tarses antérieurs des mâles sont assez alongés, très légèrement triangulaires ou presque carrés, et a pour type l'*agonum rotundatum* de M. Sturm. Les deux autres rentrent dans la division de ceux dont les trois premiers articles des deux tarses antérieurs des mâles sont peu alongés; ils sont aussi longs que larges et fortement triangulaire ou cordiformes. Le corselet des *masoreus* est transversal, arrondi latéralement, légèrement prolongé dans son milieu. Celui des *antarctia* est plus ou moins carré ou cordiforme, point ou légèrement transversal. L'*harpalus circum-*

fusus de M. Germar que nous avons rapporté (p. 393) au sous-genre tétragonodère, serait une antarctie.

Six autres genres, TRIGONOTOMA, CATADROMUS, LESTICUS, DISTRIGUS, ABACETUS et MICROCEPHALUS, forment, parmi les féroniens à tarses analogues à ceux du dernier, une petite section, ayant pour caractère : menton trilobé ou légèrement échancré (1). Le dernier genre, celui de *Microcéphale*, est bien distinct des précédents, à raison de ses palpes extérieurs, tous terminés par un article en forme de hache. Le premier l'est aussi, en ce que les palpes labiaux des mâles finissent de même. L'*Omaseus viridicollis* de M. Mac Leay (Annul. javan.) est congénère. Dans les genres CATADROMUS et LESTICUS, le dernier article des mêmes palpes est cependant encore un peu sécuriforme, ou va en s'épaississant vers le bout. Le lobe intermédiaire du menton est avancé et presque en pointe dans le premier, et peu prolongé et presque tronqué dans le second, qui est formé, comme le précédent, d'insectes propres aux Indes orientales. Le dernier article des palpes labiaux des DISTRIGUS et des ABACETUS est presque cylindrique. Le lobe intermédiaire est presque nul dans les premiers; il est très sensible et arrondi dans les seconds. Ces carabiques sont encore étrangers à l'Europe et au nouveau Continent.

Le *Scarite hottentot* d'Olivier, que nous avons placé dans le sous-genre féronie, s'éloigne des espèces avec lesquelles on avait formé le genre *Steropus*, par les jambes intermédiaires qui sont fortement arquées. C'est d'après ce caractère que M. le comte Dejean a séparé cet insecte des féronies, et qu'il a institué le genre CAMPTOSCELIS. Les MYAS ayant le dernier article de leurs palpes extérieurs fortement sécuriforme, doivent aussi être distingués des féronies.

Ce savant a observé que dans le genre PELOR de M. Bonelli, la dent du milieu de l'échancrure du menton était bifide, tandis qu'elle est entière dans les zabrus. Il conserve, comme nous l'avons dit, son genre AMARA. Mais si l'on compare les caractères qu'il lui assigne avec ceux des féronies, l'on

______

(1) La dent ordinaire du milieu du menton est très grande, et forme ainsi un lobe, ce qui diminue l'étendue de l'échancrure.

sentira combien cette distinction générique est faible. Le dernier article des palpes des amara est légèrement ovalaire ; il est cylindrique ou légèrement sécuriforme dans les féronies. Son genre *tetragonoderus* ne diffère qne très peu de celui d'amara. La dent du menton est tronquée et sans fissure.

P. 400. CTÉNIPE. Comme nous avons déjà le genre *Ctenopus*, il faudra adopter la dénomination de *Pristonychus*, donnée à cette coupe par M. Dejean.

P. 418. Division des SUBULIPALPES. Il nous paraît que, dans une série naturelle, elle vient immédiatement après celle des carabiques quadrimanes. Dans le genre *Masoreus* de M. Dejean (p. 420), les deux tarses antérieurs des mâles ressemblent aux mêmes des harpales ; l'échancrure du menton n'offre point de dent , ainsi que celui des *Sténolophes*, des *Acupalpes*, etc. ; mais les palpes maxillaires se terminent presque comme ceux des bembidions ; les deux derniers articles sont réunis en un corps commun ; seulement le pénultième est beaucoup plus court que le suivant, en cône renversé, et le dernier est cylindrique et tronqué.

Les genres *Pogonus* et *Cardiaderus* de M. le comte Dejean nous paraissent se lier, nonobstant quelques différences tarsales , avec les *Amara* de M. Bonelli. D'après ce que l'on observe dans les cicindelètes , les carabiques grandipalpes, divisions évidemment naturelles, on voit que les tarses varient sexuellement, et que si l'on met en première ligne les caractères tirés de ces parties, l'on pourra former des coupes méthodiques, il est vrai , mais qui seront en opposition avec l'ordre naturel.

P. 452. Sous-genre LISSOME (*Lissodes*, Latr.). MM. Lepéletier et Serville ont formé (Encycl. méth. , Insect. x , 594) (1), avec diverses espèces de taupins , un petit groupe, composé de trois genres, et caractérisé par la présence des pelotes prolongées et en forme de lobes, qui garnissent le dessous des quatre premiers articles des tarses. Le premier de ces genres, celui de LISSODE , ou celui de *Lissome* de

____

(1) Nous regrettons que les limites de notre ouvrage ne nous ayent point permis de donner un extrait d'un grand nombre d'observations neuves et intéressantes que ces savants ont consignées dans ce recueil.

M. Dalman, est distingué des deux autres, à raison de ses antennes très rapprochées à leur base; elles sont écartées entre elle dans les deux autres. Celles du genre Tétralobe (*Tetralobus*) sont flabellées dans les mâles. Dans le troisième genre, celui de Péricalle (*Pericallus*), elles sont simplement en scie, dans les deux sexes. Au premier se rapporte l'*Elater flabellicornis* de Fabricius; et dès lors ce genre est un démembrement de celui que j'ai nommé *Hemirhipe* (454). Les *Elater ligneus, suturalis, furcatus*, etc. du même, appartiennent au genre péricalle, qui comprendrait dès lors toutes les espèces de celui que j'ai nommé (*ibid.*) *Cténicère*, dont les tarses offriraient le caractère général indiqué ci-dessus.

P. 474. Les Mélyres, *ajoutez :* propres. Le même oubli a lieu relativement à quelques autres sous-genres; mais, d'après la marche adoptée dans cet ouvrage, il est facile de le remarquer et d'y suppléer.

P. 530. « Cette tribu répond au genre des Scarabées. » En conservant à cette coupe son étendue primitive, nous nous sommes conformés à la première édition de cet ouvrage ; mais nous pensons que, quoique l'on puisse rejeter plusieurs des genres établis dans ces derniers temps, il en est cependant qu'il faut admettre, et tels sont en général ceux de Fabricius.

P. 570. Sous-genre Trichie. MM. Lepeletier et Serville y ont établi (Encycl. méth.) plusieurs nouvelles divisions, et dont quelques-unes leur paraissent devoir former des sous-genres propres.

TOME V.

P. 40, *note deuxième. Pelmatopus.* M. Fischer, qui avait d'abord désigné ainsi ce genre, sur ses planches, a, dans le texte, adopté la dénomination de Scotodes que lui avait donnée, avant lui, M. Eschscholtz.

P. 69. Lisez : Rhynchophores.

P. 72. Je n'ai point mentionné le genre *Rhinaria* de M. Kirby, parce que je n'ai point une idée précise de ses caractères. Je n'aurais pu, dans un ouvrage aussi concis que celui-ci, exposer toutes les coupes génériques ou sous-génériques de M. Schœnherr, sans dépasser les limites qui m'étaient prescrites.

P. 103, *ligne cinquième*, lisez : *Parandre.*

P. 112, *note quatrième*, lisez : *Ctenodes zonata, minuta.*

P. 123. Auprès des acanthocines se place le genre TAPEINE (*Tapeina*) de MM. Lepeletier et Serville (Encycl. méth., x, 545). Les antennes des mâles sont insérées à l'extrémité postérieure d'un long appendice, qui naît du rebord latéral du front, et s'étend transversalement et couvre les yeux. Toutes les espèces connues sont du Brésil.

P. 128. Tribu des LEPTURÈTES. Les mêmes naturalistes placent dans cette tribu un genre qu'ils ont établi (même ouvrage, X, 687) sous le nom d'EURYPTÈRE (*Euryptera*), et qui serait distingué de tous ceux de cette division des longicornes, par le nombre des articles des antennes; il serait de douze, au lieu de onze. Il a pour type un insecte du Brésil, qui nous est inconnu.

P. 130. Près du sous-genre sténodère viennent ceux de DISTÉNIE (*Distenia*) et de COMÉTÈS (*Cometes*), établis aussi par eux (*Ibid*, X, 485). Leur corselet est épineux ou tuberculeux latéralement, ce qui les éloigne des sténodères, dont les palpes sont d'ailleurs plus courts, et dont les antennes sont simplement garnies d'un duvet serré, et non velues, comme celles de ces deux sous-genres. Les élytres des disténies vont en se rétrécissant, des angles huméraux à leur extrémité, qui est armée d'une épine; elles sont linéaires et mutiques dans les cométès. Les espèces de ces deux sous-genres sont du Brésil.

P. 180. Le genre *Gryllus* de Linnæus en forme ici trois principaux : GRILLON, SAUTERELLE, CRIQUET. C'est par inadvertance que les paragraphes où l'on donne leurs caractères ont été imprimés en petit-romain.

P 221, *première note*. « Voyez aussi l'article *Tettigone* de l'Encyclopédie méthodique. » Ajoutez, et celui de *Tettigo-nides* (*Ibid.*).

P. 252, ligne 26, lisez : TERMITINES.

P. 287, ligne 6, lisez : HELWIGIA.

P. 304. MM. Lepeletier et Serville (Encycl. méth.) don-nent le nom générique de PYRIE (*Pyria*) à des insectes très voisins, selon eux, des *Stilbes*, mais dont le métathorax présente une saillie en forme d'écusson, dont la tête n'a point de dépression, et qui ont les yeux lisses disposés en triangle ; les latéraux sont notablement éloignés des yeux ordinaires.

P. 316. Famille des FOUISSEURS. Ses divisions forment au-tant de genres ou sous-genres principaux : SCOLIE, SAPYGE, SPHEX, BEMBEX, LARRE, NYSSON, CRABRON, et auxquels on pourrait ajouter celui de PHILANTHE.

P. 343. Sous-genre ANDRÈNE. L'espèce que dans mon Gener. crust. et insect. (IV, p. 151), j'ai nommée *Lagopus*, et trois autres du Cap de Bonne-Espérance, s'éloignant des autres par le nombre de leurs cellules cubitales complètes, qui n'est que de deux, au lieu de trois, ainsi que par quel-ques autres caractères, forment, pour MM. Lepeletier et Ser-ville (Encycl. méth.), un nouveau genre, auquel ils ont donné le nom de SCRAPTER (*Scrapter*).

P. 344. Sous-genre SPHÉCODE. Ces savants ont institué (*Ibid.*), sous la dénomination de RHATHYME (*Rhathymus*, auparavant *Colax*.), un sous-genre, voisin de celui-ci, mais qui en diffère par la saillie de son écusson, et en ce que la troisième cellule cubitale reçoit les deux nervures récur-rentes. Les crochets des tarses, en outre, sont entiers. Ils n'en citent qu'une espèce, et qui se trouve à Cayenne.

P. 346. Sous-genre XYLOCOPE. Nous y rapporterons, jus-qu'à plus ample examen, leur genre *Lestis*, (X, 795).

P. 353. A la division des apiaires solitaires *scopulipèdes* appartient le genre qu'ils ont décrit sous le nom de MONOE-QUE (*Monœca*), et dont je n'ai pas encore pu vérifier les caractères. Les mandibules sont étroites, pointues et bidentées. La cellule radiale est appendicée ; la seconde et la troisième cubitales reçoivent chacune une nervure récurrente. Les jambes postérieures sont terminées par deux épines, dont l'intérieure dentée en scie. Ce sous-genre se rapproche de ceux de macrocère et d'épicharis.

P. 373. Voyez quant aux genres des lépidoptères diurnes, le premier fascicules du catalogue descriptif des lépidop-tères du Museum de la compagnie de Indes de M. Horsfield.

P. 388. Je rangerai, provisoirement au moins, dans la section des *Hesperi-sphinx*, le genre HÉCATÉSIE (*Hecatesia*), institué par M. Bois-Duval, dans son intéresante Monogra-phie des zygénides, qu'il vient de mettre au jour, et qu'il termine par la première partie d'un autre ouvrage qui sera très utile aux amateurs, *Europæorum lepidopterorum index methodicus*. Il caractérise ainsi cette coupe générique : an-tennes hérissées, fusiformes, comme dans les nymphales, à articles assez distincts jusqu'à la massue ; palpes très ve-lus, à articles peu distincts, ne dépassant pas le chaperon ; trompe cornée, roulée en spirale ; corselet très velu ; ailes couchées sur le corps. La seule espèce connue (*H. fene-trata*) se trouve à la Nouvelle-Hollande.

P. 394. Près des syntomides vient le genre PSICHOTOÉ, établi par ce savant dans le même ouvrage, et distinct, suivant lui, de tous les autres de la tribu des zygénides, par les antennes moniliformes, et ses ailes dépourvues de taches. Il ne comprend aussi qu'une seule espèce (*P. Duvau-celii*), trouvée au Bengale, par M. Diard et feu M. Duvaucel.

P. 411. MM. Lepeletier et Serville ont formé avec la la *Pyrale* de *Godart*, qu'ils avaient décrite précédemment, à cet article, un nouveau genre, celui de MATRONULE (*Ma-tronula*), et qui diffère des autres de la division des tor-deuses, par les caractères suivants : palpes labiaux plus courts que la tête, leurs articles peu distincts, presque gla-bres ; hanches antérieures très comprimées, aussi longues au moins que les cuisses.

P. 465. Sous-genre STYGIDE. Il est désigné dans l'Encycl. méthod. (x, 676), sous le nom de LOMATIE (*Lomatia*).

P. 466, *ligne cinquième*, lisez : ANTHRAX, au lieu D'AN-
THRAX.

P. 499, *ligne dix-neuf*, lisez : PÉLECOCÉRE. PELECOCERA.

P. 506. Sous-genre STOMOXE. MM. Lepeletier et Serville
ont formé (Encycl. méthod., X, 500), avec le *S. siberita* de
Fabricius, un nouveau genre, PROSÈNE (*Prosena*), et qu'ils
distinguent du précédent, à raison de sa trompe beaucoup
plus longue (quatre fois plus longue que la tête), et de la
soie des antennes garnie de barbes des deux côtés.

P. 510, *note, ligne première*, lisez : *ferox* au lieu de *fera*.

P. 852 *ligne* 13, lisez : celle des DOLICHOCÈRES.

Après tant de témoignages d'estime et d'amitié que m'ont
donnés les plus célèbres entomologistes, j'ai cette douce con-
fiance, que prenant en considération la nature de cet ouvrage, sa forme et son étendue, l'impossibilité de me procurer tous les matériaux nécessaires et de pouvoir tout citer,
enfin mon âge et mes longs travaux, ils excuseront les oublis
et les erreurs qui ont pu m'échapper. M. le baron Freycinet,
gouverneur de la Guiane française, et vous mes anciens et
fidèles amis, MM. Kirby, Klüg, le chevalier Schreibers, le
comte Dejean, Dufour, Banon, Boyer de Fonscolombe,
recevez ici le tribut de ma gratitude pour les communica-
tions intéressantes que vous avez eu, dans cette circonstance, la bonté de me faire.

Paris, ce 12 décembre 1828.

FIN.